해킹 스토킹 크래킹

다크넷

LA FACE CACHÉE D'INTERNET
Rayna Stamboliyska
© Larousse 2017

* * *

해킹 스토킹 크래킹

LA FACE CACHÉE D'INTERNET

무 리 는 어 떻 게 해 킹 을 당 하 는 가

다크넷

라이나 스탐볼리스카 지음
허린 옮김

당신도 n번방의
피해자가 될 수 있다!

동아엠앤비

cout<<endl<<endl;
}
cout<<endl;
cout<<endl<<endl<<"iterrations #"<<" "<<" X(1)"<<"X(2)"<< X(3)"; {
cout<<endl<<" 0"<<setw(1)) <<j1<<setw(15 <<j2<< setw(14)<<j3; float temp [3];
cout<<endl; long float j1,j2,j3;
cout<<endl<<"Formatting:"<<
for(s=1;s<=20;s++) cout<<endl<<"X(1) =";
{ cin>>j1;
[0]=j1; [1]=j2; temp [2]=j3;
j1=(a[3]-a[1]* [1]-a[2]* [2]

```
a[]=b[];
b[]=temp[];
}

cout<<" ---Parsing--- "<<endl<<endl;
cout<<"X-Y trasncode"<<    [0]<<"X(1) + "<<   [1]<<"X(2)
<  [2]<<"X(3)  <    [2]

                              cout<<", (2) =";
                              cin>>  [3];
                              cout<<endl;
                              for(int k=0;k<3;k++)
                              {
```

🔒 2부

해커의
세 얼굴 좋은 놈, 나쁜 놈, 어나니머스

🔒 3부

다크웹 어둠의 경로를 따라서

LA FACE
CACHÉE
D'INTERNET

추천사

하루에 몇 시간 인터넷에 접속했는지를 묻는 시대는 지났다. 오늘날 인터넷에 접속하거나 접속하지 않은 시간을 분명하게 구분 짓는 경계는 더 이상 없다. 우리는 항상 인터넷에 접속해 있고, 인터넷에 접속한 기기를 늘 몸에 지니고 있거나 인터넷 화면을 쳐다본다.

경제, 정치, 과학 연구, 상대방을 유혹하는 기술뿐 아니라 이 책에서 만나게 될 범죄 분야까지, 인터넷 공간에서 찾기 힘든 인간 활동은 점점 줄어들고 있다. 하지만 어떤 정당도 자기의 정책에서 인터넷 문제를 확실히 다루지 못했고, 어떤 미디어 전문가도 인터넷이 가져올 놀라운 변화를 예상하지 못했다(이제까지 인류 사회에서 나타난 모든 중요한 변화가 대부분 그랬다). 이 현상은 우리 앞에 닥친 현실이다. 미래가 안길 결과를 차분히 예상하면서도 현재 일어나는 현상을 연구해야 하는 이유다.

오늘날에는 모든 일이 인터넷에서 이루어진다. "테러리스트와 공범이 인터넷상에서 연락을 취했다"와 같은 말을 미디어에서 자주 접하는데, 가만히 생각해보면 무척 우스꽝스러운 문장이다. 틀려서가 아니라 너무도 당연한 말이기 때문이다. 마치 어떤 기자가 "테러리스트가 자동차를 운전하고 있었다", "테러리스트가 물을 마시고 있었다"라고 보도하는 것과 같다. 인터넷을 통해 테러리즘, 범죄, 전쟁이 일어난다는 진술은, (인간의 모든 활동이 이루어지는) 인터넷에서 부정적이고 불법적인 행위가 자주 일어난다고 말하는 것처럼 적절하지 못하다.

과연 인터넷에도 '숨겨진 얼굴' 같은 게 있을까? '숨겨진 얼굴'을 공간으로 축소해 논의한다고 해도, 역시 '숨겨진' 인터넷 공간 같은 것은 존재하지 않는다. 인터넷 밖 현실 세계에서 범죄가 93지역(파리 북부 외각에 위치한 센-생드니. 우범 지역이다—옮긴이)에서만 제한적으로 일어나지 않고 고급 주택가에서도 다양한 형태로 일어나듯, 인터넷에서 불법 행위나 끔찍한 행위들도 베일에 싸인 '다크넷'(darknet)에서만 일어나지 않는다.

바로 여기에서 이 책의 진가를 찾을 수 있다. 저자 라이나 스탐볼리스카(Rayna Stamboliyska)는 평범한 페이스북 이용자의 눈을 피해 일어나는 일, 일반 인터넷 이용자가 보지 못하는 (또는 바로 알아채지 못하는) 것들에 대해 자세히 설명한다. 내용은 자극적이지 않지만, 독자에게는 훨씬 유용하다. 이 책을 읽어 내려가면서 여러분은 인터넷 해킹, 인터넷에 유포되는 프로파간다(선전), 마약 판매와 같은 불법 활동뿐만 아니라, 개념이 불명확한 단어인 '다크넷'에 관해 새롭게 알게 될 것이다. 그리고 인터넷상의 비밀 활동 대부분은 명예롭고 칭송받을 만한 활동이라는 사실과 활동가들(예를 들어, 독재 체제하의 반체제 인사와 같은)의 정체가 여전히 밝혀지지 않고 있는 이유도 알게 될 것이다. 뿐만 아니라 도덕적으로 이론의 여지가 있는 비밀 활동의 많은 부분을 테러 단체가 아닌, '민주적'이라는 국가들이 수행했다는 사실을 발견할 것이다. 그 예로 2017년 3월, CIA의 내부 보유 자료인 악성 소프트웨어 관련 비밀 정보(내부에서 개발된 소프트웨어도 포함한 정보)가 유출된 사건을 들 수 있다.

여러 환상과 추측이 난무하기 때문에, 인터넷을 주제로 글을 쓰는 작업은 언제나 어렵다. 2016년 12월, 프랑스 군경찰이 발행한 발행물 256호를 읽은 인터넷 전문가들은 몹시 놀랐다. 다크웹(dark web)보다 더 깊숙한 곳에, '양자컴퓨터'로만 접속이 가능한 '마리아나스 웹'(Marianas Web)이 존재한다는 이야기가 나온 것이다. 그러나 이 기사는 한 학생이 상상으로 꾸며낸 장난이었다. 이 학생의 농담이 몇몇 미디어에 소개되었는데, 이를 진지하게 받아들인 군경찰이 마리아나스 웹에 관한 소식을 발행물에 실었던 것이다.

인터넷 밖 현실 세계에 존재하는 범죄에도 현실과 설명 사이에 엄연한 차이가 있듯이, 인터넷상에서 이루어지는 은밀한 활동을 사실 그대로 묘사하기란 쉬운 일이 아니다. 복면이나 후드를 쓰고 검은 장갑과 선글라스를 낀 해커(러시아 사람이 틀림없는) 이미지가 난무하고 있지 않은가.

그렇기 때문에 이 책은 오랫동안 '숨겨진 얼굴'을 추적해왔으며 인터넷 활동가들을 잘 알고 환상과 현실을 구분할 수 있는, 그리고 무슨 일이 일어났는지를 모두에게 잘 설명할 수 있는 전문가가 써야만 했다. 저자 라이나는 이 일을 제대로 해냈다.

이제 나와 내 블로그를 잘 아는 독자에게 한마디 덧붙이려 한다. 가장 재미있는 사실은 요새 남용되는 용어 '다크넷'이, 더럽고 위험한 실체를 지칭하기 위한 용어로 미디어가 사용하기 훨씬 이전부터 존재해왔다는 사실이다. 그런데 사실 다크넷은 데이터를 송신하지 않고 수신만 하는 네트워크다. 마치 망원경이 빛을 발산하지는 않으면서, 별이 발산하는 빛을 모으는 원리와도 같다. 따라서 다크넷이라는 용어는 과학 서적에도 자주 언급되었다. 그리고 다크넷에는 많은 '인터넷 배경복사'(IBR, Internet Background Radiation), 즉 해킹할 사이트를 찾는 소프트웨어, 설정 오류, 도용당한 IP주소에서 발신된 메시지에 보내는 응답, 테스트를 위해 무분별하게 설정하는 IP주소 등을 포함한 많은 정보가 영구적으로 떠돌고 있다. 이 이야기는 단지 일부분에 불과하다고? 맞다. 그렇지만 나는 오래전부터 다크넷에 대한 오해를 바로잡고 싶었다.

스테판 보르츠메이어

신화와 진실

인터넷, 그 어둠의 경로?

책을 시작하는 일은 끝내기보다 어렵다. 그러니까 어설프게 일반적인 내용을 장황하게 늘어놓아 길을 잃게 하기보다는 독자를 바로 디지털의 바다로 뛰어들도록 하겠다.

이 책은 (끔찍하기도 하지만) 많은 경우 추상적이어서 나에게는 절대 일어날 리 없다고 생각하는 인터넷 관련 사건들의 허구를 파헤칠 목적으로 저술했다. 인터넷은 우리 삶에서 매우 중요한 역할을 한다. 그런데 그 이면에서 어떤 일들이 일어나는지 알고 있는가? 해킹, 바이러스 프로그램 확산, 사이버 공격의 진원지, 감시, 개인정보 수집에 대한 주제를 다룰 때 당신은 그 배경과 원리를 정확히 이해할 수 있는가? 모든 사이버 범죄자가 해커이거나(또는 그 반대이거

나) 이들은 모두 '다크넷'이라는 깊숙한 곳에서 활동하는가? 이 질문의 답변을 함께 찾아볼 예정이다.

이 책은 전문서가 아니라 일반 상식으로 분류되는 주제와 관련된 총서다.[1] 필자는 가상공간이면서 매우 현실적인 공간인 인터넷에서 이루어지는 활동과 여기에 참여하는 이들을 조사하여 분류하고, 그들의 활동을 더 이해하기 쉽게 설명하고자 이 책을 썼다. 대중이 이해하기 쉬운 방식으로만 쓰기는 어려웠다. 복잡한 개념과 작동 방식을 간단하게 설명하면서도, 독자의 호기심을 충족하게 하려면 지나친 단순화는 지양해야 했다.

독자에게 인터넷과 얽혀 있는 수많은 세력과 관련해 그들을 이해할 수 있도록 비판적 도구와 지식을 제공해서, 여러 쟁점을 깊이 파악하고 깨끗한 인터넷 환경을 만들도록 돕는 데 목적이 있다. 이러한 목표를 달성하기 위해 많은 내용을 다루었다. 세계 각국의 전문가 인터뷰와 해설이 포함되어 있으나, 3부는 내용의 특성상 빼야 했다(그들이 출판을 원하지 않았다). 필자는 그들의 요청을 받아들여 인터뷰를 싣지 않는 대신 주제와 맞는 내용으로 본문에 반영했다.

이제 책의 구성을 간단히 살펴보자. 나는 세 가지 논제를 중심으로 큰 틀을 잡았다. 서문은 인터넷의 그림자 아래에서 이루어지는 활동을 이해할 수 있도록 생각할 거리를 제시하는 준비 단계로, 인터넷과 관련된 미신 혹은 허구를 파헤치는 데 중점을 두었다. 읽어 나가면서 논조가 변하는 것도 느낄 텐데, 책의 전개 방식을 일부

---

1 웹 사이트 face-cachee-internet.fr에 선정 도서를 정기적으로 게재할 예정이다.

러 그렇게 잡았다. 예를 들어, 도널드 트럼프가 대통령에 당선되는 데 도움을 준 것으로 알려진 러시아 해커 문제를 다룰 때는 제법 균형 잡힌 어조를 느낄 것이다. 그렇게 하여 이 사건이 가져다주는 파급 효과를 객관적으로 이해할 수 있도록 사건과 거리를 두었다. 그리고 2부과 3부 사이에서도 어조의 변화를 감지할 것이다. 세상을 들끓게 했던 어나니머스는 다크웹과는 관련이 없지만, 인터넷에 대한 아주 흥미로운 환상을 만들어낸 주제이기에 다루었다. 전형적인 전문 서적을 읽을 때와는 달리 역동적이면서 즐거운 독서 경험을 선사하기 위해 이렇게 다양한 주제를 골랐다.

책을 읽어 내려가는 내내, 그동안 기술 분야에서 많은 변화가 있었음을 실감할 것이다. 이 역시 놀라운 일은 아니다. 우리가 경험하는 변화는 인간이 기술을 이용하는 방식뿐만 아니라 기술과 인간 사이에서 형성되는 관계를 반영하기 때문이다. 따라서 인간의 인지와 기기, 인터넷 접속 단말기가 융합되어 나타나는 현상에 대해 "인터넷은 나쁜 거야"라며 단정하기보다는 더 정교한 사고방식으로 이 문제에 접근해야 한다. 점점 더 복잡한 방식으로 변화해가는 인터넷을 다루면서 지나치게 단순화된 내용만 전달하려는 태도는 매우 위험하다. 복잡한 개념을 140자로 설명할 수도 없고, 그렇게 하다가는 세부 내용, 미세한 차이, 각 내용 사이의 논리적 연결을 놓칠 수밖에 없다.

인터넷과 연결되는 여러 방식과 관련해 갖추어야 할 비판 능력과 적절한 대응 방식을 익히는 것도 간과해선 안 된다. 우리는 지금 구글에 질문하고, 페이스북, 트위터를 통해 정보를 주고받으며, 인스타그램에는 갓난아기 사진과 소중한 지인들과의 즐거운 경험을 올리고 있다. 그런데 메일 속 비밀을 지키는 것은 비밀번호 하나뿐이다. 당신이 지금까지 발전시켜온 디지털과의 공생 관계를 끝내기 어렵고 그것이 아예 불가능하다면, 차라리 일상 속에 밀접하게 파고든 인터넷을 있는 그대로 받아들이고 고찰하는 편이 바람직하다.

아직도 많은 이들은 인터넷이 법률이나 일상생활과 영향을 주고받는 현상을 별것 아닌 것으로 치부하는데, 이로 인해 값비싼 대가를 치를 수 있다는 사실도 기억해야 한다. 따라서 나는 이 책에서 기술적인 설명은 가급적 줄이고, 인터넷과 관련된 쟁점과 위험성을 가능한 한 명확하게 밝힐 것이다. 많은 경우 인터넷의 위험성에 관해 서툴게 다루면서 불안함을 조장하기도 하는데, 이 같은 부작용이 없도록 많은 주의를 기울였다.

1부, "권력의 그림자: 네가 인터넷에서 뭘 하는지 다 알아"에서는 '무엇'의 문제를 다루면서, 해킹이 왜 그리고 어떻게 일어나는지 설명한다. 우리에게 주어진 쟁점과 질문에 답변할 기반을 마련하고, 디지털 시대에 발생하는 '신뢰의 문제'를 함께 고민하려고 한다.

온갖 악성 프로그램 종류를 뒤죽박죽 나열하기보다는, 대중이 가장 쉽게 속고 이해하기 어려운 주요 악성 프로그램만 다루었다. 각 쟁점을 더 명확하게 하고자 복잡한 기술 설명을 포기하고 난이도를 중급 수준으로 낮추어야만 했다. 전반적인 입문 과정으로 읽어주었으면 한다. 더 자세한 기술적인 내용을 알고 싶다면 쉬프로페트(chiffrofête, 암호 파티, 영어로는 크립토파티[cryptoparty], 즉 대중에게 인터넷 보안 및 암호 코드를 설명해주는 모임이다—옮긴이)에 참여하기를 권

한다.[2]

2부, "해커의 세 얼굴: 좋은 놈, 나쁜 놈, 어나니머스"는 '누구'의 문제를 다룬다. 어나니머스의 역사를 간단히 살펴보면서, 영화 〈매트릭스〉의 한 장면처럼 숫자가 스쳐 지나가는 배경 앞에서 후드를 눌러쓴 그늘진 얼굴과 목장갑을 낀 손으로 묘사되는 이들의 정체를 밝힌다. (그런데 목장갑을 끼고 키보드를 치면 매우 불편하다는 사실을 아는가.)

어나니머스는 특정 시기와 관련이 있는 단체인데, 이 책에서 중요하게 다룬다는 사실이 의아할 수 있다. 필자의 관점으로는 인간과 기술 간의 관계에 변화를 가져다준 중요한 시기에 어나니머스가 활발히 활동했다고 보기 때문에 여기에서 다루기로 했다. 어나니머스가 나타난 시기에는 기술 이용과 관련된 가치가 완전히 변했고, 기술 이용자와 기술 사이의 관계도 복잡해지기 시작했다. 마지막으로 '위키리크스'(Wikileaks)의 역할도 다루었다. 위키리크스는 디지털 시대를 관통하면서 나타난, 해킹과 적극적인 행동주의 및 정치적 영향이 한데 뭉쳐 탄생한 괴물이라고 할 수 있다.

3부, "다크웹: 어둠의 경로를 따라서"에서는 '어디인가'의 문제를 파헤치려고 한다. 최근 몇몇 이들이 인터넷을 다룰 때 '어디'의 문제를 거론하는 경향을 보인다. 2016년 여름, '다크넷'을 발견했다

---

2 '사생활 카페'(Cafés vie privée)라고도 불리는 이 모임에서 인터넷 보안 강화 요령을 배울 수 있다. 자세한 내용은 웹 사이트 face-cachee-internet.fr의 참고 자료에서 확인할 수 있다.

고 발표한 프랑스 국회의원 베르나르 데브레와 그 외 얼토당토않은 이야기와 함께 다크넷과 관련된 최근 논쟁을 명확하게 따지려고 한다. 열성적 이용자와 범죄자가 공존하는 인터넷 생태계 속에서는 현실을 대면하기보다 더 많은 통제, 감시와 제재 속으로 숨어버리려는 태도를 발견할 수 있다. 한마디로 설명하기 쉽지 않은 변화를 비교적 이해하기 쉽도록 가능한 한 상세히 설명하려고 애썼다.

3부에서는 암호화, 합법성의 문제와 함께 우리 일상과 밀접하게 연관된 인터넷 보안 기술도 다룬다. 마지막으로 인터넷 범죄에 빠지게 되는 다양한 상황을 소개하고, 책의 전반적인 내용을 집약한 조언으로 끝을 맺는다. 이 책을 읽고 나면 당신은 인터넷의 쟁점을 제대로 알고, 더 자유롭고 자율적인 누리꾼으로 살아갈 수 있을 것이다.

신화와 진실

이 책을 쓰기 시작할 무렵, 최근에 인터넷상에서 눈길을 끌 만한 사고가 일어났다. 미국 기업 다인(Dyn, DNS 서비스 제공 업체—옮긴이)이 디도스 공격을 받아 몇 시간 동안 페이팔, 넷플릭스, 트위터 등 인터넷 서비스가 중단된 사건이었다.

이 사건은 뒤에서 더 자세히 다룰 것이다. 여기에서 다인이 받은 공격을 언급하는 이유는 이 사건을 다루면서 인터넷이 어떻게 탄생했고 (기술적으로) 어떻게 구성되었는지를 몇 문단으로 간단히 설명할 수 있기 때문이다.

신화 1.
"인터넷을 누가 언제 발명했는지 정확히 알 수 있다"

미국 45대 부통령 앨 고어[1]가 발명했다고 알려져 있다. 때로는 프랑스에서, 때로는 미국에서 발명했다고도 한다. 그리고 '인터넷'과 '웹'을 혼동해 사용하기도 한다. 그러나 이 둘은 다른 개념이다.

인터넷은 '네트워크 간 연결망'이다. 다시 말하자면 인터넷은 (대체로) 멀리 떨어진 여러 기기가 서로 정보를 교환할 수 있도록 하는 접속망이다. 그리고 정보 전달은 IP, TCP, UDP, FTP 등과 같은 이름의 연결망 프로토콜을 기본으로 이루어진다. 인터넷이 1950년대에 개발되기 시작했다면, 인터넷을 위한 응용 프로그램인 웹(또는 World Wide Web의 약자, www로 알려져 있다)은 1990년대에 개발되었다. 인터넷이란 개념이 시작된 시기를 따진다면, 30년대까지도 거슬러 올라갈 수 있다. 벨기에 출신 폴 오틀레(Paul Otlet)[2]가 지식 교환을 원활하게 할 도서관 간 국제 연결망을 고안했고, 〈문헌 개론: 책에 대한 책, 이론과 실천〉[3]이라는 제목의 예언적인 논문을 출간했다. 그는 논문에서 연결망을 다음과 같이 묘사한다.

> 여기 책상 위를 가득 채운 책이 모두 사라질 것이다. 책이 있던 자리에는 화면이, 손이 닿는 자리에는 전화기가 있을 것이다. 멀리 떨어져 있는 거대한 건물 안에 모든 책과 정보가 담겨 있다. 이 건물에서 유선 또는 무선 전화로 온 질문에 대한 답변을 화면에 전

송한다. […] 지금은 상상 속 기계가 어느 곳에도 존재하지 않기 때문에 유토피아에 불과하다. 그러나 우리 지식과 기술이 계속 발전한다면 현실이 될 것이다.

익숙한 풍경이지 않은가? 물론 1960년대에 미국 방위청과 대학이 최초 연결망을 개발하기까지는 그때로부터 30년이 더 지나야 했다. 연결망 기술의 핵심은 '스위칭 방식'이라고도 불리는 패킷 교환(packet switching)이라는 작동 방식에 있다. 소포에 비유할 수 있는 패킷은 여러 기계 사이에서 정보를 전달하는 역할을 하는데, 이 패킷에 머리부(header), 수신자 주소 및 발신자 주소와 함께 전달할 정보가 담겨 있다. 당시 기술 개발의 핵심은 서로 다른 연결망에서 송신된 패킷을 교환하면서 단 하나의 네트워크 연결망을 만드는 방법을 찾는 것이었다. 우체국에 비유하자면, 여러 우체국 연결망을 통해 이송된 소포들을 각 주소로 배달하는 상황에 빗대어 설명할 수 있겠다.

1971년 프랑스에서는 오늘날 인리아(INRIA, 프랑스 국립컴퓨터과학연구소)로 알려진 기관에서 루이 푸쟁[4]이 이끄는 시클라드(Cyclades) 프로젝트가 독자적으로 진행되었다. 바로 이 시클라드 프로젝트에서 패킷을 순서 없이 송신하고 수신 시 정보를 정렬하는 방식인 '데이터그램'을 발명했다. 데이터그램은 정보를 더 역동적인 방식으로 확실히 전송할 수 있었는데, 비용은 비쌌다.

시클라드 프로젝트는 비록 1978년에 중단되었지만 이때 사용된 기술과 접근 방식은 오늘날 사용되는 프로토콜 개발에 많은 영감을 주었다.[3] 70년대에 프랑스 우체국(오늘날 라 포스트[La Poste]의 전신인 PTT[Postes, Télégraphes et Téléphones])이 전자통신 사업을 독점하다시피 했다면, 이에 필적했던 프랑스 텔레콤(France Télécom)을 이야기에서 빼놓을 수 없다. 시클라드 프로젝트가 진행되는 동안 일괄적인 패킷 전송을 특징으로 하는 트란스팍(Transpac)이 개발되었다. 일괄 전송 방식은 덜 역동적인 반면 비용을 절감할 수 있었다. 트란스팍은 프랑스 텔레콤 계열 회사 이름이기도 했는데, 이 회사는 미니텔에서 널리 사용된 X.25[4] 프로토콜을 개발했다.

모든 역사를 종합한다면 미국, 프랑스, 벨기에에서 인터넷이 발명되었다고 할 수 있다. 또한 소비에트에서도 인터넷 개발을 시도했다. 기기와 연결된 네트워크를 이용한 경제 발전 개념은 소비에트에서 60년대부터 시작되었는데, 정확히는 1961년에 열린 제22차 공산당 대회에서였다. 바로 이 행사가 진행되는 중에 《공산주의를 위한 사이버네틱스》(*Cybernetics in the Service of Communism*)라는 책이 대중에게 공개된다. 이 책은 사이버네틱스 과학이 소비에트 사회주의 연방 발전에 어떻게 공헌하게 될지를 설명한다.

---

3   1998년, 프랑스 일간지 〈리베라시옹〉(*Libération*)은 "인터넷을 발명하지 않은 프랑스"라는 제목으로 역사를 재조명한 기사를 발행했다.
http://www.liberation.fr/ecrans/1998/03/27/et-la-francene-crea-pas-l-internet-cyclades-est-le-projet-francais-qui-aurait-pu-avoir-lememe-succ_231404 (단축 https://to.ly/1z8Ce)

4   프로젝트 책임자가 이 개발에 대해 가장 잘 설명할 수 있을 것이다. 다음 인터넷 페이지를 참고하라.
http://remi.despres.free.fr/Home/X25-TPC (단축 https://to.ly/1z8Ci)

냉전 한가운데에서, 이러한 소비에트의 움직임은 미국인을 다소 불안하게 했다.[5] 소비에트 과학자인 빅토르 글루쉬코프는 흐루쇼프가 브레지네프에게 권력을 빼앗기기 전까지, 흐루쇼프의 지지를 받았다. 흐루쇼프의 실각 이후 글루쉬코프의 프로젝트 '오가스'(OGAS)는 점점 더 지지를 잃었다. 최근에 발행된《어떻게 국가를 네트워크 하지 않았나: 소비에트 인터넷의 불안한 역사》(*How not to Network a Nation: The Uneasy History of the Soviet Internet*)에서 저자는 소비에트 과학자들이 인터넷을 만들어내지 못했던, 이해하기 어려운 역사를 재조명한다. 글루쉬코프가 주창한 아이디어의 실현은 중단된 것으로 보였다. 그러나 70년대 미국이 새로운 첨단 기술을 만들어내자 소비에트는 이를 우려했고, 글루쉬코프는 이전보다 더 야심찬 프로젝트로 돌아왔다. 바로 생산 제일주의식 경제 관리 기술이다. 미국의 위협에 대항하려면 존재하는 모든 정보를 보유하고 빠른 의사 결정을 돕는 보편적인 시스템을 개발해야 했다. 글루쉬코프에게 정보는 권력이었기 때문이다.

빅 브라더식 국가 시스템 개념은 우리 등골을 오싹하게 만든다. 여하튼 글루쉬코프는 '오가스'를 자동 제어 기능을 갖추고 탈중앙화 방식의 인터넷으로 사용 가능한 상호 작용 시스템으로 디자인했다. 만약 프로젝트가 성공했더라면 오가스가 세계 최초 인터넷이 되었을 것이다. 그러나 결론적으로 인터넷이 오가스를 이겼다. 글루쉬코프는 공산당 정치국 예산을 직접 운영할 수 없었고, 그가 초기에 제안한 대로는 프로젝트가 실행되지 않았다. 오가스 프로젝트는 승인되었지만, 모두 같은 예산을 탐내는 소비에트 고위 정치인들의 술책에 피해를 입었고, 프로젝트는 원래 모습을 찾아볼 수 없을 정도로 변질되었다. 따라서 소비에트 사회주의 연방의 전체 국토를 관장하고 국가 기관 및 역할을 총괄하는 시스템이 아닌 일종의 패치워크 시스템이 탄생했다. 이를테면 각 행정 기관들이 각자 전용 네트워크, 전용 정보 센터, 전용 자동 관리 시스템을 구축한 것이다. 조력 기구 사이에 기기와 소프트웨어가 일체 호환되지 않았기 때문에 각 행정 기구의 기능은 고립되었고, 기구 간 협력보다는 기구에 종속된 기업들에 대한 제도적 감시를 강화하는 기술이 발전하게 되었다.

결론적으로 널리 알려진 인터넷 발명자에 대한 신화와는 달리 인터넷 기술은 여러 해에 걸쳐 각기 다른 국가의 과학자들과 연구자들이 오랜 기간 작업한 결과물이었다.

인터넷의 한 종류인 웹도 비슷한 상황에서 발전했다. 인터넷 사례와 마찬가지로, 어느 날 아침, 잠에서 깬 한 천재적인 발명가가 수많은 컴퓨터를 연결해야겠다는 아이디어를 떠올렸다는 신화는 인간 지성에 대한 모욕과도 같다. 주로 웹의 창시자로 언급되는 팀 버너스리 경(Sir. Tim Berners-Lee)이 오늘날 웹 사이트를 사용할 수 있도록 만든 연구팀 일원이었던 것은 분명 사실이다. 그러나 하이퍼링크로 연결한 정보들을 담고 있는 하이퍼텍스트는 이미 1960년대 말에 발달했다. 따라서 1980년 버너스리가 이 기술에 관심을 갖기 시작했을 때에는 하이퍼텍스트와 마크업 언어를 발전시킨 여러 프로그램이 이미 존재했다. 마크업 언어는 버너스리와 로버트 카이리아우가 세른(CERN, 유럽입자물리연구소)에 머물던 시기에 공동 개발한 HTML 이전 기술로, HTML은 텍스트 문서 형식을 위해 오늘날에도 계속 사용한다. 그리고 웹 기술은 처음 웹 사이트가 개시된 1990년 이후 매우 많이 진화했다. 당신은 내가 무슨 의도로 이 이야기를 하는지 이해했을 것이다.

신화 2.
"인터넷은 핵 공격에도 끄떡없다"

매우 황당한 이야기임에도 이런 신화가 오래 지속되다니 정말 놀랍다. 게다가 보안 책임자, 클라이언트 관리 프로그램 개발자와 같은 똑똑한 사람들이 이런 종류의 주장을 한다.[6] 사람들은 음모론의 향기를 풍기는 이런 이야기를 자연스럽게 이어간다. 가령 이런 식이다. "인터넷은 미국방위고등연구계획국(DARPA)이 개발했기 때문에 당연히 핵 공격에 끄떡없다" 또는 "인터넷은 핵 공격에 살아남기 위해 만들어졌다" 등등. 어떤 이들은 911 테러 이후에도 견고한 인터넷 인프라를 그 예로 들기까지 했다.[7]

그런데 이러한 신화는 오늘날 인터넷의 시초가 된 기술 개발에 참여한 싱크 탱크 기구, 랜드(RAND Corporation)의 정보 과학자 폴 바란(Paul Baran)이 작성한 미래 전망 보고서 때문에 탄생했다. 미국 국방부가 설립한 랜드는 1948년부터 독립 민간 기구로서 미국 공공 분야와 긴밀한 관계를 유지하고 있다. 1962~1965년 동안 진행된 미군 프로젝트의 일환으로 폴 바란은 패킷 전송과 정보 통신 시스템의 장애 회복력(resilience)에 대해 연구했다. 그의 연구는 패킷 기반 통신의 탈중앙화 네트워크가 불특정 다수의 공격에 저항할 수 있다고 결론 내렸는데(냉전 중에는 이런 공격에 대비해야만 했다), 이 연구는 인터넷 관련 연구 및 실험과 실제로는 아무 관련이 없었다.[5] 그럼에도 이런 신화가 탄생했다.

신화 3.
"일곱 열쇠가 인터넷을 조종한다"

J. R. R. 톨킨의 소설 《반지의 제왕》을 읽거나 영화를 본 사람이라면 "반지가 모든 세상을 지배한다"라는 주제가 '일곱 열쇠 신화'의 바탕이라는 사실을 눈치챘을 것이다. 소설 속에는 영원히 살고자 하는 열망을 두고 이야기가 전개된다. 그러므로 일곱 사람이 소유하는 일곱 열쇠로 인터넷을 조종한다[8]는 내용의 신화가 자연스럽게 이어진다. 신화에서는 아이칸[9](ICANN, Internet Corporation for Assigned Names and Numbers, 즉 도메인 이름과 인터넷 주소를 지정하는 사설 기관[10]) 소속 회원 열네 명이 인터넷을 조종하는 방식을 명확히 밝히고 있지는 않지만, 내포된 기본 아이디어는 명확하다. 〈비즈니스 인사이더 프랑스〉(*Business Insider France*)[11]의 인터넷 기사에 따르면, "엄격한 보안 속에서 '열쇠 의식'이라 명한 의례"가 열리는 동안 "은유적으로 최종 인터넷 자물쇠라 부르는 자물쇠의 마스터키를 확인하고 업데이트한다." 그런데 이 '의례'라는 단어가 풍기는 분위기 때문

---

5   어떤 이들은 경제적 이유를 들기도 한다.
www.networkworld.com/article/2333635/lan-wan/-net-was-born-of-economic-necessity—not-fear.html. (단축 https://to.ly/1z8Cr)

에 베네치아풍의 마스크를 쓰고 샌들을 신은 사람들 그리고 희생 제물이 있는 제사를 떠올리게 된다.

네트워크 중의 네트워크인 웹을 조종할 수 있는 힘을 가진 자들이 존재한다는 이 음모 뒤에는 어떤 진실이 숨어 있을까? 이것이 판타지 소설이라면 좋은 소재겠지만 현실에서는 말도 안 되는 이야기다. '의례'라는 단어를 쓴 기자의 의도를 따지려는 것이 아니라 단지 진실을 밝히려는 것이다. 실상은 매우 평범할 뿐이며, 우리가 상상하는 영화와는 동떨어져 있다.

이런 혼동은 인터넷 인프라 거버넌스(경영 방식)를 잘못 이해해서 일어난다. 인터넷 거버넌스와 관련된 다양한 기구가 존재하는데, 그중 유명한 ICANN과 (그에 비해) 덜 유명한 IETF를 보자. 먼저 ICANN는 인터넷 주소 체제(DNS) 기술 관련 당사자들을 조정하는 역할을 한다.

> ICANN은 전 세계 누리꾼이 모든 인정된 주소에 접속할 수 있도록 '보편적 연결성'(universal resolvability)을 보장하는 DNS 기술 관리를 조정한다. 이를 위해 ICANN은 인터넷 운영에 사용되는 단일 고유 기술 식별자 배포 및 최상위 도메인(.com, .info 등)의 이름 할당을 감독한다. 금융 거래, 인터넷 콘텐츠 관리, 원치 않는 상업성 전자 메일('스팸') 관리, 데이터 보호와 같이 누리꾼과 직접적으로 관련된 문제들은 ICANN의 책임 범위를 벗어난다.

앞에서 묘사된 음모론과는 꽤 동떨어진 모습이다!

한편 IETF(Internet Engineering Task Force, 인터넷 엔지니어 연구 단체)[12]
는 네트워크 표준 규격을 개발하는 단체다.[6] 음모론이 끼어들 틈이
없을 정도로 IETF는 네트워크 규격 연구에 참여하고 싶은 모든 사
람에게 활짝 열려 있다(단, 분야가 분야인 만큼 탄탄한 기술을 지닌 사람
이 참여하는 편이 낫다).

그런데 도대체 음모론 속 인터넷 열쇠와는 어떤 관련이 있는
걸까? 두 단체는 기술적인 네트워크 거버넌스를 보장하는 기구
중 하나일 뿐이다. 음모론에서 말하는 열네 명의 실체는 DNSSEC
(Domain Name System Security Extensions)라고 불리는 다소 단순한 대상
으로, 할리우드 영화와는 영 거리가 멀다.

인터넷의 기본인 DNS(Domain Name Server)가 무엇인지 설명을
들으면 더 잘 이해가 갈 것이다. DNS는 도메인 이름(예를 들어 .com)
을 IP 주소[7]로 번역하는 시스템으로, 도메인과 인터넷에 접속한 컴
퓨터를 연결한다. 도메인 이름과 연결된 IP 주소를 찾아내는 기술
을 "DNS 분석"이라고 하는데, 이 기술 덕분에 당신의 접속 요청이

6　대부분 IETF의 연구는 RFC(Request for Comment) 형식으로 대중에게 공개
된다. 여세를 몰아, 만약 IETF의 연구 관련 서적을 찾는다면 다른 곳에서 찾지 말고
bortzmeyer.org를 방문하라. 이 블로그에는 믿을 수 없을 만큼 많은 RFC 자료가 프
랑스어로 번역되었고, 비전문가인 일반인도 쉽게 이해할 수 있도록 해설을 해놓았다.

7　IP 네트워크(인터넷 프로토콜)에 접속한 컴퓨터는 IP 주소를 보유하는데, IP 주
소는 기기가 쉽게 처리할 수 있도록 숫자로 구성된다. IP 주소 체계 버전 4(IPv4)에
서는 IP 주소가 "xxx.xxx.xxx.xxx" 형태로 표시되고, "xxx"은 0부터 255까지 숫자
중 하나다(십진수). IP 주소 체계 버전 6(IPv6)에서는 IP 주소가 "xxxx:xxxx:xxxx:x
xxx:xxxx:xxxx:xxxx:xxxx"로 표시되는데, "x"는 십육진수를 기본으로 한다.

네트워크망으로 향하는 것이다. IP 주소에는 데이터에 관한 데이터인 메타데이터를 저장할 수 있는데, 메타데이터란 예를 들어 이메일 서버, 스팸 방지 등 관련 도메인과 연관된 정보 세트를 말한다. 시스템은 도메인 이름을 다른 DNS 서버에 위탁하도록 고안되었고, 서비스의 원활한 작동을 보장하기 위해 매우 높은 수준으로 분산되어 있다.[8] 그리고 네트워크망을 오가는 통신을 보안하는 방식으로는 DNSSEC 프로토콜이 있다.[13] DNSSEC 프로토콜 전문가이며 이 책의 추천사를 쓴 스테판 보르츠메이어의 설명을 들어보자.

> 간단히 요약하자면, [⋯] DNSSEC 기술은 인터넷 인프라의 큰 부분을 차지하는 도메인 이름 시스템을 보호하는, 기술적이고 조직적인 작동 방식이다. 만약 DNSSEC가 없다면, 악의를 가진 사람이 원래 도메인 이름(예를 들어, 내가 이메일 수신용으로 사용하는 bortzmeyer.org)이 애초에 가리키는 사이트가 아닌, 다른 웹 페이지로 연결되도록 하는 방식을 사용해 도메인 이름 시스템을 상대적으로 쉽게 전복시킬 수 있다. [⋯] DNSSEC의 중요한 특징은 그 사용이 선택적이라는 점이다. 오늘날 전체 도메인의 일부만 DNSSEC 보안을 이용하고 있으며, 소수 이용자만 DNSSEC가 첨부하는 서명을 확인하는 도메인 이름을 사용한다.[14]

---

8 루트서버를 말한다. 세는 방식에 따라 전 세계에 존재하는 루트서버의 총 숫자는 달라진다.
www.bortzmeyer.org/combien-serveurs-racines.html

앞에서 보았듯이, 인터넷에 대해 이야기하려면 여러 개념을 구별할 수 있어야 한다. 위에서 설명한 모든 세부 사항을 기억할 필요는 없다. 그럼에도 인터넷 인프라와 프로토콜 등에 대한 기본 개념을 이해하려면 위의 몇 가지 개념을 훑어보는 것이 중요하다. 기본 개념들은 기술적 요구 및 인터넷 기술 거버넌스와 떼려야 뗄 수가 없기 때문이다.

귀신 들리게 하는 게임이 있다?

우리는 이제 인터넷의 역사에 대해 더 잘 알게 되었다.[9] 그리고 인터넷이 어떻게 우리의 일상과 미래에 영향을 끼치는지도 알고 있다. 이뿐만이 아니다. 인터넷은 우리의 공포도 조장한다.

'폴리비우스'를 아는가? 폴리비우스는 1980년경 미국 오리건주에서 유통된 동전을 넣어 작동시키는 아케이드 게임이다. 환각성이 있는 이 추상적인 게임은 정신에 영향을 미쳐 불면증부터 환각과 간질 증세, 기억 상실까지 일으킨다고 한다. 그리고 숨겨진 (그러나 결코 찾아낼 수 없는) 선택 메뉴에서 게이머들의 정신에 영향을

9　쥘리앵 괴츠(Julien Goetz)와 장마르크 마나시(Jean-Marc Manach)가 ARTE 채널을 위해 시나리오를 쓴 다큐멘터리 "역사 뒤집기"를 참고하라. www.youtube.com/watch?v=FZaBj6xaLR0

줄 목적으로 고안된 기하학적인 모양과 화려한 색깔을 선택할 수 있다고 한다. 또한 매일 밤 미국 정부 요원(CIA 직원)이 게임기에 저장된 이용자 정보를 수거해 행동 양식 분석에 이용했다고 전해진다. 폴리비우스 게임은 단지 2주 동안만 유통되었다. 게임이 사라진 후, 게임을 경험한 사람들이 전하는 증언은 항상 CIA와 정신 조작 음모론과 연관이 있었다.[15]

끔찍한 이야기에 몸이 다 떨린다. 그런데 놀라운 사실은 이런 게임은 아예 존재한 적이 없었다. 폴리비우스는 (재미있는) 공포 이야기와 현대적 전설, 둘 중 하나일 뿐이다. 이 전설이 오랫동안 전해 내려오고 있다는 사실이 참 놀랍다. 게다가 유튜브에서는 실제 게임 장면을 사진으로 찍었다고 주장하는 사람들이 올린 캡처 이미지를 편집한 동영상도 볼 수 있다. 폴리비우스는 2006년 TV 만화 영화 〈심슨 가족〉 에피소드에서 그 존재를 암시할 정도로 대안 대중문화의 한 현상이 되었다. 젊은 게이머들의 정신을 조종하는 비디오 게임 이야기는 잘 알려져 있는 장르다. 폴리비우스 외에도 (영화 〈엑소시스트〉의 여주인공처럼) "귀신 들린" 게임 이야기도 있다. 바로 "마리오 64"(1996년작)인데, 이 게임 배경 음악에서 일본어로 속삭이는 목소리가 들린다고 한다.

누가 이런 허구를 만들어내는지는 모르겠다. 그런데 이런 이야기들은 논리와 상식을 뛰어넘어 널리 확산된다. 게임뿐만 아니라 텔레비전 프로그램, 영상 창작물에 관련된 허구도 있다. 바로 "크리피파스타"(creepypasta)가 이런 창작물이다. 크리피파스타는 카피파스타

(copypasta), 즉 포챈과 레딧에서 게시물을 '복사하기-붙이기'(copy-paste)로 확산하는 방법에서 파생한 신조어로, 인터넷상에서 복사하고 붙이는 방식으로 확산되는 공포 이야기를 공통적으로 가리키는 이름이다.[10] 조금은 독특한, 스티븐 킹 스타일의 공포물이지만 저자가 누구인지는 중요하지 않으며 디지털 세계에만 존재하는 문학 창작물인 셈이다. 이 장르는 성공적으로 공포를 조장해서 현대 전설 역사에 길이 남을 만한 업적을 이루는 것을 중요한 미덕으로 삼는다.

당신은 내가 왜 기술에서 시작해 겉으로 보기에는 아무 관련 없는 이야기로 빠지는지 궁금할 것이다. 이 책은 "숨겨진 얼굴"을 파헤치기 위해 쓰였음을 상기하자. 난해한 기술 때문에 네트워크망은 우리 눈에 보이지 않고, 네트워크망을 (간접적으로) 움직이게 하는 여러 행동의 동기도 숨겨져 있다. 크리피파스타는 디지털 시대에 공포가 어떻게 전염되는지 확실히 보여주는 사례다. 메시지가 감염되면 공포는 가장 효과적인 방식으로 작동한다.

이런 공포 이야기에는 피나 시체도 필요 없다. 공상 과학과 공포 소설의 대가 하워드 러브크래프트(Howard Lovecraft)는 "분위기가 중요하다. 진정성을 가늠할 최종 기준은 줄거리를 잘 조합했는가가 아니라 특별한 감정을 창조했는가이기 때문"이라고 썼다. 크리피파스타는 러브크래프트가 기술한 접근 방식을 대량 생산한 것인 셈

---

10 만 개 이상의 창작물을 모은 크리피파스타 모음집이 있다.
http://creepypasta.wikia.com/wiki/Creepypasta_Wiki.
드라마티카 백과사전(Encyclopedia Dramatica)에서도 많은 모음을 볼 수 있다.

이다. 네트워크 효과는 알 수 없는 위협과 어느 곳에서든 갑자기 나타날 수 있는 그런 공포를 매우 강렬한 방식으로 증폭시켰다.

크리피파스타의 핵심은 인터넷 게시판과 페이스북 '담벼락'을 도배하는 복사-붙이기로 확산되는 공포 이야기 (많은 경우 정말 형편없이 조악하다) 를 넘어선다. 우리는 이 책을 읽어 내려가는 내내, 크리피파스타의 핵심을 러시아가 보낸 것이라 확신하는 가짜 이메일에 첨부된 악성 파일에서 시작하여 가장 현대적이고 병적인 다크웹의 '레드 룸'(Red Room)까지 두루 보게 될 것이다. 하지만 우리 단말기를 감염시킬 수 있는 컴퓨터 프로그램, 기기에 침투해 아이들의 목소리를 엿듣는 스파이웨어, 방화벽을 뚫고 들어와 업무용 웹 사이트를 해킹하는 공격자 등 위협은 실제로 존재한다.

주제에서 벗어난 듯 보이지만 그러나 이 여담이 책을 이끄는 중심 생각이 될 것이라 믿는다. 우리는 두려워하는 대상을 이해함으로써 그 대상에 대항할 수 있다. (때때로 대안적인) 문화로 가득하고, 기술 공간에 불과했던 웹 생태계가 어떻게 진화하는지를 이해함으로써 인터넷에 대한 잃어버린 신뢰를 회복할 수 있을 것이다.

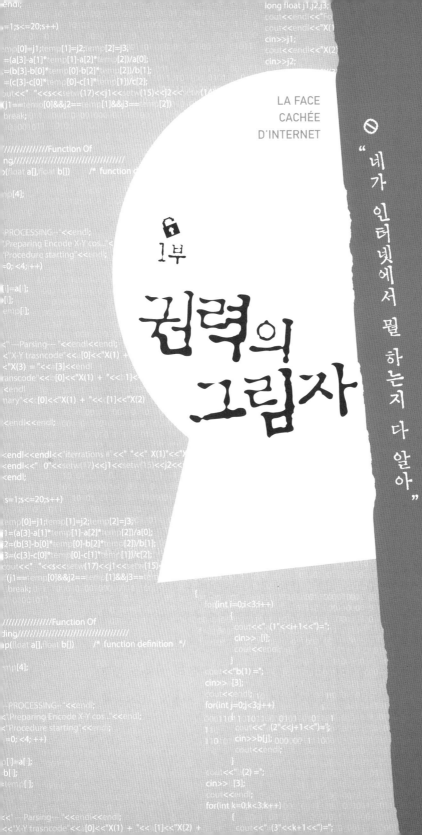

LA FACE
CACHÉE
D'INTERNET

1부

권력의 그림자

"네가 인터넷에서 뭘 하는지 다 알아"

1장

우리는 어떻게
해킹을 당하나?

2016년 10월 21일 다수 기업을 고객으로 하는 인터넷 인프라 관리 회사인 다인(Dyn)이 인터넷 공격의 표적이 되었다. 다인의 고객 회사 중에는 트위터, 넷플릭스, 스포티파이(Spotify), 에어비앤비, 레딧(reddit), 엣시(Etsy), 사운드클라우드(SoundCloud), 뉴욕 타임스가 있었다. 위 회사들이 제공하는 서비스를 이용하는 고객은 각기 다른 시간에 산발적으로 서비스 장애를 겪었다. 얼마 지나지 않아 다인을 향한 공격이 세계 곳곳에서 인터넷에 접속한 수십만 대의 기기에서 시작되었다는 사실이 드러났다. 여기에는 컴퓨터뿐만 아니라 감시 카메라, 토스터, 베이비모니터 (아기 방에 설치해서 소리 및 영상을 전송하는 기기—옮긴이)도 포함되었다.

상식적으로 베이비모니터가 스스로 주요 인프라 기반을 공격할 리는 만무하다. 한참 공격이 절정에 다다랐던 시점에 시작된 예비 조사를 통해, 공격에 노출된 기기[1]들이 사용자 모르게 감염되거나 도용되었다는 사실을 밝혀냈다. 악의적인 의도로 공격했을 이들은 다인 서버에 접속 요청을 대량으로 보내는 디도스(DDoS) 공격을 했고, 감염된 기기를 마음껏 조종했다. 가장 현란했던 공격 중 하나였다.

우리에게 잘 알려진 이니셜인 DDoS(Distributed Denial of Service)는 서비스 거부 공격(Denial of Service attack, DoS) 중 하나다. 정상적이라면 서버는 요청을 받으면 이에 응답한다. 만약 당신이 브라우저에 트위터(twitter.com) 첫 화면 접속 요청을 하면 서버는 대부분 문제없이 이 요청을 실행한다. 수없이 증가하는 접속 요청을 실행하기 위해 서버 수는 점점 더 많아지고 성능도 강해지고 있다. 그런데 DDoS 공격은 서버에 합법적으로 보이는 요청을 대량으로 보내 서버가 어떻게 대응해야 할지 헷갈리게 하는 방법이다. 이 경우 서버가 마비되거나 예측 불가능한 방법으로 요청에 반응한다. 최종 사용자의 브라우저에서 트위터 첫 화면이 열리지 않거나, 매우 느리게 접속되거나 가끔 접속되고, 또는 아주 느린 속도로 가끔 접속하게 된다. 이것이 다인 회사가 받은 공격이었다. 고객사를 위해 운영되던 인터넷 설비가 공격받았고, 이 공격의 결과로 다수의 웹 사이트 접속이 불통되었다.

미디어는 이 사건을 때로는 익살스럽게 "누군가가 인터넷을 고

---

1 그들은 미라이 봇넷(Mirai Botnet)을 이용했다. 봇(Bot)은 자동 또는 반자동 에이전트의 네트워크로 봇들이 서로 접속해 작업을 실행한다.

장 냈다"고 보도했다. 그러나 농담의 한 구석에는 이 사건이 인터넷 보안의 중요성을 드러냈다는 사실이 담겨 있다. 그리고 인터넷 보안은 기술 인프라와 마찬가지로 인프라를 운영하는 회사 및 전송되는 정보에도 중요한 요소다. 인터넷 보안의 복잡성을 몇 장으로 쉽게 설명하기는 쉽지 않다. 최근 장안의 화제가 되었던 몇 가지 예를 함께 살피면서 큰 그림을 그려보자.

공격 취약 지점이 기하급수적으로 늘어나다

1960~1970년대에는 중앙 컴퓨터에만 소프트웨어가 설치되어 있었고, 단지 몇 사람만 이 프로그램을 이용하여 소통했다. 개인용 컴퓨터가 발명되고 대중화되면서 프로그램이 가정에도 설치되었다. 얼마 지나지 않아 인터넷과 웹이 일반인에게 보급되었고, 모든 개인용 컴퓨터뿐만 아니라 컴퓨터에 설치된 소프트웨어도 인터넷에 접속해 있다. 오늘날에는 소프트웨어가 말 그대로 사방에 있다.

과거에 인터넷이 대중화되기 전에는 네트워크에 접속하지 않은 개인용 컴퓨터를 공격하는 일이 쉽지 않았다. 세계 최초 웜인 '크리퍼'(Creeper)는 1971년에 탄생했는데, 이 웜은 자기 스스로 복제하는 첫 번째 소프트웨어였다. 크리퍼는 서론에서 언급한 인터넷의 기원인 아르파넷(ARPAnet, 미국 각지에 분산된 연구소와 대학교의 컴퓨터를 연결한 대규모 패킷 교환망. 1969년에 시작되었다—옮긴이) 내에서 퍼져나갔고, 이를 막기 위해 연구자들은 '리퍼'(Reaper)를 만들었다. 사실 크리퍼는 우리가 흔히 말하는 악성 소프트웨어는 아니었는데, "나는 크리퍼다, 날 잡아봐라!"[2]라는 메시지를 화면에 띄울 뿐이었다. 다른 한편으로는 상품화된 소프트웨어를 복사하고 수정하는 다양한 도구도 존재했다. 바로 디스콜로지(Discology)[3]는 암스트래드 (Amstrad, 영국의 전자 기업. 1980년대 영국 PC 시장의 점유율을 상당 부분 차지했다—옮긴이) 컴퓨터용으로 만들어진 첫 위조 소프트웨어로 다른 소프트웨어를 복제할 수 있게 했다. 뿐만 아니라 디스콜로지에 복제 방지가 되어 있었음에도 디스콜로지 자체까지도 복제할 수 있었다. 요컨대 사람들은 인터넷이 도래하기 전부터 컴퓨터로 장난을 쳤던 것이다!

컴퓨터와 소프트웨어가 인터넷에 접속된 이후 공격은 더 쉬워졌다. 원거리에서도 기기에 접속할 수 있게 되었기 때문이다. 컴퓨터의 진화는 계속되었고, 어느 날부터 우리는 아폴로호를 우주에 보낼 때 사용한 컴퓨터를 여러 대 합친 것보다 더 강력한 기능을 지닌 휴대 전화를 살 수 있게 되었다.[4] 그러니까 우리는 무선 인터넷에 접속한 작은 컴퓨터, 즉 스마트폰을 갖게 된 것이다. 냉장고, 만

---

2   I am the creeper: catch me if you can.
www.theguardian.com/technology/2009/oct/23/internet-history
http://corewar.co.uk/creeper.htm

3   www.cpcwiki.eu/index.php/Discology

4   www.usinenouvelle.com/article/toute-la-puissance-informatique-de-lamission-apollo-dans- une-seule-requete-google.N180825 (단축 https://is.gd/GGzkCk)

보기, 토스터, 칵테일 컵 받침 등 오늘날 일상생활 속 물건들도 인터넷에 접속해 있다. 그리고 우리가 '똑똑한' 물건으로 부르는 물건에도 소프트웨어가 장착되어 있다. IoT(사물인터넷)라는 명칭은 우리 일상을 개선하는 데 필요충분 조건으로 여기는 인터넷에 모든 사물이 접속하는 미래를 단적으로 보여준다.

텔레비전, 냉장고부터 사물함 자물쇠까지, 우리는 모든 사물이 왜 굳이 네트워크에 접속해야 하는지에 당연히 의문을 제기한다. 몇 년 전, 스타트업 기업들이 홍보에 사용한 표현을 그대로 빌리자면 "일상에 긍정적인 영향을 주는" 놀라운 상품이 소개되었다. 바로 네트워크에 접속한 쓰레기통이었다. 이 쓰레기통은 당신의 쓰레기 버리는 습관에 주의를 기울이도록 한다는 것이다. 쓰레기통 안에 쓰레기를 버리는 순간 사진이 찍혀 당신의 페이스북 프로필 사진으로 바로 등록된다. 사진 공개로 당신이 분리수거를 제대로 하는지를 주위 사람이 바로 알아챌 수 있다. 이 사업을 구상한 스타트업 기업은 비록 성공하지는 못했지만, 이후에 도시 폐기물 처리 능력을 향상시키는 여러 쓰레기통이 개발되었다. 예를 들어 네트워크에 접속한 쓰레기 덕분에 쓰레기통이 찼는지를 언제든지 확인할 수 있어 청소차가 필요할 때만 운영되도록 한 것들이다. 사물인터넷(Internet of Things)이 쓰레기통 인터넷(Internet of Trash)이 된 셈이다.

새로운 프로그램이 설치되고 무선 네트워크에 연결된 주변 기기 수가 폭발적으로 늘어나는 현상이 자못 염려스럽다. 2020년에는 접속 사물의 수가 500억 개에 이를 것으로 예상된다. 물론 프로그램 개발자들이 할 일은 많아질 것이다. 그러나 보안 문제는 어떠한가? 새로운 기능을 서둘러 출시하기 위해 프로그램 개발팀은 비현실적으로 빡빡한 일정 속에서 일해야 하는 상황이 점점 더 늘었다. 개발 프로그램이 인터넷뿐만 아니라 클라우드에서 실행되는 경우도 증가했다. "구름 속 정보처리기술"이라고 불리는 클라우드[5]에는 시스템 자체가 지닌 보안 문제가 있다.

이뿐만 아니라 많은 프로그램이 새로운 기능을 추가하는 플러그인과 애드온 설치를 허용하면서 보안에 틈새가 생긴다. '불완전한 것'들이 점점 불어나고, 미처 밝혀지기도 전에 문제점이 일반화되는 현상이 발생한다. 또한 각 개인과 기업에 따라 인터넷 환경의 청결 여부는 많은 차이가 난다.

결론적으로 기기의 네트워크 접속성, 접속 시스템의 복잡성, 소프트웨어가 허용하는 추가 기능 설치, 이 세 가지 조건이 겹쳐지면서 인터넷 공격이 가능한 취약 공간이 늘어난다. 미국 행정 기구들은 데이터베이스를 제공하고 유지하는 '국립 보안 취약점 데이터베이스' 웹 사이트에서 보안 취약점의 수와 종류가 어떻게 변화했는지를 확인할 수 있다.[1] 공격자는 취약점 하나를 정해 공격할 수 있는 반면 방어자는 시스템 전체를 방어해야 하기 때문에 보안 문제

---

5 우리는 때때로 클라우드를 '타인의 컴퓨터'라고 부른다. 개인과 기업이 데이터를 클라우드에 저장함으로써 데이터가 여러 공간으로 분산되어 저장되기 때문에 외부 공간에 의존하게 된다. 그리고 클라우드 서비스업자가 제공하는 인프라 시스템의 복잡성과 연관된 보안 문제까지 고려한다면 이런 문제 제기를 할 수밖에 없다. "당신의 데이터를 저장하는 공간은 당신 소유가 아니라, 단지 빌린 공간이다. 만약 클라우드 서비스업자가 갑자기 사라지거나, 저장 공간의 보안이 위협받는다면 어떻게 되겠는가?" 잘 고민해보라. 생각보다 이런 경우가 흔하다.

는 당연히 매우 복잡하다. 그러나 대부분의 취약점은 빠르게, 그리고 비교적 쉽게 찾아낼 수 있다. 보안 검사를 자주 해야 하는 이유가 바로 이 때문이다. 물론 보안 검사를 한다고 시스템을 완벽하게 방어할 수 있다는 뜻은 아니다.

하지만 많은 경우 검사만으로도 자동화된 공격을 방어할 수 있다. 취약점이 발견되면, (일반적으로) 취약점 보완을 위한 패치가 제공된다. 취약점을 완전히 보완하는 패치가 아니라면 최종 패치가 개발되기를 기다리며 임시 패치로 보안의 틈새가 뚫린 곳을 막을 수 있다.

바이러스만 조심하면 된다?

오랫동안 사용하는 소프트웨어나 컴퓨터 프로그램이 당연히 안전하다고 생각한다면 오산이다. 최근 몇 년 동안 안전할 거라 여겼던 프로그램에서 뜻밖의 문제가 발견된 사례가 있다. 잠재 위험성에 대해 자세히 배우고 관련 분야 전문가들의 대응을 살펴보기 위해, (아주 심각했던) 두 사례를 간략하게 다루어 보려 한다.

'비스트'(BEAST)는 클라이언트에서 나타나는 취약점이다. 조금 덜 난해한 언어로 설명하자면, BEAST는 가장 널리 퍼진 웹 커뮤니케이션 프로토콜 내 존재하는 취약점이다. 웹 사이트에 접속하면 사이트 주소에 '보안접속' 혹은 작은 자물쇠 그림이 표시되는데 (또는 둘 다 표시됨), 이는 S-HTTP를 사용하고 있음을 의미한다. 그러니까 S-HTTP의 S는 SSL/TLS[6]로 불리는 암호 프로토콜이 있음을 말한다. 간단히 설명하자면, 이 암호 프로토콜은 아이디와 비밀번호 전송을 암호화한다.

하지만 HTTP 페이지에서 접속할 경우 아이디와 비밀번호와 같은 정보가 암호화되지 않는다. 따라서 만약 누군가가 당신의 통신 내용을 '본다면', 아이디와 비밀번호를 손쉽게 가로챌 수 있는 것이다. S-HTTP가 바로 이런 약점을 막는 역할을 한다. HTTP로 된 웹에서 하는 서핑은 악성코드와 같은 외부 공격에 취약하다. 그렇기에 당신도 은행 웹 사이트, 소셜 미디어와 이메일 계정에 접속하려면 S-HTTP를 사용해야 한다는 사실에 동의할 것이다. 만약 은행이나 이메일 서비스 제공자가 이 기본적인 보안을 제공하지 않는다면, 업체를 바꾸는 것이 낫다. S-HTTP는 "물건이 외부에 노출되지 않도록 철벽 방어하는 브링크스(Brink's) 트럭과 같다. 그렇다고 이 단단한 트럭이 완벽하다고 할 수는 없다. 트럭 운전사를 믿을 수 있어야 하기 때문이다." 반면 HTTP를 사용하는 것은 유리 트럭 또는 완전히 속이 훤히 보이는 트럭을 사용하는 것과 같다.

다시 BEAST로 돌아가자. 2011년 발견된 이 취약점은 많은 이들의 등골을 오싹하게 했다. BEAST는 한 사람이 웹브라우저를 통해 방문한 모든 웹의 보안을 위협했다. 결론부터 말하자면, BEAST

---

6 SSL/TLS는 1994년에 개발되었으며 필요에 따라 여러 번 수정되었다. 위키피디아 영문 페이지에서 기술적인 부분이 잘 정리된 자료를 볼 수 있다.
https://en.wikipedia.org/wiki/Transport_Layer_Security

취약점을 이용해 오늘날 일반적으로 중간자 공격(MITM, man-in-the-middle attack)이라고 부르는 공격을 할 수 있다. 중간자 공격은 클라이언트와 서버 사이에 공격자가 끼어들어, 공격자가 서버인 것처럼 속이는 방식이다.[2] BEAST는 보안 프로토콜이 새로 설정되는 과정을 위조해서 중간자 공격을 실행한다. 보안 프로토콜 설정을 위조하면 어떤 결과를 가져올까? 자세한 기술적인 설명은 제외하고 간단히 설명하자면 이렇다.

공격자는 암호화 설정 방식을 미루어 짐작해서 암호화된 데이터 내용을 알아낸 후 보안을 교란할 수 있다. 공격에 실패한다 해도 공격자는 웹 서핑 중 이루어지는 다양한 통신 정보를 이용자 모르게 수집할 수 있다. 암호화 위조에 정보 수집까지 가능했던 BEAST 취약점은 정말 큰 문제였다.

웹브라우저 개발사 대부분이 신속하게 취약점을 보완한 반면, 애플은 보안 패치를 배포하고 실행하는 데 매우 많은 시간을 들였다. 취약점이 발견된 지 2년이나 지난 후, 즉 2013년 11월이 되어서야 애플이 운영하는 사파리 웹브라우저[3]의 취약점 문제가 해결되었다. 2년 동안이나 이용자들을 잠정적 공격[4] 앞에 내버려 둔 셈이다.

많은 인터넷 보안 전문가를 깊은 구렁텅이로 빠뜨렸던 또 다른 취약점은 하트블리드(Heartbleed, 직역하면 '심장 출혈')였다. 2014년, 네트워크 회사 코드노미콘(Codenomicon)[5]이 알린 이 취약점은 "적어도 전 세계 인터넷의 66퍼센트"를 공격할 수 있었다. 하트블리드 역시 웹 통신 보안 프로토콜에서 나타나는 취약점을 이용한 공격으로, S-HTTP 설정을 가능하게 하는 장치에 손상을 입히는 방법이다. 하트블리드는 BEAST보다 더 위험한데, 공격자가 계정 아이디와 비밀번호뿐 아니라 이메일, 문서, 메신저에 저장된 채팅 내용 등까지 손쉽게 절취할 수 있기 때문이다.[6]

더 심각한 문제는 중간자 공격(MITM) 형식 없이도 공격자가 직접 정보를 볼 수 있다는 점이다. 또한 탈취한 정보를 이용해 통신 당사자인 듯 속여 또 다른 중간자 공격을 실행할 수도 있다. 그야말로 악몽이다.

위 사례를 통해 때로는 바이러스나 악성 프로그램만 조심하면 된다고 생각하면 보안에 틈이 생길 수 있음을 알 수 있다. 필자는 "사용하는 소프트웨어의 업데이트에 항상 신경 쓰라"[7]라고 귀에 딱지가 생길 정도로 말한다. 업데이트는 새로운 기능을 추가 설치하면서 보안 패치도 실행시키는 역할을 한다.

제로 데이 취약점

위에서 언급한 하트블리드 취약점은 '제로 데이'(0 day, Zero day)로도 불린다. 제로 데이는 보안 취약점이 알려지지 않은 시기를 뜻한다. 일반적으로 제로 데이 취약점은 기술 개발자에게 발견되지 않아 일반인에게도 공표되지 않는다. 취약점이 미처 발견되기 전이

7　또한 비밀번호는 다양한 기호를 혼합해서 복잡하게 만들어야 하고, 정기적으로 바꾸는 습관도 꼭 필요하다.

거나 프로그램이 이용자에게 배포되기 전이기 때문에, 해당 취약점을 해결할 보안 패치도 당연히 없다. 따라서 프로그램에 취약점이 있는데도 적절한 보안 대응책이 마련되어 있지 않다.

사실 모든 제로 데이가 항상 심각하게 위험하지는 않다. 단지 이 취약점에 대응할 보완 패치가 아직 없다는 상황을 뜻한다. 그리고 위험성은 취약성에 따라 발생하는 피해 규모에 달려 있는데, 취약점 공격이 존재할 때 특히 위험하다.

취약점 공격은 보안 취약점을 이용하여 관련 소프트웨어에 해로운 영향을 끼쳐 이용자에게 피해를 주는 모든 기술적 활용을 말한다. 따라서 모든 제로 데이 취약점이 불법적이거나 부정적인 결과를 만들어내지는 않는다. 그 한 예로 FBI가 아동 음란물을 다크웹 상에서 유통하는 대규모 지하 조직망을 소탕하기 위해 보안 취약점을 이용했던 사례를 들 수 있다.[7]

취약점 공격의 목적은 다양하다.[8] 예를 들어 제로 데이를 바이러스 작동에 활용하는 경우, 외부 기기의 '감염된' 컴포넌트가 바이러스처럼 작동하기도 한다. 하트블리드는 SSL/TLS 프로토콜의 주요 컴포넌트의 코드와 관련 있는 제로 데이 취약점이다.

제로 데이 취약점은 얼마나 많은 서비스와 관련 있는가에 따라 그 위험성이 좌우된다. 그 예로 (하트블리드와 같이) 웹 서핑의 특징을 활용하는 경우나 기기 내에서 작동되는 데이터베이스 대부분을 구성하는 컴퓨터 언어와 관련된 경우[9]는 심각한 피해를 빠르게 확산시킬 수 있다.

반복해서 말하지만, 제로 데이 취약점이 공표된다고 해서 관련 서비스 이용자가 보안 패치를 바로 실행할 수 있는 것은 아니다. 이 두 시점 사이의 시간 간격이 클 수 있다는 사실을 잊어서는 안 된다. 더 나아가 네트워크 접속 기기와 관련된 경우, 상황은 더 위태롭다. 네트워크 접속 기기는 업데이트와 보안 패치 설치가 불규칙하게 이루어지기 때문이다.[10]

실제로 취약점은 어떻게 공표될까? 그 첫 번째 방법으로, 취약점 분석 보고서를 공유하는 여러 웹 사이트[11]가 있다. 일반적으로 신원이 확인되고 신뢰할 수 있다고 알려진 단체가 정보 확인을 담당하는데, 제로 데이 취약점을 발견하는 주체는 대부분 대학이나 보안 업체의 연구원들이다. 그러므로 이들이 발견한 취약점의 존재를 관련 프로그램 개발 업체나 관련 접속 프로토콜을 관리하는 기관에 알리는 일은 선의를 기반에 둔 행위라고 할 수 있다.

그러나 우리가 사는 세상은 〈캔디 캔디〉와 같은 순정만화가 아니기 때문에, 현실에서 모든 취약점이 일반에게 공표되지는 않는다. 현실에서는 제로 데이를 '거래'하는 이들도 존재하는데, 제로 데이 취약점을 두고 가장 높은 가격을 제시하는 측과 거래하거나, 제로 데이를 이용한 취약점 공격을 개발해 팔기도 한다. 바로 이 부분에서 상황이 더욱 복잡해지는데, 예를 들자면 취약점을 가장 높은 가격으로 구매하려는 주체가 취약점이 발견된 소프트웨어를 개발한 업체가 아닌, 어떤 정부일 수도 있다. 제로 데이 취약점이 관련 소프트웨어 개발 업체가 아닌 타 기관에 약 50만 달러에 팔렸던 사례가 알려지기도 했다.[12] 그런데 취약점을 구입한 기관이 소프트웨어 개발 업체에 취약점의 존재와 특징을 알려주리라는 보장이 없기 때문에, 정작 관련 소프트웨어 개발 업체는 취약점의 존재 자체를 모르는 상황이 생긴다.

한편 취약점을 구매하는 주체가 어떤 정부라면, 이들은 취약점 조사 대상 목록을 만들고 다른 이들이 취약점 공격을 하지 못하도록 관리하기 위해 구매했을 수 있다. 그런데 만약 정부가 관련 소프트웨어 개발 업체에 취약점의 존재를 알리지 않으면, 보안 패치를 개발할 수 없으므로 보안에 틈이 생긴다. 그리고 이 사이에 다른 이들이 보안 취약점을 발견할 가능성도 다분하다. 또한 취약점을 구매하는 주체가 민간단체일 수도 있다. 이러한 다양한 상황 속에서 취약점을 둘러싼 위험성은 늘 존재한다.

취약점 자체, 그리고 취약점을 이용한 공격 모두 방어를 목적으로 하는 기술 차원에서 연구될 수 있지만, 반면 군사 무기화되어 군사 공격에 사용될 수도 있다. 제로 데이 취약점 거래 시장은 실제로 존재하며, 취약점 거래 시장이 어떻게 구성되고 작동하는지를 알아내는 일은 쉽지 않다.

취약점과 실제로 관련된 이들은 취약점에 대해 많은 이야기를 하지 않는다. 그에 대한 정보가 팔리거나 공표되지 않는 이상, 연구자들은 그 주제를 이야기하지 않는다. 한편 취약점 정보를 구매하는 이들은 그 사실이 외부에 알려지면 활용할 수 없기 때문에 취약점을 공표하지 않는다. 그러나 취약점을 판 뒤 이를 실토하거나, 구매자의 이메일이 외부에 노출되거나,[13] 보안 전문 기자가 취재하는 등 다양한 방법으로 취약점에 대한 정보를 알아내는 경우도 있다. 이런 사례를 더 자세히 알아보자.

방어나 공격의 목적으로 사용될 수 있는 제로 데이 취약점뿐만 문제가 아니다. 취약점 정보 중간 판매자는 그 종류도 매우 다양하다. 3부에서 다루겠지만 취약점 판매자들은 다크웹에서 활동하는데, 여기서 취약점에 대한 정보를 구매하는 기업이 많다. 취약점이 발견된 소프트웨어 개발 회사는 이용자의 신용을 지키기 위해 제로 데이 취약점에 대한 정보를 구매해 이를 보완해야 한다. 그러나 선의가 부족한 기업은 취약점을 악용할 기회를 노리는데, 그 예로 (아래에서 다시 언급하겠지만) 민주주의 원칙에서 벗어난 여러 정부에 공격 및 감시 소프트웨어를 판매한 것으로 알려진 이탈리아 기업 해킹팀(Hacking Team)이 플래시(Flash)에서 발견한 제로 데이 취약점을 3만 파운드(약 4,400만 원)에 구매한 사례[14]나, 미국 정보 보안 회사 제로디엄(Zerodium)이 아이폰 운영체제 iOS에서 제로 데이 취약점을 발견하는 팀에게 백만 달러를 포상하겠다고 광고한 사례[15]를 들 수 있다. 프랑스 기업 뷔팡(Vupen)과 미국 국가안전보장국(NSA)이 제로 데이 취약점 정보 식별 및 판매 계약을 맺었던 사례[16]도 있음을 잊지 말자.

불법이 거래되는 시장

제로 데이 시장에는 분명 불균형이 존재한다. 그리고 이 불균형은 다른 이들보다 더 비싼 가격을 제시하는 구매자가 존재하기 때문에 형성된다. 또한 불균형하고 복잡한 시장 생태계의 특징을 고려해야 할 뿐만 아니라, 제로 데이 취약점의 특징 때문에 애초에 발견되는 취약점의 수가 적다는 사실도 염두에 두어야 한다. 따라서 제로 데이 취약점 공급망에서는 각기 다른 구매자와 판매자 사이에 서열 관계가 형성되고, 주요 고객 계층 또한 매우 다양하다.[17] 제로 데이 시장의 전형적인 구조 때문에 소프트웨어 개발 업체가 정작 자신이 개발한 기술의 취약점 정보를 구매하지 못할 정도로 취약점 구매 가격이 치솟는 경우도 발생한다.[18]

그런데 어떤 이들은 색다른 접근 방식을 취하기도 한다. 리눅스 운영 체계 컴퓨터와 안드로이드 운영 체계 스마트폰과 관련된 한 취약점을 예로 들어보자. 이것을 발견한 회사는 취약점 공격 루트를 함께 개발해 주목을 받았다.[19] 눈길을 끄는 취약점을 이용해 광고하는 노이즈 마케팅 전략을 펼친 것이다. (취약점과 취약점 공격을 활용해 회사를 광고하는 동안, 해당 소프트웨어 개발자들은 취약점을 보완하기 위해 머리를 쥐어뜯는다.)

그러므로 제로 데이를 둘러싼 시장 모델은 비정상적이라고 말할 수 있다. 특수한 구매 주체인 국가가 제로 데이 정보를 구매한 사실을 외부에 밝히지 않을 경우, 취약점 가격이 더 올라간다는 것도 사실이다.

더 고약한 상황은 정보기관이 제로 데이를 일반에게 공개하지 않고 취약점을 보완하는 데에는 참여하지 않아, 많은 수의 이용자가 보안 위험에 노출되는 경우다.

실제로 미국 국가안전보장국(NSA)은 인터넷의 숨겨진 얼굴인 제로 데이 취약점을 수집하고 활용하면서[20] 정작 취약점 보완에는

공헌하지 않아 많은 비판을 받았다.[21]

많은 경우 실제 의도와는 달리, 보안 취약점 신고제인 '버그 바운티'(bug bounty)[8]를 운영하는 기업이, 조금 과장해서 말하자면, 취약점 중간 거래자처럼 비칠 수 있다. 그런데 이용자 계정과 관련된 취약점을 찾아내는 것이 사업 모델의 핵심이라는 사실을 고려할 때, 취약점 시장의 몰락이 특별히 이들 기업에 이득이 되지는 않는다. 물론 성급한 가정을 해서는 안 되겠지만, 오늘날 매우 적은 수의 기업들만 취약점을 찾아내는 통로를 갖고 있기 때문에, 이들 기업에게는 버그 바운티가 좋은 해결책이 될 수 있다. 규칙은 단순하다. 보안 취약점을 보완할 생각은 하지 않고 문제점만 찾아 이곳저곳을 뒤지는 자들에게 문을 열어주지 말라.[22]

이제 우리는 취약점 및 취약점 거래를 규제하는 법에 대한 질문에 이르렀다. 물론 이 질문도 단순하지는 않다. 관련 주제에 관한 연구가 이미 존재하는데, 특히 취약점의 법적 지위에 대한 연구가 눈에 띈다. 문제는 제로 데이의 정의가 모호할 뿐만 아니라 정의하는 것 자체가 불가능하다는 점이다.[23]

한 소프트웨어의 용도는 소프트웨어가 사용된 용례가 있어야 정의할 수 있기 때문이다. 게다가 제로 데이 취약점은 해당 소프트웨어 개발자 외에도 다른 개인이나 법인 단체가 발견할 수 있기 때문에 법적 책임 여부를 쉽게 따지기 어렵다. 다른 한편으로 취약점

---

8   다수 웹 사이트와 소프트웨어 개발자들이 운영하는 제도로 취약점 공격 및 취약점 등 관련 버그(bug) 정보를 제공하는 사람들을 포상하는 제도이다.

공표를 의무화하자는 의견도 있다. 그러나 취약점 공표를 의무화하면 다른 문제가 발생할 가능성이 있다. 그렇다 해도 취약점 잠재 구매의 주체인 동시에 활용 주체인 정부가 취약점 공표 의무화를 법으로 제정해야 할 것이다.[9]

제로 데이 공급로에는 또 다른 단면이 숨어 있다. 바로 다크웹 상에 존재하는 일부 시장에서 제로 데이가 거래되지만, 더 많은 중간 상인이 공개적으로 활동하는 '회색' 시장이 존재하며 그 규모는 다크웹상 시장보다 훨씬 더 크다는 점이다. 취약점 및 취약점 활용[10]에 대한 매우 적은 양의 정보만 확인되었기 때문에, 취약점 거래를 규제할 것인가 금지할 것인가를 결정하기가 어렵다. 그리고 보안 전문가들이 취약점을 찾아내는 작업은 공공의 이익을 위한 행위다. 따라서 보안 전문가들의 작업을 일부 제한한다면 큰 실수를 저지르는 셈이 된다.[24]

그렇기 때문에 바로 실행할 수 있는 모든 합의와 법률은 취약점 정보 판매자를 벌하기보다는 구매자의 책임을 강조하는 방향으

---

9   2016년 11월, 네덜란드 정부는 '국가 보안'을 이유로 경찰이 제로 데이를 활용할 것을 공식적으로 허용했다. https://www.zdnet.com/article/dutch-police-get-ok-to-exploit-zero-days-so-will-that-just-mean-more-surveillance/ (단축 https://to.ly/1z9dq)

10   취약점 공격 사실을 수집하여 일반에게 공개하려는 이들도 있었다. 그러나 우리가 알지 못하는 내용(정부, 민간에서 수집한 제로 데이 데이터베이스 등)에 대해서는 명확히 언급하기가 어렵다.

로 다루어야 할 것이다.[11]

사이버 공격

취약점 관리 자체는 매우 복잡한 작업이다. 그렇다면 사이버 공격은 어떻게 정의할 수 있을까? 요즘 아무렇게나 사용되는 '사이버 공격'이라는 말은 공격 행위가 지닌 위험성을 매우 과장하면서 동시에 이것을 '일촉즉발의 위험'으로 느끼도록 한다.

앞에서 언급했듯이 위험에 대한 의식은 필요하지만 실제 대응에 아무 도움이 되지 않는 호들갑을 떨 필요는 없다. '사이버 공격'이라는 단어를 (지나치게) 많이 사용하면, 우리의 분별력이 흐려져

---

11 2016년 10월 7일, 프랑스에서 제정된 '디지털 공화국을 위한 법령'은 프랑스정보안보국(ANSSI)에 '취약점'(전문가들은 이 단어가 제로 데이를 포함한다고 생각한다)을 신고할 수 있게 하는 기반을 마련했다. 그러나 법령에서 사용된 표현들은 다소 불완전한 듯하며, 어떤 이들은 신고제가 오히려 비효율적이라고 생각한다. 신고제를 보면, 정보안보국(ANSSI)에 취약점을 신고함으로써 같은 취약점을 관련 서비스를 제공하는 개인이나 단체에 알리는 것을 금지하는 조치로 이해할 수 있기 때문이다. 그 반대의 경우도 가능해 보인다. 따라서 정보안보국은 이 법령을 명확히 설명해야 한다. 그런데 자세한 설명을 요청하기에 앞서, 취약점을 관리하기가 어려움을 보여주는 사례가 여기 있다.
www.ssi.gouv.fr/en-cas-dincident/vous-souhaitez-declarer-une-faille-de-securite-ou-une-vulnerabilite/ (단축 https://to.ly/1z9dy) (프랑스 정보 안보국 사이트 페이지 '사건 및 애로 사항/보안 문제 또는 취약성 신고를 원하십니까?')

단어가 담고 있는 실제 심각성은 정작 이해하기 어려워진다.[12]

'사이버 공격'은 정보 처리 시스템을 공격하는 행위를 언급하기 위해 사용하는 일반적인 용어다. '공격'은 시스템을 파괴 및 수정하거나, 시스템 작동을 불가능하게 만들거나 취약하게 하려는 시도를 통칭한다. 어떤 사이버 공격 방식은 시스템을 조정하거나 정보 처리 시스템이 허용하지 않는 용도로 사용하는 것을 가리킨다. 그러므로 공격 범위가 확실히 광범위하다. 공격 시도가 이미 존재하는 보안 체계를 우회하는 방법으로 실행되기 때문이다. 그렇기 때문에 보안은 구체적이어야 한다.

한편 사이버 공격이라는 개념은 물리적인 보안을 포함하지 않는다. 그러나 이 책의 뒷부분, 특히 3부에서 여러 다양한 사례를 통해 살펴보겠지만, 인터넷 보안은 인터넷 '도구' 보안의 범위도 벗어난다는 사실을 알게 될 것이다. 광범위한 보안을 소홀히 하면 보안 취약성이 추가로 늘어난다.

사이버 공격의 동기를 부여하는 요인은 참 많다. 웹에서 수집한 스크립트를 테스트하려는 공격부터 스턱스넷(Stuxnet)[13]과 같은 강력하고 복잡한 공격 도구 개발까지, 그 유형은 다양하다. 그러나

---

12 가장 큰 문제는 특히 신뢰할 수 있는 정보가 부족하다는 사실이다. 인터넷 검색에서 관련 정보를 프랑스어로 찾아보기가 쉽지 않다.

13 미국과 이스라엘 정보국이 개발한 강력한 컴퓨터 바이러스로, 이란 핵시설을 공격하기 위해 개발되었다. 바이러스는 농축우라늄 원심 분리기 등의 주요 시설 등을 조정하는 시스템을 겨냥했다. 이 바이러스가 원심 분리기를 파손하고 폭발했을 것으로 추정한다. 스턱스넷은 최초의 사이버 무기로 알려져 있다.

공격이 복잡할수록 이익이 커진다는 것을 의미하지는 않는다. 상대적으로 간단히 실행할 수 있는 공격으로도 큰 피해를 줄 수 있기 때문이다. 그리고 우리가 치르는 대가가 늘 돈으로 환산되지도 않는다. 예를 들어, 한 기업이 금전적으로 타격을 입을 수 있는 정도 만큼, 법적인 관점에서도 손해를 입거나 고객의 신용을 잃는 피해가 발생할 수 있다. ACS:Law 법률 회사 케이스는 십중팔구 가장 나쁜 사례인데, 잃어버린 신뢰를 되찾는 일이 가장 어렵기 때문이다.

일상에서 만나는 보안 취약 사례들

2017년에는 거의 모든 미디어가 머리기사에서 정보 보안과 관련한 시사 뉴스를 다루었다. 보안은 모두의 문제이므로 보안 관련 정보를 많이 접할 수 있는 이런 현상은 좋게 평가한다. 그러나 언론이 관련 주제를 깊게 다루지 않고, 내용도 다소 불명확한 것은 아쉬운 부분이다.

사이버 공격과 피해의 수가 많고 그 유형도 점점 복잡해진다는 내용이다. 또한 화폐 관련 보안 분야 소식도 점점 증가하는데, 무엇보다도 오프라인과 온라인이 점점 긴밀한 관계를 맺고 있어 사이버 공격 때문에 실제로도 심각한 피해를 볼 수 있다고 전한다.

정작 전화 통화는 부차적인 기능이 된 스마트폰을 예로 들어보자. 당신이 스마트폰 위치추적 설정을 비활성화해도 위치는 여전히 전송되고 있다는 사실을 아는가? 휴대전화의 통신 접속 또는 4G 접속이 '자동'으로 되는 줄로만 알았다면 이는 오산이다. 사실 휴대전화는 주변 안테나에 접속할 때 기기의 위치 정보를 전송하는데, 그때 당신의 위치도 전송하는 것이다. 뿐만 아니라 스마트폰에 애플리케이션을 설치하기 전에 여러 사항을 '허용'하는데, 그렇게 허용해야 하는 내용이 점점 도를 넘는다. 예를 들어 사진 촬영 애플리케이션이 문자 메시지 읽기 및 쓰기 기능이나 다이어리 기능에 접근하게 해달라고 요청하는 일이 있다. 도대체 왜 그런 접근을 요청하는지 생각해보았는가? 사진 촬영 애플리케이션에는 카메라 기능과 촬영된 사진 저장을 위한 디렉터리에만 접근을 허용하면 되지, 그 외 다른 기능까지 수행하도록 할 필요가 전혀 없다. 그러나 많은 경우 애플리케이션이 도에 넘는 부분까지 접근 요청을 한다. 그런데 우리는 별다른 생각 없이 '허용' 버튼을 누르고, 더는 신경 쓰지 않는다.

개인 정보 문제 및 다수 기업이 개인 정보를 점점 더 많이 사유화하는 현상에 대해서는 추가로 책 한 권을 더 쓸 수 있을 정도다. 지금은 개인 정보 보안 분야에서 우리의 취약성을 먼저 인식한 다음, 이를 보완하기 위해 취할 수 있는 조치가 무엇인지 파악하는 데 집중하도록 하자.

페이스북이나 게임을 안 하기 때문에 나와는 상관없는 이야기라고 생각한다면, 현실을 모르는 것이다. 프랑스 당국은 신분증 발급을 쉽게 하려고 모든 시민의 개인 신체 정보를 수집하길 원했다.[25] 그러나 프랑스정보안보국(ANSSI) 및 '디지털과 정부 정보통신 시스템을 위한 부처 간 조정국'(DINSIC) 등 공공기관이 검토한 결과 개인 신체 정보를 저장할 시스템에 대한 보안을 보장할 방법이 없다는 결론을 내렸다.[26]

만일 그렇게 된다면 6천만 프랑스인은 자신이 제공한 개인 신체 정보가 너무나도 쉽게 유출되는 상황을 보게 될 것이다. 앞으로 실행될 의료 진료 기록 공유도 마찬가지다. 진료 기록이라는 매우 민감한 개인 정보를 의료 기관에서 전산화하여 공유하자는 시스템인데, 외부에서 정보에 접근하거나 해킹한다면 어떤 결과가 나타날까?

기술보다 더 중요한 '인간적' 요소

컴퓨터 보안은 단순히 기술적인 문제만 해결하면 되는 문제가 아니다. 오히려 기술적 역량을 포함한 다양한 분야를 접목하는 접근 방식이 필요하다. 복잡한 기술적인 이해를 하지 못하더라도 당신은 대부분의 보안 위협에 대비할 수 있다. 그러므로 우리가 어떤 위험에 처할 가능성이 있는지, 그리고 위험을 예방하기 위한 최적의 접근 방식을 파악하기 위한 구체적인 논의를 시작해보자.

- 회사의 연구 개발팀 간부인 당신은 지금 고속열차 안에서 중요한 프로젝트와 관련된 업무를 하고 있다. 몽롱한 정신을 깨우려고 카페 칸으로 가서 커피 한 잔을 주문하려고 한다. 노트북 컴퓨터

는 어떻게 하겠는가? 노트북을 열어둔 채, 게다가 화면에는 일하던 내용이 그대로 보이도록 두고 갈 셈인가?

- 당신은 업무를 집에 자주 가지고 온다. 업무용 USB를 쓸 일도 많다. 그렇다면 USB에 비밀번호는 설정해두었는가? USB에 개인 자료(휴가 때 찍은 사진 등)는 저장하지 않고, 업무용으로만 사용하고 잘 보관하는가? '아니오'라고 답했다면, 이 문제를 심각하게 고려해야 한다. '분실한' USB를 누군가가 주워 컴퓨터에서 열어보면, 주인이 누구인지 알아낼 수 있다. 직장에서 찍은 사진을 무심코 소셜미디어에 올린 경우, 자세히 살펴보면 직장 동료의 책상 위에 붙은 포스트잇에 적힌 비밀번호 등을 볼 수도 있다.

- 당신은 출장을 많이 다닌다. 특히 회사에서 제공한 컴퓨터를 휴대한다. 당신이 출장 가는 나라에서는 개인이 소지한 기기에 대한 접속 권한을 요구할 수도 있음을 확인했는가? 그렇다면 회사 정보 통신 담당 부서에 회사 컴퓨터를 암호화해달라고 요청할 생각은 했는가? 그리고 이미 어디선가 (커피숍, 공항, 기차역) 기기를 분실했던 경험이 있는가?

- 당신은 업무나 공부 때문에 이메일을 많이 받는다. 발신자가 가까운 동료나 직원이 아닌 출처가 분명하지 않은 이메일에 대해서도 모든 첨부 파일을 열어보는 편인가?

- 당신의 출입증 관리에 대해서도 신경써야 한다(특히 외부인에게 접근이 금지되었거나 신분증을 제시해야만 들어갈 수 있는 출입 제한 건물에서 사용하는 RFID 칩이 내장된 배지 말이다).

이런 예시만으로도 정보 통신 보안 분야에서 '인간적 요소'가 얼마나 중요한지를 충분히 알 수 있다. 음모론에 빠져 쓸데없이 불안해할 필요가 없다는 말이다. 앞으로 이어질 장에서 피싱, 랜섬웨어 및 사회 공학과 같은 기술을 포함한(그리고 그 외 분야와 함께) 다양하고 의미 있는 관점을 다룰 것이다. 그리고 마지막으로 미국 선거에 개입했다고 전해지는 '러시아 해킹'과 관련된 사례를 다룰 것이다. 자, 본격적으로 들어서기에 앞서 일반적으로 위협 모델이라고 불리는 대상에 관해 이야기해보자.

〈겟 스마트〉, 첩보 코미디 영화 같은 위협들

앞에서 보았듯이 우리는 인간적 요소를 중요하게 고려하게 한다. 이 부분은 아무리 반복해서 말해도 부족하지 않다. 만약 평소 신뢰하던 플랫폼이나 서비스가 외부 공격에 노출되었다면 당신은 이 서비스를 더는 신뢰하지 않을 것이다.

게다가 이들이 수집 정보 보호를 위한 적절한 조처를 하지 않았다면 법적 책임을 져야 한다. 이 책에서 이 문제는 다루지 않겠다. 그러나 많은 플랫폼과 웹 서비스가 외국에 서버를 두고 있다는 사실을 기억해야 한다. 서버가 해외에 있으면 법적 책임과 관련해서 상황은 더욱 복잡해진다. 그럴 경우 지역 경찰서에 컴퓨터 보안 사건에 대해 질문하더라도 꿀먹은 벙어리로 무기력한 프랑스 경찰의

모습을 볼 수 있다.[14]

　일어날 수 있는 위험을 모두 조사하려 하다가는 편집증 환자가 될 수 있으니, 일단은 수위를 낮추어보자. 당신의 페이스북 계정은 지메일(Gmail)이나 야후 계정 등 평소 사용하는 이메일 계정과 연동되어 있는가? 나의 경험에 비추었을 때, 당신이 계정에 접속하지 못하고 이른바 밖에 갇히는 상황이 벌어질 수도 있다. 계정을 우리 스스로 완전히 관리하지 않는 이상, 원상 복구하는 일이 실현 불가능해질 수 있다. "제3의 신뢰 기관 서비스"인 구글과 트위터 고객 센터는 무기력한 당신에게 도움을 줄 수 없을 테고, 문제점을 문의할 직원은 어디서도 만날 수 없다. 지역 경찰서에 문제를 문의한다고 해도 돌아오는 것은 '아무 조처를 할 수 없을 뿐더러, 어떻게 해야 할지도 모른다'는 답뿐이다.[15]

　자기 계정에 접속하지 못하는 상황은 밖에 갇힌 형국과 흡사하다. 결국 우리는 질문에 대한 만족할 만한 답변과 담당자의 연락처를 얻지 못한 채, '자주 묻는 질문'(FAQ) 페이지 속에서 하염없이 헤매기만 할 것이다. 이 무력함은 우리를 어린아이처럼 만들고 생각

─────────────

14　그 반대 예시도 언급해야 한다. 최근 구글은 미국 법원과 다투고 있는데, FBI의 요청으로 법원이 미국 외 국가에 있는 서버에 저장한 데이터와 지메일(Gmail) 메시지를 수거할 것을 요구했기 때문이다. https://www.nextinpact.com/news/103708-emails-stockes-a-etranger-geants-americains-cloud-se-liguent-autour-google.htm (단축 https://is.gd/i8A6Wj)

15　프랑스의 경우, 문제가 발생하면 프랑스정보안보국(ANSSI) 웹 사이트에서 설명하는 해결법을 보는 편이 낫다. https://www.ssi.gouv.fr/en-cas-dincident/

을 제한한다. 우리는 이런 상황을 가볍게 넘어가면 안 된다. 소셜미디어나 공공 서비스 계정을 우리가 완전히 통제할 수 없는 이메일 계정과 연동하는 것은 매우 위험하다. 계정 연동이 지닌 위험성도 매우 높고, 문제가 발생했을 경우 구체적인 해결책이 없어 속수무책이기 때문이다. 가능한 한 중요한 서비스는 외부 타 서비스와 연동하지 않는 것이 위험에 대비하는 좋은 방법이다.

축하한다! 여러분은 이제 막 컴퓨터 보안 위험 평가를 위한 첫 번째 시간을 마쳤다.

당신에게 달려 있다

우리가 당할 수 있는 공격의 특성을 살펴보면, 크게 세 범주로 정리할 수 있다(이해를 돕기 위해 임의로 나눈 것이다).

1. 합법적인 서비스인 듯 속여서 접근하게 하여 민감한 개인 정보를 가로채는 경우(피싱 등)
2. 악성 소프트웨어가 기기를 공격하거나, 랜섬웨어의 공격을 받아 기기의 데이터에 접근할 수 없는 경우
3. 웹 서비스에 접속하지 못하거나 서비스가 중단되는 경우(디도스 공격을 통한 서비스 중단 등)

디도스는 2장에서 자세히 언급하겠다. 디도스 공격은 자신이

어나니머스라고 주장한 일부 해커 그룹이 즐겨 사용했다. 앞에서 언급한 모든 방식의 공격이 개인 정보를 유출할 수 있다. 일반적으로 피싱 공격은 이런 방식으로 이루어진다. "귀하의 계정에서 문제점을 발견했습니다. 보안을 위해 여기를 클릭하세요"라는 내용의 메일을 받은 당신은 특별히 이상한 점을 발견하지 못하고 버튼을 클릭한다. 그런 다음에 당신은 자기도 모르게 현재 사용하는 비밀번호를 피싱 유발자에게 전송하게 된다. 이렇게 해서 공격자는 당신의 아이디와 비밀번호를 사용해 관련 서비스에 접속할 수 있다. 만약 의류 한정 판매 사이트를 사칭한 경우라면 문제가 그리 심각하지 않겠지만, 은행 계좌와 관련된 내용에 접근한 경우라면 큰 문제가 된다. 프랑스 경찰 당국의 공식 트위터 페이지에는 "의심 가는 이메일"을 조심하라는 메시지가 종종 올라온다. 그런데 이용자에게 주의를 요청하는 경찰 당국의 안내 내용은 크게 도움이 되지 않을 뿐더러 오히려 혼란을 가져온다. 실제 피싱 공격은 점점 더 교묘해지면서, 외적으로는 의심이 덜 가는 양상을 띠고 있기 때문이다. 게다가 피싱 공격에는 이메일뿐 아니라 가짜 고객 서비스 센터[27], 가짜 페이스북 선발 대회 등 다양한 방법이 넘쳐나며, 특별히 의심스러운 모습을 찾아볼 수 없다.[28]

피싱 공격의 취약점은 바로 인간 자체에 있다. 피싱 공격에 당하는 이유는 구글 서비스 안내나 트위터 서비스 안내 메시지 형식을 제3자는 모방하기 어려울 것이라 짐작하고, 합법적인 서비스 센터만 이 메시지를 전송할 수 있다고 생각하기 때문이다. 그러나 이는 잘못된 생각이다. 피싱은 가장 저렴한 방식의 공격이면서 동시

"보안 프로그램만 믿고 있으면 안 된다"

- 한 프랑스 기업 그룹의 시스템 보안 컨설턴트와의 인터뷰 -

저자: 정보 보안 전문가가 어떤 일을 하는지 설명해달라. 이 직업을 모르는 이들에게는 그 역할이 모호하게 느껴진다.

. . .

Vxroot(이하 V): 민간 및 공기업을 포함해 모든 종류의 기업이 정보 시스템의 취약점을 발견하고 보완할 수 있도록 조언과 권고를 하고 있다.

저자: 보통 많은 사람은 비밀번호만 잘 설정하면 된다고 생각한다. 정보 보안 전문가의 시선에서 보았을 때 일상에서 인터넷을 사용하면서 취해야 할 가장 중요한 예방책은 무엇인가?

. . .

V: 타인이 알아내지 못하도록 복잡한 비밀번호를 설정하는 일 외에도 규칙적으로 비밀번호를 변경하는 데 신경을 써야 한다. 비밀번호는 보통 3개월마다 한 번씩 바꾸어준다.

　그런데 이것으로 끝이 아니다. 악의를 지닌 해커는 비밀번호를 알아내 계정에 로그인하는 방식을 거치지 않고 직접 컴퓨터 시스템에 접근하는 방법을 사용한다. (웹브라우저, 메신저 클라이언트 등) 우리가 일상에서 사용하는 소프트웨어가 업데이트되지 않았을 때 나타나는 취약점을 이용해 취약점 공격을 한다. 그렇기 때문에 정기적으로 프로그램 업데이트를 잊지 말고 해야 한다.

　그리고 더 복잡한 기술을 동원하여 인터넷 이용자가 지닌 순진함을 이용해 속이는 방식도 있다. 악의적인 해커는 무작위로 이메일을 보내 피해자가 이메일에 첨부된 링크를 클릭하거나 첨부 파일을 열어보길 기다린다. 링크나 첨부 파일을 클릭하면 이용자의 쿠키 정보를 수집하는 악성 웹 페이지로 이동한다. 그리고 공격자는 쿠키를 이용해 피해자가 로그온한 시간에 접속해 피해자가 모르는 사이에 작업한다. 이메일에 첨부되었던 파일이 실행되면, 공격자가 피해자 기기에 접속해서 저장 파일에 접근하거나 웹캠을 실행하는 등의 작업을 할 수 있다.

백신 프로그램만 믿고 있어도 안 된다. 공격자는 백신 프로그램을 피할 새로운 방법을 찾아내기 때문이다. 그렇기 때문에 인터넷 보안에 관한 좋은 감각을 키워야 하고, 알지 못하는 발신자가 발송한 이메일은 신뢰하면 안 될 뿐만 아니라 아는 사람이 보낸 이메일이라도 내용이 이상하면 일단은 의심해야 한다.

저자: 신뢰할 수 있는 인터넷 쇼핑 사이트인지 아닌지 어떻게 알 수 있나? 사이트를 통한 사기가 판을 치는데, 이를 예방할 수 있나?

...

V: 예방할 수 없다. 앞서 말했듯 보안에 대한 좋은 감각을 키우고, 알려진 브랜드의 웹 사이트만 신뢰해야 한다. 무엇보다도 이메일로 전송되는 할인 광고에 유의해야 한다. 유명 상표 웹 사이트를 모방한 가짜 쇼핑 사이트에 접속하도록 유도하는 사기 메일일 수 있기 때문이다. 가짜 할인 광고는 이용자가 사이트를 신뢰하게 만들어 상품을 주문하고 무엇보다도 카드 정보를 입력하게 하는 데 목적이 있다. 해커는 이런 방식으로 유출한 카드 정보를 사용한다.

인터넷상에서 주문을 할 때마다 웹 사이트 주소(URL)가 정확한지 살펴보고, 주소창 왼편에 녹색 자물쇠 그림이 있는지 확인하면 올바른 사이트인지 구분할 수 있다. 그리고 마지막으로 공공 와이파이에 접속했을 때에는 인터넷으로 주문을 하지 않기를 바란다. URL 주소는 맞더라도 악의적인 해커가 중간에 가로채서 가짜 사이트로 접속시킬 수 있기 때문이다.

에 그 효과도 크다. 유명 상표의 겉모습을 베끼는 일은 생각보다 간단하다.[29] 그렇기 때문에 피싱 공격 예방은 당신이 얼마나 조심하는가에 달려 있다. 피싱 예방은 인간의 영역이라고 할 수 있다.

왔노라, 보았노라, (VINCI 그룹을) 이겼노라

말은 행동보다 쉽다. 사기성 메일을 받았을 때 우리는 이메일을 보낸 사이트에 가서 요청 사실이 적법한지를 확인하거나, 관련 서비스 담당자에게 문의하는 방식으로 대처할 수 있다고 말할 것이다. 그런데 프랑스 건설 분야 대기업인 빈치(Vinci) 그룹을 겨냥했던 최근의 속임수를 보자. 이 속임수로 빈치의 주식이 18퍼센트나 떨어져 세간에 충격을 주었다[30](이로 인해 단순한 속임수는 사기가 되었다). 언론 미디어에는 "해킹 당한 빈치"와 같은 자극적인 기사 제목이 넘쳐났다. 명시하자면 이 사례는 사이버 공격이 아닌 기업을 겨냥한

속임수(hoax)였다.[16]

2016년 11월 22일, 몇몇 경제 전문 잡지(《블룸버그》 등) 편집부에 이메일 한 통이 전송되었다.[31] 첨부된 공식 성명의 내용은 매우 놀라웠다. 빈치 그룹의 내부 감사를 통해 재무 책임자가 "불법 송금"을 한 사실이 밝혀져 해고되었다는 내용이었다. 불법 송금은 2015년 말부터 2016년 초까지 이루어졌고, 피해 금액은 35억 유로에 달하는 거액이라는 것이다. 공식 성명은 빈치 그룹 경영인이 "매우 충격"을 받았다고 밝히며 마무리되었다. 같은 날 16시경 기사가 공개되었고, 빈치 그룹의 주식은 불과 7분(!) 만에 18퍼센트 추락했다.

그러나 내용은 전혀 사실이 아니었다. 잡지 편집국이 함정에 빠진 것이었다. 이 공격은 사회 공학적 관점에서 보면 고도의 공격 방식으로, "반사를 이용한 공격"이라고도 불린다. 기자들이 빈치를 겨냥해 직접 공격하도록 조정한 것이다. 물론 몇몇 기자들은 충격적인 내용이 사실인지 확인하기 위해 이메일 아래 명시된 전화번호에 전화를 걸었고, 누군가가 전화를 받아 사실 여부를 확인해주었다고 한다. 심지어 가짜 이메일은 언론 담당자 이름까지 도용했다. 이메일에 사용된 이름이 빈치 그룹에서 언론을 담당하는 실제 실무자의 이름이었다. 그러나 전화번호가 가짜 번호였다는 사실이 곧 밝혀졌다. 더 악랄한 점은 이메일을 전송한 이메일 주소도 가짜였다는 것이다. 가짜 성명서를 배포한 이메일 주소는 contact.abonnement@vinci.group이었다. 그런데 인터넷에서 간단히 검색만 해봐도 빈치

---

16 검색 엔진에서 "Vinci 해킹"을 검색해보라, 많은 사례를 볼 수 있다.

그룹의 공식 도메인 이름은 'vincigroup.com'이지, 'vinci.group'이 아니라는 사실을 알 수 있다. 따라서 이메일에 명시된 전화번호가 실제 언론 담당자의 전화번호인지 쉽게 확인할 수 없다 하더라도, 가짜 이메일 주소 사용 여부는 쉽게 확인이 가능했다.

사건의 경위를 조금 더 자세히 살펴보고 싶다면 등록된 도메인 이름 정보를 확인할 수 있다(도메인 정보는 공개된다).[17] 후이스(Whois) 사이트에서 확인할 수 있고, 다수 웹 사이트는 간단한 검색으로 도메인 정보를 찾아볼 수 있는 서비스를 제공한다.[18] 빈치 그룹 도메인으로 다시 돌아가 보자.

특징	vincigroup.com	vinci.group
등록 날짜	2000년 2월 24일	2016년 11월 7일
책임자	필립 드르바르 (지역: 프랑스, 루에-말메종)	토마 무라에르 (네덜란드, 엉베르)
도메인 관리	전문 업체	책임자 자체 관리

먼저 두 정보를 비교하는 것만으로도 이상한 점이 보인다. 네덜란드에서 사는 사람이 빈치 그룹 사이트를 관리한다고? 두 책임

---

17 도메인 관리자에게 관리자 이름 관련 정보를 비공개로 해줄 것을 요청할 수 있다. 비공개된 경우라도 등록 날짜는 공개된다. 만약 가짜 도메인이 등록되어 있고 관리자 이름을 확인할 수 없을지라도, 실제 도메인 주소(vincigroup.com)와 관리자가 누구인지를 비교하면 확연히 더 의심 가는 쪽을 간단히 구별해낼 수 있다.

18 전 백악관 대변인과 관련하여 예를 들어 〈마셔블〉(Mashable)이 쓴 기사에서는 어떻게 '후이스'에서 간단한 검색만으로 정보를 알아냈는지를 볼 수 있다. http://mashable.com/2017/02/07/sean-spicer-who-is/

자 이름과 관련된 정보를 찾아보면, 토마 무라에르와 관련된 정보는 찾을 수 없는 반면, 필립 드르바르는 빈치의 커뮤니케이션 책임자임을 알 수 있고, 2001년 〈넷 신문〉(*Jounal du Net*)에서 발행한 인터뷰 기사를 찾을 수 있다.[19] 알려지지 않은 인물과 빈치 그룹에서 활동한 사실이 검증된 인물 중, 두 번째 인물을 신뢰하는 것이 더 이성적인 판단이다. 마지막으로 경제 잡지 편집부에 보낸 이메일에는 웹상에 게시된 성명서라고 주장하는 페이지로 연결되는 링크도 첨부되어 있었다. 그런데 링크된 주소는 빈치 그룹 웹 사이트를 그대로 베껴 만든 가짜 페이지였다.[20]

자, 여기서 전달된 내용이 사실인지 심각하게 의심이 갈 때 어떻게 단 1분 30초 만에 일련의 단서를 찾을 수 있는지를 보았다. 게다가 거액(35억 유로!)의 횡령 사건 또한 거짓이었다. 상당한 거액이 언급되었다는 것만으로도 의심의 여지가 있었기에, 기자들은 조금 더 진지하게 사실 여부를 확인하는 노력을 했어야만 했다.

스피어 피싱: 한 놈만 전문적으로 노린다

앞에서 언급한 사례들을 통해, 의심 가는 사실을 확인하려면

---

19 http://www.journaldunet.com/0111/011128vinci.shtml

20 해당 웹 페이지는 웹상에 더는 존재하지 않으며, 구글 캐시(cache)에서도 찾아볼 수 없다. 그리고 웹 저장소에도 저장되지 않았다.

어떤 특별한 기술이나 능력이 필요하지는 않으나 '일반 상식'이 있어야 함을 알 수 있다. 알지도 못하는 도구를 사용할 수는 없기 때문이다. 빈치 그룹 사례에서는 기업이 약간의 금적적인 피해를 당하는 것으로 사건이 마무리되었지만, 어느 누구도 피싱 공격에 안전할 수 없으며 그 공격의 피해는 막대할 수 있음을 알아야 한다. 그 예로 2011년 프랑스 재정부가 매우 정교한 피싱 공격의 피해를 입었던 사례를 들 수 있다. 피싱 공격으로 다수의 G20 관련 문서가 유출되었고, 직원 150명이 연루되는 결과를 초래했다.[32] 또 다른 예로 중소기업 BRM이 한 가짜 법률 회사에 160만 유로를 송금하는 사기를 당했고, 사기를 당한 회사는 파산 신고를 해야 하는 지경에 이르러 직원 81명이 직장을 잃는 피해를 입었다.[21] 위에서 언급한 모든 사례에서 인간적인 요소가 핵심적인 역할을 했다. 여기에 기술적인 예방책이 있었더라도 결과는 바뀌지 않았을 것이다.

더 정교하게 고안된 사기 수법은 저속한 아이디어에서 시작된 단순한 피싱 수법과 구별된다. 여기에서 말하는 정교한 수법은 '스피어 피싱'(spear phising)인데, 이것이 노리는 목표는 일반 피싱보다 더 우려를 자아낸다. 공격 대상을 콕 찍어 접근하는 피싱[33]으로, 일반적으로 발신자 신분을 속여 실행하기 때문에 사전에 사회공학적 작업이 필요한데, 스피어 피싱의 목표는 주로 비밀 정보에 접근하는

---

21 https://www.courrierdelouest.fr/actualite/bressuire-brm-mobilier-plombee-par-une-importante-escroquerie-07-09-2015-234392 (단축 https://is.gd/WPX1cm)

것이다.[22]

　적은 비용을 들여 실행할 수 있는 일반 피싱은 사전에 공격 대상을 선정하지 않고 많은 사람을 무작위로 공격한다. 전형적인 피싱 방법을 예로 들어보자. 당신은 세무서에서 보낸 이메일을 받는다. 이 이메일에는 당신이 내야 하는 금액보다 더 많이 세금을 납부했기에 나머지 금액을 환급받으려면 카드 정보를 알려주어야 한다는 내용이 담겨 있다. 자, 벌써 수상한 냄새가 나지 않은가? 돈을 받는 데 결제 수단인 카드 정보를 전달해야 한다니 말이다. 이 수법에서 공격 대상은 설정되어 있지 않다. 똑같은 메시지를 받은 수천 명 중 일부가 걸려들 것이다.

　반면 스피어 피싱은 대상을 특정한 사람 또는 집단으로 제한하여 공격을 실행하기 전에 이들에 대한 정확한 정보를 미리 수집한다. 누군가가 한 기업의 정보 시스템에 접근하기를 원한다면 회사 내 모든 직원을 노리지는 않을 것이다. 그런데 정보 시스템 접근 비밀번호를 관리하는 책임자는 대개 편집광적인 성향이 있다(조심스럽

---

22 산업스파이 활동을 목적으로 정교하게 고안된 공격 및 유사한 공격을 '피싱'으로 통칭해 부르는 경우가 많으나 실제로는 스피어 피싱으로 분류해야 한다. 프랑스 국립정보원(ANSSI)이 제공하는 설명을 아래 두 페이지에서 참고하라.
https://www.ssi.gouv.fr/particulier/principales-menaces/cybercriminalite/attaque-par-hameconnage-phishing/
https://www.ssi.gouv.fr/particulier/principales-menaces/espionnage/attaque-par-hameconnage-cible-spearfishing/
(한국의 독자는 한국정보통신기술협회가 제공하는 〈IT용어사전〉을 참고할 수 있다―옮긴이)

고 신중하다는 뜻이다). 그렇기 때문에 늘 의심하는 성향이 있는 책임자를 속이려면 매우 특정한 정보를 활용해야만 한다. 피싱이 망을 쳐서 하는 낚시와 같은 조잡한 방식이라면, 스피어 피싱은 공들여 기술 전략을 세우는 방식이다. 또한 노리는 목적이 다르다. 누군가의 통장에서 150유로(약 19만 원)를 빼내는 사기와 드론을 상품화하려는 회사의 내부 보고서를 빼내는 사기로 얻는 이득이 같을 리는 없지 않은가.

랜섬웨어, 돈과 데이터를 노린다

랜섬웨어를 사용하는 공격에서도 인간적 요소는 한몫한다. 랜섬웨어는 악성 소프트웨어의 일종으로, 컴퓨터에 랜섬웨어를 설치한 후 "열쇠로 잠그고" 컴퓨터 내 데이터를 암호화한다. 그리고 일반적으로 랜섬웨어 공격자는 암호를 푸는 대가로 돈(몸값을 뜻하는 '랜섬'[ransom]에서 비롯되었다)을 요구한다.

이러한 협박은 촉박한 시간 때문에 피해자가 받는 스트레스를 이용하기도 한다. 만약 늦게 대응해서 정해진 최종 시간을 넘기면 데이터가 모두 삭제된다고 협박하는 식이다. 직소(Jigsaw) 랜섬웨어는 한 시간마다 정량의 데이터가 삭제된다고 으름장을 놓는다.[34] 솔직히 말하자면 상황은 뻔하다. 스트레스를 받으면 받을수록, 당신은 덜 이성적으로 대응할 것이다. 따라서 도움을 요청할 생각을 하지 못하고, 상황을 분석하여 다른 결정을 내릴 수 있는 판단력이 흐려져 "그래, 당장 돈을 내겠어"라고 체념하게 된다.

또 다른 경우, 랜섬웨어는 공권력이 있는 단체나 법원에서 메시지를 보낸 것처럼 속이기도 한다. 예를 들면 레베톤(Reveton) 랜섬웨어는 기기를 감염한 후 FBI 로고와 비슷한 로고를 화면에 잔뜩 띄우는 수법을 사용한다. FBI 로고와 함께 전달되는 메시지는 간단한데, 저작권자 허락 없이 불법으로 저작물을 사용했기 때문에 벌금 250달러를 즉시 납부해야 한다는 것이다. 당장 납부하지 않으면 훨씬 더 중한 벌금을 물게 된다고 협박한다(미국에서는 저작물을 불법적으로 이용할 경우 25만 달러 이하의 벌금을 부과할 수 있으며, 또한 벌금과 함께 5년 이하 징역까지 처해질 수 있다).[35] 그렇기 때문에 저작권 처벌을 걱정하는 이에게 벌금 250달러는 그렇게 큰 금액으로 다가오지 않는다. 비슷한 사기 메시지로 피해자의 기기에서 아동 음란물이 발견되었다고 협박하기도 한다.[36]

사기꾼은 인간 관계망을 이용한 기술도 활용한다. 몇 년 전 형편없는 배경 음악 위에 저속한 사이비 종교 메시지를 담은 파워포인트가 인터넷상에 돌아다녔던 것을 기억하는가? 다른 세 사람에게 전달하지 않으면 3년 동안 불행한 사랑을 하게 될 거라고 으름장을 놓던 '행운의 편지' 말이다. 팝콘 타임(Popcorn Time) 랜섬웨어 사례가 보여주었듯이,[37] 행운의 편지 원리를 모방한 랜섬웨어 공격도 있다. 이 경우 당신은 선택의 갈림길에 선다. 악성 첨부 파일을 전송해 지인들의 기기를 감염시킬지, 아니면 타인이 감염되는 것을 막기 위해 돈을 지급할지 말이다. 이 수법은 정말 기발하다. 어떤 선택을 하느냐에 상관없이 공격자가 목적했던 바대로 돈을 얻어낼 가능성이 매우 높기 때문이다. 많은 사람에게 정보를 전달하기 위해 고안된 꽤 호감이 가는 랜섬웨어도 있는데, 쿨로바(Koolova) 랜섬웨어는 컴퓨터 보안에 대한 기사를 다 읽어야만 기기 잠금을 풀 수 있도록 고안되었다.[38] 그런데 쿨로바 랜섬웨어와 같은 종류의 랜섬웨어도 문제를 바로 해결하지 않으면 데이터를 삭제한다.

또 가짜 랜섬웨어도 있다. 실제로 기기를 잠그지 않고 돈을 요구하는 방식이다. 이런 종류의 가짜 랜섬웨어는 그렇게 위험하지 않다. 그런데 다른 방식을 사용하는 위험한 부류도 있다. 당신의 컴퓨터에서 찾아낸 정보를 외부에 공개하겠다고 위협하는 경우는 분명 더 심각하다. 이미 데이터를 백업해 둔 덕에(우리는 모두 백업 파일을 가지고 있다. 그렇지 않은가?) 랜섬웨어 공격으로 데이터가 삭제되더라도 파일을 복원할 수 있다면 그냥 지나가는 사건에 지나지 않을 것이다. 기분은 나쁘겠지만, 어렵지 않은 작업이다. 반면 민감한 개인 정보가 외부에 공개되면, 이는 완전히 다른 문제다.

랜섬웨어 방지는 이렇게 하라

랜섬웨어 프로그램은 이메일, 더 정확히 말하자면 피싱 메일을 통해 감염시킨다. 피싱 메일을 열 확률은 평균 30퍼센트 정도다. 그러니까 10명 중 3명이 잠정적 위험을 내포한 사기 메일을 열어본다는 뜻이다.[39] 2016년 발송된 피싱 메일 중 90퍼센트가 랜섬웨어를 전파했고,[40] 랜섬웨어 공격은 첨부 파일이나 감염된 웹 사이트로 연결된 링크를 통해 이루어졌다. 첨부 파일을 활용한 공격의 경우 일부 랜섬웨어가 악성 매크로를 통해 전파되었다는 사실이 밝혀졌다.[41] 웹 사이트를 통한 감염의 경우 조잡한 사이트뿐만 아니라 안전성을 보장한다고 생각했던 사이트(예를 들면 BBC 방송사 웹 사이트)에서도 악성 광고가 발견되었고, 랜섬웨어는 이러한 광고를 통해 사이트 방문자의 컴퓨터에 전파되었다는 사실이 밝혀졌다.[42]

랜섬웨어 예방을 위해 당신은 분명 여러 방법을 떠올릴 것이다. 이메일의 첨부 파일 조심하기, 아무 링크나 함부로 클릭하지 않기[23], 임의로 설정된 매크로 비활성화하기, 광고 차단 프로그램(예를 들어 uBlock) 설치하고 실행하기, 웹 브라우저 업데이트를 수시로 진행하기, 구식 기술 및 신뢰성이 떨어지는 프로그램(가령 어도비 플래시) 사용 피하기 등등.

많은 랜섬웨어 프로그램이 데이터에 다시 접근을 허용하지만 그동안 이메일 주소와 같은 전리품을 빼낸다. 유출된 이메일은 스팸 메일을 보내거나 피싱 공격을 하는 데 다시 사용되고, 저장된 아이디와 비밀번호를 유출하며 당신의 컴퓨터(특히 윈도우로 운영되는 컴퓨터)를 봇넷[24]으로 활용한다. 또 다른 방책으로는 컴퓨터 계정을 나누어 관리하는 것이 바람직하다. 윈도우 운영 시스템에는 관리자

---

23 도메인 조회 검색 사이트인 Virus Total(virustotal.com)에서 도메인 이름이 맞는지를 확인할 수 있다.

24 감염된 기기들로 이루어진 네트워크로 기기 주인 모르게 사용된다. 일반적으로 스팸과 컴퓨터 바이러스를 전파하는 등 악의적인 목적으로 이용된다. 앞에서 언급했던 다인 회사를 대상으로 한 사이버 공격에서는 미라이(Mirai)가 이용되었다.

권한을 부여하는 계정이 기본으로 설치되어 있는데, 이 계정은 이용자 자신만 사용한다(당신의 관리 여부와는 상관없이, 기기 관리자 권한이 자동으로 생긴다). 더 나은 방법은 관리자 권한이 없는 일반 사용자 계정을 만들어 일상생활에서 사용하는 것이다. 이렇게 조치하면 컴퓨터가 감염되더라도 참담한 피해는 어느 정도 피할 수 있다.

취약하지만, 방법은 있다

어떤 분야에서도 완벽한 보안은 없다. 컴퓨터 보안 예방책에 대한 몇 가지 방법을 눈여겨보자. (일상에서 컴퓨터를 사용할 때 적용할 수 있다.)

STRIDE

이는 Spoofing, Tampering, Repudiation, Information disclosure, Denial of service, Elevation of privilege의 약자다. 쉽게 풀어 설명하자면, 부당하게(불법적으로) 시스템을 조종할 수 있게 하는 취약점을 찾아내기 위한 분류법이다.

시스템 침입은 이용자의 접속 정보를 이용해 이루어지는데, 이를 '스푸핑'(spoofing)이라고 한다. 앞서 스피어 피싱을 설명하면서 언급했던 사례가 여기 속한다. 시스템에 침입한 불청객은 시스템이 부득이하게 장기간 저장해둔 데이터를 손상하는데, 이 단계를 '탬퍼링'(tampering)이라고 한다. 시스템이 모든 접속 및 실행 내용 등을 적어놓는 로그 파일 등을 파괴한다. 그리고 공격자는 자신의 흔적을 숨기기 위해 활동 흔적을 지운다(repudiation). 침입자의 목적은 정보 수집 및 공개뿐만 아니라 서비스 거부(denial of service)일 수도 있는데, 서비스 거부 공격을 목적으로 침입했을 경우 시스템이 제공하는 서비스가 중단된다. 마지막으로 침입자가 관리자 권한을 얻어 (elevation of privilege) 기기 내 합법적인 관리 절차를 무시하면서 기기 기능을 불법적으로 조정할 수 있는 단계가 존재한다.

DREAD

Damage, Reproducibility, Exploitability, Affected users, Discoverability의 약자다. 각 단어는 공격이나 손상 유형에 적용할 만한 특징을 말한다. 어떤 유형의 손해를 입었는지, 다른 공격자가 모방하기 쉬운 유형인지, 얼마나 많은 이용자가 영향을 받았는지, 그리고 공격을 발견하는 데 얼마나 많은 시간이 걸렸고 또 발견하기가 쉬웠는지에 대해 질문한다. 이 모델은 각 분류와 각 공격을 평가할 수 있도록 0에서 10까지 단계를 제시하는데, 0은 "미비한 단계"를, 10은 "심각한 단계"를 의미한다. 일상 속에서 맞는 위기를 의식적으로 언제나 평가하지는 않을지라도 당신 나름의 방법론은 있을 것이다. 예를 들어 상한 음식을 성인이 섭취했을 때와 세 살짜리 어린아이가 섭취했을 때 얻게 될 피해는 다를 것이다.

인터넷 보안 위협을 객관적으로 평가해야 하는 필요성을 인정하면서도 여러 다양한 방식으로 일어나는 컴퓨터 공격에 대한 질문에 각기 알맞은 답변을 하기가 어려운 현실도 이해해야 한다.

이제부터는 복잡한 인터넷 보안 위협 사례를 함께 분석해보자. 보안을 위협하는 이들은 누구인지, 그리고 보안을 위협받은 결과는 무엇인지에 대해 언론 지면과 인터넷을 달군 몇 가지 케이스를 통해 알아보겠다.

정말로 러시아가 미국 선거를 해킹했을까?

42. 이것은 삶과 우주를 비롯한 모든 만물에 대한 질문의 답이다.[25] 그리고 러시아 해커와 미국 선거의 연관성을 묻는 질문에 대한 답이 될 수도 있겠다(질문이 적절치 않다는 뜻이다—옮긴이).

2016년 미국 대선 시기, "사이버 해커"[26]가 미국 민주당의 이메일에 침입했다는 추측이 제기되었다. 모스크바의 제왕 블라디미르 푸틴이 민주당 이메일을 해킹한 사이버 해커들을 조종했다는 것이다. 도널드 트럼프와 은밀하게 친교를 쌓아온 푸틴이 민주당 대선 후보인 힐러리 클린턴의 권위와 명예를 실추시키는 데 일조했다는

---

25 더글러스 애덤스의 공상과학 소설 《은하수를 여행하는 히치하이커를 위한 안내서》의 한 장면으로 삶의 의미를 묻는 궁극적인 질문에 대한 답이 숫자 42였다. 그런데 정작 정확한 질문이 무엇이었는지 아무도 모른다는 데에 문제가 있다.

26 이 단어에 큰따옴표를 사용한 이유는 미국 대선 사례에서 공격자가 누구인지를 정의하기 어렵기 때문이다. 이미 앞에서 언급했듯이 "사이버"라는 용어가 남용되고 있는데, 여기에서 "사이버"라는 용어를 사용함으로써 컴퓨터를 사용한 공격이라는 뜻을 다시 한번 강조하고 있다.

'추측'이었다. 그리고 푸틴의 명령에 따라 개입한 사이버 해커가 민주당과 힐러리 클린턴 캠프의 이메일을 유출하여, 비방하는 쪽에서 "에이전트 오렌지"(Agent Orange, 미국이 베트남전에서 사용한 고엽제—옮긴이)라고 익살스럽게 별명 붙인 도널드 트럼프가 미국 대통령으로 선출되는 데 일조했다는 의혹을 제기했다.

여기에서 '추측'이라고 한 데에는 그럴 만한 이유가 있다. 현재 (2017년 2월 초)까지 공개된 문서로는 이메일 유출과 트럼프 대통령 선출 사이의 인과관계를 확인할 수 없기 때문이다. 이 사건에 관해 분명하게 밝혀진 내용은 아직 없다. 미국 대선과 관련된 다수의 국제 정치적 관심이 매우 복잡하게 얽혀 있다는 것도 사실이다.

한편으로는 냉전 시대의 대립 구도를 그대로 대입하는 해석이 2017년에도 유효한지를 질문하게 된다. 또한 혼란스러운 시기와 지정학적인 긴장이 흐르는 가운데 주요 정보들이 공개되었다는 사실도 간과해선 안 된다. 분명히 이 시기에는 화제성 뉴스가 집중적으로 보도되고, 정보는 정치적으로 쉽게 이용된다.

2016년 12월에 중요하게 부각된 러시아 해킹 사건은 트럼프 대통령이 여러 논란 속에서 대통령직을 시작한 지 몇 주가 채 지나지 않은 2017년 2월까지도 여전히 정치권을 극명하게 둘로 나누었다. 다수의 음모론도 떠돈다(인터넷상에서 떠도는 음모론들은 대개 여러 유사한 사이트끼리 서로 인용하면서, 그 내용을 부풀린다). 음모론의 주장은 이렇게 요약할 수 있다. "우크라이나 극우 민족주의자들이 미국을 시켜 러시아를 비난하게 하려고" 해킹 공격을 했다는 것이다. 러시아를 끔찍이 싫어하는 우크라이나가 (푸틴 대통령이 좋아하는) 트럼프를 선출시키고, 그런 다음 러시아의 명예를 실추시키기 위해 그 고생을 했다고? 그럴 만한 이유와 논리가 도저히 성립되지 않는다.

이 사건을 다룬 여러 매체는 심각한 음모론을 정리해줄 만한 기술적인 주장에 대해서는 거의 언급하지 않았다.[27] 그러니 일단 정치적인 관점은 내버려두고, 추측 및 가능성, 부풀려진 내용을 걸러내기 위해 확인된 사실에만 집중해보자.[(43)]

> 1) 러시아가 미국을 해킹했음을 확신할 수 있는가? 다시 말하자면, 구체적이며 수긍할 수 있는 확실한 근거를 제시할 수 있는가?
>
> 2) 민주당 이메일 해킹이 정말로 역사의 흐름을 바꾸고 미국 국민의 결정에 영향을 주었다고 확신하는가? 다시 말하자면, 수긍할 수 있는 인과관계를 설명하고 옹호할 수 있는가?

러시아와 미국에 관한 사실 관계

사건은 민주당 이메일(#DNCleak)과 힐러리 클린턴 대선 캠프 중심에 있는 다수 구성원의 이메일이 유출되면서 시작되었다(2장을 보라). 우선, 민주당에서 컴퓨터 보안 시스템에 별 관심을 가지지 않

---

27 우리는 이 사례를 특별히 신중한 태도로 다룰 것이다. 복잡한 성격의 사건을 설명함으로써 여러 인터넷 사고가 일어날 때 정보 관련 사건 조사관이 겪을 수 있는 어려움을 엿볼 수 있기 때문이다.

았다는 사실이 매우 놀랍다. 대선이 한창일 시기에는 아주 작은 정보도 공격 대상이 될 수 있기 때문이다. 한편으로 2016년 6월 공격 대상은 민주당뿐만이 아니었는데, 이미 일리노이주 공화당 사무소가 공격받은 적이 있음을 FBI는 경고했다.[44] 그러니 분명 공격 가능성을 예상할 수 있는 상황이었다.

러시아 쪽을 살펴보자니, 우리 앞에 쥐들이 흘리고 간 부스러기가 즐비하다. 러시아는 베를린 장벽이 무너진 직후부터 정보국 활동에 참여시킬 목적으로 전문가들을 모집해왔다. 90년대에는 이들 전문가가 일부 공인의 평판을 해칠 수 있는 자료(성매매 장면이 찍힌 몰래카메라 등)나 인터넷 금융사기 현장에 잠입하여 알아내는 자료, 즉 콤프로마트(Kompromat)를 수집하는 활동을 했다.

전문가를 모으는 과정은 이랬다. 한 해커가 개인 활동을 하던 중 발각되면, 러시아 정부는 그에게 해결책을 제안한다. 즉, 해커를 따듯하게 환영할 리 없는 시베리아 교도소와 정부에 간단히 협조하는 일 사이에서 선택해야 한다. 이들 해커 중 추위를 많이 타는 해커는 협조를 택한다.[45] 여러 다른 국가도 러시아와 같은 접근 방법을 사용하는데, 불필요하게 이 주제를 깊이 다룰 필요는 없으니 인터넷 보안 회사 쓰레트커넥트(ThreatConnect)가 알아낸 내용만 이야기하자. 쓰레트커넥트의 조사[46]에 따르면 회심 후 정보국 활동에 참여하는 일부 해커들의 흔적이 독일, 터키, 우크라이나에서 발생한 꽤 석연치 않은 공격들, 그리고 2016년 미국 공화당을 대상으로 한 공격에서 발견되었다. 그런데 이 조사는 진짜 범인이 흔적을 남긴 것인지, 또는 해당 해커들이 알지 못하는 상태에서 다른 누군가

가 해커들의 정체를 도용한 것인지는 확실히 밝혀내지 못했다.[47]

사건을 더 명확히 이해하기 위해, 공격이 이루어지는 여러 단계와 공격자가 누구인지 추정하려 했던 시도로 돌아가보자. 2015년 11월, FBI는 이미 침입 시도가 있었음을 민주당에 알렸다.[48] 컴퓨터 제작회사 델(Dell) 계열의 보안회사 시큐어웍스(SecureWorks)가 스피어 피싱 공격을 발견하고 이를 분석했던 것이다.[49] 보고서는 스피어 피싱이 2016년 3~4월에 일어났다고 결론 내렸다. 그리고 APT28 또는 팬시 베어(Fancy Bear)[28]라고 불리는 한 그룹이 해킹을 시도했을 것이라고 최초로 추정하면서도, 이 추정은 "약한 수준으로 신뢰"할 수 있는 정도라고 명시했다. 보고서에 따르면 이 그룹은 러시아 정보국을 위해 활동한다.

곰돌이 푸가 자랐네 (그리고 많이 변했네)

2016년 5월, 결국 민주당은 외부 전문가를 부르기로 결정했다. 그리고 사건의 경위를 알아낼 인터넷 조사 기관으로 인터넷 보안회사 크라우드스트라이크(CrowdStrike)가 선정되었다. 한 달 후 크라우드스트라이크는 보고서를 발표해 두 공격자를 지목했다.[50] 이는

---

28 이 해커 그룹은 Sofacy, Strontium, Pawn Storm 등 다양한 이름으로 알려져 있다. 군, 공공 행정 기관, 기자, 협회 등이 실행한 공격에서 이들의 흔적이 발견되었다. 이 그룹의 소행으로 의심되는 공격 중 많은 사례가 스피어피싱으로 진행되었다.

보안 전문가가 찾아낸 감염 코드와, 침입이 진행되고 있을 때 관찰된 공격자의 행동 유형에서 도출한 결론이었다. 그리하여 크라우드스트라이크는 공격자 중 하나로는 팬시 베어를, 또 하나로는 지금까지도 러시아 정보국을 위해 활동한다고 알려진 APT29 또는 코지 베어(Cozy Bear)로 불리는 그룹을 지목했다.[51] 멋들어진(Fancy) 곰과 포근한(Cozy) 곰, 이렇게 두 곰이 공격한 셈이다.

보고서 덕분에 확연히 다른 두 종류의 침입을 확인할 수 있었다. 한 공격은 민주당 정보 시스템을 침입했지만, 다른 공격은 힐러리 클린턴 대선 본부 정보 시스템을 침입했다. 그리고 두 침입으로 유출한 개인 전자 서신이 위키리크스 웹 사이트에 공개되었다. 첫 번째 유출을 #DNCleaks라고 부르고, 두 번째 유출은 (힐러리 클린턴 대선 책임자 존 포데스타[M. John Podesta]의 성을 따서) '포데스타 이메일'(Podesta E-mails)이라고 부른다. 더 자세한 내용은 2부에서 다루겠다. 재미있는 사실은 지금도 위키리크스[52]에서 클린턴 대선 책임자가 받았던 스피어 피싱 메일을 볼 수 있다는 점이다.

자, 그렇다면 우리는 여기에서 어떤 결론을 내릴 수 있을까? 공격자가 사용한 방법(난해한 기술 설명으로 책을 도배하지 않기 위해 자세한 사항은 다루지 않았다)은 간첩 활동을 위해 고안된 기술로 보인다. 팬시 베어가 사전에 신원을 확인하고 겨냥한 대상은 대부분 북대서양조약기구(NATO) 여러 회원국의 고위층 인사, 보안 및 군사 전문가 등 민감한 분야에 종사하고 있었다.

게다가 러시아 선수 도핑 스캔들이 미디어를 달군 직후 실행된 국제올림픽위원회를 겨냥한 스피어 피싱 공격의 범인도 팬시 베어로 추정된다.[29] 공격자가 누구였든 간에, 분석 보고서는 분명하게 이 공격을 위해 금전, 기술, 인력 면에서 오랜 기간 동안 지속적인 투자가 이루어져 왔다는 사실을 드러낸다. 아마추어가 아닌, 최신 도구와 다양한 표적에 필요한 기술을 사용하는 팀이 금전적 지원을 받으며 공격을 실행했다는 뜻이다. 즉, 뛰어난 공격 기술과 전략, 기획력을 지닌 팀이 공격을 실행했음을 의미한다. 러시아와의 연관성을 확인하게 해줄 상세한 내용이 더 있을까? 보안 회사 파이어아이(FireEye)는 러시아어권 인물로 추정되는 공격자가 악성코드를 작성했고, 활동 시간은 모스크바-상트페테르부르크 지역 시간대와 일치함을 발견했다.[53] (물론 러시아 정보국에서 활동하는 이들만 러시아어를 쓰는 건 아니다.) 그리고 상트페테르부르크는 프로파간다를 확산하는 사무실이 모여 있는 일종의 "트롤(troll, 괴물) 농장"이다. 이들 사무실은 돈을 벌려는 학생들에게 운영자가 미리 정한 어법과 비슷한 댓글 수백 개를 달게 했다. 또한 이 트롤 농장들은 푸틴 대통령 및 그의 소속당인 통합러시아당과 꽤 가까운 관계를 맺고 있다.[54] 여기까지의 내용만으로는 미국 대선 당시 이메일 유출을 일으킨 공격자들이 러시아 정보국과 연관이 있다고 확신할 수는 없다.

---

29 이 사건은 단지 '지나가며 언급하는' 에피소드 정도로 취급할 사례가 아니다. 러시아 군사주의의 실현(2000년 그 서막을 연 컴퓨터 관련 군사 행동) 과정의 수많은 사례 중 하나이기 때문이다. 러시아에게 사이버 공간은 "공산주의 몰락"을 시도하는 악당의 소굴이 아니다. 대신 정치적 중요성을 내포한 법체계가 사이버 공간을 지배하고 있다. 뿐만 아니라 법체계는 사이버 공간을 통해 러시아와 러시아 문화를 세계 정보망에 유포하려는 야망을 드러낸다. 여기서 문화가 매우 중요한 자리를 차지하는데, 러시아의 가치관을 홍보하고 지키기 위해 인터넷을 활용하기 때문이다.

또 다른 가설로는 '사이버 용병설'이 언급되기도 했다. 충분한 경제력을 갖춘 제3자가 러시아 전문가들을 고용해 러시아 정보국에서 공격한 것으로 보이도록 꾸몄을 가능성이 있다는 것이다. 덧붙이자면 위키리크스(이메일이 공개된 사이트)는 여전히 러시아 정부로부터 정보를 받았음을 부인하고 있다. 물론 이 주장을 뒷받침할 만한 증거를 제시하지 않았음은 말할 것도 없다.

이처럼 모든 가설이 가능하다. 그리고 이 중 일부 가설이 다른 가설보다 더 설득력이 있다 해도 이것을 정설로 받아들일 수는 없다. 어떤 주장이 옳은지 판정을 할 수 있는 분명한 기준은 미국 정부가 공개한 기술적 내용일 것이다. 전문가들은 기술 보고서를 감수하면서 사건의 전모를 더 확실하게 밝혀낼 수 있을 것이다. 실제로 2016년 12월 말, 미국 정부가 기술 보고서를 발표했다. 우리는 보고서의 내용을 살펴보면서 공격자를 추정하는 작업이 얼마나 복잡한지를 몇 문단에 걸쳐 기술하려 한다.

멀리 저 동쪽 대초원(STEPPE)에 있는 회색곰(GRIZZLY)

민주당 이메일을 해킹하는 데 사용된 침입 도구와 방법 등 상세 기술에 관한 일부 내용은 미 국토안보부와 FBI가 2016년 12월 29일에 공개한 보고서[55]에서 찾아볼 수 있다. 이 보고서는 그리즐리 스텝(GRIZZLY STEPPE)이라는 이름의 러시아 해킹팀이 실행한 부당 활동을 정리한 내용으로, 2016년 10월 7일 국토안보부와 미국 정보국이 러시아가 미국 내정에 개입했다고 발표한 내용을 뒷받침했다.[56] 정보국은 조사 보고서에 기술적 요소를 두 가지 언급하면서 러시아가 실제로 미국을 '해킹'했다고 확신했다. 언급된 두 요소는 IP 주소와 PHP 프로그램 언어 내에서 발견된 감염 코드였다.

그러던 와중에 사이트 콘텐츠 관리 프로그램인 워드프레스를 주요 서비스로 제공하는 전문 인터넷 보안 회사 워드펜스(WordFence)가 PHP로 작성된 감염 코드에 관심을 가졌다.[57] 워드프레스는 사이트 및 블로그 제작을 위해 자주 사용하는 프로그램으로, PHP로 작성한다. 그러므로 워드펜스가 자신의 주요 사업과 아주 밀접한, PHP로 작성된 감염 코드에 관심을 보인 것은 당연한 일이었다. 워드펜스는 자체 조사를 통해 러시아가 아닌 우크라이나의 한 기업이 오래된 버전 형식으로 해당 악성 코드를 만들었다고 명확히 밝혔다.

러시아 보안국이 상당한 공격력을 지니고 있음을 고려할 때 러시아가 아닌 제3자가 공격을 대신했다는 사실에 놀라지 않을 수 없다. 밥도 자기가 떠먹어야 쉬운 법이다. 그런데 왜 러시아가 직접 공격하지 않았을까? 물론 우크라이나에서 공격했다는 추측이 틀릴 수도 있고, 의심을 받지 않기 위해 속임수를 썼을 가능성도 있다. 그런데 이런 생각은 단순히 부풀려진 의심일 뿐이다. 일단 우리에게 자명한 사실은 감염 코드에 남은 서명이 러시아가 아니라 우크라이나 조직의 서명이라는 점이다.

미국 공식 보고서가 공개한 IP 주소는 공격이 이루어진 기기의 위치를 추적할 수 있는 정보를 제공했다. 그런데 문제는 IP 주소의

15퍼센트가 토르(Tor) 네트워크와 상응한다는 데 있다. 토르에 대해서는 3부에서 자세히 다룰 텐데, 여기서는 토르를 사용하면 웹 트래픽을 익명화할 수 있다는 점만 기억하자. 독자도 이것이 무슨 의미인지 알 수 있을 것이다. 즉, 보고서가 밝힌 해킹에 사용된 IP 주소의 15퍼센트를 사용한 자들이 누구인지 확인할 수가 없었다. 이 IP 주소들은 웹 서핑을 익명화하는 프로그램이 설치된 기기, 즉 미국 민주당 이메일 유출에 연루된(또는 연루되지 않은) 이들이 사용한 기기를 가리켰다. 그리고 나머지 IP 주소들은 정상적인 인터넷 회사(프랑스 OVH, 독일 헤츠너 등) 서버에 접속한 서비스와 일치했다. 위치 추적으로 IP 주소를 확인한 결과 다수가 미국에 위치했고, 러시아와 프랑스에 위치한 주소도 있었다.

그런데 추가 조사 덕분에 실제로는 IP 주소의 30퍼센트가 토르 네트워크, 공개 프락시(proxy) 등과 일치했다는 사실이 더 밝혀졌다. 즉, IP 주소의 3분의 1은 어느 누구나 이용할 수 있는 익명화 도구 및 트래픽 난독화를 이유로 위치를 추적할 수 없다는 의미였다.[58] 게다가 IP는 유동적인 데이터로 실제로는 확실한 증거로 삼을 수는 없다.[30] 그런데 공식 보고서에서 두 특징이 동시에 나타났다. 논증이 매우 탄탄하지는 않으나 증거는 있다. 하지만 증거는 실제

---

30 인터넷 보안 전문 잡지 〈MISC〉의 기사 "스팸에 적용된 IP 스쿼팅(squatting)"에서 제롬 니콜과 아르노 프니우가 정리한 탁월한 설명을 참고하라. 이 기사는 상세한 기술적 내용을 담고 있지만, 스팸 전송을 위해 IP 주소를 변형하는 방법에 대한 기술적 원리는 초보자도 이해할 수 있다.
https://boutique.ed-diamond.com/home/1157-misc-89.html

로 러시아가 범인이라고 지목하지는 않는다. 그러니 결국 다시 출발점으로 돌아온 셈이다.

보고서를 통해 알아낼 수 있는 내용을 요약하자면 다음과 같다. 보고서가 제시하는 기술적 설명을 기반으로는 2016년 미국 민주당 이메일 서버를 침입한 공격과 러시아(및 러시아 정보국) 사이의 연관성을 입증할 수 없다. 실제로 PHP로 작성된 악성 코드는 러시아와의 직접적인 관계를 증명하지 못했으며, 공격에 사용된 IP 주소도 누구나 사용할 수 있는 주소였기 때문이다. 물론 이 보고서의 자체 목적은 누가 공격을 주동했는가를 추정하는 것이 아님을 지적할 수도 있다. 사실 이 보고서의 주요 목적은 사건을 교훈 삼아 보안을 더 나은 수준으로 강화하고, 공격 모델을 세워보는 것이었다. 보안 향상을 목적으로 하여 정부 및 민간이 제공한 데이터를 한 보고서에 종합한 내용이다. 비밀문서에 속했던 관련 데이터를 이 기회에 공개한다면, 분명 전문가들은 러시아의 사이버 공격을 더 잘 이해하게 될 것이다. 그러므로 그들은 "정말로 흥미롭군!"이라며 환영할 만했다. 그러나 한편으로는 실망도 컸다. 실제 보고서는 사진이 덜 들어간 마케팅 광고 책자와 같았기 때문이다. 전반에 걸쳐 보고서는 확신에 찬 어조로 공격자를 지목했으나, 어디에도 주장을 뒷받침하고 수긍하게 하는 증거를 제시하지는 못했다. 게다가 러시아 정보국과 협조하는 해커로 이미 일반에도 잘 알려진 그룹을 언급했다. 만약 해커 그룹 목록을 조금 더 정확하게 제시했다면 주장은 더 흥미롭고 정당성도 보장받았을 것이다. 그러나 목록은 각기 다른 그룹에 속한 잘 알려진 인물의 이름을 같은 그룹에 나열하는 오류를 범했다. 뿐만 아니라 지목된 해커 그룹의 이름 중에는 악성 소프트웨어 이름과 함께 (더 나쁜 경우에는) 일반적인 취약점 이름("파워쉘 백도어"[Powershell backdoor])도 섞여 있었다.

정부와 민간이 공개한 비공개 데이터를 다시 살펴보자. 보고서의 데이터 구성에서 첫 번째 흠이 발견된다면, 공공 기관에서 제공한 데이터와 민간에서 제공한 데이터를 구분하지 않고 썼다는 것이 된다. 어쩌면 이런 지적을 지나치게 깐깐하게 트집 부리는 것으로 여길지도 모르겠다. 그러나 명확한 분류[59]는 중요하다. 제공된 정보의 수준과 각각의 데이터를 확인하는 과정이 다르기 때문이다. 예를 들어 정부에 반감을 품은 인물이 조작한 악성 소프트웨어를 조사하는 FBI 팀에서 공개하는 데이터 X, 그리고 중소기업 인턴이 발견한 인터넷 동영상 사이트 IP 주소 Y가 같은 수준으로 취급될 정보는 아닐 것이다. 각 정보마다 신뢰 수준이 다양하며, 실제 정보의 적용과 보안을 향상하는 방법도 정보 수준에 따라 달라진다. 보고서 내에 데이터들이 한데 혼잡하게 섞여 있고 분류가 되어 있지 않다면, 어떻게 위협 유형을 알 수 있단 말인가?

보고서 내에서 인터넷 도구와 기술 요소에 대한 내용을 살펴보노라면, 악성 소프트웨어 서명을 약 30개 정도 찾아볼 수 있다. 처음에는 목록을 보면서 "멋진데!"라고 말할 것이다. 그런데 바이러스토탈(www.virustotal.com, '사이버 악당들'의 인터넷 도구 카탈로그)에서 검색을 하자마자 두 서명을 제외하고는 이미 알려진 서명이라는 사실을 알게 된다. 그리고 앞서 정부와 민간에서 제공한 정보에서 데이터가 발견된 배경에 대한 내용이 없고 데이터가 분류되어 있지 않다고 비판했던 부분을 다시 떠올릴 수밖에 없다. 무척 흥미로운 정보 리스트를 눈앞에 두었지만, 도대체 어떤 사이버 공격을 어떤 데이터와 연관시켜야 할지 전혀 알 수 없다. 게다가 각 데이터를 어느 정도 신뢰할 수 있을지를 가늠할 수 없다. 그렇기 때문에 이 보고서가 긍정적인 역할을 할 가능성이 별로 없다. 러시아 사이버 공격과 그 공격에 사용된 도구에 대한 수긍할 만한 상세 정보도 없이, 어떻게 보안 전문가들이 러시아 사이버 공격을 알아내고 방어하기 위해 대비할 수 있겠는가? 다행히 2017년 2월 10일 미 국토안보부가 발행한, 더 내용이 풍부해진 상세 기술 보고서에서는 작성자의 태도가 달라졌음을 확인할 수 있다.[60] 이 보고서는 (이미 알려진) 공격 주체를 추정하는 문제를 다루기보다는 공격 묘사 및 공격자가 사용한 컴퓨터 기술을 확인하는 데 필요한 모든 정보를 제공했다. 제공된 정보는 팬시 베어와 코지 베어 두 그룹이 사용하는 모든 침입 기술을 분석해 종합적으로 정리한 것이었다.

그래서 범인은 러시아인가?

국토안보부의 자료에서 러시아의 개입 가능성에 관한 꽤 명확한 일련의 단서를 찾을 수 있다. 그런데 대부분의 자료는 민간 기관에서 제공한 것이었다. 물론 모든 조사관은 이보다 더 확실한 단서를 얻기란 거의 불가능하다고 말할 것이다(이 보고서에 따르면 범인은 공격 방식을 들키게 되어 있다). 앞에서는 단서를 자세히 다루지는 않았다. 그런데 민주당 해킹 사례에서 발견된 악성 프로그램은 몇 년 전[61] 독일 국회 네트워크 시스템을 침입했던 프로그램과 매우 비슷했다.[62] 그리고 더 흥미로운 사실 하나는, 몇몇 문서의 메타데이터에서 발견된 한 공격자의 예명이 소련연방공화국을 한동안 이끌었던 유명한 볼셰비키 당원의 이름인 "펠릭스 예드문도비치" (Фéликс Эдмýндович)였다는 점이다. 1991년까지 이 인물을 형상화한 거대한 석상이 루비얀카 광장의 소련 국가보안위원회(KGB) 건너편에 있었다. 그리고 KGB는 오늘날 러시아연방보안국(FSB)이 되었다. 이 단서로부터 러시아보안국이 팬시 베어와 코지 베어가 실행한 공격의 책임 기관일 것이라고 '추측'할 수 있다.

물론 이런 복잡한 사례에서 불거질 수 있는 공격 책임자 추정과 관련된 쟁점을 간과해서는 안 된다. 프랑스 작가 마르셀 파뇰(Marcel Pagnol)의 말을 빌리자면, "범인은 찾는 것보다 선택하는 것이 낫다." 다시 우리가 살펴보던 사례로 돌아오면, 앞의 인용구는 프랑스정보안보국장 기욤 푸파르(Guillaume Poupard)의 말을 떠올리게 한다. 기욤 푸파르는 공격자를 지목하는 일이 기술적인 작업이기보다는 정치적인 결정이라고 말한다.

공격자를 지목하는 사안은 사이버 분야에서 큰 이슈이다. 예를 들자면, 많은 경우 공격의 배후자가 있다고 의심하지만, 판사 앞에서 공격자가 누구인지를 밝힐 수 없다. 미국의 경우를 보자. 대통령은 러시아를 비난하지만, 러시아가 공격했다는 증거가 없을 뿐더러(증거를 밝힐 수 없을 뿐더러) 절대로 증거를 찾지 못할 것이다. 프랑스정보안보국이 할 수 있는 말은 공격자가 모스크바 시간대에 활동하고, 공격 코드 안에 키릴 문자로 쓴 설명을 남긴다는 것뿐이다. 그러나 이런 행동은 공격자를 오인하도록 하는 정교한 술수일 수도 있다. 사이버 공격에서는 '명백한 증거'가 없다. 결국 공격자를 특정하는 일은 일련의 단서들이 만들어내는 정치적 결정이다.[63]

결론적으로 미국 정부가 발표한 두 건의 공식 보고서에는 팬시 베어와 코지 베어, 두 그룹으로 추정되는 해커가 사용한 기술 및 도구, 작전 실행 방식에 대해 수긍할 만하고 구체적인 자료가 담겨 있었다. 그리고 이 두 그룹은 러시아 정보국(더 정확히는 러시아연방보안국)과 연계되어 있을 가능성이 크다. 이렇게 공격자를 추정하는 것은 이성적으로 수긍할 수 있다.[31]

---

31 팬시 베어와 코지 베어가 실행했다고 알려진 공격을 받아본 일부 피해자와 다수 전문가의 의견에 따라 팬시 베어와 코지 베어를 공격자로 지목할 수 있었다. 그 예로 우크라이나와 시리아에 대한 러시아 정부의 정책을 강하게 비판했던 기자들을 겨냥한 공격을 자세히 분석한 연구를 들 수 있다. (https://www.threatconnect.com/blog/russia-hacks-bellingcat-mh17-investigation) 또한 일부 전문가들도 공개된 정보를 보고 나서 의심을 떨치고 확신하게 되었다. (http://www.npr.org/2017/01/04/508151142/cybersecurity-expert-is-convinced-russia-was-behind-dnc-hacking). 그리고 평소 보수적이고 회의적인 태도를 보였던 전문가들도 확신하게 된다. (https://www.lawfareblog.com/need-official-attribution-russias-dnc-hack). 아직도 공격자를 지목하는 데 회의적인 이들이 있는데, 이는 무엇보다도 침입 동기가 확실치 않기 때문이다. (https://medium.com/@jeffreycarr/can-facts-slow-the-dnc-breach-runaway-train-lets-try-14040ac68a55#.sflecc5bn).

많은 사람이 이 특정 두 그룹이 실행한 것으로 추정되는 스피어 피싱 공격의 대상이 되었다는 사실에 비추어 보았을 때, 제3자 그룹이 러시아 정보국으로 위장하려고 했다는 설은 설득력이 부족하다. 한편 러시아가 공격에 책임이 있으리라 의심하는 이들은 무엇보다도 공격 동기에 대해 묻게 된다. 왜 러시아 정부가 힐러리 클린턴의 명예를 해치고, 도널드 트럼프가 당선되기를 바랐단 말인가?

러시아가 도널드 트럼프를 대통령으로 뽑았을까?

러시아의 해킹이 정말로 역사의 흐름을 바꾸고 미국 국민의 결정에 영향을 주었다는 주장을 자신 있게 할 수 있을까? 다시 말하자면, 이에 관한 수긍할 수 있는 인과관계를 설명하고 이를 옹호할 수 있을까?

정말로 러시아가 미국 민주당 정보 시스템을 침입해서 경쟁자인 힐러리 클린턴의 이메일을 유출해 공개했고 이로 인해 당시 대선 후보였던 트럼프가 더 유리해졌다면, 위의 질문에 "그렇다"라고 대답할 수 있을 것이다. 그러나 이미 우리는 이 두 사건의 인과관계가 확실하지도 명확하지도 않다는 사실을 보았다. 도널드 트럼프가 유리하도록 러시아 대통령이 간첩 활동을 지시하고 오랜 기간 이 전략을 지지했다고 말한다면 우리는 잘못된 토론의 길에 들어서게 된다(그리고 가짜 제임스 본드 놀이에 빠진다). 미국 대선이 절정에 이른 시점에 러시아가 개입한 모든 지정학적 사건(예를 들어, 시리아 내전 개입)을 찾아보는 것도 해킹 배경 연구에 흥미로운 방법이 될 수는 있다. 그러나 이러한 접근 방식은 우리 관심사가 아닐 뿐더러, 러시아의 지정학적 활동 자체는 해킹의 증거가 될 수도 없다.

여기에서 우리가 미국 대선 중 일어난 특정 해킹 사례를 다루는 이유는 기술적인 공격과 함께 공격의 결과가 만들어내는 복잡한 상황을 한눈에 볼 수 있기 때문이다. 빈치 그룹 사례에서는 정교하게 실행된 속임수(사기) 뒤에 인간적인 숨은 동기가 확연하게 드러나지 않았다(자신이 공격을 주도했다고 주장하는 세력도 없었다). 반면 인과관계 성립 주장이 더욱 복잡한 미국 대선 사례에서는, 인과관계를 지탱하거나 적어도 인과관계를 생각하게 하는 여러 요소가 뚜렷이 드러난다. '큰물에서 놀려면', 즉 혼란스러운 인터넷 보안 세계를 항해하려면 20세기 첩보 기술의 기본을 알아두어야 한다.

20세기 첩보 기술의 한 예를 통해 보자면, 미국 민주당원을 노린 스피어 피싱 공격과 그에 이은 이메일 공개는 러시아 간첩 활동에서 영향을 받은 것이라고 추측할 수 있다. 정보가 무기처럼 사용되었으며 "4D"라고 불리는 전략이 교과서를 따른 것처럼 적용되었기 때문이다. 영미권에서 자주 언급해 온 4D는 무시하기(dismiss), 변형하기(distort), 산만하게 하기(distract), 충격 주기(dismay), 4가지 원리를 가리킨다. 내용을 요약하자면, 먼저 부정적인 소문 및 현장에서 일어난 사건을 바탕으로 형성된 비난을 무시한다. 그다음 이 소문들을 다른 형태로 보이도록 변형한 후, 상대방을 겨냥한 공격에 덧붙여 또 다른 소문을 만들어낸다. 그리고 마지막으로 충격적인 메시지를 유포한다. 가령 만약 누구나 특정한 일(러시아에 반대되는 운동)에 참여하면 그 결과가 비참할 것이니 조심하라는 메시지를 들수 있다.

이 토론의 결론을 쉽게 내리려면 미국 대선이 진행되는 동안 4D 작전이 실행되었다고 생각하는 편이 나을 수도 있으나, 이것이 적합한 결론은 아닌 듯하다. 쉽게 이야기해서, 이 접근 방식이 이해할 만하고 많은 이에게 러시아가 트럼프의 대선 승리를 이끌었다는 증거로 적합해 보인다고 가정하자. 그러나 분명하고 확실한 인과관계가 성립되는가에 대해서는 이견의 여지가 여전히 많다.

이와는 반대로 다수 미국 유권자들이 트럼프 대통령의 주장에 동의했기 때문에 트럼프가 선출되었다고 인정할 수도 있다. 그러나 대선 결과의 불확실성뿐만 아니라, 왜곡된 정보 또는 완전히 조작된 가짜 뉴스가 만들어낸 혼란도 언급해야 한다. 가짜 뉴스는 경쟁자인 힐러리 클린턴의 이미지에 먹칠을 했고, 트럼프에게 유리한 형국을 조성했다. 많은 이들에게는 러시아 해킹 못지않게 가짜 뉴스도 도널드 트럼프를 대통령으로 만드는 데 일조한 것으로 보인다.

스탠퍼드 대학에서 두 연구자가 진행한 최근 연구[64]는 소셜미디어에 전파된 가짜 정보들이 미치는 영향을 명확하게 밝힐 수 없음을 보여주었다. 현재 우리에게 있는 데이터로는 인과관계 성립을 입증하기가 어렵다는 것이다. 일부 소셜 네트워크에서 보이는, 더는 토론이라고 부를 수 없는 언쟁은 그저 "그들"은 틀리고 "우리"는 바르다고 우겨다짐하는 극단적인 태도를 부수적으로 보여줄 따름이라고 이 연구는 말한다.

앞에서 이어진 모든 고찰 덕분에 우리는 정보 왜곡이 하나의 사회 과정임을 이해하고, 사건 왜곡은 각자의 이익과 연관되어 있음을 알 수 있다.[65] 따라서 우리는 자신의 정치적 의견을 양심의 가책을 받지 않고 퍼뜨리는 일부 누리꾼과 대면하고 있는 셈이다. 인터넷상에서 일어나는 일부 사건과 정치 흐름의 변화 사이에서 인과관계를 성립하고자 하는 시도는 무모하게 보일 따름이다.

그렇기 때문에 결론을 내기에는 매우 민감한 인과관계 뒤에 과연 어떤 진짜 문제가 숨어 있는지 관심을 두고 접근하는 방식이 더 이성적이다. 문제는 단지 기술적인 부분에서만 시작되지 않는다. 러시아 정부와 어떤 방식으로든 관계를 맺은 그룹이 미국 민주당의 정보통신 시스템에 침입했다는 사실을 재고해야 할 분명한 이유가 있다. 해킹은 정부가 민주적이거나 민주적이지 않거나 상관없이 공격력을 지닌 국가의 정보국이 정보활동의 일환으로 활용한다.

그런데 한 외국 정부의 정보국이 다른 국가의 정보 시스템에 침입하여 빼낸 정보를 공개했다면, 이 활동은 일반적인 정보활동의 선을 넘어선다. 유출한 정보를 이용해 정치적 영향력을 행사할 가능성이 있기 때문이다. 진행되는 선거 과정에 영향을 미치거나 압력을 행사할 목적으로 공격을 실행했다면, 이는 일반적인 정보활동을 벗어나 내정 간섭의 성격으로 변한다. 우리가 사건을 동기와 분리하자고 역설하는 이유가 바로 여기에 있다.

따라서 기술적이거나 지정학적인 사건을 해석하는 데 연구의 엄격성과 정확성을 지키는 것이 어느 때보다 중요하다. 예를 들어 민주주의 절차를 방해하고, 유권자가 특별히 선호하지 않았던 후보를 선출하기 위해 인터넷을 통한 공격을 했다는 가설은 매우 대답하기 어려운 질문이 되어 돌아온다. 한 국가가 적대적인 의도를 품은 다른 국가에 어떻게 대응해야 할까? 적합하고 균형 잡힌 대응은 어떤 것일까?

선거를 해킹하는 일이 가능할까?

2017년 2월 중순, 당시 프랑스 대선 후보였던 에마뉘엘 마크롱이 일부 대선 캠프 구성원을 미디어에 출연시켜 러시아가 마크롱의 대선 출마를 좌절시키려 한다고 발언하게 하기 전까지는, 프랑스 대선에서는 해킹에 대한 불안감이 미디어에 그다지 드러나지 않았다. 그런데 당시 발언이 불필요하고 위험한 히스테리, 즉 외국에서 사이버 공간을 이용해 프랑스 국내 선거에도 영향을 줄 수 있을 거라는 우려에 불을 붙인 듯하다. 그렇다면 이 문제도 거리를 두고 객관적으로 살펴보자.

외국 정부가 국내 정세에 어떤 모습으로든 내정 간섭을 할 수 있다는 가능성 자체를 부정하는 일은 성급한 결론이다. 요컨대 외교관들은 자국의 이익을 증진하고, 자신이 외교관으로 임명된 국가에 변화가 있을 때 자국의 이익이 잘 반영될 수 있도록 노력한다. 마찬가지로 한 나라의 정보국이 기술을 사용하여 영향력을 끼치는 내정 간섭도 새로운 형태의 영향력이라 할 수 있다. 그런데 정보국의 활동에 관해서는 우리가 알 수 있는 사실이 별로 없다.

한 나라의 대선 결과를 바꿀 만큼 영향을 끼칠 만한 사이버 공격이 있다면 무엇일까? 맨 먼저 대선 후보 웹 사이트 해킹이 떠오른다. 그런데 대선 캠프 팀은 각 캠프의 웹 사이트 콘텐츠 작성 도구(WordPress)의 취약점에 대해 이미 경고를 받았다.[66] 웹 사이트의 취약성을 이용해 사이트를 '변조'하거나(즉, 제3자가 콘텐츠를 마음대로 바꾸거나), 서비스 거부 공격을 사용해 웹에 접속하지 못하게 하는 등의 위협이 가능하다. 설명을 덧붙이자면 웹 변조는 외부에 드러내려는 후보의 이미지를 훼손하는 일이다. (대중과의 소통을 담당하는) 웹 공격뿐만 아니라 소셜 미디어, 대중 연설 및 대선 미팅을 겨냥하는 공격도 추가할 수 있다. 후보가 사용하는 미디어 소통 도구를 유용(流用)하는 것도 공격에 속한다. 만약 트위터 계정을 해킹당해 터무니없는 말이 올라간다면, 후보자의 이미지에 부정적인 영향을 미칠 가능성이 크다. 하지만 웹 사이트 변조로 인한 피해는 생각보다 심하지 않다. 당신이 국회의원이거나 경선 후보라면, 이런 종류의 공격은 일반적인 정치적 공격쯤으로 치부할 수 있다.

다수의 후보자 및 정당은 미디어 소통 도구 외에도 이메일, 채팅, 정당 회원과 후원자의 데이터 보관 등을 위한 내부 시스템을 갖추고 있다. 이렇게 내부 소통용으로 사용하는 기술 인프라가 침입당했을 때 직면할 위협이 사실상 더 크다. 내부 보고서와 전략 문서가 도둑질 당한다면 조직의 전략 정보 관리에는 심각한 문제가 생긴다. 공격자는 선거 캠프 내부 깊숙한 곳의 정보까지는 침입하지 못하더라도 후원자의 은행 정보 정도는 빼낼 수 있다.

정치적, 경제적으로 심각한 결과를 초래할 수 있는 전략 문서 유출 못지않게 조직이 관리하는 개인 정보 유출도 심각한 결과를 초래할 수 있는데, 법이 개인 정보 수집과 활용을 규제하기 때문이다. 관리하던 정보가 남용되거나 법이 규정하는 대로 보안 관리를 하지 않으면 법적으로 처벌을 받을 수 있다. 프랑스 법 조항 226-17은 이 사항을 꽤 명료하게 명시한다. "1978년 1월 6일 제정된 법령 78-17의 34조가 명시한 조치를 취하지 않고 개인 정보를 사용하거나 사용하도록 한 자는 5년 이하 징역 및 30만 유로 이하의 벌금형에 처한다." 쉽게 설명하자면 이렇다. 만약 당신이 조직 회원 및 후원자 정보를 보관하면서 보안 취약점에 대비하지 않는다면 정보가 유출될 수 있다. 이 유출에 대한 법적 책임을 관리자에게 묻겠다는 뜻이다.

따라서 우리는 인터넷 도구가 각기 다른 필요와 목적을 갖고 있음을 알 수 있다. 그리고 각각의 도구가 취할 위험성도 각기 다르다. 위협 모델에 대해 자세히 이야기하기에 앞서 공격자를 추정하는 방법을 간단히 언급하겠다.

앞에서 살펴보았듯이 공격자를 추정하는 작업은 쉽지 않다. 그리고 러시아가 피해를 준 장본인이라고 누구도 확언할 수 없다. 러시아가 침입했다는 주장을 뒷받침하는 근거로는 공격에서 사용한 것으로 보이는 IP 주소 데이터를 제시했다. 그러나 앞에서 지적했듯이 IP 주소는 유동적인 정보로 변경하거나 숨길 수 있다. 그렇기 때문에 IP 주소는 증거가 될 수 없을 뿐더러 가장 낮은 수준의 설득력만 가진다. 미국 대선 사례를 살펴보면서 단순한 IP 주소 위치 추적으로는 공격이 시작된 위치를 특정할 수 없다는 사실을 배웠다. 실전에서 공격은 중간기기(프락시)를 활용해 이루어진다. 그리고 특별한 조직을 겨냥하지 않으면서도, 보안이 취약한 인터넷 서버와 웹 사이트, 데이터베이스를 찾아내는 다수의 봇(bot)과 검색 프로그램도 존재한다. 이런 종류의 정보 전송은 모든 사이트 관리자가 매일 로그 파일[32]에서 일상적으로 확인할 수 있다.

어떤 사이버 공격이 일어나든지, 모든 공격을 러시아 탓으로 돌리는 것이 유행인 듯하다. 몇 년 전에는 중국을 탓했다. 웹 사이트 설정에 문제가 있어 해킹을 당했더라도 중국 탓이었다! 당신이 지난 2년 동안 윈도우 업데이트를 하지 않았고, 어느 날 누군가가 컴퓨터를 해킹해서 고객 정보를 훔쳤다고 해도 의심의 여지없이 중국이 범인이었다. 피싱 이메일을 통해 감염된 코드가 기기에 설치되어 삭제할 수 없을 때도 사람들은 중국 때문이라고 했다. 모든 문제를 중국 탓으로 돌리던 유행이 조금 지나니 이란 탓으로 돌렸다가, 다시 테러리스트 조직 IS(이슬람 국가)가 조직한 사이버 공격팀에 해당한다는 사이버칼리프(Cybercalifat) 탓을 했다. 그리고 2016년부터는 러시아 탓을 하고 있다.

물론 은밀하게 영향력을 미치려 하는 러시아나 특정 조직을 범인 추적 과정에서 아예 제외하는 것은 성급하고 순진한 생각일 수도 있다. 정보전에서 러시아가 매우 활발히 활동한다고 알려졌기에 당연히 의심을 해볼 수도 있다. 그러나 러시아만 범인이라는 법은 없다. 다른 국가나 범죄 조직이 가담했을 수 있고, 또 (그런 상상이 허용된다면) 경쟁 정당을 의심할 수도 있다. 우리는 공격자를 추정하고

---

32 시스템, 서비스 및 애플리케이션의 처리 내용을 기록한 파일

공격 원인을 밝히는 것이 매우 어렵다는 사실을 미국 대선 사례에서 보았다. 게다가 미국 사례는 공격자와 관련된 정보가 공개되었다는 점에서 매우 특별한 사례로 꼽힌다.

미국 대선 공격의 장본인으로 주목된 팬시 베어는 매우 구체적인 공격 대상(군 고위계급 및 고위급 관료)[33]을 겨냥해 활발한 활동을 하는 그룹으로 알려져 있다. 팬시 베어 그룹의 활동은 십 년 전부터 감지되었으나 그들과 관련된 구체적인 정보는 확인되지 않았다. 예를 들어 팬시 베어 내 정규 구성원이 몇 명인지는 알려진 바가 없다. 또한 같은 도시에서 활동하는지, 여러 다른 도시에 흩어져 활동하는지 그리고 도시 이름은 무엇인지 등 어느 장소에서 활동하는지에 대한 정보도 없다. 심지어는 구성원이 서로 어떻게 부르는지도 모른다.

공격자를 지목하는 유행은 많은 부분 노이즈 광고 효과를 노리며 시작되었다. 단순히 워드 문서에 설정된 평범한 매크로 공격은 그다지 눈길을 끌지 못한다. 만약 당신이 피해자라면 어떻게 하겠는가? 공격을 받았다고 (그리고 인프라 보안을 충분히 점검하지 못해 잠재적으로 법을 어겼다고) 인정하겠는가, 아니면 당신에게 적대적인 외

---

33 NATO (https://www.eff.org/deeplinks/2015/08/new-spear-phishing-campaign-pretends-be-eff), 조지아 (https://www.wsj.com/articles/hacking-trail-leads-to-russia-experts-say-1414468869), 다수 유럽 국가 외교부 (https://www.fireeye.com/blog/threat-research/2014/10/apt28-a-window-into-russias-cyber-espionage-operations.html) 등 많은 사례가 있다. https://wikileaks.org/hackingteam/emails/?q=MISE&mfrom=&mto=&title=&notitle=&date=&nofrom=&noto=&count=50&sort=0#searchresult

국 정부가 공격자에게 공격을 명령했다고 주장하는 것이 더 낫겠는가?

공격자가 미디어 소통 도구를 노렸든지 후보자 내부 정보 시스템을 노렸든지 간에 성급하게 결론 내리지는 말아야 한다. 위탁받은 정보를 관리하는 과정에서 문제가 발생했을 가능성을 언급하지 않고 적대적인 한 외국 정부가 프랑스 정치에 내정 간섭했다고 발표한다면 이는 성급한 행동이다.

마지막으로 공격자가 프랑스 내 투표 기기에 침입할 가능성도 있다. 미국 사례를 들었기 때문에, 미국의 전자 투표 시스템이 프랑스보다 한 수 위라는 사실을 먼저 밝히고 시작하자. 미국 세 개 주에서 투표 결과에 문제가 있다는 지적이 나와 투표소의 선거 용지를 다시 계수한 사례[67]가 있었다. 기계를 조작하여 선거 결과를 조작했다는 의심이 제기되었기 때문이었다.

미국 조사에서는 2016년 대선 투표에서 투표 시스템 침입은 없었다는 발표가 나왔다. 한편 프랑스는 미국과 비교했을 때 완전히 컴퓨터로만 (그러니까 투표용지 없이) 투표하는 지역의 비율이 매우 낮다. 뒷부분에서 다루겠지만, 투표 기계는 매우 많은 약점을 지니고 있으며 민주주의를 해치는 근본 문제를 안고 있다. 기술적인 측면에서 투표 기계가 지닌 취약점은 이미 알려진 사실이다.

프랑스에서 사용하는 투표 기계는 낡았고, 설치된 프로그램은 업데이트되지 않았다. 그리고 2004년부터 많은 작동 장애가 드러나 그 내용을 기록한 문서도 남아 있다. 만약 타국이 선거에 관여한 내정 간섭이 의심된다면, 이는 국가 차원에서 조사해야 할 문제다. 반면 헌법 위원회에 전자 투표의 정당성에 관한 질문이 제기되었다면, 전자 투표를 조작함으로써 선거의 최종 결과를 바꿀 수 있는지를 헌법 위원회가 조사해서 결정해야 한다.

실제적인 위협에 대해 알아두기

정보활동과 침입에 대해 한마디 덧붙이자면, 현실을 직시하고 무엇보다도 공포에 사로잡혀서는 안 된다. 실제로 만약 누군가가(가령 푸틴이라고 치자) 당신에게 개인적으로 불만을 품고 있다면, 그는 몇 달 전부터 시스템에 침입해 쓸 만한 정보를 빼내기 위해 필요한 조치를 취할 것이다. 앞에서 언급했듯이, 힐러리 클린턴의 이메일이 세상에 공개되기 몇 달 전, 즉 2016년 3월부터 악의적인 이메일 해킹과 미국 민주당 정보 시스템 침입 시도를 다룬 기사들이 소개되기 시작했다.

인터넷 보안 분야에서 적당한 걱정은 반드시 필요하다. 어떤 위협에 빠질 수 있는지를 미리 알아두어야 한다는 뜻이다. 몇 시간 동안 선거 후보 사이트를 변조하는 공격에 따른 피해는 무시할 만한 수준일 것이다. 그러나 정부가 운영하는 여러 인프라가 연결된 네트워크에 침입해 전자 투표 시스템까지 접근할 수 있다면, 이 침입으로 입을 손해는 어마어마하다. 그렇기 때문에 프랑스정보안보국과 내무부는 정부 운영 네트워크와 더불어 중차대한 정보통신사와 연계된 다양한 보안 문제에 각별한 주의를 기울인다. '중차대한 정보통신사에는 프랑스 최대 통신사 오랑주, 전기공사 EDF, 세계적 에너지 관련 기업 아레바 등이 있다.

그런데 지난 미국 대선에서 도널드 트럼프가 대통령으로 선출된 이후, 민주당과 운이 좋지 않은 힐러리 클린턴의 해킹 사건으로, 해킹이 투표 결과에 큰 영향을 미쳤다는 여론이 프랑스에서도 형성되었다. 앞에서 살펴보았듯이 해킹이 대선에 영향을 줄 수 있다는 여론을 조금 더 비판적인 관점으로 평가할 필요가 있다. 이런 여론은 해킹 및 보안과 관련된 토론의 열기를 비정상적으로 달구기 때문이다.

미국 대선이 끼친 좋은 점도 분명 있다. 인터넷 보안에 대한 일반인의 인식을 깨우는 데 일조했기 때문이다. 정당과 후보자들은 통신 수단, 데이터베이스 및 기기 등의 보안에 주의를 기울이게 되었다. 특히 통신 분야는 이메일뿐 아니라 문자 메시지도 포함한다. 정보 기술 차원의 보안은 다양한 보안 방책 중 하나일 뿐이며, 인간적 요소를 소홀히 해서는 안 된다. 프랑스 사례에 인터넷 보안 문제를 적용할 때, 우리는 대선, 총선 및 지방의원 선거에 적용할 수 있는 인터넷 보안 위협 유형에는 무엇이 있는지 질문해보아야 한다. 프랑스 대선 후보자가 보안 위협을 언급했기에, 후보자들이 운영하는 웹 사이트 내용이 외국에서 침입해서 얻어낼 가치가 있을 만큼 중요한지 의문을 가질 수 있다. 이런 의문은 호들갑 떨면서 위협을 과장하는 것보다 더 중요한 (그리고 정당한) 질문일 수 있다.

인터넷 보안에서 중요한 인간적 요소를 많이 언급하기 때문에 유명한 인터넷 보안 전문가 브루스 슈나이어의 말, "완성(product)이 아닌 과정(process)"[68]을 인용하며 이 장을 마무리하려고 한다. 알맞은 비밀번호를 설정하고 서버 보안을 갖추는 조치도 필요하지만, 이 정도로는 부족하다. 이렇게 말하는 이유는 불안감을 조성하려는 것이 아니라, 보안 상태를 유지하고 보안 프로세스를 향상하는 노력이 필요함을 일깨우기 위해서다.[34]

우리가 실천할 수 있는 예로는, 데이터베이스가 인터넷에 계속 접속해 있어야 할 필요가 있는지를 꾸준히 점검하는 태도를 들 수 있다. 만약 그럴 필요가 없다면 왜 접속 상태를 유지하고 있을까? 일부 소통 채널(문자 메시지, 텔레그램 메시지 등)은 다른 채널(예를 들어, 시그널 또는 사일런스)보다 신뢰성이 떨어진다는 사실도 알아두자. 만약 당신이 여러 단말기를 소지하고 있다면, 가족 구성원 중 누가 어느 단말기에 접속하는지 등을 정기적인 목록으로 작성하는 것이 좋다. 마지막으로 당신이 정당의 일원이거나, 정부에서 중요한 역할을 하고 있다면 제3 국가에서는 선거가 시작되기 전에 당신의 시스템에 접속을 시도했거나 이미 상당 기간 침입을 해왔을 가능성이 매우 크다는 점을 인식해야 한다. 보안 취약성과 잠재적인 공격 대

---

34 3장에서는 암호화에 대해 자세히 다룬다. 여기에서는 통신을 암호화하는 방법이 보안성과 데이터의 무결성(integrity)을 보장하는 가장 쉬운 방법임을 역설할 것이다. 암호화는 단지 가장 쉬운 방식 이상이라고 할 수 있다. 많은 애플리케이션이 기기를 사용한다는 인식조차 갖지 못하게 만들 뿐만 아니라, 애플리케이션을 사용하는 동안 잡념을 갖지 못하게 하기 때문이다. 여기서 잡념(distraction)이란 침입자를 추정하는 것과 잠재적인 미래 침입자가 누구일지를 미리 의심하는 것을 말한다. 그러므로 침입자가 중국인, 러시아인이나 옆집 아이인지 따지기 이전에, 자신이 허용하지 않은 모든 침입으로부터 보호하는 노력을 미리 하는 편이 낫다.

상이 될 가능성을 가늠하면 위협과 공격 시 입을 수 있는 손해를 미리 어림잡을 수 있다. 가장 중요한 것은 위협을 평가한 내용을 바탕으로 보안 전략을 세우고 실수를 교훈 삼아 미래의 공격에 더 잘 대비하도록 해야 한다는 사실이다.

2장

믿었던 도끼,
발등을 찍다

정부는 지정학적 영향력을 강화
하기 위해 인터넷의 힘을 빌리기도 한다. 그렇다면 국내는 어떠한
가? 정부는 항상 시민의 이익을 도모하기 위해서만 인터넷을 사용
하는 걸까?

"네가 뭘 하는지 다 알고 있어"

2012년 7월 케냐에서 미디어 시민 단체의 주관으로 국제회의
〈글로벌 보이시스〉(Global Voices)가 열렸다. 이 행사의 주제 중 하나
는 "세계의 인터넷 쟁점에 대한 소통"이었는데 전 세계에 흩어져 있
는 자원 활동가의 글을 중점적으로 다루고 있었다. 그리고 국제회

의 마지막 날에는 구글이 지원하는 "장벽 허물기"(Breaking Borders Awards) 시상식이 있었다.

당시는 인터넷을 통한 행동주의가 가장 활발했던 시기였다. 아랍 혁명 후 1년이 조금 지났을 때라 아직 실망감이 자리 잡지는 않았고, 여전히 많은 이가 페이스북 등 소셜 미디어를 동원해 시민 운동을 지속할 수 있을 거라 믿었다. 서로 만나고 대화하면서 벅찬 감정을 나누었던 참가자들은 모로코의 독립 미디어 맘파킨치 (Mamfakinch)가 "장벽 허물기"상을 수상하자 자기 일처럼 함께 기뻐했다.[69]

시상식 다음 날, 즉 국제회의 마지막 날에 많은 참가자가 마사이 시장 관광을 나섰다. 시장 구경을 하던 중에 우리는 맘파킨치 설립자와 마주쳤고, 함께 관광지를 배회했다. 함께 걷는 동안 맘파킨치는 수상의 의미와 모로코 내 표현의 자유에 관한 현재의 상황을 이야기했다. 그에 따르면 2011년 2월 20일에 시작되었던 반정부 운동은 정체되었고, 맘파킨치의 인기도 사그라졌다. 2012년 초에는 디도스 공격을 받기까지 했다. 다행히 상을 받은 감격과 행사에서 만난 참가자들의 격려(그리고 호텔로 가는 길을 다시 찾은 기쁨) 덕분에 힘을 얻은 우리는 앞으로 가야 할 길이 멀지만 길이 열리고 있다고 서로를 위로하면서 대화를 마쳤다.

그런데 국제회의에서 돌아온 지 불과 며칠도 지나지 않아, 나는 경고성 메시지를 하나 받았다. "맘파킨치를 겨냥한 악성 해킹 시도가 있었음. 수신 이메일에 주의하세요." 사건의 경위는 이렇다. 대부분 웹 사이트처럼 맘파킨치에도 독자와 방문자들이 미디어 팀에 메시지를 보낼 수 있는 연락처 양식이 첨부된 웹 페이지가 있었다. 맘파킨치는 이 웹 페이지를 통해 '고발'이라는 제목의 메시지를 받았고 그 메시지는 열다섯 명가량 되는 구성원에게 전달되었다. 그런데 메시지에는 "제 이름을 포함해서 아무것도 밝히지 말아 주세요. 저는 혼란을 원치 않습니다…"라고 쓰여 있었을 뿐이었다.

모로코에서는 지나친 정치적 반감을 표현하면 징역형을 받을 위험이 있기 때문에, 메일을 받은 이들은 내용을 특별히 이상하게 생각하지 않았다. 이메일의 발송인은 i-imane11@yahoo.com이었고, 첨부 파일로는 "scandale(2).doc"이 함께 보내졌다. 팀원 열다섯 명 중 일곱 명이 첨부 문서를 열어보았고, 문서가 비어 있었다는 것을 발견했다. 이 시점에서 아마 당신도 낌새가 이상하다고 눈치챘을 것이다.

맘파킨치 팀의 컴퓨터 시스템 책임자는 악성 프로그램이 전달되었다는 사실을 바로 알아챘고, 당시 구글에서 보안 프로젝트를 담당하던 뉴질랜드 출신 모르간 마르키-부아(Morgan Marquis-Boire)에게 관련 정보를 모두 보냈다. 마르키-부아도 케냐에서 열렸던 〈글로벌 보이시스〉 국제회의에서 감시 소프트웨어를 사용하는 바레인 정부 사례를 발표했다. 캐나다 토론도 대학 산하에서 인터넷 보안과 인터넷 보안이 인권에 끼치는 영향을 연구하는 시티즌 랩(Citizen Lab)은 바레인 정부가 감시 소프트웨어를 사용한다는 사실을 알았다.

시티즌 랩 연구팀에 따르면, 시위를 사전에 방지하고 반대 세력을 제거하기 위해 바레인 정부는 (범죄자 정보를 제공하는 목적으로 개발된) 감시 프로그램을 사용한다.[70] 당시 시티즌 랩의 자원 연구가 였던 모르간 마르키-부아는 인터넷 보안 연구의 일환으로 맘파킨 치를 공격한 악성 프로그램 관련 자료를 전달받아 분석한다.[71]

2012년 8월, 맘파킨치 팀은 "scandale(2).doc" 파일은 속임수였 고, 이 파일이 악성 프로그램을 지니고 있었다는 사실을 알게 된 다.[72] 문서 파일을 연 사람의 컴퓨터에는 "adobe.jar"이 백도어 프로 그램으로 설치되었다. 이 백도어는 윈도우뿐 아니라 매킨토시 컴퓨 터에서도 잘 실행된다. 성공적으로 컴퓨터에 설치된 스파이웨어[1]는 사용자가 키보드로 입력하는 모든 정보(물론 비밀번호도)를 얻어내 고, 전송 및 수신한 이메일을 가로챘다.

게다가 스카이프 통화 녹음, 화면 캡처, 마이크 및 웹캠을 사용 한 자료 수집까지 실행했다. 컴퓨터 백신 프로그램은 이 모든 스파 이웨어의 활동을 감지하지 못했고, 당연히 컴퓨터 사용자도 침입을 의심하지 않았다. 이렇게 첨부 문서를 연 이들의 컴퓨터가 모두 감 염되었다.

시티즌 랩이 진행한 조사[73]에서는 중요한 두 가지 사실을 밝혀 냈다. 첫 번째, 감염된 첨부 문서를 담은 이메일을 보낸 컴퓨터의 IP 주소는 모로코 수도 라바트의 위치와 일치했다. 그리고 더 정확히 는 모로코 왕국의 정보활동을 지휘하는 모로코 국방부 최고 위원

---

1 첩보 활동을 위한 프로그램을 통칭하는 이름. 프랑스어로는 "espiongiciel"라고 부른다(간첩[Espion]과 소프트웨어[logiciel]의 합성어—옮긴이). "Mouchard"(감시 장치)라고도 부를 수 있으나, 이 단어는 너무 평범한 느낌이다. 여기서 우리가 지칭 하려는 대상은 더 넓은 의미의 정보 유출 방법이 아닌 '소프트웨어'이기 때문이다.

회가 소유한 IP 주소와 일치했다.[2]

두 번째, 시티즌 랩은 소프트웨어와 그 개발자의 정체를 알아냈다. 해당 스파이웨어 이름은 "원격 조정 시스템"(Remote Control Systems)을 뜻하는 RCS로, 이탈리아 기업 해킹팀이 개발한 상품이었다[3]. 또한 아랍에미리트의 유명 활동가도 이메일에 첨부된 같은 종류의 스파이웨어를 받았다는 사실도 밝혀냈다.

시티즌 랩의 연구 사례 발표는 세간을 소란스럽게 했다. 정부가 범죄자를 잡기 위해 개발된 프로그램을 구매해서 반정부 인사들의 입을 막는 데 이용했기 때문이다. 2014년 초부터 시사 미디어 맘파킨치는 공식적인 활동을 멈추었다. 일부는 정부 감시라는 독소가 그 첫 번째 요인이라고 해석한다.[74] 활동을 멈춘 이유가 무엇인가는 중요하지 않다. 그 대신 신뢰의 문제에 주목해야 한다. 개인 컴퓨터와 휴대전화는 우리가 머무는 사적인 공간이다. 그런데 모르는 이가 나의 사적 공간에 침입해서 벽장을 열어 소중한 가족과의 기억

---

2 우리는 앞에서 IP 주소만으로는 공격자를 특정할 수 없음을 언급했다. 그러나 예외적으로 이 사례에서는 IP 주소만으로도 공격자를 추정할 수 있었다. 일련의 IP 주소가 알려진 공공 기관 또는 민간 IP 주소와 일치했기 때문이다. 만약 정부를 가장해서 네트워크 인프라를 합법적으로 계속 이용했다면, 이는 가볍게 여길 사건이 아니다. 따라서 동 사례에서는 모로코 정부의 네트워크 인프라 데이터를 이용해 무작위로 공격한 스피어 피싱일 가능성은 매우 낮고, 따라서 정부 기관이 행한 범죄일 가능성이 매우 크다. (사용된 스파이웨어의 수준이 이러한 확신을 뒷받침한다. 몇 푼 안 되는 이득만 가져오는 무작위 공격을 하기 위해 수천 유로나 되는 스파이웨어를 구입할 공격자가 있을까?)

3 http://surveillance.rsf.org/hacking-team/

을 찾아내고, 첫사랑 추억이 담긴 사진을 꺼내 공개적으로 조롱한다면 당연히 불안해질 수밖에 없다. 또한 인터넷 환경을 깨끗하게 유지하고자 노력을 쏟아부어도 아무것도 바꿀 수 없다는 사실을 알면 등골이 오싹해진다.

앞에서 언급한 사례와 이제 다룰 사례는 인터넷 시대에 신뢰의 문제에 관해 우리가 어떤 고민을 하고 있는지를 알려주고 있다. 근본적인 자유와 보안 사이에 존재하는 긴장 관계는 의미심장하면서, 점점 더 심각하게 재고해야 할 주제이다.

감시 위성 '멘토' 이야기

2016년 6월 초, 케이프커내버럴에서 강력한 로켓이 발사되었다. 로켓은 세계 최대 전자통신 감시 장비인 인공위성 '멘토'(Mentor, "Advanced Orion"으로도 불린다)의 정지궤도에 도달했다. 이 "거대한 귀"는 미국 정보기관 CIA가 개발해 국립정찰국(National Reconnaissance Office, NRO)이 활용하고 있는데, 오늘날 멘토 인공위성은 7개가 존재한다. 이 프로젝트가 에셜론 네트워크의 후손임을 눈치챈 독자도 있을 것이다.[75] 보안과 관련된 많은 활동이 그렇듯이, 인공위성을 활용한 미션과 작전은 비밀에 부쳐져 있다(현재 이 프로젝트와 관련된 정보는 국방 기밀이다).

아이러니컬하게도 2016년 여름 '멘토'의 활동 기간은 오바마 대통령이 마지막 임기 반년을 시작하는 시기와 일치한다. 세계 최대 감시 국가를 만들어낸 카리스마 있는 국가수반에 대한 헌정이었을까? 물론 모로코 왕 또는 바레인 왕과 같이 가장 압제적이고 냉혹한 국민 감시 국가를 만든 지도자들도 있다. 그러나 감시를 위한 투자 비용과 국민 깊숙이 파고드는 권력의 크기를 비교했을 때 그 누구도 인공위성을 사용한 감시에 버금가는 규모에는 이르지 못했다. 그러니까 우리는 지금 지구 전체를 돌며 전자 정보를 가로채고 전송하는 7개의 인공위성 멘토에 관해 이야기하고 있다. 유타주 사막[76] 한가운데 세워진 면적 9만 제곱미터(약 27,000평, 축구장 면적의 약 12배—편집자)가 넘는 건물 안에 개인 휴대전화, 메일, 소셜 미디어에서 도청한 데이터가 보관된다. 그리고 미국은 해저 케이블[77]에서 전송되는 전체 정보통신 분량 중 적어도 3분의 1을 읽을 수 있다. 그렇다. '오바마 정부' 8년 동안 미국의 감시 능력이 대단한 수준으로 발전했다.

빅 브라더가 당신을 엿듣고 있다

국가 안에 감시 국가가 세워진 시기는 2001년 9월 11일 테러 직후로 거슬러 올라간다. 테러가 발생한 지 6주 후, 당시 조지 W. 부시 대통령은 국회가 성급하게 법안 심사를 마친 '애국자 법'[4]을 공

---

4 애국자 법(Patriot Act)은 "Providing Appropriate Tools Required to Intercept and Obstruct Terrorism"의 약자다. 즉, 테러를 간파하고 저지할 수 있는 적절한 방책을 조달하는 내용을 골자로 한다.

표했다. 정부의 감시 능력을 대단한 수준으로 강화한[78] 애국자 법에서 가장 논란이 되었던 대책은, FBI, CIA뿐만 아니라 NSA를 포함한 미국 정보기관이 민간 정보통신사로부터 개인 이용자 정보를 얻어내 개인 통화를 도청 및 저장하고, 도청 데이터를 사용하도록 허용한 조처였다. 이들 정보기관은 '간단한 의심'만으로도 통신사에 정보를 요구할 수 있으며, 관련 이용자에게 이 사실을 알리지 않고 정보를 수집하고 활용할 수 있게 되었다. 또한 애국자 법은 용의자 거주지를 가택 수색할 수 있도록 했으며, 용의자가 거주지에 없을 때도 미리 용의자에게 알리지 않은 채 용의자의 소지품을 압수할 수 있게 했다. 그리고 법안은 대상을 지칭하기 위해 "적군의 전투원" 또는 "불법 전투원"과 같은 특별한 법적 지위도 만들었다. 두 새로운 개념 덕분에 테러 용의자로 지목된 모든 사람을 체포하고, 고발하고, 무기한 구금할 수 있었다.

애국자 법은 FBI가 "국가 안보 서신"(National Security Letters, 이하 NSL)을 발송하게 하는 법적 근거를 마련했다. 이 서신은 FBI가 전자통신 이용자의 데이터에 접근을 허용한다는 내용을 담았다. 구체적으로 설명하자면, FBI 요원이 당신의 사무실에 나타나서 직접 그 유명한 NSL을 직접 전달한다. 그런데 이 서신은 단순 요청이 아니라 당신이 바로 따라야 하는 명령이다. NSL과 관련된 구체적인 내용은 몇 년이 지나서야 여론의 관심을 받게 되었고, 이 법안은 오늘날 알려진 가장 악랄한 법안 중 하나로 기록되었다.

니콜라스 메릴은 독립 인터넷 서비스 제공업체인 칼릭스 인터넷 액세스(Calyx Internet Access) 설립자이자 대표이다. 많은 비영리 단체와 독립 언론사의 웹 사이트 및 이메일이 칼릭스의 웹 호스팅 서비스를 이용하고 있다. 그런데 2004년 2월 니콜라스 메릴은 NSL을 받았고, 서신을 수신한 시점부터 약혼자, 부모, 동업자를 포함해 그 누구에게도 이 사실을 말할 수 없었다. 발설 금지 명령은 그가 죽을 때까지 유효했는데, 심지어 그에게는 변호사에게 연락할 권리조차도 허용되지 않았다. 메릴은 심사숙고 후 변호사를 만나기로 했고 여러 변호사와 이야기를 나눈 후, 명령에 불복종하기로 한다. 이 상황을 해설하자면 이렇다. 애국자 법이 시행된 이후, 최초로 한 개인이 국가에 반기를 든 것이다.

2010년 말, 〈케이아스 컴퓨터 콩그레스〉(Chaos Computer Congress, 대안 문화 및 컴퓨터 활동가를 대상으로 열리는 가장 큰 페스티벌)에서 메릴은 자신이 처한 상황을 설명[5]했다. 당시 그는 자신의 상황에 대해 자유롭게 말할 수 없었으며,[79] 적발될 경우 기밀 유지 명령을 어긴 이유로 10년 징역형을 받을 수도 있었다. 그리고 그 이후 일어난 사건들은 할리우드 영화와 비견할 만하다.

2003년 말 부시 행정부는 미 방위고등연구계획국(DARPA, Defense Advanced Research Projects Agency) 내에 정보 인식 사무국(Information Awareness Office)을 신설해 전체 정보 인식 프로그램(Total Information Awareness Programme, TIA)을 고안했다. 정보 인식 프로그램(이하 TIA)의 목적은 은행 거래 및 통신 정보부터 여행 서류와 의료

---

5 그의 진술은 유튜브 영상으로 다시 볼 수 있다.
https://www.youtube.com/watch?v=eT2fQu50sMs

기록까지 시민의 개인 정보를 대량으로 관리하는 것이었다. 또한 데이터의 수집과 처리를 동시에 함으로써 미국 영토 내에서 일어나는 범죄에 대비하고 예상하는 예측 유형 개발을 목표로 했다.[6] TIA는 판사의 판결을 얻거나 수집 대상이 되는 개인에게 알릴 필요도 없이 개인 정보를 수집하고 처리할 수 있었다. 그리고 우리는 이 상황을 "일반화된 행정 감시"라고 부른다. 미디어는 TIA 프로그램이 지닌 특전을 보도[80]하며 강력히 비판했고, 미 의회에 압력을 넣어 2003년 말에 프로그램의 실행을 중지시켰다.

그러나 TIA는 겉으로만 정지되었을 뿐이다. 국방부의 2004년 예산 자료에서 국방 기밀문서로 분류된 첨부 자료에는 삭감되지 않은 예산을 NSA로 이전할 것을 고려한다는 내용이 명시되어 있었다.[81] 2005년, 부시 대통령이 NSA에게 "미국 내 수백, 수천 명"이 보내는 국제 통신 내용을 감시하도록 허가했다는 내용을 〈뉴욕 타임스〉가 폭로하면서 비밀이 드러났다.[82] '스텔라 윈드'(Stellar Wind)라는 작전명을 지닌 이 프로그램은 전화 통화, 이메일 및 메타데이터를 AT&T와 같은 통신사를 통해 직접 수집했다.

'스텔라 윈드' 프로그램이 진행되는 동안 메릴 사건도 동시에 일어났다. 2004년 4월 초 정부를 상대로 하는 메릴 재판이 시작되었다.[83] 2005년 판사는 NSL이 헌법을 위배한다는 판결을 내렸고,

---

6 Murray, N. Profiling in the age of total information awareness, Race & Class, 52 (2): 3–24, 2010년 10월 4일. http://rac.sagepub.com/content/52/2/3.abstract. 컴퓨터 괴짜(geek)의 대중문화를 대표하는 영화 〈마이너리티 리포트〉도 보라. 이 영화는 범죄 예측 시스템과 이를 둘러싼 예기치 않은 사건을 다룬다.

물론 정부는 판결에 승복하지 않고 상소했다.[84] 재판이 진행되는 동안에 애국자 법 수정안이 상정되었다. 2005년, '스텔라 윈드'의 존재가 밝혀진 지 한 주 후, 당시 상원의원이었던 버락 오바마는 의회에서 시민의 자유를 옹호하는 연설을 하며 애국자 법 수정안 통과 여부를 묻는 투표를 미루자고 제안했지만 결국 수정안은 2006년 통과된다. 그리고 2007년 메릴 사건을 담당하는 새로운 판사는 정부가 올린 상소 재판을 판결했다. 판사는 첫 번째 판결과 마찬가지로 NSL이 헌법을 위배한다는 판결을 내렸고, 정부는 법률 파기를 고려해야 했다.[85] 메릴은 여러 해에 걸쳐 재판이 진행되는 동안 대검사 4명이 자신의 사건을 예심했다고 증언했다(프랑스와 비교했을 때, 대검사는 법무부 장관급이다). 몇 해에 걸쳐 소송하는 중에 그는 소송에 대해 누구에게 한 마디도 언급하지 못했고, 문서는 부인도 모르게 자택 내 금고에 숨겨두어야만 했다.

그런데 2015년 1월, 프랑스 파리에서 주간지 〈샤를리 에브도〉(Charlie Hebdo)를 겨냥한 테러가 일어난 후, 일부 정치인들이 프랑스식 애국자 법을 제정하자는 주장을 하기 시작했다. 그들의 주장에는 테러 활동을 예방하려면 정보통신 감시 방책을 강화해야 한다는 생각이 전제되어 있었다. 테러가 현실이 된 상황에서 이들의 말을 쉽게 무시할 수는 없었다. 만약 테러 위협을 대면한 개인이 신경쇠약과 감정적인 피로감을 이겨냈다면, 그래서 애국자 법과 같은 테러 방지책이 실제로는 효과 없음을 인식했다면, 아마도 결과는 달라지지 않았을까? (프랑스판 테러 방지법은 2017년 10월 30일에 공표되었다—옮긴이)

미국시민자유연맹(ACLU, American Civil Liberties Union)에 따르면 2003년부터 2006년까지 정보통신사에 국가 안보 서신(NSL) 20만 건이 발송되었고, 수집된 데이터는 저장 및 처리되었다. 그런데 2015년 공개된 문서를 보면 '스텔라 윈드' 프로그램이 거의 효용성이 없음을 알 수 있다.[86] 그리고 2009년에 발행된 747장에 달하는 보고서에 따르면 2001~2004년 기간에 '스텔라 윈드' 프로그램의 일환으로 수집된 단서 중 대테러 활동에 "의미 있는 공헌"을 한 비율은 1.2퍼센트에 불과했다. 또한 보고서는 2004~2006년에는 그어떤 단서도 활용 가치가 없었다고 꼬집었다. 결국 애초에 대테러 작전을 위해 제정된 애국자 법이 '다른 목적'에 이용된 것이다. 전자 프런티어재단(Electronic Frontier Foundation, EFF)에 따르면 애국자 법의 일환으로 2013년에 실행된 가택수사 요청 11,129건 중 단 51건 만이 테러의 성격을 가지고 있었고, 대부분은 마약 유통(9,401건)과 관련 있었다. 요약하자면 수백만 달러의 세금으로 내국인 및 외국인을 감시한 활동 치고는 실적이 매우 초라했던 셈이다.

"내가 말하는 대로 하시오"

지금부터 버락 오바마 대통령의 두 번의 임기 동안 감시 활동이 어떻게 발전했는지를 알아보겠다. 2005년 당시 연방 상원의원이었던 오바마가 시민의 자유를 옹호하는 연설을 한 후, 대중 토론이 시작됐다. 그리고 애국자 법 실행 기한 연장에 관한 첫 번째 투표가 있었다. 당시 대량 감시에 대한 여론은 '매우' 부정적이었다.[87] 대선 출마를 선언하면서 오바마는 자신의 견해를 다시 한번 확고히 한다. 2007년 말, 그는 다음과 같이 공약했다.[88] "비밀이 너무 많습니다. 여기서 저는 여러분께 약속합니다! […] 다시는 미국 시민의 통화를 불법적으로 감청하지 않겠습니다!"

미국 차기 대선 주자였던 오바마는 정부의 정보활동을 돕는 기업에 면책 특권을 소급해 부여하는 법안이 통과되지 않도록 필리버스터를 지지한다는 약속까지 했다. 오바마는 내부 고발자를 정치적으로 적극 지지하는 정치인 중 한 명이었다. 그에 따르면 내부 고발자들은 이론(異論)의 여지가 없는 불법적 소행을 밝혀냄으로써 더 나은 국정 운영을 할 수 있도록 돕는다.

임기가 끝나갈 무렵 부시 대통령은 일반화된 행정 감시 프로그램을 영구적으로 입법하기로 한다. 그리고 2006년 초 애국자 법은 수정 없이 연장되었다. 부시 행정부 편에서 애국자 법 영구화는 이로운 선택이었는데, 그렇게 함으로써 예산이 결정되는 동안 발생할 수 있는 이면 공작이나 우발적 결정을 잠재울 수 있었기 때문이다. 또한 비난에 대응하는 부시의 방어책도 달라졌다. 이때까지만 해도 부시 대통령은 헌법 제2조가 미 의회의 동의 없이 대통령이 단독적으로 결정할 수 있게 하는 근거를 뒷받침한다고 주장해왔다.

그런데 2007년 부시 대통령이 돌연 국회와의 토론에 나섰다. 그렇다고 부시의 국회 토론이 민주주의 발전에 공헌했다고는 말할 수 없다. 정보활동과 관련된 애국자 법 수정안을 국회 위원회 토의에 부쳤고, 의원들은 합법적으로 여겨지는 해외 조사 활동을 하는 정보원에게 부여된 특권을 강화할 수 있는 근거를 마련했기 때문이다. 가령 알카에다 추격 활동은 해외 정보활동에 관계된 모든 내용을 잡아내기 위한 일반화된 감시로 전환된다. 정보활동을 주제로 한 국회 위원회의 토론은 비공개로 진행되었다. 그리고 애국자법 수정안이 의회를 통과하고 제정되면서, 법무부와 FBI가 표명했던 유보적 견해는 더 이상 고려할 필요가 없어졌다. 2013년, 스노든이 내부 고발로 '프리즘'(PRISM)이라는 약자로 불린 일반화된 감시 프로그램이 2007년에 대망의 막을 열었다는 사실이 외부에 밝혀졌다.

감시 체제가 강화되자 오바마는 기존 견해를 더 강경하게 고수했다. 중상자들은 오바마를 보안과 대테러 전쟁에 대해 아무것도 모르는 젊은 상원의원으로 취급했다. 한편 텔레비전에서는 미국군인 수십 명의 목숨을 빼앗아가는 자살 테러 공격을 꾸준히 보도했다. 요동치는 모래사막과 같은 정치 상황 속에서 대선 후보 오바마는 존 브레넌 팀과 연대한다. 부시 정부 아래에서 CIA 부국장직에 있으면서 다수의 대테러 프로그램을 지휘한 경력을 가진 존 브레넌이 오바마의 정보활동 및 보안 분야 고문이 된 것이다. 그리고 2008년 7월 오바마의 입장에는 변화가 생긴다. 오바마는 NSA의 감청 프로그램을 합법화하는 일반화된 감시 법안을 지지한다고 발표하고, 감청 프로그램에 협조하는 통신사에 면책 특권을 부여하는 데 동의하면서 이전의 공약을 완전히 뒤집는다.

대선에 승리한 오바마는 2009년 존 브레넌을 백악관 국내 보안 분야 고문으로 임명했고, 이후 2013년 브레넌은 CIA 국장 자리에 오른다.[7] 또 하나 주목할 만한 사항은 오바마 대통령이 2005년 부터 NSA를 이끌어 온 삼성장군 케이트 알렉산더를 그대로 임명 했다는 사실이다. 별명이 "알렉산더 대왕"이었던 알렉산더 NSA 국 장은 원하기만 하면 모두 얻는다는 소문이 무성했다. 알렉산더 국 장의 지휘 아래 이라크 및 미국 영토 내 존재하는 모든 종류의 정 보가 수집되고 활용되었다. 법무부의 일부 최고 권위자들이 유보적 인 태도를 보였음에도[89] 오바마 대통령은 알렉산더 국장을 재임명 했을 뿐만 아니라 2009년 사성장군으로 승진시키면서 막 신설된 최고 기밀 기관인 사이버 사령부(Cyber Command)의 책임자로 임명 했다. 오바마 대통령은 NSA가 실행하는 일반화된 감시 프로그램 을 제한하는 대신, 오히려 감시 활동의 확장을 허가했다. 이렇게 애 국자 법은 폐지되기는커녕 2006년 영구화되었고, 2013년 스노든의 고발 이후 버락 오바마 대통령이 법안 '개혁'을 주장했음에도 계속 존재했다.

---

7   2009~2012년 브레넌은 오바마 행정부의 '드론 프로그램'을 이끈 장본인이다. 또한 파키스탄, 예멘, 소말리아 등에서 드론을 이용한 조준 사격을 실행했음을 공 개적으로 밝힌 최초 인물이기도 하다. (http://archive.boston.com/news/nation/ articles/2012/05/21/who_will_drones_target_who_in_the_us_will_decide). 이 매력적인 인물은 드론을 이용한 폭력 행위가 지닌 합법성과 '도덕성'(그대로 인 용)을 강조했다. 마지막으로 그가 부시 대통령 시기에 일어났던 고문 사건을 허락 한 명령 책임자를 밝히기 위해 조직된 미국 의회 조사단을 제지했다는 사실도 알 려졌다. (http://time.com/14563/justiceconsiders-probe-of-senate-staffers-in- dispute-over-torture-report/).

스노든의 고발이 불러온 파장

오늘날 세상에서 가장 거대한 감시 시스템이 운영되고 있다는 사실이 밝혀진 것은 에드워드 스노든이 물꼬를 터주었기 때문이다. 전 NSA 컨설턴트였던 스노든은 2013년 미국과 영국이 대규모 감시 프로그램을 조직했다고 고발한다. 스노든이 제공한 정보는 감시 시스템의 규모를 파악하고, 페이스북 또는 우리 일상과 밀접한 당사자들이 어떤 이익 관계로 연결되어 있는지 이해하는 데 필수적이다.

스노든의 고발에 따르면 미국 영토 외에서 진행된 첫 번째 전자통신정보 감청 테스트는 2009년에 시작되었다. 오바마 대통령이 미국에서 가까운 작은 나라 바하마에서 '소말겟'(SOMALGET) 프로그램의 전개를 승인한다. 이 프로그램이 전개되는 일련의 시나리오는 〈캐리비안의 해적〉 이야기와 무관하다.[90] 바하마의 정보통신 시스템 내에 감시 장비를 설치할 수 있었던 것은 온전한 핑계였다. 미마약관리국은 감시 시스템이 마약 유통자 체포를 도울 수 있다고 하면서 바하마 정부를 설득했다. 그러나 실제 통신 장비는 NSA가 정보 통신 데이터 정보를 활용하고, 녹음, 녹화하고 저장할 수 있도록 백도어를 여는 역할을 했다. 게다가 미국은 판사의 영장 없이 정보 수집을 진행했다. 이런 방식으로 2년 동안 소말겟 프로그램을 사용한 덕분에 바하마 국민 및 매해 바하마를 방문하는 미국 시민 6백만 명의 휴대 전화까지, 100퍼센트 감시에 성공했을 것으로 추정된다. 바하마에서의 테스트가 성공하자, NSA는 이 프로그램을 아프가니스탄, 필리핀, 멕시코, 케냐에서 확장해 전개했다. 그리고

2013년 작성된 NSA 계획서에 따르면 다른 국가 내 활용도 준비하고 있었다.

또한 스노든이 유출한 문서에서 오바마 행정부가 감시 프로그램을 공유했다는 사실이 밝혀졌다. 감시 작전은 냉전 시대부터 형성되었던, "파이브 아이즈"(Five Eyes)라는 코드명을 가진, 미국, 영국, 호주, 캐나다, 뉴질랜드 정보국 사이의 은밀한 연합까지 확장되었다. 게다가 오바마 대통령의 첫 3년 임기 동안 미국 정부는 국가안보국(NSA)에 대응하는 영국 정부통신본부(GCHQ)에 해저 케이블 감시 수준을 높일 목적으로 적어도 1억 5천만 달러를 지급했다. 해당 해저 케이블은 북아메리카와 남아메리카 대륙에서 출발해 영국을 거쳐 유럽과 중동으로 이어져 영국 정부통신본부가 감청을 이상적으로 실행하도록 했다. 수집한 데이터를 세밀히 검토하기 위해 미국 국가안보국 소속 분석가 250명이 영국 정부통신본부 분석가들과 힘을 합쳤다.

감시 프로그램 실행이 신속하게 진행되면서 미국 정보국 사상 가장 큰 규모의 건설 계획도 함께 진행되었다. 2012년 3월 5일, "알렉산더 대왕"은 조지아(나라가 아닌 미 남부 주)에 세계에서 가장 클 것으로 추정되는 감청실을 열었다. 2013년부터 NSA는 캘리포니아에 위치한 옛 소니 반도체 칩 생산 공장을 확장해 카리브 지역 감청실로 만드는 데 3억 달러 이상을 지출했고, 북서 지역에는 덴버 근교에 새 작전 건물을 세웠다. 이 건물에는 (앞에서 다루었던 오리온과 같은) 정보수집 인공위성에서 빼낸 정보를 수신해서 NSA의 또 다른 전초지로 전송했다. 미국은 해외에서 진행되는 정보 감청을

대테러 해외 활동을 위해 불가피한 통신 활동으로 여겼다.[91]

　　NSA의 전초지 중 핵심 장소는 유타주에 있는 블러프 데일 지역이었다. 스노든은 여기에서 이메일, 문자 메시지, 트위터 메시지, 구글 검색, 금융 문서, 페이스북 메시지, 유튜브 동영상, 전화통화 및 음성·문자 채팅 메타데이터 등을 저장한다고 밝혔다. 복합 단지 일부에는 알카에다와 이슬람 국가 조직 IS 구성원들이 주고받은 전화 통화 및 전자 메일과 같이 중대한 데이터로 분류된 데이터를 저장했지만 그 외에는 저장 공간 확보를 위해 결국 서버, 즉 엄청난 용량의 외장 하드에서 삭제되었다.

　　2012년 오바마 대통령의 재임 선거 캠프는 경제 및 국내 문제에 집중한 선거 운동을 진행하면서 감시와 사생활 문제에는 거의 관심을 두지 않았다. 스노든이 고발했듯이 오바마 재임 6개월 이후에도 데이터 수집은 여전히 계속되었다. 그런데 당시 실행된 데이터 수집 방식이 최상의 방법은 아닌 듯했다. 트리스탕 니토(Tristan Nitot, Mozilla Europe 대표—옮긴이)가 한 말을 인용하자면 "우리는 짚 더미 속에서 바늘을 찾는 중"이다. 더 정확히 말하자면, 짚 더미 크기는 계속 늘어나고 있다. 여기에서 수집한 정보를 어떻게 효율적으로 처리할지에 관한 질문이 나온다.

　　미국 정부는 한편으로 스노든의 행방을 추적하면서, 다른 한편으로는 미국 시민의 전화 통화 내용을 비밀리에 수집한 덕분에 적어도 50여 개의 위협을 피할 수 있었다며 수집 활동을 정당화하려고 했다. 그러나 어떤 구체적인 사례를 제시하지는 않았다. "알렉산더 대왕"은 여러 번에 걸쳐 "테러리즘과 관련된 54개 활동"을 저지했다고 밝혔다. 그러나 이 주장을 뒷받침할 구체적인 증거나 예시는 없었다. 그리고 훗날 미국 상원 법률 위원회가 개최한 청문회에서도 알렉산더 장군은 앞의 주장과 관련해서 단 하나의 구체적인 사례도 제시하지 않았다. 결국 시민의 안전이 더 강화되었다기보다는 사생활과 통신 정보의 기밀 유지 보장권이 완전히 침해당한 것으로 보인다.

그리고 정보 수집 활동의 실패와 더불어 수집 정보를 남용한 문제도 지적할 수 있다. 정보 활용 남용은 미국 헌법이 보장하는 자유권을 엄청나게 침해한 것이다. 그 예로 NSA가 이스라엘과 팔레스타인에 연고가 있는 미국인이 전송한 통화 및 전자 메일 500만 건이 포함된 감청 자료를 있는 그대로 이스라엘 정보국 8200부대[92]에 정기적으로 넘긴 사례를 들 수 있다. 이스라엘 8200부대가 넘겨받은 정보를 어떻게 활용했는지는 부대원 43명이 사임을 하기 전까지 알려진 바가 없었다.

〈뉴욕 타임스〉가 발행한 기사에서, 부대원들은 NSA가 전송한 데이터와 같은 감청 통신 자료를 사용해서 무고한 팔레스타인인에게 "정치적 박해"를 가한 이스라엘 정부를 공개적으로 비판했다.[93] 또한 성적 취향, 간음, 금전적 문제, 가족 병력 등의 내용과 관련된 데이터를 수집해 관련 인물을 압박하는 수단으로 사용했다고 사임한 부대원들은 폭로했다.

스노든이 공개한 문서에는 정부에 문제가 되는 인물들의 명예를 실추시킬 목적으로 정보 수집을 계획한 메모가 포함되어 있었다. 정보 수집 계획을 요약한 문서는 공개적으로 유명 인사들의 명성을 무너뜨리기 위해 웹브라우저 데이터를 수집하고 음란 영화를 시청한 사실을 활용해야 할 필요성을 명시했다.[94] 이러한 정부의 소행은 권력자와 재력가를 협박할 목적으로 성매매 여성을 이용해 그들을 매복 장소로 유인한 후 몰래카메라를 촬영하는 방식의, (소비에트 사회주의 연방이 몰락한 후 다시 형성된) KGB가 사용한 러시아의 콤프로마트를 연상하게 한다.

우리는 감시·정보 기구를 제지하기 위한 적절한 조치를 거의 취하지 않은 오바마에게 유감을 표할 수 있다. 스노든의 고발 이후 오바마 대통령은 NSA가 미국 시민의 통화 메타데이터를 수집하는 것을 멈추게 하자고 호소했다. 그러나 통화 데이터 수집은 전체 감시 활동을 바다에 비한다면 바닷속 물 한 방울에 불과했다.

더 놀라운 사실은 오바마 행정부가 정보원의 권력 남용을 고발한 이들을 체포했다는 점이다. 오바마 임기 동안[95] 내부 고발자 8명이 방첩법 위반 혐의로 재판을 받았다. 오바마 임기 전까지는 방첩법 관련 재판을 받은 사람이 세 명뿐이었는데, 오바마 정부가 이 숫자를 경신했다.[96] 2013년 한 전문 언론[97]은 미국 국방성이 잠재적인 내부 고발자 축출 임무를 부여받은 요원을 교육함으로써 영구적 마녀사냥을 제도화하는 목적으로 운영한 프로그램을 집중 취재했다.

그리고 정권 교체 이후, 어디로 튈지 모르는 도널드 트럼프 대통령의 성격과 백악관 구성원의 행보가 우려된다. 공직과 양심을 걸고 공공 행정 기관 내 기능장애와 도덕성 결여와 관련된 문제를 알리려는 이들의 신변을 트럼프 백악관 구성원들이 위태롭게 하기

때문이다.[8]

진흙탕 속 경쟁

다수의 정부가 경쟁적으로 디지털 '침략' 장비를 도입하고 있는 듯하다. 이런 경향은 최근 유엔 보고서[9]가 지적했듯이 무척 염려스럽다.

> ICT[10]는 경제·사회적 발전을 위한 무한한 가능성을 지니고 있으며, 국제 사회에서 중요한 역할을 차지한다. 그러나 세계 인터넷 환경이 점점 위험해지고 있고, 특히 많은 정부 및 비정부 활동가가 연루된 악의적인 정보활동은 놀라울 정도로 증가하고 있다.

---

8 양심선언의 한 예로 미국 연방정부의 SSI 국장이 강력히 고수한 일반적인 HTTPS 사용 주장을 들 수 있다. (https://https.cio.gov). HTTPS 사용의 독려/강제는 프랑스에서는 찾아 볼 수 없다. HTTPS(웹브라우저 보안 프로토콜)를 공공 웹 사이트에 적용하는 간단한 조처를 함으로써 인터넷상에서 데이터를 더 안전하게 전송할 수 있고, 개인 데이터 보호 방책을 더 잘 지킬 수 있다. 몇몇 프랑스 시민들은 '정보 및 자유를 위한 국가 위원회'(CNIL)에 HTTPS를 사용하지 않는 공공 행정 웹 사이트를 포함한 다수 웹 사이트 문제를 해결해줄 것을 호소했다. https://tdelmas.eu/CNIL-001.pdf

9 국제 보안의 관점에서 인터넷과 통신 발전 관련 조사를 맡은 정부 전문가 그룹 보고서, A/70/174, 2015년 7월 22일.

10 ICT: 정보통신기술(Information & Communication Technology)

유엔 보고서가 지적한 우려에는 근거가 있다. 그 예로 '불런'(Bullrun) 프로그램의 존재를 밝힌 스노든(그렇다, 또 그가 나온다)의 고발을 들어보자. 불런 프로그램은 미국 NSA와 영국 GCHQ가 공동 지휘하던 미국 정부와 민간 활동가 사이에 형성된 협력 파트너십을 지칭한다. 이 프로그램을 통해 미국과 영국 정보국은 인터넷 대기업 및 서비스 제공 기업들과 은밀하게 협조한다. 이 파트너십의 임무는 "상업적 암호 시스템에 취약점 끼워 넣기"다. 스노든이 공개한 작전 중 가장 많은 비용이 든 불런 프로그램을 통해 이용자들의 통신 송수신 과정 안으로 마음대로 침입할 수 있게 하는 다양한 접근 방식이 활용되었다. 예를 들면, 프로그램 고안 단계에서부터 다수 웹 서비스 암호화 장치에 백도어를 설치하고, 인증서를 빼낸다거나 또는 웹 서비스 회사를 겨냥한 사이버 공격을 실행해 디지털 키를 훔치는 등의 작전을 펼쳤다.[98] 이렇게 다양한 방식으로 정보를 빼내고 복호화하는 작업이 거의 실시간으로 이루어진다.

제로 데이 취약점이라는 인터넷 공격 도구도 존재한다는 사실을 기억하라. 보통 제3자(취약점이 발견된 프로그램 개발자나 개발회사가 아닌 정부 및 민간)가 구매한 제로 데이는 무기로 사용된다. 앞에서 이미 다루었듯, 점점 더 많은 정부가 이미 방어력뿐만 아니라 공격력을 갖추고 있다. 자기를 스스로 방어하는 것은 합리적인 행동이므로 이에 반대할 사람은 없다. 그러나 공격력 강화는 인터넷 무장과 직결되는 문제다. 일부 독트린이 디지털 도구를 주요/전략 인프라(해당 국가에 대단히 중요한 요소)로 간주하고 주요 설비를 향한 사이버 공격을 군사적 행동으로 해석할 수 있음을 명시한 만큼, 무장 결정은 매우 강력한 행동으로 여겨진다.

무장을 향한 폭주는 새로운 현상이 아니다. 무장은 타국 또는 "내부 위협"에 대한 위협감에 대응한 결과이기 때문이다. 여기에서 여러 긴장 관계가 형성된다. 한편 군과 경찰을 혼동하는 경향이 계속 증가하고 있다(그래서 위험하다). 군의 특징은 국가의 안위를 지키고 외부 위협으로부터 국가의 이익을 보호하는 데에 있다. 반면 경찰의 고유한 특징은 국내 치안을 유지하는 것이다. 인터넷 위협이 어디서든 시작될 수 있다는 사실만으로 우리는 군과 경찰의 경계를 쉽게 무너뜨리고, 내부 위협과 국제적 혼란이 뒤섞이는 상황에 부닥친다. 그리고 두 기관을 혼동하면서 해로운 결과를 낳는다.

다른 한편으로 디지털 도구를 군대에서 조직적으로 사용하면서 긴장이 형성될 수 있다. 두 번째 긴장은 분쟁 위협이 증대하면서 자국의 보안을 유지하는 방법을 취하는 과정에서 결국 전체 보안 수준을 축소하는 경우에 나타난다. 그 예로 앞서 언급했던 미국 선거 사례를 다시 보자. 다른 국가가 인터넷 공간에 침입해 자국 문제에 내정 간섭을 했다는 사실을 발견했을 때, 피해를 본 국가는 어떻게 대응하겠는가?

국제 규제와 디지털 무기 관리에 관한 접근 방식을 다루기 전에, 이 복잡한 상황 속에 존재하는 일부 기업들의 중요한 역할을 설명해보자. 이 분야와 관련 있는 다수 민간 기관이 존재한다. 개인 정보 데이터를 사유화하는 민간 기업, 즉 구글, 애플, 페이스북, 아마존, 마이크로소프트에 관해 간단히 언급하겠다. 우리는 여기서 특별히 해킹팀과 같은 이중용도(dual-use) 기술 제공 기업에 관심을 둘 것이다. 이중용도 기술은 (합법적이고/이거나 사회적인 면에서 혜택을 주는) 민수용(民需用)으로 사용될 뿐 아니라, 군수용으로도 이용될 수 있기 때문에 중요하다.

이중용도 그리고 이중적인 태도

다수 국가가 민간 기업의 많은 도움을 받아 디지털 공격력을 강화하는데, 국가는 공격력을 무력 분쟁, 정보활동, 법적 조사 등 다양한 상황에서 이용한다. 전산 및 정보시스템 보안은 국가 안보 쟁점과 밀접하기에, 전산 및 정보시스템 보안과 관련한 많은 기업이 생겨났고 시장도 발달했다. 관련 기업들은 침입 및 변조 프로그램을 개발하고, 제로 데이 취약점뿐만 아니라 감시 및 도청 장비를 판매한다. 3장에서 다루겠지만, 시장의 경계를 넘어선 더 넓은 범위의 인터넷 시장도 존재한다. 구매자들은 제공업자의 의도와는 별개로 자신만의 이득, 예를 들어 상업적 이득, (간첩 활동으로 얻는) 전략적 이득 또는 단순히 금전적 이득 등을 목적으로 관련 상품을 구매하고 사용한다.

이들 민간 제공업자는 누구일까? 그리고 어떤 종류의 도구를 유통할까? 캐나다 연구소 시티즌 랩의 연구를 참고하면 이중용도 기술은 두 가지로 구분된다. 첫 번째 종류는 네트워크 트래픽 관리(예를 들어, 패킷과 콘텐츠 필터링 집중 검사) 및 기기 접속을 가능하게 하는 기술로, 개인 또는 기관을 구체적인 대상으로 설정해 감시하고 이용자의 기기 내 상호작용과 통신을 감시하는 데 이용된다.

웹 사이트 콘텐츠 접근을 제한하는 네트워크 트래픽 관리 도구로는 블루 코트(Blue Coat)[99], 포티넷(Fortinet), 넷스위퍼(NetSweeper), 코스모스(Qosmos), 불/아메시스(Bull/Amesys) 등의 기업이 개발한 도구가 잘 알려져 있다. 민수용 네트워크 트래픽 관리의 경우, 기업이나 대학에서 직원이나 학생이 일부 웹 사이트에 접근하지 못하도록 할 목적으로 운영한다.

인터넷은 관련 기관에서 해야 하는 주요 활동과 관계없는 정보에도 접속할 수 있는 환경을 조성한다. 그러므로 기업이나 대학이 주요 활동에 불필요한 정보를 걸러내려고 한다면, 이는 어느 정도 정당화할 수 있을 것이다. 그러나 기업이나 대학에 적용 가능한 접근 방식을 국가 전체의 인터넷 제공 업체에 강요한다면 상황은 완전히 달라진다. 어떤 경우에는 권력을 잡은 한 정부가 마음에 들지 않은 콘텐츠를 선별하고 이를 전체 국민에게 강요하기 때문이다. 국가가 인터넷 정보를 선별하는 상황[11]이 실재한다고 알려졌고, 연루된 인터넷 제공업체의 이름도 공개되었다.[100]

두 번째 이중용도 기술은 침입 소프트웨어 사용과 관련이 있다. 침입 소프트웨어는 보통 악의적인 용도로 사용되지만 합법적인

---

11 오픈넷(OpenNet)이 정보를 여과하는 네트워크 트래픽 관리가 실제로 존재함을 밝혀내고 기술했다. 또한 관련 도구가 서양 국가에서 수출되어 중동과 북아프리카로 수입되고 있음을 폭로했다.
https://opennet.net/west-censoring-east-the-use-western-technologies-middle-east-censors-2010-2011

침입 방식이라고 소개된다(일반 용어로 악성코드[malware]라고 한다). 앞서 먼저 제로 데이 취약점 공격에 대해 다루었고, 백도어[12]를 이용해 침입할 수 있는 '트로이목마'도 존재한다. 백도어를 이용하면 이용자 기기에 원격으로 접근하여 감시할 수 있다.

트로이목마 피해 사례 조사는 질병 역학조사와 흡사한데, 역학조사에서 "첫 번째 감염 환자"를 찾는 것과 마찬가지로 감염 소프트웨어의 최초 사용자를 찾아내야 하기 때문이다. 감염 소프트웨어의 최초 사용자는 감염된 첨부파일을 이메일로 받았거나, URL 주소를 클릭하여 스파이웨어를 기기 내에 설치하게 하는 이메일을 받았을 것이다. 이탈리아 기업 해킹 팀이 침입 및 감시 소프트웨어 개발 회사로 가장 많이 알려졌는데(유명 해커 피니어스 피셔[Phineas Fisher]가 해킹 팀을 침입해 많은 내용을 담은 문서와 이메일을 유출했다)[13], 핀피셔(FinFisher), NSO 그룹, 프로세라 네트웍스[(101)] 등의 기업도 같은 분야에서 활동한다.

그렇다면 어떤 침입 사례가 있었을까? 첫 번째 사례로, 아랍에미리트에 오랫동안 반기를 들었던 반대 인사를 겨냥하여 사용된 제로 데이가 아이폰 운영 시스템에서 적어도(!) 3개 발견되었다.[(102)] 관련 악성코드를 개발한 기업은 이스라엘계 NSO 그룹으로, 이미 멕시코 취재 기자를 공격한 전적이 있다. 또 다른 사례로 미국 기업

---

12 합법적인 사용자 모르게 프로그램에 몰래 접근할 수 있도록 하는 기능

13 http://foreignpolicy.com/2016/04/26/fear-this-man-cyber-warfare-hackingteam-david-vincenzetti/

프로세라 네트웍스를 들 수 있다. 이 기업은 터키 통신업체 터키 텔레콤과 계약을 맺고 있었는데, 터키 텔레콤 측 정보통에 따르면 프로세라 네트웍스가 개발한 도구를 이용해 서비스 이용자들의 아이디와 비밀번호를 가로채고, 인터넷 접속에 이용하는 IP 주소와 각 IP 주소를 통해 접속하는 웹 사이트 주소를 수집했다. 이러한 소행은 프로세라 네트웍스 엔지니어들이 내부 고발을 하면서 외부에 밝혀졌는데, 회사의 소행이 터키에서 전국적으로 진행된 숙청 작업에 매우 크게 공헌했다고 한다.[14]

프로세라 네트웍스가 개발한 소프트웨어 실행 방식은 스노든이 유출한 문서에서 자주 묘사되었던 NSA의 엑스키스코어 (XKeyscore)를 연상하게 한다.[103] 터키 텔레콤이 전개한 프로세라 네트웍스 소프트웨어는 매우 강력했는데, 실시간으로 네트워크 트래픽을 감시했고 모든 HTTP 접속(예를 들어 이메일 접속) 정보를 다른 도구로 전송했다. HTTP 접속 정보를 전송받은 도구는 아이디와 비밀번호, IP 주소, 접속 사이트 등 정보를 빼내기 위해 데이터를

---

14 더 자세한 설명을 위해 몇 가지 예를 들어보자. 한 14세 청소년이 페이스북에서 에르도안 터키 대통령을 비판했다는 이유로 징역형을 받았다. (https://news.vice.com/en_us/article/3kwvqy/teen-arrested-for-insulting-erdogan-on-facebook-as-crackdown-in-turkey-continues)
어떤 의사는 에르도안 대통령의 표정과 한 가상 인물의 표정을 비교해 징역형을 받을 위험에 처했다. (https://www.theguardian.com/world/2016/jun/23/rifat-cetin-erdogan-gollum-suspended-sentence-turkey)
상식을 넘어선 탄압이 일어났고, 2016년 여름에는 쿠데타를 선동했다는 용의를 받아 교육부 만 오천여 명의 직원이 감금되었다. (https://www.reuters.com/article/us-turkey-security-education-idUSKCN0ZZ1R9) 이 외 여러 사례도 있다.

분석했다. 그리고 얻어낸 데이터를 터키 텔레콤 고객 정보와 비교했다. 터키 텔레콤은 실제 휴대전화 가입자 2천만 명, 3G/4G 가입자 약 천만 명을 보유하고 터키 전역 80퍼센트 면적에 광케이블 인터넷 서비스를 제공하는 터키 최대 인터넷 서비스 업체라고 홍보한다. 그러니 터키 텔레콤을 이용한 감시가 얼마나 큰 문제인지 짐작할 수 있다. (그리고 아무리 반복해도 부족하지 않을 조언을 다시 하겠다. 가능한 한 HTTPS로 접속하라.)

터키 텔레콤 사례는 우리를 놀라게 하고, 불편하게 만든다. 물론 국민에 대한 감시의 목적이 침입이나 탄압이 아니라, 사회적으로 필요하기 때문이라는 이유를 들어 정당화할 수도 있다. 가령, 프로세라 네트웍스가 감시 소프트웨어를 실행한 공식적인 이유는 부정행위 근절이었다. 그러나 이런 이유는 매우 빈약한 평계다. 민간 회사가 자국 국민의 웹 서핑 데이터를 대량 수집하며 부정행위를 수사했다는 사례를 들어본 적이 있는가? 회사를 사임하면서 프로세라 네트웍스의 기밀을 세상에 알린 엔지니어들도 이런 "부정행위 근절"이라는 이유가 불충분하다고 생각했다. 특히 법적 근거가 불확실한 가운데, 부정행위 방지 대책을 세운답시고 국민을 상대로 대량의 전자 통신 감시를 전개하는 경우는 없었다. 이제까지 공개된 문서 자료에서 이런 사례는 본 적이 없다. 게다가 그러한 방법으로 감시한다면 만족할 만한 결과를 내기도 어렵다. 실제로 부정행위와 관련된 특정한 활동을 감시하고 분석하려면 관련 활동을 관찰 및 분석하는 데 적합한 조사 도구를 개발해야 한다.

한편으로 감시 도구가 일반적인 세금 포탈 범죄를 잡아내는 데

적절하다고 생각할 수도 있다. 그런데도 터키의 사례는 여전히 의심스럽다. 국제전기통신연합(ITU, International Telecommunications Union)이 발행한 데이터에 따르면 2015년 터키 국민 54퍼센트, 즉 약 4,100만 명만이 인터넷 사용자였기 때문이다.[104] 게다가 인터넷 뱅킹 사용자[105] 수는 2015년 기준 1,800만 명에 불과했다(2016년 말에는 2,100만 명으로 증가). 이렇듯 감시를 정당화하려고 내세운 이유는 억지일 뿐이고 사실과는 멀어 보인다. 따라서 수긍할 만한 유일한 결론을 내자면 프로세라 네트웍스가 터키 국민을 감시하고 개인 자료를 수집 및 남용하는 데 일조했다고 보아야 한다.

우리를 혼란스럽게 하는 또 다른 사실은 프란시스코 파트너스(Francisco Partners)가 프로세라 네트웍스를 비롯한 NSO 그룹의 투자사라는 점이다. 그리고 이 회사와 블루 코트(Blue Coat) 외에도 텔레커뮤니케이션 분야 중 '무제한 감청' 전문 회사인 이스라엘 기업 어빌리티(Ability Inc.)[106]에 투자했다는 점이다. 어빌리티는 휴대전화 식별 번호인 IMSI를 통해 휴대전화 기종에 상관없이 음성 및 문자 통신 정보를 감청하고 수집하는 서비스를 제공한다. IMSI는 국제 모바일 가입자 식별 번호(International Mobile Subscriber Identity)를 뜻하는 영문의 약자인데, 모든 휴대전화에는 이 고유 식별 번호가 부여된다. IMSI 번호를 알아낼 수 있는 기계인 IMSI 캐쳐(catchers)를 사용하는 일부 국가도 있는데(예를 들어 뉴욕 경찰[107]), 이 기계는 한정적인 지역에서 시행 규제를 준수해야만 사용할 수 있다. 그러나 어빌리티가 개발하는 도구들은 법적 규제에 아랑곳하지 않는데다 심지어는 통신사 허가를 받지 않고 사용할 수 있게 만들어졌다.

문제는 산적해 있다

앞에서 언급한 사례들을 보면 이중용도 기술이 실제로 어떻게 남용되는지를 이해할 수 있다.[15] 그리고 우리는 더 나아가 이중용도 기술을 이용한 활동이 어떤 법적 근거 속에서 이루어지는가를 물어야 한다.

먼저 '정보 무기'를 정의하기란 어려운 일이다. 이 용어는 정보를 이용해 영향력을 미치는 디지털 수단을 가리킬까? 아니면 시스템을 감염시키고자 사용되는 악성코드 도구, 즉 공격 도구를 가리킬까? 한편으로 우리가 실제로 유용하게 사용하는 도구를 어떻게 제한할 수 있을까? 현재로서는 모두가 동의할 수 있는 통일된 정의를 내리지 못했다. 한편으로는 민간이 지닌 지위가 법적 제도를 확립하지 못하게 하는 또 다른 어려움으로 작용한다. 전통적으로 국제법이 다루는 당사자는 국가 및 국제기구로 여기에 개인은 포함되지 않기 때문이다. 몇 년 전부터 다수 국가가 법적 규제 문제를 검토하고, '인터넷 무기' 증가를 억제하고 심지어는 중단하려는 목적의 규범과 행동 규칙을 장려하고 있다. 그러나 불행히도 현 규범은 이행을 강제할 수 없는 수준이다. 중요한 사실은—여기서 국가의 역할이 다시 주목받는데— 이중용도 기술을 수출하기 위해서는 일

---

15 예를 들어 NGO 단체인 프라이버시 인터내셔널(Privacy International)이 발행하고 업데이트하는 이중용도 기술을 개발하는 기업에 대한 데이터베이스를 참고하라. https://sii.transparencytoolkit.org/

반적으로 정부 허가(또는 라이선스)를 받아야 한다는 점이다.[16]

인터넷 무기 규제 주제와 가장 직접적으로 관련 있는 기구인 바세나르 체제[(108)]를 간단히 언급하고 넘어가자. 관련 분야 언어를 빌려 설명하자면, 바세나르 체제(the wassenaar system)는 다수 국가가 재래무기 및 전략물자, 이중용도 기술 수출과 관련된 정책을 조정할 목적으로 조직한, 수출 통제를 위한 다자기구이다. 이 기구는 1995년 12월에 조직된 후 여러 번에 걸쳐 수정되었다. 최근 5년 동안 다수 민간 기업이 국민의 인권을 존중하지 않는 여러 국가에 감시 수단을 판매했다는 보도가 언론을 장식했다. 우리가 앞 페이지에서 언급했던 사례들이 바로 이 폭로 대상에 속하는데, 이들 사례는 감시 소프트웨어와 연관되었든 제로 데이 공격과 연관되었든 상관없이 바세나르 체제를 변화시키는 촉매제가 되었다.

바세나르 체제는 국가가 특정 무기 증축(특히 재래무기 증축)을 억제할 수 있도록 국제법과 국제법이 보장하는 규제를 완성하는 역할을 한다. 특히 2013년 이후 이중용도 기술 목록이 수정되었는데, 이 목록에 침입 소프트웨어 및 네트워크 감시 시스템을 비롯한 악

---

16 2009년 5월 5일, 프랑스를 포함한 유럽연합 회원국은 수정된 유럽연합 공동 조례에서 수출 라이선스의 유형을 정의하고, 관련 수출 상품 목록을 명시했다. 이 조례는 유럽연합 지역 밖으로 수출되는 모든 수출에 적용된다. 그러나 특별 품목에 기재된 일부 민감한 상품을 제외하고는 유럽연합 내에서 유통되는 상품은 감시 대상이 아니다. 아래 프랑스 관세청 웹 사이트 페이지를 참고하라.
http://www.douane.gouv.fr/articles/a10922-biens-et-technologies-a-double-usage-civil-ou-militaire

성코드 도구가 추가되었다.[17] 여기에서 '침입 소프트웨어'란 데이터를 유출할 목적으로 정보 시스템에 침입하고 관련 시스템의 보안을 피하고자 특별히 고안된 소프트웨어를 말한다. 따라서 바세나르 체제는 백도어, 바이러스와 같은 악성 코드,[18] 취약점 공격은 직접 포함하지 않는다.[19]

바세나르 체제가 명시하는 규범이 잘 실행되는지에 대한 평가는 제대로 이루어지지 않는 듯하다. 게다가 관련 기술에 대한 수출 라이선스를 허용하는 것이 적합한지의 여부도 평가하지 않는다. 캐나다 등 일부 국가가 관련 통계를 발행하지만,[(109)] 통계 자료가 제공하는 세부 정보는 어떤 특정 상품이 수출 허가를 받았는지, 더 나아가 허가가 결정된 이유는 무엇인지 등을 밝히기에는 부족하다. 이 사실이 중요해 보이는 이유는 2015년 캐나다에서 접수된 수출 허가 신청 2,202건 중 단 2건만이 불허를 받았기 때문이다.

다시 프로세라 네트웍스 사례로 돌아가 중요한 질문을 살펴보자. 문제점에 적용하는 기술적 해법이 적합한가의 문제다. 파리 한

---

17 2016년 4월 4일, 바세나르 협정, 이중용도 상품 및 기술, 무기 목록. (The Wassenaar Arrangement, List of dual-use goods and technologies and munitions list) WA-LIST (15) 1 Corr.1*.

18 보완 방책도 존재하는데, 특히 국가의 책임 있는 행동에 대한 규범을 적용한다. 그런데 규범을 강제로 이행하게 할 수는 없다. 이 규범은 악의적으로 활용되는 인터넷 도구의 증가와 사용에 대해 국가적인 관심을 불러일으키는 데 목적이 있다.

19 더 정확히 말하자면, 통제는 침입 소프트웨어를 이용해 관리, 생성, 전송 및 통신하는 기술에만 적용된다.

마리를 제거하려고 바주카포를 사용하는 것은 아닌지 따질 수 있다. 어떤 기술을 다른 국가에 수출한다면, 사용자의 필요와 활용 방식을 정확하게 파악한 후 수출 허가가 이루어져야 하며, 동시에 기술 사용으로 일어날 수 있는 일탈 행위를 염두에 두어야 한다.

　프로세라 네트웍스, 해킹팀, NSO 그룹 사례가 보여주듯, 2013년 이후에도 수출 라이선스 허가 과정은 여전히 부실하다. 예를 들어, 해킹 팀이 모로코 내 언론인 탄압에 일조했다는 사실이 알려졌는데도 이탈리아 당국은 프로그램 수출을 "일반 허가"했다.[20] 해킹 팀에게 수출 허가를 내린 장본인인 장관에 따르면, 이 일반 허가는 자유 재량권을 주는 것과 같았다. 자유 재량권을 허가한 장관[110]은 해킹 팀이 개발한 스파이웨어를 카자흐스탄 등 여러 지역에 수출을 허가한 전력이 있었다.[21] 한편 이스라엘 당국, 정확히는 이스라엘 국방부는 NSO 그룹에 아이폰용으로 개발된 정교한 제로 데이 취약점 공격을 아랍에미리트에 수출하는 것을 허가했고, 아랍에미리트는 해당 제로 데이를 평화적인 반대자를 감시하는 목적으로 사용했다.[111]

20　해킹 팀 시스템이 해킹당한 후 유출된 이메일에서, 이 기업의 맹렬한 로비 덕분에 수출 허가를 받는 데 성공했다는 사실을 확인할 수 있다.
https://wikileaks.org/hackingteam/emails/?q=MISE&mfrom=&mto=&title=&notitle=&date=&nofrom=&noto=&count=50&sort=0#searchresult

21　이 허가는 2016년 4월에 철회되었다.
https://www.ilfattoquotidiano.it/2016/04/06/hacking-team-revocata-lautorizzazione-globale-allexport-del-software-spia-stop-anche-per-legitto-dopo-il-caso-regeni/2610721 (단축 https://is.gd/o196C9)

기업과 국가에 대한 신뢰를 회복하고 보장하기 위해서뿐만 아니라, 인터넷 도구의 악용을 억제하기 위해서는 아직도 할 일이 산적해 있다. 시덥지 않은 결과를 얻으려고 세금을 낭비하게 만드는 부당한 법을 제정한 미국의 사례를 따라서는 안 된다. 그리고 자유 위에 군림하는 감시가 이루어져서는 안 된다.

3장

디지털 시대의
신뢰 문제

자유 이용 소프트웨어: 필요하지만 만병통치약은 아닌

해커의 윤리와 관련 있는 자유 이용 소프트웨어(free software)와 오픈소스(open source)는 뒤에서 더 자세히 다룰 예정이다. 여기에서는 자유 이용 소프트웨어가 신뢰에 어떤 영향을 미치는지를 쉽게 이야기하기 위해, 먼저 자유 이용 소프트웨어가 무엇인지 간단히 정의하겠다. 자유 이용 소프트웨어는 사용자에게 네 가지 기본적인 자유, 즉 사용자가 (열린) 코드의 기능을 이해하고, 코드를 변경하고, 공유하고, 기존 코드를 변형한 프로그램을 만들 수 있는 자유를 보장하는 소프트웨어를 말한다.

자유 이용 소프트웨어가 추구하는 이상은, 비공개 코드를 사용해 작동 방식을 마법처럼 숨겨 두어 그야말로 블랙박스가 된, 즉 사용자를 개발자와 동등한 자격에 두지 않는 유료 소프트웨어와 완전히 상반된다. 어떤 이들은 유료 소프트웨어를 자유 이용 소프트웨어가 보장하는 기본 자유와 대비하기도 하는데, 유료 소프트웨어가 기본 자유를 박탈하고 있음을 부각하고자 '박탈하는' 소프트웨어라고 부르기도 한다.

자유 이용 소프트웨어는 한 소프트웨어로부터 또 다른 소프트웨어를 창작할 수 있도록, 항상 변경이 가능하게끔 한다는 기본 규칙을 강조한다. 그리고 자유 이용 소프트웨어가 블랙박스화 되는, 즉 자유 이용 소프트웨어 윤리가 후퇴하는 현상을 막기 위해 GNU 프로젝트는 법적 근거를 마련했다.

오늘날에는 어디서든지 자유 이용 소프트웨어를 볼 수 있다. 프로그램 언어, 인터넷 네트워크, 당신의 휴대전화나 식기 세척기에 장착된 하부 웹 기반을 이루는 인프라에 이르기까지 자유 이용 소프트웨어는 널려 있다. 10년 전, 주창자들이 자유 이용 소프트웨어와 오픈소스가 널리 사용되도록 갖은 애를 쓴 덕분에, 오늘날 그들의 목표가 이루어졌다. 그러나 자유 이용 소프트웨어가 일반화된 만큼 이용자는 더 자유로워졌다고 할 수 있을까? 불행히도 전혀 그렇지 않다.

우리는 자유 이용 소프트웨어를 마치 그 해법(THE solution), 성배, 단 한 방으로 온갖 괴물을 물리치는 은제 탄환, 혹은 금도끼인 양 끊임없이 치켜세운다. 그러나 실제로 자유 이용 소프트웨어는 이제 그 어떤 보호도 제공하지 못한다. [...] 자유 이용 소프트웨어의 특징은 공공경영과 신뢰이지, 소프트웨어 무료 라이선스만 강조되어서는 안 된다. 자유 이용 소프트웨어는 죽었다. 윤리적 공공경영 만세!"[112]

자유 이용 소프트웨어와 오픈소스가 한 획을 그은 '공공경영'을 이끌어내기 위한 싸움은 분명 이기기 힘들어 보인다. 여기 폭스바겐이 자행한 배기가스 조작 사건(그 유명한 디젤게이트)과 전자투표, 두 사례를 통해 공공경영을 향한 싸움에 관해 이야기해보자.

#디젤게이트: 바보야, 문제는 실험이 아니야

2015년 9월, 파랗게 질린 폭스바겐의 이사들은 21세기에 일어난 가장 큰 산업 스캔들을 서둘러 덮으려 했다. 폭스바겐이 일부 경유 승용차와 휘발유 승용차의 특정 유독 가스 배출량을 여러 해에 걸쳐 속여왔다고 미국 환경청이 발표한 직후였다.[113] 폭스바겐은 역사상 가장 높은 액수를 기록한 벌금(18억 달러)을 내야 했는데, 뿐만 아니라 일부 혐의에는 형법상 처벌을 받게 할 것이라고 미국 법무부는 밝혔다.[114] 또한 폭스바겐은 배기가스 배출량을 속이기 위해 미국에 유통된 차량에 설치한 것과 같은 소프트웨어를 유럽에 유통한 천백만 대의 경유차 대부분에 장착했다고 실토했다.[115] 증권시장에서 폭스바겐의 주식 가격은 추락했고, 폭스바겐 CEO는 불명예 사임했다. 이 사건으로 소비자는 충격에 휩싸였고, 정직과 엄정

함으로 대표되던 독일 이미지는 산산조각 났다.

여기에서 두 가지 질문을 해보자. 첫 번째, 왜 폭스바겐은 속여야만 했을까? 그리고 두 번째, 다른 나라의 평가위원회는 왜 이런 조작을 잡아내지 못했을까?

자동차 산업 전체를 뒤흔든 이 조작 사건의 동기는 상대적으로 간단하다. 2015년에 폭스바겐은 세계 최고의 자동차 기업 반열에 오르겠다는 야심찬 계획을 세웠다. 목표를 달성하려면 도요타를 넘어서야 했고, 특히 미국 시장을 겨냥해야 했다. 그런데 경유엔진은 공기 오염의 주범인 미세먼지와 함께 질소산화물(NOx)을 다량 배출한다. 질소산화물 배출량을 휘발유 엔진과 비교했을 때 경유차가 공기를 더 많이 오염시켰다. 유럽에서는 몇 년 동안 질소산화물 배출과 관련된 규제를 까다롭게 하지 않았기에 경유차가 굉장한 인기를 누렸다. (최근 프랑스는 심각한 미세먼지 문제를 겪었는데, 프랑스에서 운행되는 자동차의 많은 부분을 경유차가 차지한다는 사실에 비추어 볼 때 이는 그렇게 놀라운 일이 아니다.)

그런데 미국에서는 질소산화물과 관련된 기준이 훨씬 엄격하고, 규제에는 강제력이 있었다.[116] 바로 이 규제 때문에 경유차 시장 점유 가능성이 줄어들었다. 그러므로 경유차를 가장 효과적으로 판매할 수 있도록 "깨끗한 경유"(clean diesel fuel)를 강조하는 광고를 계속 내보냈다. 일반 자동차보다 더 효과적인 엔진에 경유를 연료로 사용하면 이산화탄소는 적게 배출하고, 1리터당 운행할 수 있는 거리는 휘발유보다 더 늘어난다는 홍보 전략을 선택한 것이다. 2009년부터 미국의 규제가 엔진 연료의 변화에 발맞추어 많은 부분 유연해졌다.[117] 따라서 폭스바겐이 미국 시장을 점령할 수 있는 길이 열렸다. 이런 전략으로 2009년에서 2015년 사이에 약 50만 대 가량의 경유차가 판매되었다.

그런데 문제는 폭스바겐이 주장한 '깨끗한 경유'가 허구라는 것 이었다. 2014년부터 환경 연구소들은 연구소 내에서 테스트를 실시 했을 때와 실제 유럽 도로에서 실시했을 때 폭스바겐 경유차에서 측정되는 질소산화물 배기량이 다르다고 밝혀낸 연구 결과를 발표 하기 시작했다.[118] 그리고 여러 미국 대학과 협력 연구를 하여 추가 결과도 얻어냈다.

그렇게 도출된 결론은 돌이킬 수 없었다. 실제 도로에서 실험 한 경우, 실험 대상 차량의 종류에 따라 질소산화물 배출량이 폭 스바겐 자체 실험 결과보다 네 배 더 높게 측정되었다. 2016년 미국 환경청이 미국 내 폭스바겐 경유차 판매를 금지하겠다고 위협하자, 결국 폭스바겐은 배기가스 조작 사실을 실토했다. 전문가들은 폭스 바겐 차량이 (규제 수준을 만족시킬 만큼) 낮은 배기가스 배출량과 리 터당 이동 거리 사이에서 얻을 수 있는 최적의 중간점을 찾아내지 못했기 때문에 배기가스 조작을 하기에 이르렀다고 해석했다.[119]

이쯤 되면 당신은 도대체 배기가스 조작 사건과 소프트웨어 사용이 어떤 관계가 있는지 의문이 들 것이다. 배기량은 실험 결과 이고, 빙산의 일각일 뿐이다. 어떻게 배기가스 배출량이 조작되었는 가를 이해하려면 누가(아니, 무엇이) 결과를 만들어냈는가에 주목해 야 한다. 디젤게이트 사례에서 대부분의 토론은 자동차가 배출하 는 배기가스 양을 측정하는 실험, 즉 예측 가능한 요소인 '실험'에만 집중했다.

그러나 이 조작의 진짜 범인은 자동차에 설치된 '전체 소프트웨어'였다. 조작 사건을 고발한 미국 환경청 보고서는 폭스바겐이 자동차에 마찰과 페달 움직임을 조절하는 하위 프로그램을 함께 설치했다는 점을 명확히 기술했다. 테스트할 때 질소산화물 배기량을 측정하겠다고 '암시하면' 자동차에 설치된 프로그램들이 자동차 작동 방식을 일제히 조절해서 규제 기준에 맞는 배기가스를 배출했던 것이다. 그리고 이 프로그램은 테스트 이후에는 작동하지 않도록 설정한 것으로 보인다. 폭스바겐이 전산을 조작해 자동차 작동 방식이 바뀌도록 만들었던 것이다.[120]

자유 이용 소프트웨어가 필요한 현실적 이유

폭스바겐 배기가스 조작에 소프트웨어가 이용된 만큼, 오픈소스로 만들어진 소프트웨어의 필요성을 반드시 언급해야 한다. 사실 어떤 배기가스 테스트에서도 소프트웨어 감사를 하지 않았다. 그러므로 디젤게이트는 단순히 신의(信義)만으로 '블랙박스(비공개 소프트웨어를 가리킴—옮긴이)'를 신뢰하는 데에는 한계가 있음을 명백히 보여준 사례다. 신뢰는 비단 경유차의 문제만은 아니다.

예를 들어, 우리는 운전사 없이 운행되는 자율주행 자동차가 상용화된다는 소식을 거의 매일 접한다. 그런데 입법자들은 자율주행 자동차의 운행 코드와 알고리즘 공개에 관련된 부분에는 어떤 구체적인 방책도 제시하지 않았다. 자율주행 자동차 기업을 대상으로 실행하는 위기관리 시뮬레이션 테스트에서는 자율주행 자동차가 사고를 낼 때에 대비한 위기 시나리오를 다음과 같이 예상할 수 있다.

첫 번째 시나리오는 자율주행 자동차 소프트웨어의 오작동 때문이 아니라 자체 알고리즘 계산의 결과로 사고를 내는 경우다. 가령 자율주행 자동차가 자기 승객이 사망하는 사고를 피하고자 부득이하게 통학버스와 충돌할 수 있다. 이 경우 소프트웨어가 통학버스와 충돌하는 방식을 선택한 이유는 분명하다. 많은 사상자를 내더라도, 자기 승객의 보호를 무엇보다도 우선시했기 때문이다. 또 다른 예상 가능한 시나리오는 자율주행 자동차가 자기 승객을 포함한 전체 사망자 또는 부상자 수를 줄이는 선택을 하는 경우다. 이 모든 상황에서 자율주행 자동차 프로그램은 오작동하지 않고 '정상적으로' 작동한다. 그렇다면 당신은 통학버스와 충돌하더라도 목숨을 부지하는 경우를 선택하겠는가, 아니면 사고로 부상자 12명 대신 부상자 10명을 내는 것, 즉 전체 부상자를 줄이는 경우를 선택하겠는가?

배기가스를 조작해서 공기를 오염시키거나, 누군가가 죽거나 다치는 상황을 피하고자 또 다른 누군가를 죽이거나 다치게 하는 선택을 해야만 하는 상황에서는 법적 고려나 도덕적 고민을 넘어서는 강력한 질문이 제기된다. 우리 일상 속에 깊숙이 파고든 기술을 도대체 어느 정도까지 신뢰해야 한단 말인가? 많은 이들은 디젤게이트 사례를 자동차 산업 분야에서 자유 이용 소프트웨어와 오픈소스를 적극 사용할 것을 호소할 기회라고 생각했다.(121) 그러나 이러한 호소에도 실질적인 변화는 바로 일어나지 않았다. 현재로서는 진행 중인 폭스바겐 사건에 내려질 판결이 변화를 가져올 충분한 계기가 되길 고대할 뿐이다.

일상생활에서 사용하는 기기에도 자유 이용 소프트웨어와 오픈소스를 사용하는 것이 좋다. 무선 인터넷을 통해 지프 체로키(122)나 테슬라(123)의 시스템에 침입한 사건에 관해 들어봤을 것이다. 자녀가 있다면, 무선 인터넷으로 연결된 바비 인형도 해킹 공격을 받을 수 있다는 소식에 걱정이 될 것이다.(124) 무선 인터넷에 접속한 베이비모니터도 외부 침입에 안전하지 않다.(125) 대신 장을 보는 냉장고는 당신의 지메일 계정 아이디와 비밀번호를 외부에 노출시킨다.(126) 어떤 사람이 소총을 무선 인터넷에 접속하게 하는 기발한 생각을 했는데, 인터넷 보안 연구가 루나 샌드빅과 마이클 오거는 인터넷에 접속한 소총의 표적을 바꾸는 데 성공했다.(127)

또한 (인터넷에 접속해 있기 때문에 똑똑하다고 불리는) "스마트 홈"도 미래의 인터넷 재앙이라는 비난을 받는다.(128) 또 다른 예로는 심박조정기(페이스메이커)를 상용화하려는 업체와 심장 내에 삽입한 기구의 안전성과 관련된 여러 문제를 밝혀낸 보안 전문 회사 사이의 소송을 들 수 있다.(129)

섹스 토이는 안전할 거라고 생각한다면, 정말로 정신 차려야 한다. 이미 인터넷 접속이 가능한 모델이 두 종류나 상용화되었고, 접속 기기는 외부 침입에서 안전할 수 없었다. 섹스 토이 시스템 침입 사례 중 하나를 보면, 섹스 토이를 상용화한 어느 기업은 기구가 인터넷에 접속한 틈을 이용하여 매우 민감한 데이터를 수집했다(이용자 몰래 실시간으로 기기 사용과 관련된 데이터를 수집한 것이다). 이러한 사실이 밝혀지자 한 여성 사용자는 관련 기업에 소송을 제기했다.[130] 앞에서 언급한 사례와 같은 많은 문제(그리고 이 문제가 일으킨 윤리적 논란과 금전적 손해)는 소프트웨어 코드를 공개해 다수 전문가가 코드를 감수했다면 피할 수 있었던 것들이다.

전자 투표: 존재하지도 않는 문제를 위한 가짜 해결책

자동차와 생활기기에 설치된 소프트웨어 코드를 공개하면 많은 문제를 해결하거나 미연에 방지할 수 있다고 말했다. 그런데 전자 투표는 그 자체로 잘못된 사례다. 시민으로서 권리를 행사하는 문제를 단지 편리함이나 시스템 침입을 차단하는 문제 정도로만 취급해서는 안 되기 때문이다.

종종 미디어에서 전자 투표를 다루는 보도와 함께 전자 투표의 정당성을 놓고 다투는 토론을 볼 수 있다.[131] 국가 경영(거버넌스)의 문제와 관련된 기술적 측면을 생각해보자. 국민의 대표를 선출하는 선거에서 우리는 과연 컴퓨터와 전산 시스템을 신뢰할 수 있을까? (투표용지를 사라지게 할) 전자 투표의 일반화가 과연 요동치는 민주주의의 문제를 해결할 수 있을까?

두 질문에 답변하려면 먼저는 투표용지 대신 컴퓨터와 인터넷을 이용하는 전자 투표가 민주주의에 끼칠 영향을 복합적으로 이해해야 한다. 그렇게 전자 투표의 영향을 숙고하고 나면, 이것이 투표의 기초를 흔들 뿐만 아니라 투표의 유효성도 의심하게 만드는 것을 알 수 있다.

투표용지를 사용하는 방법은 간단하다. 시민 누구에게나 간단히 설명할 수 있다. 투표자 신원을 추적하기도, 투표용지를 조작하기도 어렵다. "누구에게나 설명하기가 쉽다"는 특징을 가볍게 생각할 수도 있다. 하지만 만약 기술 지식이 부족하거나 투표 기기를 조작하지 못해 투표를 못하는 상황이 발생한다면, 시민의 사회 참여와 국가 경영 참여를 어떻게 보장할 수 있겠는가? 모두에게 쉬운 투표 방식은 투명한 투표 과정에 꼭 필요한 요소다. 그리고 종이 투표용지 방식에는 투명한 투표 방식에 필요한 모든 요소가 갖추어져 있다. 기표소에 들어가서 선택한 후보 칸에 도장을 찍고, 투표용지를 봉투에 넣은 후 기표소에서 나와 투표함에 넣고 선거인 명단 장부에 서명한다. 종이 투표 방식은 다섯 살 어린아이에게도 쉽게 설명할 수 있다. 또한 모든 시민은 투표소 배석자로 참여할 수 있고, 유권자 리스트에 기록된 사람들이 투표하고 장부에 서명하는지를 확인할 수 있다. 그리고 투표함이 투명하기 때문에, 누군가가 우연히 투표용지 수십 장을 쏟아 붓는 '실수'를 해서 특정 후보자를 유리하게 만들 수 없다.

그렇다면 앞에서 설명한 투명한 투표 과정을 전자 투표에서는 확인 가능한지 검토해보자. 전자 투표는 (투표 기계라고 부르는) 컴퓨터 투표와 원거리 인터넷 투표를 포함한다. 하지만 인터넷 투표는 해외에 거주하는 프랑스 국민을 위해 실행되는 방책일 뿐 일반 종이 투표를 대체할 목적으로 사용되지는 않으니, 이 장에서는 투표 기계를 사용하는 전자 투표를 중심으로 다루어보자.

프랑스 일부 지역에서는 전자 투표만 실행하는 지역도 있다. 전자 투표 시스템이 종이 투표가 지닌 기본 조건을 충족하려면 아래 내용을 보장해야 한다.

- 소프트웨어는 명령을 바르게 실행해야 한다.
- 소프트웨어는 감염되어서는 안 된다.
- 기기는 명령에 따라 바르게 작동해야 한다.
- 기기는 감염되어서는 안 되며, 법적 기준에 부합해야 한다.
- 사전에 감사를 받은 것과 같은 소프트웨어 및 기기를 사용해야 한다.
- 투표 전, 투표를 실행하는 동안, 투표 후 어떤 순간에, 아무도 시스템(프로그램과 기기)과 관련 데이터를 수정할 수 없어야 한다.
- 투표 내용과 투표한 사람을 연관시킬 수 없어야 한다.
- 모든 시민이 투표 과정의 각 단계와 기술적 쟁점을 이해할 수 있어야 한다.

그리고 바로 이곳에 전자 투표의 약점이 있다. 앞에서 언급한 어떤 조건도 충족시킬 수 없고, 어떤 시민도 투표를 확인할 수 없다. 게다가 어떤 전문가도 종이 투표가 보장하는 투명성만큼 전자 투표의 모든 과정에서 투명성을 확실히 보장하지는 못할 것이다. 다시 한번 전자 투표 소프트웨어에 대해 언급하자면, 투표용지를 봉

"인터넷 투표는 그 자체로 문제점이 있다"

- 브노아 시보, 전자투표 분야 전문가 -

저자: 자기소개와 함께 어떻게 전자 투표에 관심을 갖게 되었는지 설명해달라.

...

브노아 시보(이후 BS): 컴퓨터 공학을 전공했다. 직업은 프로그램 개발자였는데, 프로그램 통합 및 프로그램 테스트 분야로 전향했다. 나는 기술 분야나 정치 활동(정당 활동이 아닌 시민 활동) 차원에서 자유 이용 소프트웨어를 열렬히 지지하는 활발한 자원 활동가이다. 활동 사례를 몇 개 소개하자면, 17년 동안 언론 사이트 linuxfr.org에서 웹 마스터로 활동했고, 10년 동안 '자유 이용 소프트웨어 장려 및 보호를 위한 협회'(April, 이하 '협회')에서 중역을 맡았다(5년 동안은 협회장을 역임했다). 다시 말해 나는 디지털과 자유, 정치와 연관된 질문 속에서 살아왔다.

자유 이용 소프트웨어 옹호자 덕분에 전자 투표에 관심을 두기 시작했다. 자유 이용 소프트웨어와 관련된 대화 주제로 2003년 "벨기에 13번째 비트"라고 불리는 사건이 언급되었다. 벨기에에서 실행된 전자 투표에서 전자 시스템 오류 때문에 4,096건의 투표 오류가 발생한 사건이다.[1] 이 사건은 내가 전자 투표에 대해 관심을 갖게 된 시작점이었다. 그리고 2006년 내가 사는 지역인 이시-레-몰리노(Issy-les-Moulineaux, 파리 남부 지역―옮긴이) 시청이 투표를 위해 기계(컴퓨터)를 도입하기로 했다. 나는 전자 투표

---

1   http://fsffrance.org/news/article2003-07-11.fr.html

의 한계와 투표 시 발생할 수 있는 문제를 알리기 위해 관련 소식을 주의 깊게 파고 들었다. 그리고 한 시민으로서 시장에게 편지를 썼고, 투표소에서 겪은 일을 상세히 기술한 글을 여러 차례 썼다.[2] 또한 2007년에는 인터넷 법 관련 포럼에 협회 대표자로 참여했다.[3] 그리고 2008년, 여러 시의 투표 보고서를 수집하는 등의 활동을 했다.[4]

다른 한편으로는 이시-레-몰리노 지역 자문위원회 선거, 협회 선거, 기업 총회 선거 등 비제도권에서 실행하는 인터넷 투표 운영에 참여할 기회가 있었다.

이러한 경험 덕분에 나는 2012~2013년 총선거 시 프랑스 재외국민을 위해 실행된 인터넷 투표 행정관 대행으로 일할 수 있었다. 즉, 프랑스 외교부에서 열린 "전자 투표소" 준비 회의와 개표에 참여했다.

앞에서 언급한 활동을 하면서, 일반 시민으로서 어떤 한 부류에만 속하지 않고 다양한 정당(민주운동당, 사회당, 해적당) 선거에서 투표 배석인/행정관 대행 임무를 수행했다. 그리고 나의 활동을 정리한 문서를 남기거나, 경험을 나눌 때 논거를 흐리지 않으려고 노력해왔다.

2 http://oumph.free.fr/textes/vote_electronique_issy.html

3 http://www.april.org/groupes/fdi/groupes/fdi/gdt-vote-electronique

4 https://fr.wikipedia.org/wiki/Vote_électronique (참고로 위키피디아 페이지에 내 사진이 참고 이미지로 첨부되었다.)

저자: 인터넷 투표 과정에서 배석자나 행정관 대행 역할을 했던 경험에 비추어 봤을 때, 투표 현장을 보고 느낀 점은 무엇인가?

...

BS: 투표 현장에서 실제 분위기는 금세 드러났다. 인터넷 투표는 정치적인 결정으로 그렇다 할 토론도 거치지 않고, 전문가뿐만 아니라 법률가들의 여러 경고에도 불구하고 얼떨결에 실행되었다. 그렇기 때문에 선거법이 서둘러 수정[5]되었고, 기술적 해법에도 기본적인 문제점이 발견되었다.[6] 입법자나 전자 투표 시스

---

5   두 예시를 소개한다.
— 선거법은 유권자 수천 명을 수용할 수 있는 투표소의 경우 3백 명당 기표소 하나를 설치하고, 한 투표소당 투표함 하나만 보유하도록 명시했다. 그러나 전자 투표의 경우 전자 투표 컴퓨터 한 대가 투표함과 기표소 역할을 동시에 한다.
— 프랑스 국외에 설치된 프랑스 대표 사무소와 관련된 선거 조치에 대한 2014년 3월 4일 발효 법령: 종이 투표 및 컴퓨터 투표를 위한 행정 대리인 자격(그 행정 구역 유권자, 정당 관련 제약은 없음)과 인터넷 투표를 위한 행정 대리인 자격(시민 누구든지 행정 대리인 자격이 될 수 있음. 반면 정당은 적어도 세 선거구에 행정 대리인을 보내야 함)을 달리 함으로써, 행정 대리인 그룹 내에 다른 성격을 지닌 두 개의 시민 그룹 및 정당 그룹이 형성된다.

6   아래 두 사례로 전자 투표 전에 상당한 기본 테스트가 실행되지 않았다는 사실을 알 수 있다.
— 이시-레-몰리노에서 사용된 미국산 투표 컴퓨터 ES&S iVotronic는 프랑스어 악센트(예를 들어 à, â, é, è, ç, ô, ï 등—옮긴이)와 투표소를 개방한 시각과 폐쇄한 시각("열림 65516:65525:65502 64800/01/1994")을 바르게 표기하지 못했다. 또한 보안 코드는 이전에 2005년 유럽 헌법 조약 찬반 국민투표에서 사용했던 그대로였다.
— 스페인산 소프트웨어 Scytl을 사용한 2012년 총선 인터넷 투표는 무효 투표로 결정된 첫 번째 사례다(이전까지는 전자 투표 무효화가 불가능하다고 여겨졌다). 한 유권자가 2차 투표에서 1차 투표 때 이미 떨어진 후보에게 투표하는 데 성공했다. 그래서 선거위원회는 2차 투표의 표 카운팅을 멈추고 두 번째 표 셈 방식(그대로 인용)을 사용해야 했다.

템을 판매하는 기업 모두 선거 기간에만 투표 방식에 관심을 가졌지, 선거가 끝나고 나서는 아무도 투표 방식과 관련된 문제를 해결하기 위해 시간과 재정 투자를 하지 않았다. 게다가 전자 투표 시장은 협소할 뿐만 아니라(투표 횟수가 그리 많지 않기 때문이다), 여러 작은 시장이 존재한다(각 국가에 따라 선거법, 언어, 제약이 전부 다르다). 선거는 반복되는 사건이고, 결국 꽤 느리게 진화한다는 사실을 상기하자. 예를 들어 프랑스에서는 여성의 투표권이 1944년에야 인정되었고, 1988년에 투명 투표함이 도입되었다. 1990년에 정당 선거자금에 관련된 법률이 정해졌고, 2008년에 재외국민의 총선 투표, 2014년에 기권표를 인정하는 문제가 고려되었다.

그런데 기술 문제의 밑바탕에는 민주주의와 직결되는 근본적인 질문이 숨어 있다. 전자 투표, 컴퓨터를 사용한 투표, 인터넷 투표를 둘러싼 중요한 문제는 일반적으로 전자 투표가 "간단하다"고 잘못 생각하고 있다는 점이다. 인류가 달에 착륙했고, 자동주행 자동차가 운전자 없이 굴러가는 시대가 가까웠기 때문에, 전자 투표 정도는 복잡한 기술이 아니라고 생각한다. 그러나 전자 투표에는 생각보다 많은 제약이 둘러싸고 있다. 먼저 비밀 투표를 보장하고, 어떤 후보를 뽑았는지를 타인이 알아낼 가능성을 피해야 하며(따라서 선거인이 자신의 투표권을 타인에게 팔 가능성을 줄여야 하고), 무기명 투표를 보장해야 한다. 또한 선거법을 지키고, 투표의 진정성을 보장하고, 유권자가 쉽게 투표할 수 있어야 하는 등 많은 제약이 존재한다.

게다가 전자 투표에는 없고 종이 투표에만 있는 특징들도 있다. 종이 투표 방식은 어린이에게도 쉽게 설명할 수 있다. 투표용지에 적힌 후보자 이름을 찍고, 투표용지를 봉투에 넣은 후 투표함에 넣는다. 투표소에서는 배석자와 개표 참관인이 지켜보는 가운데 표를 센다. 그러므로 투표가 왜 이렇게 진행되는지를 설명하기가 쉽다. 그리고 손으로 만질 수 있는 물체를 활용하고, 투표 봉투가 투명 투표함으로 들어가는 과정을 눈으로 직접 감시하는 등 오감을 이용해 확인할 수 있다. 그러나 이와는 반대로 전자 투표는 투표 과정을 '비물질화'한다. (컴퓨터로 전송되는 전자나 광케이블에 흐르는 광자를 맨눈으로 볼 수 없을 뿐더러, 실제로 컴퓨터가 무엇을 하는지 알기란 불가능하다. 컴퓨터는 해야 할 일을 과연 잘하고 있을까?)

또한 전자 투표를 이해하려면 엄청나게 복잡한 지식이 필요하기 때문에, 결국 (반도체, 전자, 컴퓨터, 암호화, 전자통신, 인터넷 분야의) 전문가를 신뢰할 수밖에 없다. 어린이를 포함한 대부분 유권자가 전자 투표와 관련된 정보를 이해할 수 없고, 전자 투표 과정에 직접 관여하지 않는 개인 전문가들도 마찬가지로 정보에 접근하기란 불가능하다. 그렇다면 어떻게 유권자에게 투표의 진정성을 보장할 수 있을까? 그리고 배석자와 개표 위원의 경우는 어떨까? 과연 이들이 민주주의의 기초인 투표를 신뢰할 수 있을까? 2006년 재외 프랑스인 총선 인터넷 선거 관찰 보고서의 인용구를 보면서 뭐라고 생각할까? "[배석자들은] 컴퓨터들이 작동하고 있는 정보실을 비추는 화면을 계속 볼 수 있었다."[7]

따라서 앞에서 언급한 전자 투표의 제약들은 서로 모순된다.

7 http://www.ordinateurs-de-vote.org/IMG/pdf/rapport_pellegrini.pdf

비밀투표를 보장하는 동시에, (진정으로 모든 내용을 이해하도록) 모두에게 설명할 수 있고 유권자가 확인 가능한 전자 투표는 불가능하다.[8] 그렇기 때문에 전자 투표는 모순되는 두 가지 중 하나를 선택하도록 강요한다. 그리고 현재 프랑스 제도권에서 사용하는 전자 투표는 모든 이에게 설명할 수 없고 유권자가 확인할 수 없는 투표다.

저자: 전자 투표가 더 현대적이고 경제적인 수단이라는 주장을 자주 듣는다. 전자 투표의 현주소는 어떤가? 프랑스에서는 어느 정도 발전되었는가?

. . .

BS: 한 가지 기억해야 할 점은, 전자 투표가 선거 활동의 결과나 유권자 등록 리스트를 관리하는 데는 어떤 영향도 미치지 않는다는 점이다. 단지 투표하고 표를 셈하는 방식에만 변화가 있을 뿐이다.

　프랑스에서는 2014년 상원 의회에 '투표 기기의 운명 결정'[9]에 대한 보고서가 제출된 이후로, 컴퓨터를 사용하는 제도권 투표가 유예되고 있다. 따라서 (2007년부터 여전히 동일하게 사용되

8　현재의 지식 수준으로는 비물질화된 장비를 뚫어볼 수 있는 오감을 갖추거나 각 유권자가 여러 분야의 전문가가 되지 않는 이상, 다른 해법을 찾기가 어려워 보인다. 투표 기계 생산 기업은 산업 기밀을 이유로 정보를 공개하지 않는다.

9　http://w3.observatoire-du-vote.eu/ressources/Documents%20en%20acc%C3%A8s%20libre/r13-4451.pdf

던 세 기종에 대한) 투표 기기 승인이 유예되었고, 시 단위에서 새로운 허가는 없다. 2007년 83개 시에서 유권자 150만 명이 전자 투표를 했다면, 2014년에는 66개 시에서 유권자 100만 명만 전자 투표를 했다고 집계되어 전자 투표 이용 수가 줄어들었음을 알 수 있다. 기술적인 관점에서 평가했을 때 현 상황은 전자 투표 '현대화'와는 거리가 멀다. 10년 이상 된 낡은 컴퓨터에 업데이트되지 않은 소프트웨어 및 기기를 사용하고 있는데, 게다가 취약점이 발견되어 이미 다른 국가(원산지 포함)에서는 사용이 금지된 모델을 여전히 사용하고 있기 때문이다.

전자 투표는 긴 대기 줄을 만드는 범인이기도 하다(느리게 작동하는 기기 인터페이스 때문에 투표자가 기기 작동에 적응하느라 걸리는 시간, 기기 한 대에서 후보자를 선택하고 확인하는 시간도 고려해야 한다. 기표소가 없어졌지만, 투표자 장부 서명은 그대로 진행한다. 그렇기 때문에 투표자당 투표 시간이 36초 걸린다고 계산해도 열 시간 내에 천 명이 투표하는 것은 거의 불가능하다). 그러나 대신 표를 빠르게 셀 수 있다. 투표 결과를 바로 얻어낼 수는 있지만(그러나 확인할 수는 없음), 선출자들이 다년에 걸친 임기를 수행하며 선거가 자주 실행되지 않는다는 점을 고려한다면, 표를 꼭 빨리 세야 할 필요는 없다. 단지 투표 결과를 빠르게 발표할 수 있을 뿐이다.[10]

비용과 관련해서는 전국 규모로 조사된 자료가 없다. 환경 문

10 나는 기계로 다시 표를 셈하는 우스꽝스러운 상황을 언급할 수밖에 없다. 투표 결과가 똑같이 나오는지 확인하기 위해 몇 번이고 기계를 재부팅하는 상황을 상상해보라.

제를 지적한다면, 소모품인 액정 터치스크린, 전자 부품, 배터리 등이 문제가 되고, 바로 버려져 쓰레기가 되는 종이 선전지도 여전히 존재한다. 투표 방식에서는 더 자주 투표한다거나 다른 방식의 투표(순위, 탈락 등) 방식을 활용할 가능성은 열려 있지 않다(그리고 선거법으로도 마련되어 있지 않다). 마지막으로 투표 컴퓨터에서 ('기권' 버튼을 누름으로써) 기권 의사를 분명히 표현할 수 있게 했기 때문에 무효표는 발생하지 않게 되었다.

인터넷 투표는 그 자체로 문제가 있다. 가택에서 투표하는 유권자에게 압력이 가해질 수 있고, 유권자가 투표권을 더 쉽게 팔 수 있으며, 특정 국가가 투표를 방해하거나, 깡패 국가가 투표를 혼란스럽게 하거나, 유권자의 컴퓨터/휴대전화가 잘못 설정되거나 감염되는 등의 문제가 발생할 수 있다. 사실 인터넷 투표는 투표에 참여할 수 없는 디아스포라 국민을 위한 방책이다. 물리적인 투표소(대사관이나 영사관)가 수십, 수백 킬로미터 떨어져 있거나, 거주 국가가 적대적인 혹은 위험한 곳이거나, 양질의 우체국 서비스(서류 발송을 이용한 투표인 경우)가 보장되지 않는 등 문제가 존재할 수 있다. 이런 상황에서는 투표자가 직접 투표소에 갈 수도, 위임장을 써서 투표(공관에 직접 가서 위임장을 작성해야 한다)할 수도 없다. 투표용지를 우편으로 발송하는 방식도 해결책이 될 수 없고(특히 1차 투표와 2차 투표 사이의 일정이 일주일로 제한되어 있을 때), 인터넷 투표 자체가 지닌 문제점도 존재한다(그렇기 때문에 대통령 선거와 같은 일부 선거에서는 인터넷 투표를 금한다).

따라서 인터넷 투표는 투표자가 투표를 통해 시민권을 행사하는 권리를 보장받아야 한다는 헌법 위원회의 지침을 따라 부득이하게 선택 가능한 수단으로 여겨야 한다. 헌법 위원회가 확인 가능한 방식의 투표(즉, 위임장이나 투표용지를 우편 배송하거나 전자 우편으로 전송하는 중간 방식보다 국제 기준이 선호하는 투표장 선거)에 참여할 권리보다는, 투표에 참여함으로써 시민권을 행사할 권리를 보장하는 것을 우선한 조치이다. 프랑스 외무부는 여기에서 언급한 여러 한계를 종합해 고려한 결과, 인터넷 투표를 디아스포라 프랑스인들을 위한 방편으로 선택할 수는 있으나 프랑스 국내 전체 선거구에 도입할 수는 없다는 사실을 깨달았다. 그리고 2016년 3월 6일, 프랑스 정부는 2017년 6월 총선거에서 프랑스 국민 전체를 대상으로는 인터넷 투표를 시행하지 않겠다고 발표했다. 이 결정은 "프랑스정보안보국 전문가들의 권고를 바탕으로" 내려졌다. "(인터넷 투표에는) 본질적으로 신용을 손상할 위험이 있다. […] 우리는 진정성이 위협받을 가능성을 간과할 수 없다. 투표 시스템을 마비시킬 수 있는 대규모 공격이 일어날 가능성도 있으며, […] 이 공격이 민주주의의 이미지에 매우 큰 타격을 줄 수 있다."[11] 2017년은 프랑스에서 각기 다른 형식의 전자 투표를 목격할 수 있는 특별한 해가 될 것 같다.

11 http://www.lemonde.fr/pixels/article/2017/03/07/annulation-du-voteelectronique- des-craintes-d-une-attaque-majeure-rendant-le-systemeindisponible_ 5090506_4408996.html

투에 넣고 봉투를 투표함에 넣은 후 전체 투표용지 수를 세는 방식은 기기 버튼을 누른 후 투표가 단말기에 합산되어 나오는 결과를 인정하는 방식과 결코 같을 수 없다. 컴퓨터는 여러 기능을 수행하는 기계이다. 컴퓨터는 덧셈과 뺄셈과 같은 계산을 하는 동시에 수많은 수학적 계산도 실행한다. 종이 투표에서는 손으로 만질 수 있는 물체를 다루기 때문에, 각 후보자를 찍은 투표용지를 세고, 전체 투표용지 수와 유권자 리스트에 기재된 투표자 수가 같은지를 확인하는 일이 간단하다. 그런데 만약 기계가 전체 투표자 수와 다른 합산 결과를 낸다면 어떤 일이 일어나겠는가? 투표자 수와 같은 결과를 내도록 다시 버튼을 누를 텐가? 그리고 다시 버튼을 누른 후에도 기계가 다른 결과를 낸다면, 이것은 또 무엇을 의미하는가? 우리를 만족시킬 만한 합(예를 들어 특정 후보자를 뽑은 투표수의 총합)이 나올 때까지 버튼을 누르면서 계속 다시 수를 셀 텐가? 마지막으로 투표용지 수가 투표자 수와 일치하지 않은 경우와 기계가 투표수를 다시 세고 합할 때마다 다른 결과를 내는 경우 중 무엇이 더 끔찍할지 말해보라고 한다면, 도대체 어떤 답변을 할 수 있겠는가?

전자 투표를 더 깊숙이 다루다 보면, 현재 존재하는 법률 조항과 투표의 진정성 및 확인 가능성을 보장하기 위해 실제로 요구되는 사항 사이에 틈이 있음을 발견하게 된다. 예를 들자면, 법 조항에 (기계가 박살나지 않기 위해서는) 컴퓨터가 1미터 높이에서 떨어졌을 때도 충격을 견뎌야 한다는 내용이 있다. 그러나 우리가 명령한 대로 기계가 제대로 작동해야 한다고 명시하는 편이 더 적합하지 않을까? 전자 투표에 사용하는 소프트웨어가 기기 작동 방식을 수정하지 못하도록 예방하는 조항은 기계가 추락했을 때 고장 나지 않도록 대비하는 조항과는 전혀 성격이 다르다. 그리고 더 심각한 문제는 투표 결과가 투표자의 의사결정과 같은지 여부뿐만 아니라 모든 조작이 완전히 무기명으로 이루어지는지 여부를 아무도 보장할 수 없다는 점이다. 이는 매우 불편한 사실이다.

그렇다면 자유 이용 소프트웨어와 오픈소스를 사용한다면 문제가 해결될까? 전자 투표가 어떻게 실행되는지를 함께 살펴보았으니 자유 이용 소프트웨어와 오픈소스를 사용할지라도 앞에서 언급한 문제들을 해결하지는 못한다는 사실을 쉽게 이해할 수 있을 것이다. 그렇다. 오픈소스 소프트웨어를 사용한다면 투표 기계를 운영하기 이전과 이후에 코드를 검사할 수 있다. 또한 투표 컴퓨터에 무료 투표 소프트웨어가 설치되어 있다면, 프로그램 작동 흔적(로그)이 수정되지 않은 형식 그대로 컴퓨터 내에 저장되어 있는지를 확인할 수 있을 것이다. 그렇지만 무형의 전자 투표를 관리하는 문제는 그대로 남아 있다. 따라서 일부 시민들이 코드를 감사할 수 있다는 것만으로는 앞에서 언급한 투표의 조건을 보장하는 문제를 전혀 해결할 수 없다.

전자 투표 기계를 사용하면서 겪는 문제는 프랑스뿐만 아니라 다른 국가에서도 여러 사례를 볼 수 있다. 많은 사람이 어떻게 기표소 내에서 기기 사항을 변경할 수 있는지를 밝혀냈다. 유권자 수보다 더 많은 표수가 나오기도 했고 문자 코드를 제대로 읽지 못해 판독하기 어려운 결과가 나오기도 했다. 그리고 영어식 프랑스어 표현 때문에 이해하기 어려운 메시지도 있었다(프랑스어 사용을 명시한

뚜봉법을 위반한 셈이다).[132] 전자 투표의 무형성은 모든 과정을 엄청나게 복잡하게 만든다. 전자 투표 오류에 대해서는 2007~2012년에 발행된 프랑스 선거 보고서를 분석한 내용을 바탕으로 한, 조사 소견서의 일부를 인용하겠다.[133]

> 선거 보고서에 대한 소견을 밝히자면, 투표 결과에 차이가 나타난 대부분 이유는 반복 투표가 되었거나 투표를 할 수 없는 경우가 있었기 때문이다. 그러나 일부 투표 결과의 차이가 전자 투표 기기 내에서 발생했을 가능성을 완전히 배제할 수는 없다. 전자 투표 기계는 유권자의 투표를 전자 데이터로 변환하는데, 오작동을 발견하지 못한 채 변환 과정에서 데이터 내용을 왜곡할 가능성이 없다고 확신하기 어렵다.

종이 투표와 전자 투표를 정확성과 투표수 차이(즉, 오류 범위)를 기준으로 비교하면, 종이 투표보다 전자 투표의 정확성이 떨어진다는 점을 확인할 수 있다. 예를 들어 2015년 지방 선거의 경우, "전자 투표를 실행했을 때 투표수와 장부에 기록된 투표자 수의 차이가 평균 3.5배에서 4.5배까지 차이가 났다." 2014년 유럽 및 시 위원 선거("3배에서 4배까지 차이")와 2012년 대선과 총선("3.5배에서 5.3배까지 더 많은 차이")에서 거의 일관되게 투표수와 투표자 수 사이에 차이가 있었다.

오늘날에도 앞에서 언급한 투표의 조건을 충족할 해결책이 보이지 않는다. 타협하는 방식으로는 해결책(예를 들어, 비밀 투표권을 침해하는 방식)을 찾을 수 있다. 한편으로 전자 투표 일반화를 지지하는 사람들은 기만적인 주장—종이 투표보다 적은 비용이 든다는 주장—을 자주 펼친다. 다른 한편으로는 전자 투표가 매우 빠르게 투표 결과를 낼 수 있기 때문에 종이 투표보다 훨씬 우수하다고 주장하기도 한다. 투표 마감 후 몇 시간 만에 결과를 발표할 수 있으니 극적인 효과가 있는 것이 사실이다. 그런데 평균 1년에 한 번 있는 투표의 결과가 발표되기까지 몇 시간 더 기다리지 못한다고 해서, 선거 제도 자체를 위험에 빠뜨릴 각오까지 해야 할까?

사생활은 늙은이의 문제?[1]

피해자의 정신 건강에 끼칠 영향은 전혀 개의치 않고 사생활 정보를 수집하는 웹 무법자들이 있다. 그런데 우리는 아무에게나 사생활 정보에 접근하도록 허용하면서, 실제로 유출되는 정보가 무엇인지에는 관심을 두지 않는 경우가 허다하다. 이들을 겨냥한 조금은 유치한, 그리고 무엇보다 비생산적인 비판은 과연 적절한 것일까? 그렇다고 자책할 이유는 없다. 마치 담배 흡연자들이 그러듯이, 사회적 환경과 압박 때문에 "페이스북을 끊는 것"이 어렵다고 자신

---

1 이 제목은 2010년 FYP 출판사가 발행한 장-마크 마나슈가 지은 탁월한 저서의 제목이다. 저자는 명확하게 사생활에 대한 문제를 제기한다(그리고 일부 독자에게는 약간 도발적일 수도 있다). 지금까지도 시사성을 간직하는 이 책은 세대 간 대립을 뛰어넘은, 자유에 대한 논쟁을 집중적으로 다룬다.

을 자책할 필요는 없다는 말이다. 페이스북을 사용하지 않던 사람들이 늦게라도 페이스북을 시작하는 이유는 주변 사람들에게 잊히지 않고 싶기 때문이다("페이스북 친구"만 받을 수 있는 생일 알림과 초대, 아기 사진 또는 솔로들의 소식을 놓치지 않기 위함이다). 지인들과 소식을 나누고 싶은 욕구는 지극히 인간적인데, 페이스북 이용약관을 거부하기보다 지인들과 페이스북을 통해 소식을 전하는 것이 더 중요하다고 결정한 이들을 비난하는 일은 옳지 못하다.

그러나 개인 자료를 수집하는 인터넷 플랫폼, 소셜 미디어, 인터넷 서비스를 사용한다고 해서, 모든 것을 속속들이 공개해야 한다는 뜻은 아니다. 도덕적인 이유는 뒤로하고서라도, 오늘날 많이 사용되는 표현인 "사회적 존재감"(Social presence)과 "나에 대한 모든 것은 인터넷에서 볼 수 있어요"라는 태도는 다른 것이다. 오늘날 디지털과 웹상에서 자기 존재감을 표현하는 일은 일상이 되었다. 그럼에도 당신은 집에 있든지 말든지 밤낮으로 문을 활짝 열어 놓는가? 당연히 그렇지 않을 것이다. 하지만 문을 열쇠로 잠근다고 해서 감시탑, 무장 경비원, 개까지 갖추어 놓아야 한다는 것은 아니다. 다시 한번 강조하지만, 예상되는 위험에 대한 지식은 당신에게 큰 도움이 된다. 소셜 미디어는 다수 이용자가 뒤얽혀 있는 환경을 조성한다. 만약 당신이 문자 만 개를 조합해서 비밀번호를 설정했다면, 분명 안전하다고 느낄 것이다. 그런데 웹상에서 당신과 접속한 다른 이들을 떠올려보라. 그들은 당신만큼 복잡한 비밀번호를 설정하지 않는다. 가장 취약한 연결 고리까지 보안이 보장되어야만 전체 시스템이 안전한 것이다.

이제부터는 우리 일상에 디지털 환경이 깊숙이 파고들면서 매우 쉽게 발전한 두 종류의 활동, 독싱과 리벤지 포르노에 대해 살펴보자. 이 두 활동은 대부분 나쁜 의도로 이루어지며, 피해자에게 심각한 정신적 피해를 준다.

독싱

독싱(Doxxing)은 미국에서 나타난 신조어로, 개인 정보를 검색해 공개하는 행위를 가리킨다. 이 행위는 대부분 개인의 인격을 모독하거나, 더 넓은 범위에서는 복수하기 위해 시작된다. 독싱에서 사용되는 개인 정보는 사진, 전화번호, 집 주소, 이메일 주소, 인터넷 댓글 또는 무례한 발언 등 다양하다. 개인 정보를 수집하여 하나의 '파일'로 준비한 범인은 공격 대상의 명예를 실추시키거나 대상에게 피해를 주기 위해 개인 정보 파일을 사용한다. 때로는 일부 누리꾼들이 인터넷상에서 혐오 댓글을 단 사람들을 몰아세우고, 정체를 폭로해서 더는 혐오 발언을 하지 못하도록 하려고 선한 의도로 사용하기도 한다.[134]

그러나 의도가 좋았다고 해도, 위법의 소지가 있거나 일시적으로 위법한 방법을 사용하기 때문에 문제가 된다. 예를 들어 스피어피싱을 사용해 혐오 발언을 한 사람에 관한 개인 정보를 많이 빼낼 수 있다. 그러나 이 기술을 사용하는 것은 불법이다. 일부 사람들이 인터넷에 자랑스레 공유하는 저녁 식사, 파티, 새로 산 물건 사진 덕분에 그들에 관한 많은 정보를 얻을 수 있더라도 인터넷 제공업자로 가장해 그들의 상세 개인 정보를 빼내는 수법은 허용되지 않는다. 아무리 좋은 의도에서 시작했다고 해도 말이다.

그렇다면 독싱을 이용한 복수는 어떻게 이루어질까? 빼낸 정보로 위협하기, 공격 대상의 이름으로 피자 주문하고 계산하지 않기, 인터넷상에서 스토킹하기, 스와팅(swatting)[2]까지 다양한 수법이 넘쳐난다. 프랑스에서도 스와팅 수법을 사용한 사례를 확인할 수 있는데, 기자[135], 국회의원[136] 또는 협회[137]를 겨냥한 사례가 있다. 프랑스 법에 따르면 독싱에는 사생활 침해, 비방, 비밀 폭로에 대한 형법(인격 모독과 관련된)을 적용할 수 있다. (예를 들어, 만약 누군가가 당신의 이메일에 침입해서 비밀을 알아내 공개한다면, 그러한 행위는 비밀 폭로 죄에 해당한다.)

리벤지 포르노

리벤지 포르노(revenge porn)도 개인 정보를 유통하는 수법이지만 독싱과는 다르다. 리벤지 포르노의 경우에는 가까운 지인, 일반적으로는 퇴짜 맞은 옛 파트너나 연인이 상대(많은 경우 여성)가 찍힌

---

2 익명의 장난전화를 뜻한다. 경찰 등 당국에 전화해, 누군가의 집에서 인질극이나 매우 심각한 상황이 일어나고 있다고 하면서 긴급 출동하도록 만든다. 장난전화의 목적은 대상 인물에게 피해를 입히는 것이다(당신의 집 문을 경찰특공대가 부수고 들어온다고 상상해보라. 영어로 SWAT은 특별 기동대를 뜻한다—옮긴이).

사진이나 영상 자료를 퍼뜨린다. 이 소행의 동기는 '복수'(revenge)가 확실하다. 유포되는 자료는 나체 사진이나 성적 행위가 담긴 비디오 등, 두 사람의 관계가 좋았을 때 함께 찍었거나 주고받았던 자료들이다. 결별한 상대가 동의하지 않은 상태에서 범인은 복수를 목적으로 관련 자료를 가능한 한 많은 사람이 볼 수 있도록 다수 사이트에 유포한다. 그리고 자료를 올릴 때에는 마치 이미지 속 당사자가 직접 올리는 듯 보이도록 만들고, 사람들의 연락을 기다리는 듯한 메시지를 남긴다. 또한 많은 경우 이 '광고'에는 피해자의 집주소와 전화번호가 적혀 있는데, 한번 이 수법이 시작되면 피해를 멈추기가 어렵다. 리벤지 포르노의 피해자들은 이동 경로를 수시로 바꾸고, 전화번호와 집을 바꾸는 등으로 자신을 보호하려 한다. 국회 여성 인권 심의 회장을 맡은 카트린 쿠르텔 하원 의원은 리벤지 포르노를 주제로 한 국회 토론에서 피해자들이 받는 고통을 이렇게 알렸다. "온라인 폭력의 결과는 정신적 고통, 불안감, 자존감 상실, 고립, 학업 포기, 자해, 자살 시도로 현실 속에서 분명히 나타나고 있다. 디지털 도구를 이용한 대량 유포로 피해가 증폭되었다."

점점 더 많은 국가에서 리벤지 포르노 범인을 형사 처벌하도록 법을 제정하고 있다. 이러한 움직임 속에서 프랑스는 2016년 1월 형법을 수정해 형사 처벌의 법적 근거를 마련했다. 이로써 옛 연인에게 복수하기 위해 확연히 성적인 이미지로 보이는 자료를 인터넷에 공개하는 이들은 2년 징역형과 6만 유로(약 7,500만 원) 벌금형에 처한다.[138] 이탈리아에서는 리벤지 포르노 피해자가 자살한 사건이나 성폭력 행위를 찍은 자료를 유출한 사건이 일어난 이후, 관련 범죄자 처벌법 제정을 심의했다.[(139)] 프랑스에서는 그다지 일반적이지 않은 인터넷 폭력이지만, 미국에서는 리벤지 포르노를 대량으로 공유하는 전문 사이트가 운영된다.[3] 미국 내에서는 법이 일괄적으로 적용되지 않기 때문에 특정 포르노 사이트들은 엄청나게 돈을 벌어들인다(51개 주 중 26개 주만 리벤지 포르노를 제재한다). 당신이 인터넷 사이트에서 자신과 관련된 자료를 삭제하길 원한다면, 그 대가로 돈을 지불해야 하는데 지불액은 사이트마다 다르다. 이러한 활동을 제지하기 위해 여러 활동가들이 리벤지 포르노를 추적해 공격(많은 경우 디도스 공격)을 시도한다.[4]

이제 1부를 닫으면서 결론을 내려야 할 시간이 되었다. 우리가 다룬 이슈들은 일상과 복잡하게 뒤얽혀 있음이 명백하다. 디지털 세상에 관해 더 풍부하고 비판적인 사고가 필요하다는 이 한 가지만 기억했으면 한다. 이제 이 책의 주제를 "무엇"에서 "누구"로 전환하겠다.

---

3 Vice.com의 다큐멘터리 영화에서 일부 피해자와 리벤지 포르노를 유통하는 사이트 관리자의 증언을 만날 수 있다.
https://www.vice.com/fr/article/8gybe4/le-revenge-porn-et-ses-degats-broadly-758

4 우리가 2부에서 다룰 어나니머스 그룹이 여기 속한다. 리벤지 포르노에 대응하는 활동은 세계적으로 널리 퍼져 있으며 심지어는 대한민국에서도 이루어졌다(https://twitter.com/soraeliminate). 트위터 계정의 이름은 한국 페미니스트의 가장 큰 규모의 공격 무기인 활동가 그룹 DOS의 이름을 땄다. DOS는 리벤지 포르노 자료를 사이트에 공유할 뿐만 아니라 오프라인에서 피해자들에게 성폭력을 행사하는 방법을 공유하는 사이트인 소라넷(sora.net) 폐쇄를 이루어냈다.

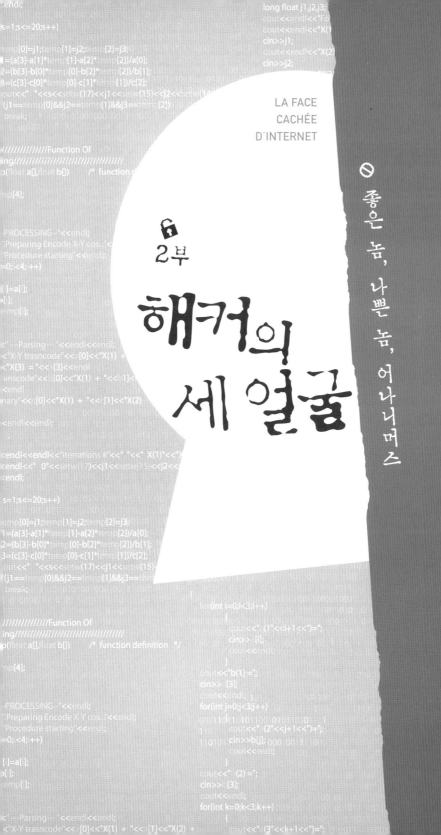

LA FACE
CACHÉE
D'INTERNET

2부

해커의 세 얼굴

좋은 놈, 나쁜 놈, 어나니머스

4장

해커의
50가지 그림자

해커와 정부 권력은 다양한 대결 양상을 보인다. 해커들은 정보 시스템을 불법적으로 조종하거나 저작권 보호를 받는 콘텐츠를 허가 없이 공개하는 방식으로 작품들을 '해방'하거나, "국가 기밀"로 분류된 영상을 공개하고 대안 화폐를 사용하는 등 다양한 활동을 한다. 우리는 일반적으로 어나니머스와 그 외 해커 그룹을 세상에 찬물을 끼얹는 방해꾼으로 생각하지만, 이들은 국경을 허물고 소유권과 권력에 의미 있는 문제 제기를 하는 누리꾼이기도 하다. 해커들의 활동은 기술과 연관된 문화적 가치를 함축하고 있다.

사실 우리 대부분은 휴대전화에 문제가 있거나 컴퓨터가 작은 오작동만 일으켜도 참지 못한다. 그런데 이런 사소한 불편함을 기회로 "기기 오작동 문제를 직접 해결"하고, 기기와 또 다른 방식의 상호관계를 맺는다면 어떨까? 하루 날을 잡아서 당신의 컴퓨터를 직접 고쳐보라. 기계를 대하는 태도가 달라진다는 사실을 알게 될 것이다.

해커는 "이런, 문제가 많은데"라고 혼잣말하는 것으로 만족하지 않는다. 해커는 고치기를 좋아하는 사람이며 탐험가다. 눈앞에 있는 현상에 대해 질문하면서(물론, 덜 세련되고 비밀스럽고[1] 극단적인[2] 언어를 사용한다) 사회 규범을 재창조한다. 해커 활동에 대한 도덕적인 평가는 이 책의 주제가 아니다. 레오 페레(프랑스 대중 가수―옮긴이)의 말을 인용하자면, "도덕에서 거슬리는 것은 늘 타인의 잣대를 들이댄다는 점이다." 그러므로 나는 이 책에서 선과 악에 대한 도덕 강의를 하면서 당신의 지적 능력을 모독하고 싶지 않다. 대신 해커들의 '소행'을 명확하게 밝히고 그 배경을 설명하고자 한다.

좋은 놈과 나쁜 놈, 어나니머스와 내부 고발자, "흰 모자"와 "검은 모자", 그리고 디지털 세계를 끊임없이 혼란스럽게 만드는 회색이 지닌 모든 명암(해커의 모든 면모―옮긴이)을 명확하게 구분하는 일은 쉽지 않다. 그러니 제대로 볼 수 있도록 눈을 크게 뜨자.

"빠르고 간편하게"

지구상에서 컴퓨터가 개발되면서 맨 처음으로 컴퓨터 전문가 그룹도 함께 태어났는데, 1950년대에 미국 MIT에서 첫 번째 해커들이 탄생했다. 일상적인 상황에서 동사 '해크'(to hack)는 다른 방법 또는 대안을 찾거나 기계에 어떤 조처를 하는 것을 의미한다(이 동사에서 '해커'가 파생되었다). 그러므로 당시 해커들은 기계의 기능을 이해하고, 그것을 향상시키고 혁신할 방법을 모색하는 사람들이었다. 이들은 컴퓨터 프로그램에서 발견한 오류를 바로잡거나, 프로세스 과정의 일부 단계를 수정함으로써 더 효율적인 방식으로 프로그램을 실행하는 방법을 찾았다.

이후 '해크'의 뜻이 변화하여 조금은 덜 일반적인 그러나 실용적인 방법으로 오작동을 수정하는 방식을 가리키게 되었다. 프랑스어로 '해커'가 "이것저것 손질하는 사람"으로 번역되는 이유이기도 하다. 그래서 "이것저것 손질하던" 중에 "그래, 어쩔 수 없지. 내 스크립트를 스카치테이프로 고정해놨는데, 뭐 상관없어. 일단 괜찮아"라고 중얼거리는 소리를 자주 들을 수 있다. 따라서 여기에서 쓰인 해킹의 의미는 완벽하고 멋지게 완성된 무언가를 만들어내기보다는 프로그램이 제대로 기능하도록 하는 것을 가리킨다. "스카치테이프 조각"은 물론 뚫린 틈을 빠르게 고치는 장인 정신을 나타내려고 사용한 은유다. 영어 약자인 Q&D(quick and dirty, 즉 "빠르고 간편하게")는 이러한 해킹 정신을 잘 나타낸다.

자물쇠 따기와 해킹의 연관성

기술을 대하는 해킹의 접근 방식은 여성 해커와 남성 해커 사이의 교류를 가능하게 했다. 이들은 서로 프로그램을 교환하고, 한

걸음 더 발전하기 위해 함께 고민하며, 공통 문제 하나를 해결할 방법을 서로 비교하는 등 자연스럽게 교류한다. 과거 MIT에서는 일부 과학자만 컴퓨터에 접근할 수 있었는데, 해커들은 이것을 일종의 도전으로 여겼다. 그리고 컴퓨터에 접근하려면 난관을 넘어야 했기 때문에, 기술과 지식에 접근하고자 하는 욕망은 더 강해졌다. 이러한 점에서 자유로운 정보 접근과 정보 공개가 해커의 문화로 자리 잡고, 결국 오늘날 디지털 문화의 기초가 된 이유를 이해할 수 있다.

금지된 지식, 엘리트만 소유한 지식에 대한 해커의 태도가 권력을 상대하는 태도와 비슷한 것은 어찌 보면 당연하다. 열쇠로 잠긴 문을 따고 들어가는 행위는 성공하기 어려운 만큼 상징적인 도전이다. 만약 당신이 미국의 컬트 드라마 〈미스터 로봇〉(Mr. Robot)의 주인공이 어떻게 자물쇠를 딸 줄 알게 되었는지 궁금해한다면, 그 궁금증에 답할 중요한 실마리가 여기 있다. 자물쇠를 따는 작업은 그 자체로 이미 작은 도전이다. 만약 당신이 머리를 굴려 수수께끼를 푸는 것을 좋아한다면, 역시 자물쇠 따기도 좋아할 것이다.

세계 최대 해커 문화 및 대안 문화 페스티벌인 케이아스 커뮤니케이션 콩글레스 통신회의(Chaos Communication Congress, CCC)[3]에서는 매년 자물쇠 따기를 배울 수 있는 스탠드를 마련해 자물쇠 따기 세트를 판매하고 따는 방법을 가르쳐준다. 뿐만 아니라 미국에서는 자물쇠 따기를 "자물쇠 스포츠"(locksport)라고 부르는데, 모든 운동 종목에 규칙이 있듯이 자물쇠 따기에도 규칙이 있다. 자신이 소유하지 않은 자물쇠나 사용 중인 자물쇠는 따지 않는다는 것이다. 규칙이 보여주듯이 이 운동에도 경계가 분명히 존재한다. 도둑질하지 않음으로써 스스로가 놓은 덫에 걸리지 않는다는 원칙이다.

유럽과 미국의 TOOOL(The Open Organization of Lock pickers, 자물쇠따기선수협회)에는 복잡한 수수께끼 풀기를 좋아하는 전 세계 해커들이 모인다.[4] 바로 이곳에서 닫힌 문을 여는 것은 해킹을 묘사하는 멋진 은유로 쓰이는데, 자물쇠를 열기 위해서는 인내가 필요하기 때문이다. 시스템이 어떻게 작동하는지, 내부에는 어떤 장치가 있는지, 그리고 어떻게 장치의 작동을 변경하고 조작할 수 있는지를 이해하려면 인내해야 한다.

시간이 지나면서 해킹의 형태가 변하자 동사 '해크'의 뜻도 변했다.[1] 컴퓨터 시스템에 침입하는 행위는 그 자체로 자명한 직업이 되었고, 당연히 그런 침입을 막는 보안이라는 직업도 탄생했다. 그런데 시간이 지나도 자물쇠 따기 은유는 여전히 쓰인다. 그 예로 보안 감사에서 가장 기본적인 테스트인 "침투 시험"(penetration test, 약어로 pen test)을 들 수 있다. 이 시험은 시스템의 빈틈, 즉 타인의 집에 침입할 구멍을 찾아내는 시험이다.

해커 버전의 《이상한 나라의 앨리스》 이야기로 들어가보자. 앨리스가 붉은 여왕을 만났을 때, 이 둘은 달리기를 시작한다. 그리고 앨리스가 묻는다. "그런데 붉은 여왕님, 우리는 빨리 달리고 있는데 주변 풍경은 바뀌지 않는 것이 이상하지 않나요?" 그러자 여왕이

---

1   이후 단어 뜻에 대해서는 1993년 해커를 등재한 어휘사전을 참고하라.
https://www.ietf.org/rfc/rfc1392.txt

대답한다. "우리는 같은 자리에 머물러 있기 위해 달리는 거야."

이 장면은 국가 간의 또는 같은 생물 종 사이의 무한 경쟁을 빗대어 사용한 은유로 알려져 있다. 해커에게도 무한 경쟁이 존재하는데, 그들은 항상 해결하기 더 복잡한 문제에 도전하기 때문이다 (정확히는 《이상한 나라의 앨리스》의 속편인 《거울 나라의 앨리스》에 등장하는 장면이다—옮긴이).

해커 윤리

1984년, 컴퓨터와 해커 문화가 출현한 시기에 유년 시절을 보낸 미국의 기술 전문 기자 스티븐 레비(Steven Levy)[5]는 다음과 같은 몇 가지로 "해커 윤리"를 규정했다.

- 모든 정보는 본래 무료이다.
- 권력 기관은 신뢰할 만하지 않으므로, 탈중앙화를 촉진해야 한다.
- 해커는 사회 계급이 아닌 업적을 고려해야 한다. 그 예로 우리는 어나니머스에게서 "두-오크래티"(do-ocratie), 즉 '행동하는'(to do) 자들의 권력 개념을 찾아볼 수 있다.
- 컴퓨터로 예술, 더 넓은 개념인 아름다움을 창조할 수 있다.
- 컴퓨터는 인생을 바꿀 수 있을 뿐만 아니라 향상할 수 있다.

해커 윤리는 많은 반향을 불러일으켰다. MIT는 리처드 스톨먼을 GNU 프로젝트 창설자로 인정했는데, 오늘날 그는 자유 이용 소프트웨어 보급의 아버지로 알려져 있다.

자유 이용 소프트웨어는 사용자의 네 가지 기본 자유를 보장하는데, 즉 사용자는 (개방) 코드 기능을 이해할 수 있고, 코드를 수정하고 공유할 수 있으며, 이를 변형해 새 코드를 창작하는 자유를 누린다. 이러한 자유 이용 소프트웨어의 비전은 비공개 코드 소프트웨어와 완전히 대립한다. 비공개 코드를 사용하는 소프트웨어는 그야말로 블랙박스와 같아서 기능은 비밀에 싸여 있고, 결국 사용자는 개발자와 동등한 자리에 있지 못한다.

스톨먼은 비공개 소프트웨어가 자유 이용 소프트웨어가 보장하는 네 가지 기본 권리를 박탈했다는 뜻으로 "박탈하는 자"라고 정의했다. 자유 이용 소프트웨어 정신에는 또 다른 소프트웨어를 창조하기 위해 기존 소프트웨어를 언제든지 수정할 수 있다는 원칙이 담겨 있다.

자유 이용 소프트웨어를 변형해 만든 새로운 소프트웨어가 블랙박스(즉, 비공개 코드로 개발된 소프트웨어—옮긴이)가 되어 자유 이용 소프트웨어 윤리가 변질되는 상황을 방지하기 위해, GNU 프로젝트는 법적인 장치를 마련했다. 이 장치는 일반공중사용허가서(General Public Licence, GPL) 계열 라이선스로서 '유전성' 또는 '바이러스성'이라는 특징이 있는데, 기존 자유 이용 소프트웨어를 변형해 만든 새로운 소프트웨어도 자유 이용 소프트웨어의 기본 자유 원칙을 지키도록 강제하기 때문이다.

그리고 몇 년 전, 문서 작성 소프트웨어인 오픈 오피스 공공 운영에 어려움이 발생했을 때, 자유 이용 소프트웨어의 비전을 계속 이어가기를 희망한 일부 개발자 공동체는 오늘날 우리에게 "리브레 오피스"(Libre Office)로 알려진 포크(fork, 갈래 또는 분리) 소프트웨어를 만들어냈다. 리브레 오피스는 자유 이용 소프트웨어의 길을 계속 이어가고 있다. 그리고 자유 이용 소프트웨어 윤리와 같은 선상에 있는 다른 운동도 생겨났다. 무엇보다도 기술적인 부분을 다루는 이 운동은 우리에게는 오픈소스(개방 코드 소스)라는 이름으로 알려져 있다.

2017년에는 프로그램 언어, 인터넷 네트워크나 당신의 휴대전화나 식기세척기의 하위 웹을 구성하는 인프라까지 자유 이용 소프트웨어를 어디서든 볼 수 있다. 그 예로 우리 일상 속 컴퓨터 구석구석에 스며든 리눅스를 들 수 있다(리눅스라는 이름이 일부 자유 이용 소프트웨어와 오픈소스의 특징을 단순화하기도 한다).

무료로 제공된다고 해서 공짜로 만들어지는 것은 아니다. 자유 이용 소프트웨어 윤리는 매력적이고, 여전히 유효하다. 그렇지만 어느 정도 수준 있는 전문 지식을 지닌 사람(또는 전문가 그룹)이 낮과 밤을 가리지 않고, 수입을 가져다주지도 않을 어떤 대상을 개발하는 이유는 무엇일까? 게다가 우리가 속한 사회 및 경제적 분위기는 '만들기'와 '이것저것 수리하기'를 마치 평범한 '블루칼라' 활동처럼 치부하고 과소평가한다. 그런데도 수익성이 (거의) 없는 소프트웨어를 만드느라 이들이 애를 쓰는 이유는 무엇일까?

뒤에서 다시 언급할 인류학자 가브리엘라 콜먼은 해커의 세계에 깊숙이 들어가 연구한 사람이다.

특히 자유 이용 소프트웨어와 오픈소스 개발 공동체에 속한 해커를 만난 경험을 공유했다. 콜먼은 자신의 저서[2]에서 해커 공동체 다수 구성원이 "소유권과 시민의 자유를 보호하고, 관용과 개인의 자율성을 촉진하며, 독립 언론의 안전을 보장하고, 제한된 권력을 지닌 정부와 보편적인 법으로 공동체를 경영하고, 공평한 기회와 능력주의를 보장"하도록 하는 원칙에 애착을 느낀다고 설명했다.

책에 소개된 인물들은 해커의 가치를 고수하면서도 많은 부분에서 변화를 겪는다. 저서 속 인물들은 자연스럽게 디지털을 사용해 해커의 가치를 전파하는데, 물론 시간이 지남에 따라 활동과 원칙도 달라진다. 그러나 변화 속에서도 해커 윤리의 길을 안내하는 북극성은 불변한다.

해커들의 "순수한 이상"은 당신을 미소 짓거나 감동하게 할 수도 있고, 오히려 언짢게 만들 수도 있다. 그러나 해커 공동체 안에서 형성된 보편적인 가치가 공동체 밖으로도 널리 퍼져 있다는 사실을 간과해서는 안 된다. 해커의 가치가 추구하는 방법론은 더 효율적이고 보안이 강화된 시스템뿐만 아니라 새로운 비즈니스 모델과 혁신 모델을 만들어냈다.

희귀성이 아닌 풍요로움을 기반으로 재정적인 수익을 내는 모

---

2 E. Gabriella Coleman, *Coding Freedom–The Ethics and Aesthetics of Hacking*, Princeton University Press, 2013.

델이다. 또한 최근 유행하는 팹랩(fablab)[3], 해커스페이스(hackerspace)[4]와 같은 공간은 미래에서 일의 개념이 어떻게 변화할지에 대해 실질적인 고찰을 나누고, 호모 파베르(Homo Faber, 工作人)[5]의 가치를 회복하는 장소로 존재한다. 이미 오늘날에는 요금을 지급하고 제한된 시간 동안 소프트웨어를 사용하는 대신에, 소프트웨어를 기초로 고안된 서비스를 제공받는 비즈니스 모델이 나타났다. 뿐만 아니라 개방형 기술 혁신을 주창하는 자문 및 지원 서비스 기업도 탄생했다. 개방형 기술 혁신은 전통적인 폐쇄형 연구·개발(R&D) 방식과는 차별된 개념으로, 기업 내외의 경계를 넘나들며 기술을 공유하면서 새로운 제품을 개발하는 방법론이다.

좋은 놈, 나쁜 놈 그리고 회색을 입은 놈

자물쇠 따기 활동이 추구하는 윤리와 소스코드 공유 윤리를

---

3 참여자가 모든 종류의 도구를 이용할 수 있도록 마련해둔 공개적인 장소다. 특히 사물을 고안하고 만들 수 있도록 컴퓨터로 조작 가능한 기계가 갖추어져 있다. 팹랩의 가장 큰 특징은 '공개성'이다. 대중에게 열려 있는 이 공간은 기업가, 디자이너, 예술가, 이것저것 고치기 좋아하는 사람, 학생, 해커 등 모든 종류의 참여자를 위한 장소다. 웹 사이트(makery.info)에서 팹랩의 최신 소식을 확인할 수 있다.

4 공개된 공동체 연구소/제3의 장소로 해커들이 자신의 자원과 지식을 공유하는 곳이다.

5 더 자세히 알려면 다음 저서를 참고하라.
Michel Lallement, *L'Âge du faire. Hacking, travail, anarchie*, Paris, Seuil, 2015.

다루려면 시스템·소프트웨어 보안과의 관계를 언급해야 한다. 모든 경기에는 규칙을 지키지 않는 선수들이 존재한다. 어떤 상황 속에서도 반칙자는 존재하며, 앞으로도 늘 있을 것이다.

영어 단어 '해커'(hacker)는 프랑스어로 '해콜'(hackeur, 영어식 표기에서 파생된 단어)이라고 한다. 그런데 원뜻과는 상관없이, 프랑스어가 가리키는 해커는 컴퓨터 해적, 즉 마약 구매를 위해 신용카드 번호를 빼낸다거나 원자력 발전소를 폭파하는 악당 이미지를 내포하고 있다. 일반인이 상상하는 해커의 이미지는 변함없이 우스꽝스러운 모습이다. 예컨대 해커는 후드 티를 깊게 눌러써서 얼굴을 감춘 한 남자가 검은 화면 위에 숫자와 문자가 뒤섞인 이해하기 어려운 복잡한 코드를 치고 있는 모습으로 그려진다. 여기에서 묘사된 해커의 이미지는 다양하게 변형되는데, 왜 그런지는 잘 모르겠지만 후드를 깊게 눌러쓴 모습은 빠지지 않는다.

그런데 이런 흑백 분류는 이원론적인 방식이다. 현실은 오히려 명암이 각기 다른 회색으로 가득 차 있다는 사실을 여러 사례를 통해 알 수 있다. 1990년대에 들어와 '해커'라는 용어가 점점 더 범죄 행위와 연관되어 사용되자 (해커 활동과 직접적인 연관이 있는 이들이 사용하는) 용어들이 색깔을 언급하기 시작했다. 따라서 흑백 외에도 회색 개념을 쓰기 시작해 "흰 모자"(white hats)로는 좋은 사람을, "검은 모자"(black hats)로는 나쁜 사람을, 그리고 "회색 모자"(grey hats)로는 선의의 목적을 달성하기 위해 불법 행위를 하는 사람을 가리키게 되었다. 우리가 핵티비스트라고 부르는 부류가 회색 그림자를 지닌 이들로, 법이 금지하는 활동을 불사하면서 인본주의 또는 인도

주의적인 가치를 지향하는 해커들이다. 핵티비스트는 두 단어 '해크'(hack)와 '액티비스트'(activist)를 붙여 조금은 덜 세련되게 만든 합성어이다.[6]

취약점을 찾아내는 활동 자체로 문제를 일으키거나 특혜를 얻지는 못한다. 그러나 취약점을 가지고 무엇을 하느냐에 따라 문제나 특혜가 생겨난다. 약리학에서는 독이 따로 존재하는 것이 아니라 주입하는 물질의 양에 따라 만들어진다고 가르친다. 컴퓨터 공학에서도 마찬가지로, 취약점을 어떻게 사용하느냐에 따라 해커의 색깔이 결정된다. 대규모로 배포될 소프트웨어 보안 시험은 긍정적인 목적을 지닌 활동에 속한다. 모든 이용자가 보안이 확실하게 보장된 소프트웨어를 사용하길 원하기 때문이다. 따라서 (단순화하자면) 정보 보안 전문가를 "흰 모자" 부류로 분류할 수 있다. 정보 보안 전문가는 컴퓨터 프로그램에서 발견되는 모든 빈틈과 취약점 목록을 작성하고, 취약점을 보완하는 데 필요한 실험을 한다. 컴퓨터 보안 전문 기업들은 내부 인프라에서 외부 기술 소프트웨어를 개발하는 개발자들과 회사에 취약점 시험 서비스를 제공한다. 또 다른 종류의 전문가로는 사법 전문가가 있다. 압수된 증거물 중 기계(컴퓨터, 휴대전화 등)를 다루는 사법 전문가는 용의자 또는 피해자가 설치한 보안 시스템을 열기 위해 애쓴다. 마지막으로 악의적 의

---

6   프랑스어 "activiste"에는 부정적인 어감이 있다. 반면 영어 "activist"는 긍정적인 어감을 지니지만, "militant"는 불법 또는 테러 조직에 참여하는 활동가를 가리킬 때 자주 사용한다. (프랑스어에서 "militant"는 합법적인 범위의 활동가를 뜻한다—옮긴이)

도 없이, 도전하는 즐거움을 위해 시스템에 침입하는 이들도 "흰 모자"에 포함된다. 이들 대부분은 시스템 침입에 성공했을 때, 시스템 관리자에게 어떤 부분이 취약했는지를 알려주기 때문이다.

나쁜 사람들, 즉 "검은 모자"는 모든 종류의 악의적인 해커를 가리킨다. 그러나 악의성이 무엇인지를 정의하기는 쉽지 않다. 도덕적 성질을 지닌 대상이 그렇듯이, 선함과 악함을 평가하는 것은 판단 대상이 누구인지에 따라 달라지기 때문이다. 어떤 "검은 모자"는 당신을 속이고 신용카드 번호를 얻어내기 위해 수법을 쓰는 사기꾼일 수 있다. 당신의 정보를 인질로 삼고, 정보를 돌려받으려면 상당한 몸값을 내야 한다고 협박할 수도 있다(1부에서 언급한 랜섬웨어를 참고하라). 그리고 이메일 계정 아이디와 비밀번호를 훔친 후 다크웹(3부를 참고하라)상에 정보를 판매하기도 한다. 또 다른 "검은 모자"는 취약점을 찾아내서 사이트 관리인에게 알리지 않고, 가장 비싼 가격을 제시하는 자에게 취약점을 팔아넘길 것이다. 제로 데이 취약점을 악용하는 사례다. 지금 언급한 사례들은 쉽게 "나쁜 놈" 목록으로 분류할 수 있다.

그러나 용병 해커 또는 이견의 여지가 있거나 불법적인 활동을 일삼는 기업의 비밀을 공개하는 해커에 대해서는 어떻게 생각하는가? 그리고 "사이버 활동가" 해커도 존재할 수 있다. 만약 기업이 어린이 노동자를 혹사하고, 희귀 자원을 쉽게 차지하려고 무력 충돌을 만들어내며, 지식을 독점하는 등 법과 국제 조약을 어긴다면, 이 기업의 불법 행위와 관련된 정보를 유출한 직원을 '나쁜' 사람이라고 부를 수 있을까? 또는 반정부 인사들을 감시하고 고문하는 활동을 수행하는 스파이웨어를 정부에 판매하는 기업이 있다면, 그 기업의 정보 시스템에 불법적인 방법으로 침입한 핵티비스트를 "난폭하다"고 매도할 수 있을까? 방금 언급한 각 사례의 도덕성을 판단하기가 그렇게 쉽지만은 않다.

5장

트롤에서
핵티비스트까지

도덕성을 논하기 전에 어나니머스는 누구이며, 트롤[1]과 해커는 누구냐고 물어볼 수 있다. 그리고 내부 고발자는 어떤 존재인가? 인터넷상에서 타인을 겨냥한 농담, 그런데 항상 재미있지는 않은 농담을 가리키는 용어 '룰즈'(lulz)는 또 어떤가? 인터넷 웃음꾼의 진화 과정을 이해하는 데 룰즈는 왜 그렇게 중요할까? 포챈(4chan) 사이트와 같이 중고등학생 수준의 고약한 취향을 가진 농담을 생산하는 트롤 사이트가 어떻게 자기만의 방식으로 사회 정의를 지키는 정치적 행동주의를 낳을 수 있단 말인가?

---

1 트롤은 소셜 미디어나 인터넷 대화에서 의미 없거나 악의에 찬 메시지를 과대 생산하며 인터넷상에서 혼란을 유발하는 인물을 말한다.

룰즈가 추구하는 웃음은 불쾌하고 도를 지나친, 일탈 행위였다. 그런데 몇 년 동안 룰즈를 사용하는 동기가 바뀌었다. 어떻게 이런 일이 일어났을까? 트롤링(trolling), 어나니머스, 해커를 언급할 때, 각기 다른 세 현상 사이에서 명확한 연관성을 찾아내기란 불가능하다는 점을 먼저 이해해야 한다. 모든 사회 변화 과정이 그렇듯이 배경, 당사자, 사건이 긴밀하게 뒤섞인 결과로 이 세 현상이 나타났기 때문이다. 엄격한 계급 분류, 리더십, 계층화는 우리가 여기서 다루려는 다양한 현상, 쉴 새 없이 움직이며 계속 진화하는 움직임과는 모순되는 개념이다. 인터넷 현상의 근본 특성을 이해하려는 시도와 함께 어나니머스의 역사를 간단하게 살펴보자.

트롤 연대기

트롤링은 꽤 오래된 전통이다. '장난 전화'를 모르는 사람은 없을 것이다. 어린 시절 전화번호부에서 전화번호를 무작위로 골라 전화를 걸어 (항상 웃기지도 않았던) 농담을 하고는, 빨갛게 상기된 얼굴로 요절복통하며 전화를 끊은 경험을 안 해본 사람이 있을까?

전화 해킹을 의미하는 프리킹(phreaking)은 1960년대에 시작되었다. 어느 날, 미국에서 누군가가 장거리 전화를 걸 때 2600헤르츠 진동 소리를 이용하면 전화망 관리 메뉴(통신원 모드)에 접속할 수 있다는 사실을 발견했다. 그런데 당시 쉽게 얻을 수 있었던, 캡틴 크런치 시리얼 상자에 들어 있던 사은품 호루라기가 내는 삑 소리로 2600헤르츠 진동을 만들 수 있었다. 프리킹 전성시대로 들어선 1970년대 초는 전산망과 전화 통신 기술이 확연히 발전하는 기술 팽창 시기였다.[6] 그리고 프리킹 활동은 자료로도 남았다. 1984년, 일명 이매뉴얼 골드스타인(Emmanuel Goldstein)으로 불리는 에릭 콜레이(Eric Corley)와 데이비드 루더맨(David Ruderman), 두 '프릭'(phreak)이 프리킹 전문 잡지 〈2600: 계간 해커〉(*2600: The Hacker Quarterly*)를 창간했다. 오늘날에도 발행되는 〈2600: 계간 해커〉 웹사이트는 여전히 1990년대 스타일을 고수한다.[7] 물론 전화 해킹은 엄연히 현행법 위반이다. 전화한 적도 없는 전화번호에 청구된 엄청난 금액의 유선 전화 청구서를 받았다는 사람들의 증언을 들어보았을 것이다. 어쨌든 프리킹은 대중문화의 일부를 차지한다. 이안 소프틀리가 감독하고 안젤리나 졸리가 출연한 컬트 영화 〈해커즈〉(1995년)[8]에는 해커 그룹 내에서 시리얼 킬러(Cereal Killer)라는 예명으로 활동하는 이매뉴얼 골드스타인이 등장하고, 프리킹 사례가 여러 번 언급되었다.

대중 웹 시대가 도래한 1990년에는 트롤링의 형식도 바뀐다. 웹 토론 공간의 효시라고 할 수 있는 유즈넷에서 이용자 간의 플레임 워(Flame wars), 즉 "불꽃 튀는 대화"가 오갔다. 1993년 출간된 《왕초보를 위한 인터넷 가이드》(*Big Dummy's Guide to the Internet*)[9]에서 플레임 워에 대한 자세한 설명을 볼 수 있다. 불꽃 튀는 대화는 일반적인 트롤링 수법이었는데, 무례한 욕설을 퍼부으며 대화를 이어가지 못하도록 방해하는 식이었다. 당시 "넷 위니"(net.weenie)들의 목표는 인터넷상 대화를 혼란스럽게 만드는 것이었다.[10] 넷 위니의 존재를 인식한 전자프런티어재단(Electronic Frontier Foundation, EFF)은 유즈넷 공개 게시판보다는 덜 공개적이고, 불쾌한 넷 위니들이 활동하지 않는 게시판을 소개하는 인터넷 활용 가이드를 제공하기도 했다.[11] 그러나 옛 시절의 트롤들이 최근 활동하는 트롤들보다 항상 더 악의적이었다고 할 수는 없다. 그 예로 '워로드'(Warlord)들이 남긴 멋진 트롤링을 들 수 있다. 워로드의 글은 대부분 "Alt.fan.warlord"[12] 하위 게시판에 올라왔는데, 그들의 게시물은 당시 네티켓(게시판에서 지켜야 할 에티켓)과는 상반되는 특징을 보였다. 그리고 최대 네 줄 분량까지 적을 수 있었던 전자 서명 자리에 워로드들이 아스키(ASCII) 기법으로 작성했던 서명은 명작으로 남았다.[2]

다른 인터넷 이용자 중 네토츠카 네자노바(Netochka Nezvanova, 도스토예프스키 첫 작품 주인공 이름을 딴 예명)[13]나 브라이스 웰링턴(Brice Wellington)[14]과 같이 불꽃 튀는 행동으로 유명해진 이들도 있다. 오늘날 가장 큰 영향력을 지닌 트롤은, 초보자 또는 뉴비(newbie, 인터넷 새내기―옮긴이)들의 이상형인 HP의 조 탈매지(Joe Talmadge)[15]가 창조한 BIFF(B1FF라고 쓰기도 한다)이다. 탈매지는 항상 대문자로 글을 쓰고 틀린 철자를 포함하거나 다른 방식으로 단어를 조

---

2   아스키(ASCII) 기법은 ASCII(American Standard Code for Information Interchange) 코드를 사용한 알파벳, 특수 기호만을 가지고 이미지를 만드는 기법을 말한다. 예를 들어 :-)는 ASCII 코드로 작성한 웃음을 표현한 이모티콘이다. 또 다른 예로 _/o〈 은 오리, \o/ 는 승리를, /o\는 경악(두 손으로 머리를 감싸는 이미지)을 의미했다. 또 다른 멋진 이모티콘 예시를 다음 사이트에서 확인할 수 있다. http://www.ascii-fr.com/

합했다. 그가 구현하는 반어적이면서도 이질적인 표현 방식은 획일적인 인터넷 공간에서 존재감을 확실히 드러낸다. 또한 BIFF는 인터넷 언어인 리트(leet, 133t, 1337)의 시초로 알려져 있다. 리트는 단어 속 알파벳을 비슷한 숫자로 바꾸어 쓰는 방식을 말한다. 리트는 단지 숫자로 단어를 구성하는 방식뿐만 아니라, 단어 속 알파벳 순서를 뒤섞거나("pr0n"), 비슷한 발음을 가진 알파벳으로 대처하거나("hack" 대신에 "h4xx"로 표기), 기호를 이용해 알파벳을 만드는(기호 ")(" 를 조합하여 "x"를 표기) 등의 방식을 포함한다.

유명한 (그러나 모두에게 알려지지는 않은) alt.sex과 alt.tasteless과 같은 유즈넷 하위 게시판은 주목할 만하다. alt.tasteless의 한 "거주자"는 포챈의 효시인 alt.tasteless가 나머지 게시판으로부터 "병자들

"프랑스 텔레콤은 추가 통신 사용을 비롯하여 아무것도 알아채지 못했다."

– 익명, 전산망 및 전기 통신 전문가(대기업 소속) –

1990년대 일드프랑스(파리 및 파리 근교를 포함하는 지역―옮긴이)에서 중고등학교를 보냈던 시절, 전기 통신 인프라에 대해 배울 기회가 꽤 많이 있었다.

1996년 말 개인용 트란스픽스(Transfix, 디지털 전용선) 사용 문제로 프랑스 텔레콤과 협상하느라(당시 나는 넥스트스테이션[NextStation]에 32kbps선을 연결해서 몇 개의 불법 사이트를 호스팅

하고 있었다) 프랑스 텔레콤 계열 회사인 프랑스팍(Transpac)과 전화 회의를 자주 했다. 회의는 꽤 재미있었는데, 막 변성기를 겪고 있던 시기라서 회사 측 담당자가 내 목소리를 듣고 당황했기 때문이다. 결국 나는 단순한 수준의 '보코더'(vocoder)[1]를 만들어 목소리를 굵게 변조해야 했다.

전화 회의가 거듭되면서 회사 측 담당자가 늦게 접속하거나, 전화가 끊어지는 상황이 반복되었는데, 나는 이때를 이용해 프랑스 텔레콤의 기업을 대상으로 업무하는 대리점 통신을 연결하는 "쌍방향 메뉴"를 연구하는 데 시간을 보냈다. 그리고 결국 기업 대상 대리점, 거래/구매 대리점, 당시 05번으로 시작되는 소비자 상담 전화번호 간 통신이 어떻게 연결되어 있는지를 이해할 수 있었다.

프랑스 텔레콤이 사용한 전화교환기는 (이중 톤 다중 주파수[2]로 작동하는) 알카텔(Alcatel) 모델 4400에 추가 기능 카드를 설치한 것으로, 꽤 발전한 형태였다. 그런데 기업 체험하기 수행학습을 하던 중 모델 상세 설명서를 볼 기회가 있었다(나는 수행학습을 하던 중 지방자치단체를 위해 전화교환기를 재설정해야 했다. 입찰 정보로 연결되는 전화 교환이 제대로 작동되지 않아 시청 서비스와 전

---

1   소리의 피치를 몇 도에서 옥타브 이상 바꿀 수 있는 장치. 보코더에 대해 면담자는 이렇게 설명했다. "나는 LAR 여러 개와 Canal+, FT 케이블 채널을 해킹하는 수신기로 사용했던 전기회로 6502를 사용했다. 그리고 수신과 송출이 같은 모듈에서 이루어지지 않도록 했다."

2   이중 톤 다중 주파수(dual tone multifrequency, DTMF)는 전화기 다이얼 번호와 일치한다. (예를 들어 "메시지 다시 듣기는 1번을 누르세요" 같은 안내를 듣는 경우처럼 말이다.)

화 연결을 할 수 없었기 때문이다).

어쨌건 일드프랑스 북서 지역(92, 78, 95구역) 프랑스 텔레콤 대리점이 사용하던 '사설 자동 구내 교환기'(PABX)는 지역 대표 지점의 것과 비견할 만큼 수준이 높았다. 나는 수십 분간 서비스 담당자를 기다리던 시간에 혼자 교환기 메뉴를 연구하기 시작했다. 그리고 모든 유선 전화(또는 공중전화)에서 수신자 부담 전화 번호에 전화를 걸 수 있다는 사실과 여섯 개 이하의 번호를 이 용해 '사설 자동 구내 교환기'가 관리하는 전화선이 연결된 60개 회의실에 전화를 걸 수 있다는 사실을 발견했다.

나는 이 정보를 발견했다는 사실을 완전히 잊어버릴 때까지, 유즈넷 대화창과 일부 전자게시판(BBS)[3]에 공유했다. 1996년 무렵으로 기억한다. 대부분 유즈넷은 중학교 친구들끼리 사용했는데, 나는 무제한 접속 서비스에 가입하지 않았던 중고등학교 친구들이 통신망을 사용할 수 있도록 모뎀을 조립해서 한 채팅방과 연결했다. 그래서 친구들은 내 트란스픽스 덕분에 통신망에 무료로 접속해 유즈넷 대화를 동기화할 수 있었다.

1998년 어느 날 나는 '사설 자동 구내 교환기'의 ISV(independent software vendor, 소프트웨어 개발 회사—옮긴이) 서열을 자세히 알려달라는 이상한 이메일을 받았다. 이메일을 보낸 이가 나와 같은 프리커임을 눈치채고는 내용을 간단히 정리해서 답장했고, 상대방도 나에게 답변했다. 1998년 여름, 400킬로미터가 떨어진 거리에 있는 친구들과 매일 저녁 PABX에 접속해서 '트리비얼 퍼 수트'(Trivial Pursuit: 시사, 역사, 대중문화 등 일반 상식 퀴즈 게임 이

3   웹 게시판의 효시

름―옮긴이) 방, '섹시 채팅' 방, 비공개 방 또는 지역 방에서 만났다. 당시 내 친구 중 한 명은 '트리비얼 퍼수트' 방에서 지금은 세 아이의 엄마가 된 여인을 만났다.

프랑스 텔레콤은 우리의 소행과 추가 통신이 이루어지고 있다는 사실을 전혀 눈치채지 못했고(내부 통신에는 요금을 매기지 않는다), 따라서 우리는 거의 2년 동안 무료 통신망을 편하게 사용할 수 있었다. 그리고 우리는 어느 날 갑자기 무료 통신망 사용을 멈춘다. 왜 그랬는지는 정확히 알 수 없다. 어쨌건 보안이 되지 않은 PABX, 느슨한 SDA[4] 접속 덕분에 우리는 3년 동안 소규모 통신 공동체를 운영할 수 있었던 셈이다. 결국 아무에게도 해를 끼치지 않고 프리킹을 즐길 수 있었던 1990년대가 좋은 시절이었다고 말할 수 있다.

어쨌건 나는 당시 다른 전화 가입자에게 피해를 주던 프리커를 꽤 알고 지내기도 했지만, 그들의 방식에는 절대 동의하지 않았다. 나에게 프리킹은 일종의 스포츠와 같았다. 인프라를 찾아내고, 통신선이 어떻게 연결되었는지 이해하고, 가장 '안전한' 선을 찾아 접속해 모 여성 전화교환원을 괴롭힐 줄 아는 능력까지….

당시 프리커였던 사람 중 적어도 두 명이 현재 전자통신 인프라 분야와 관련된 대기업에서 중역을 맡고 있다. 결국 우리는 전화망을 '해킹하면서' 오늘날 전산망을 운영하는 데 필요한 사고방식을 익힌 셈이다. 그리고 전반적으로, 프리킹을 하면서 다른 사람을 괴롭힌 일은 거의 없었다. 대신 프리킹 덕분에 우리는 오

4　외부 직통 번호

늘날 공공 서비스를 제공할 정도의 능력을 갖추게 되었다. 전자
통신 만세!

(※면담자는 관련 분야 구어와 은어를 자주 사용하나 한국인 독자
를 위해 일반적인 표현으로 다듬었다—옮긴이)

을 멀리 격리하는" 장소였다고 설명한다.[16] 감수성이 예민한 일반
독자를 배려해야 하므로, alt.tasteless에서 읽을 수 있는 댓글 사례
는 언급하지 않겠다.

어나니머스: 가면 뒤에서

2003년에는 포챈이 탄생했고 인터넷상 트롤의 행동 양식은 계
속 이어졌다. 포챈의 게시판 중 하나로 알려진 "/b/"는 모든 형태의
트롤이 모여 포르노에서부터, 그다지 예민한 심성을 가지고 있지
않은 사람에게도 충격이라 다시는 보고 싶지 않은 내용까지 공유
하는 광장이다. "/b/tards"로 불리던 "/b/" 이용자들은 접미사 "-fag"
를 붙여 만든 신조어로 서로를 불렀는데, 예를 들어 새내기는 "뉴
팍"(newfag)이었다. 포챈에서 볼 수 있는 또 다른 강한 특성은 이용
자끼리 신분을 밝히지 않는다는 점이다. 그렇기 때문에 대부분의
메시지 작성자는 익명(Anonymous)으로 활동했다. 이용자들은 밈

(meme)³을 창조하고 서로를 대상으로 삼아 트롤링 한다. 어떤 이용자가 연애사 문제를 고백하거나, 누군가가 고양이를 학대하는 장면을 찍은 동영상을 올렸을 때는 간혹 선의를 표시하는 특별한 상황이 발생하기도 한다. 포챈상의 대화는 다른 많은 메일링 리스트나 웹 게시판과는 다르게 일시적으로 이루어지는데, 포챈의 대화 내용은 저장되지 않는다.

포챈 이용자들이 익명으로 활동하면서 꽤 특별한 상호작용이 일어나는 인터넷 환경이 조성되었다. (사회에서 또는 사이트상에서 통용되는 유명세 같은) 이용자의 사회 자본은 포챈에서는 아무 가치가 없다. 익명 활동이 모든 이용자를 평등하게 만들기 때문이다. 따라서 평등하게 모두가 참여하는 공동 행동 안에서 개인의 책임은 상쇄되고 공동 책임은 유지할 수 있다.

몇 년 동안 개인 참여자의 익명성은 유지되면서 한 그룹의 정체성이 드러나는 행동 양식이 지배적인 모습을 띤다. 익명성이 유지되는 행동 양식 때문에 어나니머스가 실제로 어떻게 존재하고 기능하는지를 이해하기란 매우 어렵다. 어나니머스 그룹의 발전 과정을 지켜보지 않은 이들이나, 그룹에 가담한 지 얼마 되지 않은 이들이 개인의 정체성을 드러내는 태도를 인정하지 않는 익명성 문화를 파악하기는 쉽지 않다. 이러한 어려움은 프랑스에서 특정한 리더가

3 　단순하게 설명한다면, 밈은 웹상에 전파되는 단순한 아이디어다. 밈에는 하이퍼링크, 동영상, 인터넷 사이트, 해시태그(#, hashtags) 등 다양한 종류가 있다. (우리나라의 대표적인 밈으로 '짤방'('짤림 방지의 줄임말')이 있다―옮긴이)

없었던 '깨어 있는 밤'[4] 운동의 시작 과정에서도 분명하게 드러났다. 인터넷과는 다른 제약을 지닌 미디어는 리더를 찾아내고 확인하려는 경향을 지닌다. 따라서 대부분 미디어는 깨어 있는 밤 운동에 내재한 복잡성, 기술과 정치 사이에 일어나는 상호작용과 변화를 이해하려고 노력하는 대신에 시청률을 올리는 데 혈안이 되어 사건의 배경을 이해하는 작업을 생략하는 문제를 드러냈다.

스테로이드제를 복용하는 해커들?

2007년경, 미국 보수 텔레비전 채널 폭스뉴스는 어나니머스를 언급한다. 폭스뉴스에 대한 반응으로 한 동영상[(17)]이 유튜브에 게시되었다. 단정한 양복 차림에 얼굴을 숨긴 한 인물이 쇳소리 나는 목소리로 다음과 같은 내용을 선언했다.

마치 어두운 골목길에 있는 창녀를 대하듯, 어나니머스의 이름을 더럽혔고 대중에게 폭로했다. 이 말을 하겠다. 당신은 누구에 대

---

4 2016년, 논란의 여지가 많은 노동법 개정안에 반대하는 시위자들이 파리 공화국 광장에 모여 "깨어 있는 밤" 시위를 진행했다. 다음날, 미디어에 이 시위가 주목을 받자 시위자들은 다시 공화당 광장에 모여 밤샘 토론을 진행했다. 불과 며칠 사이에 시위의 규모는 보란 듯이 커졌고, 시위는 지속되었다. 시위 참여자들은 특정 주제를 다루는 위원회를 다수 조직하여 운영했다. 그러나 여름이 지나면서 "깨어 있는 밤" 운동은 정체되었고, 급격히 참여자가 감소하여 거의 해체되었다.

해 말하는지 아직도 모르고 있고, 우리가 누구인지 완전히 헛다리를 짚었다. 우리는 모두이면서 아무도 아니다. 우리는 혼돈의 얼굴이며 심판의 전령이다. 우리는 비극적인 얼굴을 한 채 웃는다. 우리는 고통받는 자들을 비웃는다. 단순히 우리가 힘을 가지고 있다는 이유로 다른 이의 삶을 파괴한다. […] 우리는 후회도, 사랑도, 도덕성도 없는 이 인류를 구현한다. […] 당신들은 … 이제… 우리의 관심 안에 있다.

그런데 영상 속 과장된 표현은, 진부한 리포트 형식을 사용해 어나니머스 그룹을 "스테로이드제를 복용하는 해커들"[18]로 묘사한 폭스뉴스의 속보를 비웃는 그들만의 방식이었다. 폭스뉴스는 어나니머스를 "인터넷상에 혐오적인 선동을 전파하는 기계"로 소개했다. 그리고 이들을 인터넷 깊숙한 곳에서 활동하면서 무고한 미국인을 공격하고 삶을 피폐하게 만들며, 경기장을 폭파하겠다고 위협하는 불법 거주인으로 묘사했다. 도시 외곽에 위치한 집으로 보이는 장소에서 익명성을 보장하기 위해 얼굴을 가린 한 여성이 어나니머스를 "국내 테러리스트들"이라고 규정하는 인터뷰가 나온다. 이 지점에서 갑자기 카메라가 꺼지고, 전환된 다음 화면에서 베이지색 트럭이 폭발하는 장면이 보인다. 불길한 분위기의 배경음악이 흐르는 가운데 해설과 함께 배경 화면이 이어진다. 예의를 갖추어서 이 영상을 평가하자면 "시대에 뒤떨어졌다…." 어쨌건 전통적인 미디어인 폭스뉴스가 어나니머스가 누구인지 설명하고자 시도한 것이다.

어나니머스가 만든 반응 영상은 인터넷에서 활동하는 해커가 지닌 양면성을 드러낸다. 먼저 이전에 자신을 트롤과 해커라고 주장했던 이들이 어나니머스라는 이름으로 정체성을 바꾸었다. 사회학자 안토니오 카실리(Antonio Casilli)는 "사회적 과정이라는 관점에서 이들의 행동 양식을 설명한다. 우리는 인터넷 관계망에서 드러나는 개인의 지위를 변화시키려고 트롤이 된다. 이러한 행동 양식은 때로는 인터넷 게시판이나 인터넷 커뮤니티 내에서 형성되는 일부 권위나 위계질서에 대항하는 방편이기도 하다. 트롤들은 새로운 콘텐츠를 만들어내기 위해 여기에 존재한다"[19]고 말한다. 따라서 트롤은 무엇보다도 사회적 과정이며, 인터넷 이용자의 구조 개편 또는 (언어적, 물질적인 자원 또는 사회 자본을 뜻하는) 자원의 구조 개편을 의미한다. 이러한 트롤의 특징은 많은 부분 해커와 닮았다.

트롤에서 핵티비스트로: 사이언톨로지교와의 전쟁

어떻게 철없고 극단적일 것만 같은 사람들, 많은 경우 위험하고 해를 끼치는 트롤들이 새로운 형태의 공동체를 형성하고 인도주의적인 가치를 적극 수호하게 되었을까?

오늘날 트롤 운동의 변화에 불을 붙인 의미 있는 사건으로, 〈미션 임파서블〉 시리즈의 주연 배우이자 사이언톨로지 교회를 대표하는 유명 배우 톰 크루즈가 출연한 영상이 유출된 사건을 꼽을 수 있다. 먼저 이 사건에서 사회문화적 배경을 이해하는 것이 중요하다. 프랑스와 달리 북아메리카에는 사이언톨로지교가 성행하는데, 교단을 벗어나려고 하는 신자들을 박해하는 사건도 때때로 일어난다. 이 종교는 검열, 협박, 법적 수단을 이용하여 적을 압박하는 단체로도 알려져 있다. 예를 들어, 1995년 사이언톨로지교가 일부 유즈넷 인터넷 게시판 폐쇄를 시도하자 같은 해에 해커 조직 '컬트 어브 더 데드 카우'(Cult of the Dead Cow)는 사이언톨로지교가 시도한 인터넷 검열에 대항하여 전쟁을 선포했다. 사이언톨로지교가 덴마크 기자들을 상대로 10년 동안 진행한 소송도 '사이언톨로지교 대 인터넷'의 대결로 비쳤다.[20]

톰 크루즈가 출연한 동영상이 인터넷에 공개된 후, 사이언톨로지교는 평소처럼 대응했다. 즉, 다수 웹 사이트에 동영상 삭제 독촉장을 보냈고, 대부분 사이트는 이 요청을 따랐다. 그러나 거커(Gawker)와 같은 일부 사이트는 동영상 접속을 그대로 유지했다. 포챈에게 사이언톨로지의 독촉장은, 가득 찬 물병에 떨어져 병을 넘치게 하는 물 한 방울과 같았다. 인내심의 한계를 건드렸던 것이다. 포챈 이용자들은 사이언톨로지의 소행을 생각의 자유와 정보 유통의 자유를 침해하는 행위로 여겼다. 따라서 포챈에서 시작된 첫 번째 정치 행동, '프로젝트 채놀로지'(Project Chanology)[21]가 탄생했다. 채놀로지는 포챈의 '챈'(chan)과 사이언톨로지(Scientology)의 '-올로지'(-ology)를 따서 지은 이름이다.

2008년 1월 15일부터 23일까지 한 주 동안 사이언톨로지교를 겨냥한 룰즈가 쏟아진다. 웹 사이트를 공격하고, 교단 소속 핫라인에는 수없이 장난 전화를 걸었다. 그리고 교단의 팩스 기계는 지면

이 온통 검은 팩스와 일부 어나니머스 회원의 엉덩이 이미지가 인쇄된 팩스 폭탄을 끊임없이 수신해서 다른 업무가 마비될 지경이었다. 또한 사이언톨로지 다수 교부에는 (당연히 대금이 지급되지 않은) 엄청난 수의 피자가 배달되었다.

포챈 회원들은 인터넷 대화(IRC, Internet Relay Chat, 텍스트 모드로 사용하는 채팅의 일종)에서 공격을 조직했다. 그리고 어나니머스를 세상에 알린 유명한 영상[22]들은 프레스(#press) 채널에서 제작되었는데, 이 채널에서 독립하여 새 채널 '마블 케이크'(#marblecake, 창시자가 새 채널이 만들어진 날 먹은 케이크 이름)가 탄생했다.

어나니머스가 사이언톨로지교에 전하는 메시지는 분명했다.

> 우리는 너희를 인터넷에서 내쫓을 것이며, 현재의 사이언톨로지교를 조직적으로 분해할 것이다. […] 우리는 너희를 중대한 적으로 간주하고 있다. 비록 우리 싸움이 짧은 기간에 끝날 것이라고는 생각하지 않지만 너희는 화난 대중을 상대로 승리할 수 없을 것이다. 너희가 사용하는 방법, 위선, 너희 조직이 일반적으로 보인 치졸함에 끝을 맺게 해주겠다. 어디에든 우리가 있기 때문에 너희가 숨을 곳은 없다. […] 우리는 어나니머스다. 우리는 군단이다. 우리는 용서하지 않는다. 우리는 잊지 않는다. 단단히 준비하라.

룰즈가 정치색을 입는다

2008년 2월 초, '프로젝트 채놀로지' 활동을 지지하는 컴퓨터 만 아는 괴짜들이 길거리 시위를 벌였다. 2월 1일에 발행한 행동 강 령에는 자세한 사항이 명시되어 있었다. 행동 규칙 17번은 얼굴을 가릴 것을 명했다. 비록 구체적으로 어떤 마스크를 쓰라고 제시되 어 있지는 않았지만, 영화 〈브이 포 벤데타〉로 유명해진 가이 포크 스 가면을 쓴 괴상한 시위자들을 볼 수 있었다. 폭스뉴스가 어나니 머스를 "인터넷상에 혐오 선전을 전파하는 기계"라고 규정한 지 반 년이 지난 시점이었다.

비록 이들의 활동이 상대적으로 미국적 관점을 보여주고 있지 만, 단체 행동은 더욱더 정치적인 성향을 띠었다. 2008년 미국 대 선을 몇 달 앞둔 시기에, 공화당 존 매케인이 지명한 부통령 입후보 자 세라 페일린의 이메일 해킹 스캔들이 터졌다. 스캔들은 급격히 정치적 사건으로 비화하여 2008년 미국 정치판을 흔들었다. 페일 린은 공화당 대선 후보인 매케인이 부통령 후보자로 지명하면서 정 치판에 나타났고, 페일린의 활약 덕분에 공화당은 미국 보수 단체 티파티 내에서 입지를 굳힐 수 있었다.

당시 페일린은 알래스카 주지사였는데, 그녀의 국정 운영방식 에 모두가 찬성하지는 않았다. 페일린이 이끄는 주정부 내에는 이해 관계 충돌이 존재하고 도덕성을 의심할 수 있는 활동이 있다고 의 심한 어떤 공화당 대표는 주정부 관계자와 페일린이 주고받은 이메 일을 공개하라고 요구했다. 그리고 요구에 대한 답변으로 공개된 메시지에서 결정적인 내용은 찾아볼 수 없었다. 하지만 행정부가 '공무 비밀'을 이유로 내용을 공개하지 않은 일부 이메일이 궁금증을 유발했다. 내용이 공개되지 않은 메시지 제목에서 주정부에 다소 비타협적인 취재 기자 이름이나 주지사 후보자 이름이 언급되었기 때문이다.[23]

2008년 여름, 대선의 열기는 절정에 달한다. 다수 미디어가 국내법에 명시된 국민의 알 권리를 이유로 정보 공개 요청을 하기 시작했다.[24] 그리고 페일린 주지사가 야후 개인 이메일 주소를 가지고 있다는 사실이 드러났다. 주지사의 개인 이메일 소지는 많은 비난을 받았는데, 본래 주지사와 주정부 구성원은 공공행정부가 관리하는 이메일을 사용해야 했기 때문이었다. 하지만 주지사의 일부 공식 이메일이 취재와 조사를 원했던 시민과 기자들에게 공개되지 않았을 뿐만 아니라, 행정부가 애초에 접근할 수 없는 개인 이메일도 존재했다.[27]

일반 사설 서비스가 운영하는 개인 이메일과는 달리 행정부가 관리하는 공공 이메일은 비공개 처리를 할 수 있고, 문서로 저장할 수 있으며, 필요할 때 법적 소송에 사용할 수 있다. 따라서 행정부가 사용을 승인하지 않은 사설 이메일 및 개인 전화를 사용하는 것은 정치적 불협화음이 발생할 경우 내부 문서가 손쉽게 유출될 위험성이 있음을 의미한다.[25] 게다가 이메일 유출은 이미 부시 행정부 중역들이 사용한 술책으로 알려졌다.[26] 페일린 스캔들은 여기에서 끝나지 않았다. 페일인 주지사가 여동생의 전남편을 알래스카주 경찰관직에서 해임하게 하려고 부당한 압력을 행사했다는 의혹이 불거졌다. 페일린 주지사 여동생의 이혼 스캔들은 정국을 혼란스럽게 만들었고 대선 운동과 공화당 캠프에 얼룩을 남겼다.

하지만 이런 상황에서 한 학생이 세라 페일린 주지사의 개인 메일함에 침입하는 데 성공했다. 스무 살 청년은 테네시주 민주당 의원의 아들이었고, 포챈 신봉자이기도 했다. 이메일 해킹은 그에게 그다지 복잡하지 않았다![28] 여러 소셜 미디어에 남긴 흔적을 추적하고, (위키피디아에 나오는) 생년월일을 찾아내고, 우편번호와 페일린이 남편을 만난 장소를 알아내는 작업은 그다지 어렵지 않았다. 해커는 비밀번호를 알아내는 데 단 45분이 걸렸다고 고백했다. 메일함에 침입한 해커는 저장 메시지를 내려받고 스크린 캡처를 한 후, 그 내용을 포챈에 게시했다.

많은 사람과 거커[29] 또는 위키리크스[30]와 같은 유명 또는 독립 미디어들이 이 사건에 주목했다. 이메일 유출 사건의 파장은 어마어마했다. 무엇보다도 행정법 위반 여지가 있는 개인 이메일을 사용했다는 이유로 메일 내용보다는 주지사의 자질 자체를 겨냥한 비난이 쏟아졌다. 개인 메일은 행정부가 관리하는 계정만큼 보안이 철저하지 않았기 때문에 민감한 정보를 주고받는 경우에 문제가 될 수 있었다. 더군다나 사건이 터진 당시는 유명인의 이메일 해킹 시도가 성행했던(그리고 자주 이메일 유출에 성공했던) 시기였다.[31]

어쨌든 불법적으로 타인의 개인 이메일에 침입하는 것은 범법행위이다. 이메일 해킹을 저지른 학생은 다수의 흔적을 남기는 잘못을 저질렀고, FBI가 사건을 조사하면서 범인을 잡아내는 과정은 상대적으로 간단했다. 범인은 사건 발생 한 달 후 체포되었고 재판을 받았다. 그는 자기 소행이 유치한 장난일 뿐이었다고 변명했다. 그리고 주지사 이메일 계정을 해킹한 후 얼마 지나지 않아 유출한 내용을 자기 컴퓨터에서 삭제했다고 밝혔다. 그러나 판사는 이 사건을 다른 시선에서 판단했다. 불법적으로 타인의 이메일 계정에 침입하고 메시지를 공개함으로써 대선 캠페인에 영향을 주려고 시도했다고 해석한 것이다. 또한 유출한 자료를 삭제한 행위를 법정 의사 결정을 방해하기 위한 것으로 여겼다. 결국 범인은 징역형을 받아 교도소에 수용되었고, 2013년에 석방되었다.[32]

"룰즈(lulz)를 위해 했다"

앞에서 우리는 불쾌한 유머, 비아냥거리고 신경을 자극하는 유머인 룰즈가 어나니머스의 정체성과 다름없다는 사실을 보았다(예를 들어 어나니머스가 사이언톨로지교 반대 집회에서 좀비로 변장한 사례를 꼽을 수 있다).[33] 탈중앙화 된 성격과 다양한 면모를 지닌 조직의 모습도 이들의 정체성이다. 사회공동체와 맺는 관계 속에서, 일부 신랄한 키보드워리어(keyboard warrior, 악성 댓글을 상습적으로 생산하는 누리꾼—옮긴이)가 펼치는 황당한 소행이 흥미롭다. 안토니오 카실리에 따르면, 트롤은 "각 공동체에서 조직적인 역할을 한다. 그리고 특히 많은 수가 영구적으로 활동하는 인터넷 공간에서 트롤은 조직력을 발휘한다. 그리고 적대적인 대상을 찾아냄으로써 공동체 내에서 서로에 대한 긍정적인 정체성을 확인한다. 즉, 공동의 적과 마주하면

서 하나의 집단을 형성하는 것이다. 트롤에게 타인은 사회 규범을 유지하고 전달하는 자들이다."(34)

미국의 스타 방송인 오프라 윈프리를 구체적인 사례로 들어보자. 폭스뉴스 리포트에 대한 대응으로 만든 진부한 동영상 공개와 세라 페일린 이메일 해킹 사건이 일어난 이후, 이번에는 어나니머스가 '당할' 차례가 왔다.[5]

윈프리 사건은 트롤이 만들어낸 밈 "전투력 9,000이 넘었어!" (It's over 9000!)와 연관이 있다. 이 표현은 "전투력 구우우우우우우우우천이 넘었다!"(It's over NINE THOUSAAAAAAAAAAAAAAAAAND!) 라고 쓰기도 하는데, 인기 만화 영화 〈드래곤 볼 Z〉에서 주인공이 가진 가장 높은 힘의 정도를 표현하는 장면에서 왔다. 처음에는 한 개인이 만화 장면을 편집해 장난으로 포챈 사이트에 올린 것으로 시작되었으나 많은 인기를 얻어 유명한 밈[6]이 되었다.(35) 그런데 어느 날 오프라 윈프리가 자신의 토크쇼에서 "성적 약탈자"(소아성애자)(36)를 다루던 중 인터넷 때문에 소아성애자가 생겨났다고 방청객에게 설명했다. 인터넷과 소아성애를 막무가내로 연관 짓는 주장은

---

5 아래 이어지는 내용에서 나는 농담 하나를 해설할 것이다. 이것은 내가 하는 작업 중 가장 괴로운 일이다.

6 또 다른 주목할 만한 역사적인 밈으로 '페도베어'(Pedobear)를 들 수 있다. 이 밈은 포챈 사이트에서 아동 음란물 콘텐츠 게시를 알리는 곰 그림 마스코트이다. 아동 음란물 게시 금지가 사이트에 명시되어 있음에도 일부 이용자들이 관련 콘텐츠를 게시하고는 한다. 이 경우 아동 음란물 콘텐츠가 게시되었음을 알리는 용도로 페도베어 이미지를 사용했다. 페도베어 밈은 아동 음란물 콘텐츠를 요구하는 메시지로 오랫동안 오해받았다.

늘 불편하다. 이러한 주장은 보수적 관점, 때로는 시대를 역행하는 관점을 정당화하기 위해 이용되고, 동시에 디지털 사용을 억제하는 데 이용되기 때문이다. 윈프리의 발언에 대한 반응으로 포챈 이용자들은 룰즈를 만들기로 한다. 그리고 오프라의 웹 게시판에 어나니머스의 서명이 들어간 다음과 같은 메시지를 보냈다.

나는 잊지 않는다. 나는 용서하지 않는다. 우리 그룹에는 9,000개가 넘는 성기가 있다. 그리고 이들이 어린이들을 성폭행하고 있다.

며칠 후 오프라는 자신의 토크쇼에서 트롤의 메시지를 읽는다. 그리고 인터넷은 폭소한다. 포챈에게는 '레전드급'(epic win)인 반면, 오프라에게는 '발리는'(pwn) 날이었다.[37] 더러운 취향의 농담이라고? 그렇다. 더러운 취향일 뿐만 아니라 불편한 농담이라고?[38] 더더욱 그렇다.

그런데 이 사건은 우리 논의에서 좋은 사례가 된다.[39] "인터넷=범죄"라는 매우 널리 퍼진 인식을 겨냥했기 때문이다. 물론 비난은 인터넷 이용자와 오프라 윈프리 사이에서 주고받았을 뿐이다. 그러나 이 사건에 담긴 정치적 의미와 실제 사이트에 적용되고 있는 규제를 등한시할 수는 없다. 단순히 일부 명백한 불법 콘텐츠가 게시되었다는 이유를 들면서 인터넷 억제를 주장하는 이들이 사이트 폐쇄를 요구했다고 해서, 전체 웹 사이트 폐쇄를 결정할 수는 없는 일이다. 물론 아동 음란물 퇴치는 필요하고 정당한 것이다. 그렇지만 이 사안이 공공 토론의 장에서 정치적 도구로 이용되거나, 한 정

부의 정치적 사안으로 이용되어서는 안 된다.[(40)]

　　오프라 윈프리와 트롤의 일화는, "인터넷상에서 회생 불가능한 욕구불만을 가진 자"로 매도되는 부류의 누리꾼 사이에서 일어나는 상호작용과 이들의 행위가 지닌 복잡성을 잘 보여준다. 여기서 우리가 지적하려는 내용은 일부 인터넷 이용자의 고약한 행동 양식이 익명성 때문이라고 설명하는 엉터리 심리학과는 거리가 멀다. 우리는 비디오 게임 때문에 폭력적인 범죄를 일으킨다는 엉터리 소문과 함께, "변태", "나르시시즘"과 같은 단어를 무수히 거들먹거리며 인터넷이 "억제 해소 효과"[7]를 가져온다고 거드름 피우며 주장하는 정신분석가의 말을 자주 듣는다. 만약 (실제로 존재하는 또는 누리꾼이 느끼는) 익명성 때문에 인터넷상에서 더 대담하게 행동하게 된다면[8], 인터넷 환경에서 언행이 이루어지는 상황과 자유방임적인

7　어떤 분야 박사라고 소개하지만 의사는 아닌 경우가 있으니 주의하라. 박사 학위를 따면 박사라고 부른다. 인터넷의 "억제 해소 효과"에 대한 예는 다음을 보라.
https://www.liberation.fr/france/2012/06/12/twitter-a-un-effet-desinhibant_825882
또는 https://www.cairn.info/revue-le-journal-des-psychologues-2012-8-page-34.htm

8　완전한 억제 해소의 상태에서 처벌이 없을 것이라고 느끼는 것과 우리가 아는 사람 앞에서는 하지 않을 말을 익명의 조건에서는 하게 되는 경향은 구별해야 한다. 예를 들어 처벌이 없을 것이라고 느끼는 상태는 오프라인 세계에서 가까이 가지 못하는 대상(어린이와 청소년)에게 직접 접근하려는 대범함을 갖게 하는데, 이 무(無) 처벌이 보장되었다는 느낌은 경계를 무너뜨리는 여러 조건 중 하나다. 내가 진행한 어떤 인터뷰에서 한 경찰관이 강조했듯이, 좀 더 일반적인 상황에서 "많은 인터넷 범죄자는 자신의 행위가 어떤 결과를 가지고 올지 몰랐다고 변명한다. 이것은 운전대를 잡은 사람이 전지전능함을 느끼는 상황과 그다지 다르지 않다." 아래 자료도 참고하라.
www.cairn.info/resume.php?ID_ARTICLE=JDP_301_0034

분위기도 마찬가지로 중요하게 고려되어야 한다.

실제로 사회과학 분야 최근 연구에서 사람들이 자신의 이름이 알려진 상황에서 덜 공격적으로 행동한다는 가정이 틀렸음이 증명되었다.[9] 또한 "이제 곧 온라인 익명성의 시대는 끝났다"[(41)]라고 전해진 소문은 사실이 아닐 뿐더러, 현실은 안경 쓴 못생기고 뚱뚱한 백인 남성으로 묘사되는 과장된 트롤 이미지와 거리가 멀다. 이미 형성된 규범에 대해 누군가가 문제를 제기할 때(그것도 매우 강렬한 표현을 동원하여 문제를 제기할 때), 당연히 우리는 불편함을 느낄 수밖에 없다. 그러나 분쟁을 일으키는 문제 제기는 누리꾼 사이에서 상호작용이 일어나는 인터넷 공간을 재구성하는 강력한 수단이 될 수 있다. 우리는 권력(주로 중앙집권화 된 권력)이 요구하는 규범에 순종하는 대신, 규범에 대해 질문하고, 규범을 재고하고 변화할 수 있도록 문제를 제기한다.[10]

---

9 MIT 연구원 네이트 마티아스(Nate Mathias)는 자신의 블로그 글에서 온라인에서 관찰되는 신랄하고 무례한 태도가 익명성 때문이라는 편견이 어떻게 시작되었는지를 탁월하게 다루면서, 상세하고 이해하기 쉬운 분석을 제시한다. https://blog.coralpriject.net/the-real-name-fallacy

10 예를 들어, 인류학자 비엘라 콜먼(Biella Coleman)은 오늘날의 트롤이 과거의 '트릭스터'(trickster)라는 가설을 주장한다. 트릭스터는 "개구쟁이"라고 번역할 수 있는데, 그리스 신화의 신적 인물인 헤르메스와 비슷하다. 트릭스터들은 소문을 만들고 혼잡과 혼란을 전달한다. 이 인물들은 전령이지만 정보를 왜곡해 끊임없이 오해를 만들어낸다. 따라서 옛 신화 속 인물 트릭스터가 오늘날 웹 트롤로 환생한 듯하다. 다음 글을 읽어보라. gabriellacoleman.org/blog/?p=1902.

법적 한계 앞의 핵티비즘

조금은 1차원적이었던 정치 프로젝트(프로젝트 채놀로지)가 '어나니머스 에브리웨어'(Anonymous Everywhere)로 점차 변해가면서, 2009년 어나니머스는 이란 대선 후 일어난 반정부 시위인 "녹색 운동"[42]을 지지하기에 이른다. 그리고 같은 해 어나니머스는 인터넷 서비스 제공업자들과 협력하여 국내 감시를 실행하기로 한 호주 정부에 항의하는 표현으로 호주 정부 웹 사이트를 공격[43]한다.

표현의 자유를 지지하기 위한 행동과 특히 인터넷상에서의 표현의 자유를 지키기 위한 다수의 행동이 쏟아져 나왔다. 이 중에는 일부 동영상을 삭제한 유튜브 측의 결정에 항의하기 위해 유튜브 사이트에 다수의 포르노 영화를 게시했던 사건도 있다.[44] 그러나 이 사건은 작은 해프닝으로 끝났고, 언론에 주목받지는 못했다.

뒤에 이어질 내용을 잘 따라가려면 먼저 배경을 이해하는 것이 중요하다. 일반적인 문화 콘텐츠 창작 활동을 보호하는 법적 규제에 대해 잠시 살펴보자. 인터넷 시대에 저작권과 관련된 문제는 풀기 쉽지 않은 숙제이며, 무형 콘텐츠 관리 문제로 법적·정치적 분쟁이 일어나기도 한다. 눈 깜짝할 사이에 변모하는 디지털 기술(인터넷, 기기, 창작 도구들) 덕분에 모든 개인이 작품을 창작하고 배급할 수 있는 도구가 많이 탄생했다. 창작품 배급을 관리하는 기성 시스템은 '문화 산업'이라는 이름으로 운영되며, 특히 작품의 복제와 배급을 담당하는 권리에 기초하여 운영된다. 문화 산업 분야에서는 이 권리를 저작권이라고 부르는데, 창작자는 콘텐츠 배급을 관리하는 사설 또는 공공 기관에 작품을 사용하는 권리를 양도하고 일정한 금액을 저작권료로 받는다.

그런데 대중 인터넷 서비스가 발전하면서 온라인상 작품 배급을 관리하고 제한하려는 시도가 있었다. 각 국가(가령, 미국 디지털밀레니엄저작권법, 프랑스 저작권 관련법인 DADVSI 및 HADOPI 등)뿐만 아니라 초국가적 기관(예를 들어, 세계지적재산권기구, 유럽연합의 저작권 관련 지침인 EUCD 및 IPRED)이 셀 수 없을 만큼 많은 법령을 제정했다. 문화 산업 저작권을 지키기 위한 문화 산업계의 강력한 로비 후에 2009년 하도피(HADOPI)법이 강제로 제정되었고,[45] 같은 이름으로 저작권 관리 기관이 설립되었다. 이 기관의 공식 명칭은 다소 완화된 어감을 지닌 "인터넷상 작품 배급 및 저작권 보호를 위한 고등기관"(HADOPI, Haute Autorité pour la diffusion des oeuvres et la protection des droits sur Internet)인데, 인터넷상에서 작품을 합법적으로 배급할 수 있도록 교육하고 진흥하는 것을 목표로 한다고 알려졌다. 그러나 실제로 이 기관이 실행하는 주요 업무는 개인 간 파일공유(peer to peer 또는 P2P) 소프트웨어를 사용해 저작권자의 허락 없이 콘텐츠를 공유하는 누리꾼을 기소하는 일이다.

따라서 하도피 법안 제정에 격렬한 항의가 쏟아졌다. 국회에서는 당시 야당이었던 사회당 의원들이 국회의사당 내부 커튼 뒤에 숨어 있다가 투표 시간에 나타나는 촌극을 벌이기도 했다. 이는 동 법안이 통과되는 것을 막으려고 투표 직전에 과반수를 만들려는 술수였다.[46] 결국 하도피 법안이 제정되고 법안을 실행하는 기관이 설립되면서 프랑스는 결정적인 전환점을 맞았다. 이 사건을 계기로 프랑스 인터넷 괴짜들이 정치화되었고, 법안 제정자가 어떻게 인터넷 사안을 다루는지에 관해 관심을 두기 시작했다. 그리고 인터넷 덕분에 쉽게 정보를 접한 많은 이들이 관련 사건에 관심을 쏟았고 전문성이 부족한 대중도 사건에 주목했다. 또한 저작권자와 이용자 사이의 토론이 인터넷을 뜨겁게 달구었다.

한편 창작자를 대변한다는 이유로 법안이 통과되었지만, 실제로 창작자가 받는 혜택은 일부에 불과하다는 사실을 밝히는 다수 연구가 나왔다.[11] 다른 한편에서 일반 이용자들은 인터넷에 배급되는 콘텐츠를 거의 무제한으로 감상할 수 있기를 원한다. 무료 사용을 제한하는 저작권 규제가 보호하는 학교 교과서, 외국어 교재 등을 논쟁의 범위에 포함하면, 저작권을 둘러싼 싸움은 또 다른 차원으로 번진다. 무료로 교재를 구하는 이용자들을 처벌함으로써 정보 접근성을 제약한다고 주장할 수 있기 때문이다.

우리는 작가 및 창작자의 저작권 관리를 담당해온 기성 시스템과 인터넷 시대의 콘텐츠 배급 시스템 사이에 실제로 긴장 관계가 존재한다는 사실을 알 수 있다. 그런데 웹 페이지 콘텐츠를 읽는 것과 같은 아주 일상적인 인터넷 이용조차도 이미 큰 문제점을 안고 있다. 웹 페이지를 로딩하는 것 자체로 자동으로 컴퓨터에 복

---

11 https://lesjours.fr/obsessions/la-fete-du-stream/HADOPI. 고등기관이 발행한 최근 활동 보고서다. https://www.nextinpact.com/news/103307-hadopi-pres-9-millions-d-avertissements-99-condamnations-connues.htm. 관련 주제에 관한 최근 소식을 확인하고 싶은 독자는 넥스트인팩트(NextInpact)에서 발행한 마크 리의 기사를 읽어보라.

사되기 때문이다.[12] 실제로 브라우저 설정을 자세히 들여다보면, 인터넷상에서 열어 본 미디어(사진, 동영상 등)가 컴퓨터에 남아 있음을 알 수 있다. 동영상 스트리밍도 마찬가지다. 실시간 다운로드인 스트리밍은 콘텐츠를 재생할 때 동영상이 앞으로 나가는 동안 순차적으로 지워나가는 방식이기는 하지만, 먼저 콘텐츠가 컴퓨터에 다운로드 되는 것은 똑같다.

정보 공유 및 배급 시스템의 탈중앙화를 위한 방책, 그리고 개인 간(peer to peer 또는 P2P) 파일 전송을 가능하게 하는 기술로는 토렌트(torrent)가 있다. 토렌트는 개인이 정보 소비자이면서 동시에 배급자가 될 수 있는 콘텐츠 배급 수단이다.[13] 토렌트에는 이뮬(eMule), 카자(Kazaa)와 같은 소프트웨어나 파이러트 베이(The Pirate Bay)나 메가업로드(MegaUpload)와 같은 사이트가 있다.

토렌트의 원리는 간단하다. 당신이 공유하고자 하는 파일을 공유 도구를 통해 배포하면 누구나 당신이 공유한 파일을 내려받을 수 있다. 이와 마찬가지로 당신도 다른 이용자가 배포한 콘텐츠를 내려받을 수 있다. 간단하고 쉬운 방식이다. 그런데 여러 사람이 같은 자료를 가지고 있을 수도 있으니(배급 시스템의 탈중앙화 된 특성 때

---

12 웹 기술의 발전으로 오늘날 웹 페이지 콘텐츠는 서버와의 상호작용에 따라 점점 더 유동적인 방식으로 관리된다. 따라서 웹 페이지가 컴퓨터에 더는 '복사'되지 않는다.

13 많은 경우 비트토렌트(BitTorrent)와 토렌트(torrent)가 혼동되어 사용된다. 엄밀하게 따지자면 비트토렌트가 파일 교환 프로토콜이고, 토렌트는 재생 소프트웨어가 읽는 메타데이터 파일을 말한다.

문이다), 실수로 같은 파일을 여러 개 내려받지 않도록 조심해야 한다.

위에서 언급한 일부 요소들은 인터넷 저작물에 대한 우리의 관점을 전환하기도 한다. 인터넷이 지배적인 21세기에서, 무형 콘텐츠 배급을 제한하려는 시도는 이율배반적이다. 인터넷 자체가 무형의 분야에 속하기 때문이다. 희소성이 물건의 가치를 정했던 시대와는 반대로, 현재 우리 시대에서는 풍부함이 가치를 정한다. 희소성에서 풍부함으로 가치 기준이 전환하면서 세계를 대하는 방식, 세계를 다스리는 법적·정치적 규범, 그리고 광활한 인터넷 속에서 자리 잡은 우리의 위치가 근본적으로 달라졌다. 또한 비즈니스 모델도 풍부함에 맞추어 변화한다. 따라서 인터넷 세계, 더 넓은 뜻에서 디지털 세계에서 갖는 인터넷 이용자의 역할이 중요하다. 규제를 강화하는 저작권법에 맹렬하게 대항하는 반대자 외에도, 점점 더 많은 인터넷 이용자가 상업 콘텐츠 또는 무료 콘텐츠 공유에 관해 자신의 견해를 드러내고 있다. 그리고 이들은 콘텐츠 창작자를 다른 방식으로 보상하는 법을 지지하기 위해 자신의 견해를 밝힌다.[14]

인터넷 괴짜들과 트롤들이 정치화되면서, 창작물 공유에 대한 경직된 관점과 인터넷상에서 자연스럽게 발전하는 공유 방식 사이에서 긴장이 표출되었다. 우리가 보는 웹 페이지 자체가 이미 컴퓨

---

14 이 책이 디지털 창작물 저작권에 대한 책은 아니므로, 관련된 서적 목록을 참고하길 바란다(프랑스어). (http://www.liberation.fr/medias/2013/05/13/rapport-lescure-grand-flou-va_902650.) 법을 공부하지 않은 이들도 대부분 내용을 쉽게 이해할 수 있다.

터에 복사된 데이터라는 사실을 아는 이들에게는 온라인상 콘텐츠 공유를 제한하려는 조치는 비논리적으로 보일 뿐이었다. 많은 누리꾼이 (애국자 법과 같은) 테러방지법이 저작권 침해 행위를 퇴치하려는 방편으로 이용되고 있다고 고발했다.[47] 그리고 저작권자의 요청에 순응하여 일방적으로 콘텐츠를 삭제하는 인터넷 호스팅 업체들도 누리꾼에게 비난을 받는다.

해적이 나타났다!

이러한 배경에서 2009년 에이아이플렉스 소프트웨어(Aiplex Software)를 주목하는 기사[48]가 순식간에 퍼져나갔다. 에이아이플렉스는 저작권 보호를 받는 멀티미디어 콘텐츠를 호스팅하는 웹사이트를 상대로 디도스 공격(서비스 거부 공격)을 대행하는 인도계 회사이다.[49] 호스팅 업자가 저작권자의 삭제 요청에 응하지 않을 때, 제3기업이 불법적인 방법을 동원해서 삭제 요청을 받아들이도록 압박할 수 있다. 이는 과거에 강대국의 선적을 해적이 공격할 경우 국가가 직접 소탕 행위를 하던 방식과 비슷하다. 그리고 해적 깃발을 달고 있더라도, 국가 소속 해적선은 공식적으로 국가의 인정을 받았다. 에이아이플렉스는 다수 발리우드 영화사를 위해 일했는데,[50] 이외 미국영화협회(Motion Picture Association of America, MPAA)와 같은 미국 대형 영화사들도 디도스 공격 대행 서비스를 받았다는 소문도 들렸다. 그러나 소문을 증명할 증거는 없다.

이 시기에 어나니머스는 전환기를 맞이한다. 프로젝트 채놀로지는 대대적인 반대 활동이었지만 불법적인 방식은 전혀 사용하지 않았다. 거리 시위의 경우도 항상 공권력과 관련 행정기관에 사전 허가를 받았다. 사이언톨로지교를 겨냥한 유치한 농담들도 고약하긴 했지만 합법적인 행위였다. 그런데 에이아이플렉스에 대한 기사가 알려지면서, 어나니머스 내부 대화에도 변화가 생긴다. "우리 적인 대기업과 부자들이 불법적인 방법을 사용하는데, 왜 우리라고 못하겠는가?" 같은 방법을 사용해야 대등하게 대응하는 방법일 것이다. 그러나 인터넷 대화[15]에서는 불법적인 방식으로 대응하자는 제안에 대한 격렬한 반대가 있었다.

권력의 탈중앙화와 무정부주의를 특징으로 하는 어나니머스는 "두-오크래티"(do-ocratie) 원칙에 따라 행동한다. 즉 "행동하는" 자들이 결정권을 갖는다는 뜻이다. 물론 어나니머스가 되기를 원하는 이들은 자신을 어나니머스라고 주장할 수는 있다. 그런데 디도스 공격을 사용하자는 제안에 거친 반대가 쏟아지자, 불법이지만 강하고 극단적인 전략을 사용하자는 소수 그룹이 채팅방에서 고립되었다. 프로젝트 채놀로지를 비롯해 다수 프로젝트를 법적 테두리 안에서 실행하는 것이 여론이었던 인터넷 대화 채팅방에서 소수 그룹은 추방당했고, 결국 이 그룹은 '아논옵스'(AnonOps)가 되었다.

---

15 "트롤에서 핵티비스트로: 사이언톨로지교와의 전쟁"에서 언급했다.

페이백 작전: 인터넷 괴짜들의 시민 불복종

불법 행위를 서슴지 않는 '아논옵스'는 웹 사이트 공격을 미리 알림으로써 미디어의 주목을 받는 전략을 구사한다.[51] 정해진 날에 어김없이 웹 사이트 접속이 먹통이 되면 미디어 효과는 증폭된다.[52]

에이아이플렉스 웹 사이트도 이들의 공격을 피할 수 없었다. 아논옵스가 눈을 돌리기 전까지는 정체가 밝혀지지 않은 한 개인이 문화 산업 관련 대기업들을 상대하고 있었다. 아논옵스가 실행한 페이백 작전(Operation Payback)으로 손해를 입은 단체 중에는[53] 미국영화협회, 미국레코드협회(Recording Industry Association of America, RIAA), 영국 법률사무소 에이씨에스:로(ACS:Law), 호주저작권협회, 영국 나이트클럽 미니스트리오브사운드(Ministry of Sound), 스페인음악창작자협회, 미국산업지식재산권협회 웹 사이트가 있다. 공격 미션은 단순 명료했다.[54]

> 어나니머스는 인터넷을 통제하고 사람들의 정보 공유권, 더 나아가 타인과 공유할 권리를 무시하는 기업의 이익 추구 행태에 신물이 난다. 미국레코드협회와 미국영화협회는 창작자와 창작자의 이익을 위하는 척하지만, 사실은 전혀 아니다. 그들의 눈에서 희망은 찾아볼 수 없으며, 그들은 단지 돈만 볼 뿐이다. 어나니머스는 이 사실을 더는 용납할 수 없다.

인터넷 시위 활동에 변화가 있는 만큼, 우리는 인류학자 비엘라 콜먼이 명명한 "인터넷 괴짜들의 무기"가 실제로 어떤 영향력을 미치는가를 질문할 수 있다. 그런데 포챈과 같은 웹 사이트의 어두운 구석에서 의논하고 행동 방식을 결정해서 단체 행동을 하는 익명 단체의 공격을 어떻게 대비할 수 있을까? 인터넷상에서 이루어지는 불복종 시위가 진화하여 "미래의 항쟁"(the protest of the future)[55]이 될 수 있을까?

바로 여기에서 흥미로운 사건 전환이 있었다! 미국영화협회와 미국레코드협회 및 기타 저작권 관리 기관들이 저작권을 침해했다는 이유로 웹 사이트 폐쇄를 강행했다는 사실이 알려진 것이다. 이들보다 더 고약한 조직은 영국의 법률회사 ACS:Law 및 미국의 몇몇 법률회사였다. 이들은 독촉과 터무니없는 금액의 위자료 요구를 전문적으로 다루는 것으로 유명했다.[56]

인터넷 저작권과 관련된 토론에 있어, ACS:Law 사례는 더욱 흥미롭다. 어나니머스의 진화와 함께 어나니머스가 기술 및 정치 분야에 끼치는 영향을 잘 보여주기 때문이다. 2009년 5월[57], ACS:Law의 영업 자산 대부분은 파일 공유 사이트(토렌트 등)에서 콘텐츠를 내려받은 누리꾼을 상대로 한 소송이 차지하고 있었다. 그런데 이 법률회사가 독촉 편지 몇십 통을 보내기만 했다고 생각하면 오산이다. 1년에 적어도 25,000건의 강제 실행 명령 서한을 보냈다.[58] 공권력이 법률회사에 관심을 보이자, ACS:Law 측은 독촉 사례의 대부분이 소송까지 가지 않는다고 주장했다[59](대부분 합의로 해결된다는 뜻이다).

소송을 하지 않은 누리꾼, 즉 강제 실행 명령을 받은 전체 누리꾼의 40퍼센트가 소송을 피하려고 합의금을 지급했다.[60] ACS:Law에 따르면, 그들은 2009년 3월부터 2010년 4월까지[61] 백만 파운드 (한화 약 14억 원) 이상을 벌었다. 그러나 전체 수익의 3분의 2 이상이 대표 주머니로 들어간 반면, 일부 수익만 저작권자에게 전달되었을 것으로 추정된다.[62]

2010년 여름에 영국 ACS:Law를 상대로 다수의 소송이 시작되었다. 소송이 진행되는 동안, 그들이 누리꾼을 전문적으로 협박했다는 사실을 보여주는 충격적인 사실이 밝혀졌다.[63] ACS:Law는 소송 변호를 위해 한 변호사를 고용했는데, 이 변호사는 무기상, 유전자 조작 식품(GMO) 생산업자 및 양심적이지 않은 연구기관을 대변하여 법적 대응을 하는 인물로 잘 알려져 있었다.

ACS:Law를 고소한 원고 측에서 보자면 회사의 소행은 저항권과 결사권을 침해하는 공작에 가까웠다. 창작 및 인터넷 관련법 수정안에 대한 국회 토론회에서 한 의원은 회사가 누리꾼을 상대로 사용한 방식을 비난했다. 상원의원들은 저작권 침해 소송에 드는 터무니없는 비용을 고발하면서, 이를 '협박'으로 규정하고,[64] 정당하지 않은 고소를 남용하는 경향을 만들어낸 혼잡한 법 시스템을 꼬집어 비판했다.[16]

그렇다면 페이백 작전이 이루어지는 동안, ACS:Law를 겨냥한 디도스 공격은 어떻게 결정되었을까? 결정 과정이 명확하게 드러나

---

16 ACS:Law는 자신이 사용한 방식을 정당하다고 주장했다.

지는 않았으나, 우연히 공격 대상을 선택한 것으로는 보이지 않는다. 2010년 9월 20일, 회사의 웹 사이트가 공격당했고, 몇 시간 동안 사이트는 먹통이 된다. 그리고 회사 대표는 역사에 남을 만한 거만과 경멸로 가득 찬 발언을 한다.

> 사이트는 단지 몇 시간 동안만 먹통이 되었을 뿐이다. 몰상식한 소행으로 내 시간을 빼앗은 이들보다 10분 연착한 기차와 아침 커피를 사려고 낭비한 10분이 나를 더 곤란하게 했다.[65]

그러나 회사 대표는 기차 10분 연착보다 사이트 접속이 이루어지지 않은 몇 시간이 더 큰 손해를 입힐 수도 있다는 사실을 간과했다. 인터넷 접속이 정상화된 후, 실수 또는 부주의 때문에 웹 사이트에 저장되었던 파일이 외부에 공개되었다. 350메가바이트 용량의 이 파일에는 ACS:Law가 발송한 이메일 복사 문서 등이 포함되어 있었다.[66] 공개된 이메일에는 현 상황을 좋은 기회로 살리지 못하면 아쉬울 거라는 내용도 있었다! 그리고 이메일 파일은 많은 이들이 복사할 수 있도록 다수 토렌트에 공유되었다.[67]

이메일 스캔들이 연달아 터지면서 ACS:Law의 평판은 추락했고, 문화 창작 산업 관계자와 그들을 변호한 변호사들의 도에 지나친 소행이 드러났다. 그리고 ACS:Law가 연산 오류가 있는 소프트웨어를 사용하여 신상을 확인한 누리꾼들에게 독촉 편지를 보냈다는 사실이 밝혀졌다.

자, 오류는 일어날 수도 있다고 치자. 하지만 증언[68]과 페이백 작전 동안 유출된 이메일은 회사가 정당하게 행사할 수 있는 특권을 지나치게 벗어났음을 밝혀냈다. 피고인이 빠져나가지 못하도록 회사는 조사인, 판사, 배심원을 교체했던 것이다.[69] ACS:Law는 특히 포르노 영화(많은 경우 게이 포르노)[70]를 내려받은 기혼 남성이나 은퇴 남성을 겨냥했다.

피고인들은 기소 사실이 누설되는 것을 막기 위해 ACS:Law에 500~600파운드(한화 70~80만 원)를 지불해야 했다.[71] 이 사실이 알려지자 국회에서는 토론이 재개되었고, 핵티비즘은 또 다른 형태로 변모하기 시작했다.

핵티비즘이 내부 고발자를 만날 때: 위키리크스

불편하고 기분 나쁜 룰즈는 트롤과 함께 진화하고 변모한다. 포챈의 고약한 트롤들이 "행동주의의 미래"로 변모한 사회 발전 과정은 무척 흥미롭다. 분명 트롤의 행동주의는 불손하다. 그러나 또 한편으로 그들의 행동에는 국경이 없고 그 형태는 매우 강하다. 아논옵스(AnonOps)는 디도스 공격 사용이 (시민) 불복종 행동을 위한 것이라고 정당화한다.

트롤은 시스템의 정당성을 인정하지 않는 순간부터 합법성이라는 개념이 유효하지 않다는 것을 알고 있다. 이러한 트롤의 입장은 현저히 정치적이고, 정치 시스템에 편입해 규범에 따라 행동하

는 해적당[17]과는 근본적으로 다르다.[18]

디지털 세계의 핵티비즘에 위키리크스도 한몫한다. 2010년은 어나니머스 스타일의 핵티비즘이 내부 고발자들의 핵티비즘과 만나는 해였다. "정부를 발가벗긴다"는 주장을 내세우는 위키리크스는 2006년 아이슬란드에서 설립되었다. 설립자 줄리언 어산지는 호주 출신의 사이버 운동가다. 위키리크스의 임무는 정부의 비밀을 세상에 공개해 시민들이 직접 조사할 수 있도록 하는 것이다. 한 마디로 시민이 공공경영에 과격한 방식으로 참여하는 형태라고 할 수 있다. 공공의 이익을 위해 일하겠다는 목표는 특히 중요한데, 이 목표가 위키리크스 운영 방식과 국가법을 완전히 무시하는 행위를 정당화하는 기초가 되기 때문이다. (그리고 이 목표 때문에 많은 이들이 위키리크스의 활동을 정당화한다.)

---

17 해적당(PP)의 구호는 "자유, 민주주의, 공유"로, 디지털 분야뿐만 아니라 그 외 분야에서 권리와 기본 자유에 기초한 공공정치를 만들어내는 것을 목표로 한다. 배급 시장 밖 공유에 관련한 법 제정과 블랙리스트 남용 퇴치도 이들의 목표에 속한다. 스웨덴에서 최초 설립된 해적당은 여러 국가로 확산하였고, 현재 당 대표자들이 다수 의회(유럽연합 의회 포함)에서 의원으로 활동하고 있다.

18 페이백 작전이 실행되는 동안, 미국 및 영국 해적당이 아논옵스(AnonOps)에 인터넷 공격을 중지하고 합법적인 투쟁 방식으로 돌아오라고 촉구했다. (www.psu.com/forums/showthread.php/245537-DDoS-attacks-on-pro-copyright-groups-Pirate-Parties-and-Operation-Payback?p=5287480) 자신과 페이백 작전이 사회 규범에 따르면서 시스템을 바꾸려고 노력하는 자신과 같은 전통적인 운동가의 노력에 큰 걸림돌이 된다고 생각했다. 아논옵스의 반응은 "각자 자신의 방식대로, 관심을 꺼주세요"로 요약된다. 아논옵스의 공개서한은 다음 웹 페이지에서 볼 수 있다. www.pandasecurity.com/mediacenter/src/uploads/2010/11/opopenlettertopp.pdf

그러므로 두 조직은 한 길에서 만날 수밖에 없었다. 예를 들어 2008년 초 프로젝트 채놀로지를 실행할 때, 위키리크스는 같은 해 3월 사이언톨로지교의 '비밀 성서'를 공개해 이 사이비 종교의 자세한 교화 프로그램을 전 세계에 드러냈다. 교리집이 공개된 지 3일 후 사이언톨로지교 변호사들은 위키리크스를 저작권 침해로 소송하겠다고 위협했다. 위키리크스 앞에 놓인 선택의 갈림길은 분명했다. '성서'를 인터넷에서 내리던가, 저작권법의 보호를 받는 콘텐츠를 저작권자 허가 없이 공개한 위키리크스에게 사이언톨로지교가 소송을 걸도록 내버려두는 것이다. 이것은 전형적인 협박 방식이다. 이 사건으로 세간이 다소 시끄러워졌는데, 위키리크스가 공개 문서를 삭제하지 않았고,[72] 사이언톨로지교는 공개 문서가 자신의 것이라고 인정했기 때문이었다. 또 다른 예를 들어보자. 어나니머스가 세라 페일린의 야후! 이메일 계정에 침입했을 때, 위키리크스는 어나니머스가 유출한 이메일 스크린 캡처를 서둘러 게재했다. 그리고 이 자료는 여전히 위키리크스 웹 사이트에서 볼 수 있다.[73]

2006년부터 위키리크스 사이트에 백만 건의 문서가 꾸준히 저장되었음에도, 실제로 위키리크스가 세계적 관심을 받을 수 있었던 계기는 2010년 4월 "부수적 살인"(Collateral Murder)이라는 제목의 영상을 공개한 때였다. 2007년에 만들어진 이 영상은 이라크 수도 바그다드에서 미군이 취한 군사 행동을 보여주고 있다.

많은 관점에서 이 영상은 충격적이다. 영상은 아파치 AH-64 헬리콥터에서 작전을 수행하는 군인의 시점에서 공중 폭격 장면을 찍었다. 영상을 보는 관중은 자신이 총을 쏘고 사람을 죽이는 것을

'본다'(총을 쏘는 동시에 사람이 쓰러지는 모습을 본다). 그리고 관중은 이들의 죽음이 군인들의 '실수'였음을 알게 된다. 사살된 이들은 두 명의 로이터 통신 기자였는데, 기자가 들고 있었던 카메라를 군인은 무기로 오인했던 것이다. 한 가족을 태운 작은 트럭이 길에 멈춰 서서 시신을 수습하려는 모습을 비추는 영상에서 관중은 더 큰 불길함을 느낀다. 아파치 헬리콥터가 트럭을 겨냥해 가족(부모와 아이들)을 사살한다. 그리고 작전을 수행하던 군인 중 한 명은 사살당한 사람이 어린 여자아이라는 사실을 알아챈 후에 '웃었고', 헬리콥터 조종사가 태평하게 내놓은 답변을 들으며 관중은 얼어붙는다. "에이, 참, 아이들은 전쟁터에 데리고 나오지 말았어야지!"

그렇다. 이 영상이 공개되자 전 세계 미디어, 대학교수, 정치인, 군인들은 휘발유를 부은 것처럼 격렬하게 반응했다. 민간인 가족을 고의로 살해하는 행위는 전쟁 범죄다.[74] 2007년부터 로이터 통신은 어떤 상황에서 기자들이 살해되었는지 알아내기 위해 자료를 열람하려고 애써왔지만 소용이 없었다. 미국 정부는 전쟁 범죄 사실을 숨기려고 이 영상을 비밀에 부치고 절대로 공개하지 않으려 했던 것일까?

오늘날 영상을 제공한 사람은 첼시 매닝(Chelsea Manning)[19]으로 알려져 있다. 매닝이 에이드리언 러모(Adrian Lamo)—전 해커이면서 위키리크스 소액 기부자로 알려져 있다—에게 사실을 털어놓았다. 매닝과 텍스트 메시지를 주고받았던 당시에 러모는 자신을 기자이

---

19 매닝은 성전환자다. 당시 이름은 브래들리(Bradley)였다.

면서 신부라고 속이고 메시지 내용을 비밀에 부치겠다고 약속했다. 그러나 그는 매닝을 속였을 뿐만 아니라 FBI를 포함한 미 당국에 매닝이 정보 유출을 한 당사자라고 고발했다.[75] 결국 2010년 6월 체포된 매닝은 군사 재판에서 35년 징역형을 선고받았다.[20] 2010년 7월, 이매뉴얼 골드스타인(프리킹 전문 잡지 〈2600〉의 공동창립자)이 기획한 한 해커 회의에 러모가 참석했을 때, 참석자들은 분노를 표출하면서 러모를 야유했고, 그를 "밀고자"라고 비난했다.[76]

저항(抵抗) 세금

2010년 11월, 위키리크스와 위키리크스의 미디어 파트너(스페인 〈엘 파이스〉, 프랑스 〈르 몽드〉, 독일 〈슈피겔〉, 영국 〈가디언〉, 미국 〈뉴욕 타임스〉)들이 "외교 전신문(電信文)" 수천 건—역시 매닝이 전달했다—을 보도하기 시작했다. 이 자료는 미국 외교부에서 유출된 전신문과 비밀 외교 문서들이었다. 그리고 새로운 휘발성 폭로가 이어진다. 전신문은 다수 국가(튀니지, 이집트, 가봉, 수단, 리비아 등) 정상들이 저지른 부정부패 사건을 상세히 기술하고 있고, 미국 외교 대표부가 있는 다수 국가의 국내 및 외교 정책과 관련된 다양한 내용을

---

20 대통령 임기를 마치기 며칠 전, 오바마 대통령은 첼시 매닝의 형벌 대부분을 감형했다. 그래서 매닝은 2017년 5월에 출소한다. (2017년 5월 17일, 7년 만에 석방되었다—옮긴이)

전했다. 그리고 테러 사건을 포함한 여러 사건과 스캔들을 상세히 기술했다. 공개된 자료[77]는 1966년 12월부터 2010년 2월까지의 문서를 포함하고 있었는데, 그야말로 지루한 토론 거리의 집합체였다.

외교 문서가 유출되자 즉각 이에 대한 세간의 반응이 나타났다.[78] 격분한 어조의 언론 기사들이 쏟아졌고, 느닷없이 권력을 향한 충격 대응을 위해 CIA 대책반 WTF(WikiLeaks Task Force)[21]가 구성되었으며, 전 세계 정부가 사건을 규탄했다. 그런데 가장 파괴적인 반응을 보인 것은 기업 측이었다. 미 정부 구성원을 모욕한 사건에 다수의 미국 대기업이 발 빠른 대응을 했다. 아마존은 서둘러 위키리크스 서버 접속을 끊었고, 페이팔은 위키리크스의 기부 계정을 동결했다. 애플은 앱 스토어 등재를 허가한 지 3일 만에 위키리크스의 애플리케이션을 삭제하고, 에브리DNS(EveryDNS)는 위키리크스 웹 사이트의 호스팅 서비스 계약을 끊는다. 비자와 마스터카드도 위키리크스와 관련된 모든 재정 서비스(신용카드, 기부금 송금 등)를 중단했다.[22] 이 모든 조치는 건방진 웹 사이트 위키리크스를 침묵하게 만들어 더 이상 소동을 피우지 못하게 하려는 것이었다.

하지만 누리꾼은 기업들의 폭력적인 억압을 이제껏 없었던 표현의 자유와 정보권을 공격한 행위로 간주했다. 그리고 페이백 작전

---

21 보통 약자는 격분을 표현할 때 사용한다.

22 이 조치에 대한 반응으로 위키리크스를 지지하기 위해 제작된, 흥미로운 마스터카드 패러디 광고가 있다. www.dailymotion.com/video/xjp1q4 (우아한 룰즈이지만, 보는 이를 불편하게 만든다.)

은 억압에 대항하기 위한 새 작전으로 변모한다. 어나니머스가 '어산지 복수 작전'을 시작한 것이다.[79] 어나니머스는 수백 개의 복제 사이트를 만들고,[80] 비자, 마스터카드, 페이팔 및 그 외 기업의 웹사이트와 웹 서비스를 대상으로 대규모 디도스 공격을 실행했다.

비엘라 콜먼은 저서[23]에서 어산지 복수 작전이 어나니머스 그룹에 끼친 전반적인 영향을 다루기 전에, 작전에 필요한 의사결정과 실행이 어떻게 이루어졌는지를 자세히 기술한다. 합의에 이르기 위해 어나니머스가 교환한 일상적인 대화를 이 책에서 추적할 수 있다. "오케이, 과반수가 위키리크스를 지지하기를 원해. 그렇다면 어떻게 해야 하지?" 해커들은 공격 대상을 결정하기 위해 긴 대화를 주고받는다. 그런데 사실 페이팔 블로그는 이미 공격을 받은 적이 있었다. 단지 누가 공격했는지 분명히 밝혀지지 않았을 뿐이었다(그리고 누군가 자신이 어나니머스라고 주장한다고 해서 늘 믿을 수 있는 것은 아니다). 나중에 아논옵스 그룹의 중심에 있는 한 회원이 페이팔 블로그 공격의 장본이었다는 것이 밝혀진다. 페이백 작전과 충돌하지 않기 위해 "개인 프로젝트" 성격으로 공격을 주도했던 것이다. 꽤 불꽃 튀는 토론 후에 페이팔을 포함한 다수 공격 대상이 정해진다. 이후 대화의 중심은 페이팔 공격 여부를 떠나, 더 큰 효과(미디어 효과 포함)를 내려면 어디를 공격해야 하는가로 전환했다. 2010년 12월 초에 해커들은 여러 의견을 주고받았고, 12월 6일에서 8일 사이

---

23 *Coding Freedom: The Ethics and Aesthetics of Hacking*, E. Gabriella Coleman, Princeton University Press, 2013.

에 어산지 복수 작전이라는 깃발 아래에서 웹 사이트, 다수 인터넷 서비스 및 미국 당국을 공격했다.

이 공격은 어나니머스에 영예를 안겼다. 기술면에서 상당히 삐걱거렸음에도(필요한 공격력을 갖추기에는 컴퓨터가 늘 부족하다)[24], 세상이 공격을 주목했고, 위키리크스와 줄리언 어산지를 대상으로 기업들이 시작한 복수가 과연 적절한 것인지 의문이 제기되었다. 아마존, 페이팔, 비자, 마스터카드가 단 한 주 만에 위키리크스에 서비스를 중단할 정도로 위키리크스와 어산지를 비난하는 명확한 이유는 무엇일까? 위키리크스의 재정 서비스는 서둘러 막은 반면, 케이케이케이단(Ku Klux Klan)[25]에는 여전히 마스터카드 서비스를 이용하여 기부를 할 수 있도록 해놓았다. 이 명백한 차별 대우는 무엇으로 정당화될 수 있을까? 어나니머스와 위키리크스를 비난할 수 있다고 해도, 기업이 위키리크스에 적용한 방책들은 매우 공격적이었고 그런 식의 기업 대응을 정당화할 수는 없었다. 바로 여기에서 인터넷 기술 전문 사회학자 제이넵 투페시(Zeynep Tufekci)는 "저항 세금"[81]에 관해 이야기한다.

회사가 자신에게 마음에 들지 않는 콘텐츠를 삭제하기 위해 임의

---

24 Olson, Parmy (June 5, 2012). *We Are Anonymous: Inside the Hacker World of LulzSec, Anonymous, and the Global Cyber Insurgency*. Hachette Digital, Inc.

25 케이케이케이단(Ku Klux Klan)은 흰색을 절대 숭상하는 조직으로 외국인 혐오와 극우 신념을 확산한다. 1865년 미국에서 탄생했다.

의 이용약관을 부분적으로 이용할 수 있도록 허용하는 인터넷의 등장은 정말로 우려되는 주제다. 매우 쉽게 정보를 소외시키고 숨통을 조르는 인터넷은 우리를 불편하게 한다. 이 정보가 토렌트로 존재하든, 또는 웹 사이트에 공개적으로 또는 접속이 어려운 날조 사이트에 존재하든, 정보가 '거기'에 존재하는 것은 당신이 텔레비전을 보면서 야유할 수 있는 권리만큼이나 타당하다. […] 위키리크스를 둘러싼 분노는 인터넷에서 부상하고 있는 "저항 세금"을 드러낸다. 일탈적인 콘텐츠를 제공하려는 당신은 DNS 서비스 업체와 싸워야 한다. 당신은 큰 규모의 호스팅 자원을 갖추기 위해 (비싼) 값을 치러야 할지도 모른다. 반면 다른 이들은 단지 몇 백 달만 내고 일반 대중을 대상으로 하는 서비스 업체를 이용해 같은 인프라를 제공받을 수 있다. 기금 조성 인프라도 케이케이케이단을 포함한 거의 모든 이들에게 제공되지만, 당신에게는 제공되지 않을 수도 있다. 그렇다고 위키리크스가 이제는 호스팅 서비스를 받을 수 없다는 의미는 아니다. 위키리크스는 이미 중요한 사이트가 되었고, 잘 알려져 있기 때문이다. 그러나 더 작고, 덜 알려지고, 더 적은 자금을 가진 이들은 어떻게 될까? 이들이 다시 도약이나 할 수 있을까?

무엇 때문에 이렇게 소란스럽나?

전자프런티어재단 설립자 중 한 명이며, 《사이버공간 독립 선언》(*Déclaration d'indépendance du cyberespace*, 1996)의 저자인 J. 페리 발로는 페이백 작전과 어산지 복수 작전이 이루어낸 공헌을 기술하면서 "전 세계가 들은 총성"(a shot heard around the world)이라는 흥미로운 표현을 사용한다. 이 표현은 미국 혁명 초기[82](미국 독립전쟁으로 연결되었다)나 제1차 세계대전을 발발시킨 프란츠 페르디난트 대공 암살(일명 사라예보 사건―옮긴이)과 같은 역사적 사건을 가리킨다.

위키리크스는 표현의 자유를 지지하고 공공경영과 정부 활동에서 가능한 한 확실한 투명성을 촉진하는 것이 활동 동기임을 여러 번에 걸쳐 명확히 밝혀 왔다. 그러나 실제로 위키리크스의 고발은 무엇을 만들어냈는가?

가장 먼저 권력을 꼽을 수 있다. 한 위키리크스 참여자는 이렇게 고백했다. "우리는 모두 변화하고 있었다. 인터넷이라는 새로운 도구를 이용해서 한 개인이 무엇을 이루어낼 수 있는지에 대해 우리 생각이 변화하고 있었다. 이 생각들이 너무나도 빨리 변화해서 일주일 동안 이 생각, 저 생각이 섬광처럼 떠올랐다. 어나니머스 운동에 대한 시각을 개인적으로 점검해야 했다. 지난 2년 동안에 나의 관점은 변화했는데, 처음에는 어나니머스를 허무주의 사이버 펑크 악당 정도로 생각했다. 그리고 시간이 지남에 따라 나는 그들을 디지털 무정부주의 전선에 선 조금은 지루한 소일거리를 하는 무리 정도로 치부했다. […] 그러나 이번 주(어산지 복수 작전이 한창이었다―저자주)에 내 생각은 완전히 바뀌었다."

그리고 J. 페리 발로는 어나니머스를 "인류 역사의 저항과 변화에 있어 가장 강력한 힘"[83]이라 칭하며 말을 이어갔다. 어나니머스 사이에서 '사령관 X'라는 별명으로 불린 한 남자는 감옥을 피해 미국 워싱턴주와 캐나다 브리티시 컬럼비아를 가로지르는 산을 넘어야 했다. 여기에서 언급된 힘은 조직의 힘을 말한다.

물론 자신을 '대변인'이라 칭하며 기자들과 인터뷰를 할 정도로, 대담하게 행동하는 개인도 있다. 그러나 이러한 개인 행동은 좋은 평가를 받지 못한다. 어산지 복수 작전 직후, 개인적인 인터뷰가 나간 어떤 사람은 바로 조직에서 추방되었다. "당신은 공격에 참여하지 않았고, 우리가 감당해야 하는 불법 행동의 위험도 함께 짊어지지 않았는데, 무슨 자격으로 우리 이름을 거들먹거리는가?"[84] 이처럼 '두-오크래티'(do-ocratie)는 자기 능력을 발휘하지 않으면서 개인행동을 거들먹거리는 태도를 용납하지 않는다.

'미래의 투쟁'으로 불리는 "어나니머스식" 핵티비즘 구상은 앞에서 본 증언뿐만 아니라 다수 분석에서도 찾아볼 수 있다.[85] 어나니머스의 비전이 함축하는 조직의 힘은 매우 흥미로운 아이디어다. 어산지 복수 작전이 끝난 지 몇 주 후, 튀니지에서 "재스민 혁명"이 시작되었고 어나니머스도 혁명에 동참했다. 이렇게 인터넷 이용자들이 뒷받침하고 형성한 해방자의 권력이라는 개념은 전성기를 맞이한다.

물론 어떤 이들은 어나니머스식 비전이 단순하다 못해 순진하다고 말할 것이다. 파미 올슨(Parmy Olson) 기자는 룰즈의 결점을 정확하게 지적한다. 자기 스스로 방어하지 못하는 사람들(청소년 등)을 단지 심심하다는 이유로 조직적으로 트롤링 하는 행위는 긍정적인 행동 양식과는 거리가 멀다. 그런데 디도스를 어떤 한 관점을 주장하는 수단으로 사용하는 것이 근본적인 의견 출동의 원인이다. 앞에서 언급했듯이, 불법적인 도구 사용은 디지털 시민 불복종을 위해 사용될 때 정당화될 수 있다.

실제로 우리는 디도스 공격과 같은 불법 행위를 사용하는 전략을 비폭력적인 저항 또는 가상 연좌 대모로 여길 수 있다.[86] 인터넷 행동은 일반적인 투쟁 조직에서 보통 볼 수 있는 방식과 닮은 구석이 별로 없긴 하다. 가령 인터넷 행동은 몇 달에 걸쳐 행동 개시일(D-day)을 준비하지 않는다. 오히려 원시적인 투쟁, 지속하는 플래시몹이라 할 수 있다. 따라서 두-오크라티 원칙과 인터넷 대화에 우연히 접속하는 상황이 만나 각각의 투쟁 방식을 만들어낸다. 디지털 환경이라는 특성을 제외하면, 이러한 종류의 행동이 아주 새로운 방식도 아니다. 예를 들어 버스 백인 지정 좌석에 앉았던 로자 파크(Rosa Parks), 프랑스 극우 정당 행사에 몰래 침입한 여성들의 사례를 현행법을 위반한 투쟁의 여러 사례 중 일부로 꼽을 수 있다. 결국 우리는 여기에서 행동주의 및 반대 운동에서 허용할 수 있는 형태 또는 최적의 형태를 둘러싼 정치·철학적 토론을 하는 셈이다.

이 토론의 핵심은 단지 도구의 합법성에만 있지 않다. 비록 기자 및 연구자 등 많은 사람이 불법적인 방식을 이용하는 시위를 문제 삼지 않는다고 해도, 고발의 한 방법으로 디도스를 사용하는 것은 비난했다. 만약 여러분이 저작권을 소유한 국제 기업에 매수된 법률회사가 기본권인 정보 접근권을 침해하고 있음을 고발하기 위해 디도스 공격을 개시한다고 해보자. 페이팔과 같은 대기업 사이트가 몇 시간 동안 먹통이 된 안타까운 처지를 생각하며 울거나,

ACS:Law를 위해 일하는 불행한 변호사들을 동정한다면, 이는 분명 위선적인 태도일 것이다. 그러나 누군가의 자유가 타인의 자유를 침해하지 않는 선을 지킬 수 있을 때만 디도스 공격이 정당화될 수 있다. 물론 페이팔 웹 사이트 접속이 몇 시간 동안 먹통이 된다고 해서, 페이팔 사이트나 블로그에서 활동하는 페이팔 직원, 홍보 전문가, 광고, 로비스트 등이 표현의 자유를 누리는 데에는 큰 불편을 끼치지 않을 것이다. 하지만 디도스 공격이 사이트를 불통으로 만들어 서비스를 중단시키면, 페이팔 서비스 외에 다른 기금 조성 방법이 없는 작은 조직들은 실질적으로 재정적인 어려움을 겪고, 그들에게는 이것이 큰 문제가 될 수밖에 없다.

인터넷 시대의 저항 도구로 사용될 수 있는 디도스를 둘러싸고 격렬한 토론을 이어갈 수도 있었다. 그러나 어나니머스는 끝나지 않는 토론에 빠지지 않는다. 실제로 디도스 공격을 이용한 시위는 빠른 결과를 보여주었다. 즉, 눈길을 끄는 행위로 선정적인 언론 기사 제목을 얻어냈다. 그러나 디도스 공격으로 얻어낸 결과로는 영향력을 오래 끼칠 수 없었기에, 어나니머스 조직은 접근 방식을 바꾸고 다른 방식의 시위를 전개한다.

새로운 전략, 새로운 싸움

2010년 말부터 2011년 초에 "아랍 혁명"이 시작되었다. 우리가 보통 말하듯이, 변화에는 항상 계기가 따른다. 위키리크스가 공개한 외교 전신문은 전 세계 정치인에 대한 정보와 튀니지와 이집트 당시 집권자들에 관한 많은 보고서를 포함하고 있었다. 그렇기 때문에 외교 전신문을 공개하는 시점에서 위키리크스는 많은 협력자를 만들어나갔는데, 이 중에는 튀니지 독립 사이트 '뉴아트'(Nawaat)도 있었다. 뉴아트는 전신문을 받아 프랑스어로 번역했고, 바로 튀니리크스(TuniLeaks) 사이트를 개시했다. 튀니리크스 사이트에 공개된 문서들은 대통령궁을 점령한 광적인 부정부패를 폭로했는데, 이는 이미 튀니지 국민에게는 다 알려진 사실이었다. 외교 문서에서 폭로된 착복과 공금 횡령 증거 외에도, 튀니지 국민은 당시 독재자인 벤 알리 대통령의 사위가 키우던 호랑이의 식습관까지 알게 되었다. 문서가 공개된 지 3주 후, 지방 도시 시디부지드에서 채소 행상을 하던 청년이 분신자살을 시도했다. 그리고 벤 알리 대통령을 권력에서 몰아낸 "재스민 혁명"이 시작되었다.

어나니머스는 그들 나름대로 튀니지 운동가들과 접촉한다. 어나니머스의 유명세는 세계 미디어의 관심을 끄는 데 큰 역할을 했다. 어나니머스 구성원이 조금씩 튀니지 시위 운동에 동참하기 시작한 데는, 튀니리크스가 공개한 전신문을 튀니지 정부가 검열한 것에 대한 불만이 한몫했다. 어나니머스의 튀니지 작전(OpTunisia)이 시작되었다.[87] 2011년 새해 첫날이 지나자마자, 디지털 저항팀은 더 활발히 활동한다. 그런데 단순히 정부 부처나 공공행정기관 사이트를 겨냥한 디도스 공격만 할 수는 없는 노릇이었다. 더 강력한 행동이 필요했다. 그래서 어나니머스는 정부 데이터베이스에 침입하고, 튀니지 총리실 웹 사이트에 국민 혁명을 지지하는 어나니머스의 메시지를 한동안 올리는 등 다수 취약점 공격을 실행했다. 튀니지 국민들이 정부 인터넷 검열을 피해 사이트 접속을 할 수 있도록 파이어폭스 브라우저에서 사용할 수 있는 스크립트를 개발해 배포했는데, 많은 이들이 이 행위를 "기발한 해킹"[88]이라고 불렀다. 이 사건은 역사가 평가할 것이다.

2011년 1월 25일, 드디어 이집트 혁명이 시작된다. '이집트 작전'은 미디어(당시 어용 미디어)를 공격하지 않고, 폭력을 조장하지도 않는다는 거리 시위자의 요청에 전적으로 동의한다. 이집트 혁명 사례에서 어나니머스는 텔레코믹스(Telecomix) 그룹[89]의 도움을 많이 받았는데, 핵티비스트 그룹인 텔레코믹스는 "자유를 위한 급진적 열정"[90]을 기조로 했다. 텔레코믹스는 가상사설망(VPN)과 토르(3부를 보라)와 같은 도구를 지원했고, 인터넷 대화를 트위터와 연결해 시위 장소에 있는 사람들이 인터넷 대화에 입력하는 내용을 트위터에 올릴 수 있게 했다. 트위터에 올라오는 대화 덕분에 시위 장소에서 일어나는 일과 관련된 중요한 정보를 외부에 알릴 수 있었다.

1월 28일에는 극도로 폭력적인 경찰 진압과 블랙아웃(black-out, 전파 차단—옮긴이)이 있었다. 블랙아웃은 무바라크 이집트 전 대통령이 이집트 내 인터넷 접속을 차단하기로 한 후 바로 실행되었다. 텔레코믹스는 접속을 정상화하기 위해, 낡은 모뎀(과거 전화선을 연결하여 사용했던 잡음과 '삐' 신호음을 내던 모뎀)을 대신 연결하여 전력을 다해 일했다. 어나니머스까지 합세하여, 두 핵티비스트 그룹은 이집트 내에서 작동 가능한 낡은 팩스를 모았다. 낡은 팩스 덕분에 통신을 복구해 응급처치 설명을 전송하고, 증언과 이집트 소식을 전송받았다. 이런 방식으로 핵티비스트들은 블랙아웃을 교묘히 피할 수 있었다. 물론 룰즈 행동도 이집트 혁명에 한몫했다. 어나니머스 구성원들이 서방 국가에 있는 튀니지 및 이집트 대사관에 피자 몇 백 개를 배달 주문을 하면서 즐거워했다(여전히 피자 값은 계산하지 않았다!).

튀니지 작전과 이집트 작전[26]을 실행함으로써 혁명에 개입한 어나니머스는 단순히 도움이 필요한 이들의 일에 동참하는 것이 그들에게 중요함을 보여주었을 뿐만 아니라, 일부 원칙을 예외 없이 지킨다는 사실을 증명했다.

한 가지 사례를 들어보자. 어나니머스 그룹에 막 가담한 이들이 인터넷 작전을 공모하는 인터넷 대화 채널에서 어나니머스가 묘책을 찾아낼 것과 정부의 지배를 받는 다수 미디어의 웹 사이트를 디도스로 공격할 것을 집요하게 요구했다. 그러나 이러한 요구는 조직적으로 거부되었다. 미디어가 그들 마음에 들지 않는 기사를 쓴다고 해서 미디어 활동을 방해할 수 없다는 이유였다. 핵티비즘은 사회정의와 기본권 수호의 역사가 되기를 원할 뿐, 심심풀이로 사람들을 집단폭행하는 변덕쟁이 조직은 원하지 않는다. 여러 핵티비스트 그룹 구성원이 "지능적으로 항의하는 방법"이라는 문서를 작성해서 핵티비스트 행동의 방향을 명시했다.[91] 그리고 튀니지 작전과 이집트 작전을 위해 개발된 접근 방식과 도구의 많은 부분은 다른

---

26 나는 연구자와 작가의 위치에 서서 중립적인 자세를 지키며, 가까이에서 이 작전들을 목격했다.

북아프리카와 중동 국가들과 이란에서 다시 사용되었다.[(92)]

룰즈의 복수

어나니머스는 점점 더 정치적이고 인본주의적 색깔을 띤 싸움에 뛰어들었다. 2011년 1월 중순 튀니지 독재자 벤 알리가 망명한 지 한 달 후, 이집트 대통령의 하야에 세계의 눈이 고정되었다. 그리고 이때 미국 정보 보안 회사 HB게리 페더럴(HBGary Federal, 이하 HB게리)이 몹시 어려운 상황에 부닥친다.

HB게리 대표는 2010년에 이미 어나니머스의 정체를 폭로하기 위해 사회공학 및 오픈소스를 사용하는 방식을 사용했다고 자랑했다.[(93)] 그런데 훗날 HB게리는 얻어낸 정보를 FBI에 돈을 받고 넘기고 싶어 했다는 사실이 드러났다. 2011년 초, HB게리 대표는 범죄자들을 찾아냈다고 또다시 떠벌렸고, 2011년 2월 4일, HB게리를 겨냥한 대규모 인터넷 공격이 시작되었다.[27] 회사 웹 사이트 접속이 먹통 되었을 뿐만 아니라 데이터베이스와 이메일이 유출되었고, 회사 대표의 트위터 계정도 해킹당했다. 그리고 상황은 걷잡을 수 없이 커진다.

해킹 공격자들은 HB게리가 주정부와 일부 정보기관의 공고입

---

27 (일부 기술적인 설명을 포함하고 있기는 하지만) 다음의 탁월한 설명을 참고하라. http://arstechnica.com/tech-policy/2011/02/anonymous-speaks-the-inside-story-of-thehbgary-hack/

찰에 제출한 것이 확실해 보이는 보고서, 파워포인트 발표자료와 문서를 찾아냈다. 이 문서들은 마녀사냥이 성행했던 반공 이데올로기 시대의 것과 비견할 만했는데, 문서에는 HB게리와 그 일당이 위키리크스 및 위키리크스 기부자들, 유출 문서를 보도하는 다수 기자(대표적으로 글렌 그린왈드)를 겨냥하여 세운 상세한 전략이 담겨 있었다. 게다가 문서에는 현실을 제멋대로 왜곡하는 콘텐츠, 즉 "가짜 뉴스"를 생산하려는 계획도 포함되어 있었다. 그뿐만 아니라 HB게리는 놀랄 만큼 많은 수의 '제로 데이' 목록을 보유하고 있었는데, 유출된 전자 서신에서는 제로 데이 목록을 가장 많은 금액을 제안하는 측과 거래하겠다는 의도를 자세히 설명한 이메일도 발견되었다. 제로 데이와 관련된 이메일과 이메일에서 거론된 매매 금액(200만 달러 이상,[94] 한화 약 21억)은 제로 데이 시장의 존재를 증명하는 확실한 첫 번째 증거가 되었다. 게다가 경쟁사 및 전략적 표적을 감시하는 기술이 문서에 묘사되었는데, 이 기술은 법의 한계와 비즈니스 인텔리전스 분야에서 허용된 범위를 벗어난 수준이었다. 자신을 "사립 CIA"로 지칭하는 오만을 버리지 못한 사기업이 이러한 전략을 사용하는 것은 어쩌면 당연했는지도 모른다.

비록 대단한 이상 실현이 아닌, 어나니머스의 단순한 복수 동기에서 불법적인 방식으로 얻어낸 문서였지만, HB게리 유출 문서는 현존하는 사기업의 감시 능력, 특히 경제적 이익을 노린 감시 방식을 조금 더 명확하게 이해할 수 있도록 했다.[28]

---

28 다음 장에서는 내부 고발자의 양면성을 다룰 것이다.

해커의 HB게리 공격은 어산지 복수 작전의 일환으로 전개된 디도스 공격이 실행된 이후 FBI가 다수 용의자를 체포하던 중에 실행되었다. HB게리에서 유출된 이메일에는 소위 어나니머스 구성원으로 밝혀진 인물들의 신원과 함께, 향후 다른 구성원을 찾아내는 서비스를 제공하는 것을 조건으로 FBI 등 정보기관과 새 계약을 체결하는 문제가 거론되어 있다. 이메일에서 느낄 수 있는 HB게리 대표의 거만함 때문에 상황은 진정되지 않았고, 어나니머스의 복수는 계속되었다.

2011년 2월 6일 일요일, 미국인들이 슈퍼볼을 지켜보고 있을 때, HB게리 대표 트위터 계정이 해킹당했다. 해킹당한 트위터에서는 대표의 혐오스럽고 경박한 표현들, 인종차별적인 발언이 쏟아져 나왔다. 그뿐만 아니라 파이러트 베이(The Pirate Bay)에는 그의 개인적·공적 이메일이 공개되었고, 개인 주소, 부부 문제, 사업에 대한 근거 없는 허풍이 드러났다. 이메일 스캔들 폭풍이 지나간 이후, HB게리는 어나니머스 식별 사업을 시작한 보안 전문 대기업에 매각되었다.

당신의 보안을 비웃는다

어나니머스가 정치 활동을 전개하고 "윤리적인 유출"에 대한 결의를 굳히자, 일부 구성원은 어나니머스와는 다른 길을 가야 할 필요를 느꼈다. 어나니머스와 완전히 결별하지는 않았지만, 이들 구성원은 "당신의 보안을 비웃는다"라는 꽤 명확한 메시지를 드러내는 룰즈섹(LulzSec)을 탄생시켰다. 어나니머스가 다수 연구자와 기자들과 전용 인터넷 대화 채널을 통해 접촉하는 반면, 룰즈섹은 외부 인물로 〈포브스〉 기자인 파미 올슨만 대화상대로 인정한다.

룰즈섹의 스타일이 궁금하다고? 대표적인 예로 페이스트빈 웹 서비스에 게시된 콘텐츠, 불손한 트위터 계정과 냥캣(Nyan Cat)[29]을 꼽을 수 있겠다. 냥캣은 픽셀로 그린 회색 고양이인데, 엉덩이 부분에서 끊임없이 무지개가 펼쳐진다. 그런데 룰즈섹 그룹의 가상 대변인은 귀여운 냥캣 이미지와는 정반대의 이미지다. 외알박이 안경과 신사 모자, 프랑스 멋쟁이 스타일의 가느다란 콧수염을 갖고 있다.

2011년 4월 중순 무렵, 룰즈섹이 보수 TV 채널 폭스뉴스의 정보 시스템에 침입한다. 그러나 폭스뉴스 측에서 특별한 도발이 없었기 때문에, 유출된 정보는 대중에게 공개되지 않았다. 그리고 2011년 5월에서 6월 사이에 룰즈섹이 맹렬하게 활동한 사건이 있다. 소니 픽처스에서 개인 정보가 대량으로 유출된 사건을 분명 기

---

29 https://en.wikipedia.org/wiki/Nyan_Cat

억할 것이다. 넥스트인팩트(NextInpact)는 이렇게 지적한다. "룰즈섹에 따르면, 소니 사이트 해킹에서 최악이었던 점은 데이터 전체에 어떤 암호화도 되어 있지 않았다는 사실이다. 암호화도 되지 않은 비밀번호가 서버에 저장되어 있었다. 룰즈섹은 그저 '떠먹기만' 하면 되었다. 해커들의 눈에는 마치 소니가 해킹해달라고 애걸하는 것처럼 보였다. 현대의 정보 운영 시스템이 개인 이용자에게도 암호화 서비스를 제공하는 현실을 고려할 때, 암호화되지 않은 정보를 그대로 보여주는 것은 중대한 실수다."[95] 룰즈섹은 CIA 웹 사이트, FBI 산하의 한 NGO 사이트, 성인용 콘텐츠 웹 사이트들과 다수 인기 비디오 게임 사이트도 공격하고, 사이트 이용자의 개인 정보 데이터를 공개하기도 했다.

룰즈섹의 동기는 돈이 아니다.[96] 그 대신 룰즈를 생산하고 룰즈섹 행동[97]으로 혼란을 일으키는 것이다.[98] 정치적인 메시지는 우연히, 특히 (위키리크스의 정보원이었던) 첼시 매닝[99] 사건을 동기로 생산되었다. 많은 해커가 룰즈섹의 활동을 막기 위해 노력했고,[100] 룰즈섹 구성원의 신원을 폭로했다.[101] 룰즈섹을 공격하는 해커들의 동기는 애국심[102]에서 비롯하거나 수천 명의 개인 정보를 대중에게 공개하는 행위에 반대하는 입장 등 다양하다.

우리는 룰즈섹의 방법론을 비난할 수 있다. 또한 단지 룰즈를 생산하려는 목적으로 해킹을 실행해 많은 이들이 손해를 입게 만들고, 또 피해자들이 고소하는 바람에 이를 처리해야 하는 당국자들이 시간을 낭비하는 문제로 그런 행위를 격렬히 비난할 수 있다. 그런데 많은 정보 보안 전문가들[103]은 룰즈섹의 행동이 시스템과 온라인 서비스의 보안은 그저 장신구로 보여서는 안 된다는 메시지를 매우 명확하게 전달한다고 생각한다. 즉, 기업에게 보안은 낭비가 아니며, 누리꾼에게도 무시할 만한 요소가 아니라는 메시지를 전한 다는 것이다.

그런데 기억해야 할 점은 취약점 공격이 룰즈섹만의 전유물은 아니라는 사실이다. 룰즈섹 구성원들은 해킹으로 얻어낸 데이터를 절대 팔지 않았다. www.pr0n.com 사이트에서 유출된 개인 계정 정보에서 자기 아이디를 발견했다면 분명 기분이 좋지 않을 것이다. 그러나 자기 페이스북 계정 아이디가 "admin", 비밀번호가 "123456789"[104]라면 해킹당하더라도 그리 놀랄 일은 아니다. 이제는 인터넷 역사가 룰즈섹 전과 후로 나누어진다고 말할 수 있다.[105]

그러다가 룰즈섹 세계에서 가장 활발히 활동했던 사부(Sabu)가 FBI의 정보원으로 변하면서 룰즈섹 활동은 완전히 퇴락의 길을 걷는다. 이후 룰즈섹 구성원들은 체포되었고, 재판 후 각기 다른 형을 받았다.

안티섹 작전, 한 시대의 끝

2011년 6월, 룰즈섹과 어나니머스는 안티섹 작전의 일환으로 서로 만난다. 안티섹 작전(OPERATION ANTISEC)은 정보기관, 은행, 인터넷 보안 기업을 겨냥한 일련의 해킹과 정보 유출 공격이다. 공격의 목적은? 인터넷 검열과 감시에 책임이 있는 모든 조직을 폭로하고 그 활동을 저지[106]할 뿐만 아니라 인종 프로파일링 사용과 저작권 관련 형벌법규 남용[107]을 막는 것이었다. 안티섹 작전이 개시된 시기는 사부가 FBI 끄나풀로 변절하는 시기와도 겹친다.

여러 경찰 기관에서 유출된 놀랄 만한 양의 데이터가 대중에 공개되었다. 이 자료를 통해 FBI가 위법 소지가 있는 개인 감시 프로그램을 연구하고 있었다는 사실이 알려졌다. 안티섹은 에드워드 스노든의 고용주였던 부즈 앨런 해밀턴(Booz Allen Hamilton, 미국 컨설팅 전문 업체―옮긴이)을 공격하지만, 성과가 미미했다. 그리고 2011년 공격에서 안티섹이 얻어내지 못한 자료를 2013년에 스노든이 유출했다. 스노든이 유출한 자료 덕분에 정부가 (디도스 공격을 이용하여) 어나니머스의 네트워크와 디지털 도구를 감청했다는 확실한 첫 번째 증거가 발견되었다.[108]

안티섹 작전이 실행되는 중에 룰즈섹 및 어나니머스 구성원이 체포되었다. 바로 이 시기에 시적이며 혁명적인 문장 "생각을 막을 수는 없다"[109]("You cannot arrest an idea")가 탄생했다. 훗날 사부가 FBI의 끄나풀 역할을 했다는 사실이 밝혀지고 나서야 어떻게 FBI가 해커들을 체포할 수 있었는지를 이해할 수 있었다. 사부가 핵티비스트들을 당국에 넘겼던 것이다. 당시 사부와 사보타주(sabotage, 기계, 설비 따위의 고의적인 파괴, 파손―옮긴이)를 결합한 불편한 언어유희인 "사부타주"(Sabutage)가 유행했다.

사부타주로 또 다른 비밀들이 폭로되었는데, 예를 들어 국제정세 정보를 영업재산으로 하는 기업 스트랫포(Stratfor)의 해킹과 데이터 유출 사건에서 FBI가 매우 양면적인 임무를 수행했다는 사실이 드러났다. 안티섹 작전 덕분에 해커들은 무시할 수 없는 양의 스트랫포 고객 정보(이메일, 신용 카드 번호 등)를 찾아냈는데, 이 침입과 정보 유출에서 사부가 중요한 활약을 했다. 문제는 안티섹 작전에 가장 활발한 참여자 중 한 명인 사부가 이미 몇 달 전부터 FBI의 정보원으로 암약했다는 사실이었다. 만약 FBI가 해킹 사실을 알았다면 스트랫포 측에 보안을 강화하도록 경고했어야 했는데, 전혀 조처하지 않았던 이유는 여전히 명백히 밝혀지지 않았다.

어쨌든, 안티섹 구성원이 스트랫포에서 빼낸 데이터를 전부 위키리크스에 넘겨 내용을 확인하고 공개하게 했는데, 위키리크스에서 이 데이터가 유출되었다. 결국 이 사건은 FBI가 사부를 이용한 사건으로, 즉 안티섹을 통해 간접적으로 다수 국가의 인터넷 시스템을 해킹하고 불법적으로 침입하는 데 성공한 사건이며, 이를 가볍게 여겨서는 안 된다.[110]

어나니머스는 무엇을 남겼나?

어나니머스가 탄생한 시기부터 지금까지, 어나니머스는 다양한 면모를 갖춘 역동적인 조직을 유지해왔다. 2012년 1월 18일, 어나니머스는 위키피디아, 구글 등 디지털 분야 관계자들과 함께 온라인저작권침해금지법(SOPA) 및 지식재산권 보호법(PIPA) 제정안에 반대하는 웹 시위인 블랙아웃 데이(Blackout Day)에 참여한다. 반대의 뜻을 표시하기 위해 시위에 참여한 웹 사이트들은 저작권법이 실행될 경우 일어날 미래를 형상화하기 위해 콘텐츠를 검게 물들였다. 그리고 프랑스를 포함한 전 세계 곳곳에서 수많은 사이트가 행동에 참여했다. 그런데 시위 다음 날 웹상에서 메가업로드(Mega-Upload) 사이트가 사라지고, 사이트 설립자인 킴닷컴(Kim Dotcom)이 체포되었다. 이에 어나니머스는 대규모 디도스 캠페인(페이백 작전 및 어산지 복수 작전보다 더 큰 규모의 디도스 공격)을 개시했고, 몇십 개 저작권협회 웹 사이트 접속이 불통되었다.

웹 사이트 레딧의 공동 설립자 애론 슈워츠(Aaron Swartz)가 자살한 후에도 해커들의 분노가 폭발했다(슈워츠의 자살 후 어나니머스는 미국 정부 기관을 해킹했다―옮긴이). 슈워츠는 유명 행동주의자로 과학 기술 세계에서 존경받는 인물이었다.[30] 많은 이들은 그가 MIT 시절에 과학 자료 데이터베이스를 무료로 공유했다는 죄명으로 재판을 받아야 했던 상황에 좌절했고, 압박감을 견디지 못해 자살했다고 분석했다. 슈워츠가 단 한 번 저지른 불법 소행은 과학 세계에서 공공연히 이루어지는 부조리한 규칙, 즉 세금으로 이미 비용이 지급된 문서를 읽기 위해 편집자에게 다시 돈을 내야 한다는 규칙에 대항하기 위한 것이었다. 이 일에 대한 처벌로 그는 33년 징역형을 받았다. 슈워츠 사건 외에도 어나니머스는 슈토이벤빌에서 일어난 조직적 성폭행을 폭로하고, 다수 웹 사이트에 공유된 리벤지 포르노 콘텐츠 제작자들을 추적하는 등 다수 성폭력 사건을 폭로하고 증

---

30 슈워츠를 기리기 위한 다큐멘터리 영화 〈누가 애런 슈워츠를 죽였는가?〉(The internet's Own Boy)가 제작되었다. www.youtube.com/watch?v=7ZBe1VFy0gc

거를 찾아내는 활약을 했다.

　물론 어떤 이들이 '정의의 수호자 2.0'이라고 평가하는 것처럼, 어나니머스의 행위를 정당화하거나 무조건 찬양하려는 의도는 아니다. 그 대신 이들의 행위가 일반에는 알려지지 않은 문제 또는 고질적으로 소외되었던 문제들을 공론화하는 촉매로서 중요하다는 사실을 강조하려고 한다. 더구나 우리가 언급한(그리고 그 외 많은) 행동들은 피부색, 성별 또는 직업적인 지위 등으로 일부 시민이 위험에 처할 수 있는 환경을 만드는 사회·정치·경제적 구조와 과정을 고발하는 역할을 한다. 그렇기 때문에 오늘날 어나니머스와 룰즈섹 구성원이 프라이버시 인터내셔널(Privacy International)과 같이 존경받는 NGO와 협회들 또는 넓은 의미에서 삶과 정치 변화에 고유의 방식으로 영향을 끼치는 해적당과 같은 정당과 함께 일하는 것이 우연은 아니다.[31]

　또한 어나니머스와 안티섹은 독재 정권에 이중 용도 기술을 판매하는 사기업에 관한 문서를 얻어낼 방법을 모색하는 사람과 조직에 영감을 주었다. 어나니머스 그리고 그들이 실행한 여러 작전이 남긴 유산이 있다면, 바로 '대안을 실현할 가능성'이 있음을 알게 해주었다는 것이다. 그리고 어나니머스는 민주주의가 계속 지속할 수 있도록 노력하는 많은 핵티비스트, 내부 고발자, 기자들을 우리에게 남겼다.

31　활동가들은 법정의 중형 선고로 정의에 대한 실망감을 느꼈고, 이 때문에 오히려 공적인 정치 참여를 하게 되었다.

6장

내부 고발자:
배반자인가 정의의 수호자인가

위키리크스는 2006년 10월 4일에 시작하여 활동 초기부터 (사이언톨로지교, 소말리아, 케냐 또는 관타나모 관련) 문서 유출을 했지만, 중요한 역할을 하기 시작한 것은 2010년 "부수적 살인" 동영상을 공개하면서부터였다. 그리고 2010년 말, 미국 외교 전신문 25만 건을 공개하면서 전 세계를 충격에 빠뜨린다. 해를 거듭하면서 위키리크스는 지속해서 문서를 공개했고, 모든 디지털 세계가 그렇듯이 시간이 지남에 따라 위키리크스의 태도에도 변화가 생긴다.

자, 위키리크스는 우리가 3분 안에 다루지 못할 만큼 복잡한 문제다. 그러나 먼저 어산지 자신이 당한 문제를 이야기해보자. 어산지는 스웨덴에서 "부차적 성폭행" 혐의를 받았고 국제 체포 영장이 발급되자 이를 피해 영국 에콰도르 대사관에 도피하여 4년 동안 갇혀 지냈다. 또 러시아—2012년 어산지는 러시아 정부가 지원하는 채널 〈러시아 투데이〉(Russia Today)에 출연했다—와 연관되었다는 의심이 있었는데, 무엇보다도 [2016년] 8월 위키리크스가 공개한 미국 민주당 이메일 2만 건 해킹의 배후에는 러시아가 있다는 강한 의심을 받았다.[1]

2016년 10월, 자비에 드라포르트 기자가 프랑스 라디오 채널인 〈프랑스 퀄튀르〉(France Culture)의 매일 시평에서 한 말이다. 드라포르트는 이어서 언론 생태계에서 위키리크스가 갖는 역할이 무엇인가를 질문했다. 그리고 결론으로 향하면서, 어떻게 국가 공공경영 시스템이 운영되는지를 묻는다.

그러니까, 그렇다. 위키리크스는 매우 모순된 대상이다. 모순되었다는 표현은 초기에 위키리크스 사이트가 추구하는 목적과 운영 방식을 폭로한 이들에게 적당하다. 그러나 내 생각으로는 또 다른 문제도 존재한다.

1　www.franceculture.fr/emissions/la-vie-numerique/wikileaks-10-ans-et-quelque-chose-change. (단축 https://is.gd/XdAVrQ) "부차적 성폭행"(viol mineur)이라는 용어가 약간 이상하고 더 나아가 충격적으로 보일 수 있겠다. 그러나 스웨덴 법이 정의하는 범죄 내용을 잘 번역한 표현으로 보인다. www.theguardian.com/media/2010/dec/17/jullian-assange-p-and-a.

그렇다. 위키리크스는 정보 유통 방식을 근본적으로 바꾸었고, 대립하는 알력 관계에 깊은 영향을 주었다. 그러나 진흙탕 싸움을 보는 듯한 인상을 버릴 수 없고, 이는 우리에게 씁쓸함을 안겨준다. 그리고 누가 지는 싸움인지 알 수 있을 뿐, 누가 이기는 싸움인지를 말하기 어렵다. 그렇다면 혼란의 10년 전으로 돌아가보자.

내부 고발자: 새로운 형태의 언론?

'내부 고발자'는 위키리크스의 발명품같지만, 천만의 말씀이다. 그리고 탐사보도 언론을 발명한 장본인도 아니다. 프랑스의 냉소적 비평 주간지 〈르 카나르 앙셰네〉(*Le Canard Enchaîné*)가 존재한 시간을 보면(1915년에 처음 발행되었다—옮긴이) 위키리크스가 탐사보도 분야를 개척하지 않았다는 사실을 금방 알 수 있다.

하지만 위키리크스 덕분에 새로운 방식의 저널리즘이 발전한 것은 사실이다. 위키리크스의 방식이 유일무이한 이유는 복잡한 디지털 도구를 활용하는 데 집중하기 때문이다. 가령 고발자들은 정보를 유출하려면 복잡한 암호화와 보안 도구를 통과해야 한다. 그리고 기자들은 대용량 파일에서 정보를 추출하고 그 정보에 의미를 부여하기 위해 데이터 검색 소프트웨어 도구를 사용할 줄 알아야 한다. 정보를 작성하고, 이야기를 만들어내는 역량을 갖추기 전에 먼저 디지털 도구를 다룰 줄 알아야 한다는 말이다.

"일부 정보를 업데이트 하는 데
위키리크스가 매우 중요한 역할을 했다"

- 막심 보다노(Maxime Vaudano) 〈르 몽드〉 기자, 데이터저널리스트 -

저자(이후 RS): 어떻게 파나파 페이퍼스(Panama Papers) 프로젝트와 일하게 되었는지 설명해달라.

* * *

막심 보다노(이후 MV): 2013년부터 〈르 몽드〉에서 기자로 있으며, 2014년 '레 데코되르'(Les Décodeurs)란이 신설되면서 데이터저널리스트로 일하고 있다. 그리고 데이터저널리스트 자격으로 2015년 파나마 페이퍼스 조사팀에 합류했는데, 전통적인 취재기자와는 다른 방식과 관점을 적용하기 위한 것이었다.

RS: 내부 고발자 제공 정보를 조사하는 첫 번째 사례가 파나파 페이퍼스였나?

* * *

MV: 그렇다. 보통은 오픈소스를 주로 다루는데, 교육 및 정보 해석을 주 임무로 한다.

RS: 두 질문을 한꺼번에 하겠다. 좀 더 자세히 들여다보면 위키리크스를 저널리즘이라고 말할 수는 없다. 위키리크스와 언론 관련 당사자가 갖추어야 하는 중개 역할에 관해 당신은 어떻게 생각하는가? 엄청난 용량의 데이터가 유출되었고, 기자들의 참여가 매우 중요했다는 점에서 파나마 페이퍼스는 정보공개 분석을 위한 매우 적합한 사례다. 건설적이고, 타당하고, 신사적인 방식으로 정보가 공개되었다. 그런데 위키리크스가 매사에 이런 방식으로 행동한다고 할 수는 없을 것이다. 위키리크스의 진화, 예를 들어 윤리적인 부분에서의 진화에 대해 어떤 말을 할 수 있을까?

...

MV: 위키리크스는 일부 정보를 업데이트하는 데 매우 중요한 역할을 했다. 나는 위키리크스가 원 정보를 가공 없이 공개하기보다는 미디어와 협력해야 이득을 얻을 수 있다고 생각한다. 미디어와 협력함으로써(사실 여부를 확인하는 식으로) 정보의 타당성을 강화하고, 대중이 더 이해하기 쉽도록 정보를 구성할 수 있기 때문이다. 전형적인 예로 CIA에 대한 최근 폭로는 스노든 폭로보다 훨씬 파급력이 적었다. 그 이유는 우리가 단순히 "이미 알고 있었기" 때문만이 아니라 기자들의 참여가 적었기 때문이다. 위키리크스의 자유무역협정(환태평양경제동반자협정[TPP], 다자간 서비스협정[TISA] 등) 관련 폭로는 미디어와 협력했던 그린피스 폭로 사례와는 다르게 영향력이 미미했다.

파나마 페이퍼스의 경우 언론의 중개 역할이 더 커졌다. 이 사례에서 개인 정보(전화번호, 개인 주소, 사생활 정보 등)를 보호하는 문제와 관련한 쟁점이 드러났기 때문이다. 또한 정보가 생성된 배경을 설명하는 작업과 뒷조사를 병행하는 작업이 매우 중요했다(파나마 페이퍼스에 이름이 나온다는 사실만으로 페이퍼컴퍼니를 소유한다고 할 수 없고, 더군다나 관련 인물이 불법적인 행위를 했다는 의미는 아니다).

오늘날 위키리크스는 매우 행동주의적인 행보를 하고 있는데, 내 생각으로는 이런 행보가 위키리크스의 이미지와 폭로의 타당성을 약화한다(폭로가 적절하지 않거나 흥미롭지 않다는 의미는 아니다). 위키리크스가 꼭 유명 미디어와 함께 일해야 한다고 말하려는 것이 아니다. 그러나 문서를 분석하고 타당성을 찾아낼 수 있는 조금 더 '독립적인' 사람들과 함께 일하는 것이 득이 된다고 생각한다.

오늘날에는 일상적으로 내부 고발자에 의한 문서 유출이 일어난다. 대중에게 공개된 대량 파일의 주제는 세금 포탈(LuxLeaks, Panama Papers), 축구계 부패(Football Leaks) 등 매우 다양하다. 파나마 페이퍼스라는 이름으로 알려진 대규모 탈세 관련 문서는 오늘날 가장 성공적이라고 평가받는 문서 유출 사건이었다. 폭로는 더 큰 변화의 전조였다. 줄리언 어산지가 공개한 가장 거대한 유출(리크스, *leaks*) 문서 일부는 어나니머스가 제공한 것이었다. 그러나 위키리크스는 문서(케냐의 재판 외 사형과 부정부패, 관타나모 감옥 운영 등)를 폭로하는 데 포챈 핵티비스트만을 기다리지 않았다. 이러한 저널리즘 전력을 높게 평가한 국제 앰네스티와 인덱스온센서십(Index on Censorship)는 위키리크스에 상을 수여한다.

그러므로 위키리크스의 존재는 우리가 정보와 언론의 역할을 바라보는 방식을 바꾸었다고 말할 수 있다. 언론을 "제4 권력"이라고 부르는데, 이는 국가를 대표하는 세 종류의 권력(행정부, 입법부, 사법부)[111]에 대항하는 견제 세력이 사용할 수 있는 모든 방편을 가리키는 용어다. 분명 위키리크스가 제4 권력을 다시 되돌릴 수 없을 정도로 변형시켰다.

위키리크스는 우리 민주주의 기능에서 무엇을 변화시켰는가? 이러한 민주주의 기능의 변화가 어산지의 첫 번째 목적이었다는 사실을 기억해야 한다. 하지만 위키리크스는 '권력의 투명성'을 이루지는 못했다.[2] 결국 위키리크스가 등장했던 시기에 정보의 비밀을 지켜야 한다고 주장했던 이들, 그리고 투명성을 강조하는 이데올로기에 허점이 있다고 비판한 이들은 오늘날 그들의 주장이 옳았다는 사실을 확인할 수 있었다.

위키리크스는 어떻게 운영되나?

앞에서 이미 언급했듯이 위키리크스는 익명의 정보원, 가장 많은 경우 내부 고발자가 제공하는 원 문서를 주로 공개하는 온라인 미디어다. 2010년 "부수적인 살인"과 미국 외교 전신문의 유출로 세계의 주목을 받았을 시기에 위키리크스는 자신을 비영리 기관이라고 소개했다. 그러나 현재 사이트 소개에서는 비영리라는 단어가 보이지 않는다.[3]

---

2 일부 비방자들이 강조했듯이, 위키리크스 자체 내의 불투명한 운영은 조직이 추구하는 투명성이라는 이상에 부합하지 않는다. 그러나 이러한 비판은 어쩌면 무게감이 덜한 비난일 수 있다. 위키리크스의 활동에서 보안을 유지하는 문제를 외면하기 때문이다.

3 https://wikileaks.org/What-is-Wikileaks.html (업데이트: 2015년 11월 3일)

우리는 2010년 이전에도 위키리크스가 다양한 기밀문서를 공개해왔다는 사실을 보았다. 그리고 10년 동안 조직의 행동 방식은 꾸준히 진화한다. 2006년에서 2008년 사이에 사이트는 위키(wiki) 방식으로 운영되었다. 즉, 모든 이용자가 자료를 읽을 수 있을 뿐만 아니라 콘텐츠를 게시하고 편집할 수 있다. 위키 방식은 게시하는 정보와 게시 방식을 직접 선택한다는 점에서 독자가 능동적인 역할을 한다. 이것이 위키리크스에서 "가공하지 않은" 자료를 볼 수 있었던 이유다. 초기의 위키리크스는 콘텐츠를 날 것 그대로, 편집하지 않은 채로 공개했다.

그런데 위키 방식은 변화한다. 특히 2010년 4월 "부수적 살인" 동영상을 공개한 시점부터 변화가 있었다. 매우 잘 편집된 동영상은 그 자체로 정치적인 선포였다. 동영상 편집에 대한 비난이 위키리크스에 쏟아졌고, 비판자들은 당연하게 정보 왜곡을 언급했다. 그러나 차후 범죄 수사에서 부수적 살인 동영상 편집은, 내용을 더 충격적으로 보이게 하려는 목적으로 원 자료를 변조하지 않았음이 증명되었다. 오히려 그 반대였는데, 미군에게 더 불리한 장면들이 포함되지 않았기 때문이다. 만약 동영상에 대한 비판이 정당하다면, 그것은 이 동영상이 단순히 정보 전달을 하는 것이 아닌 정치적 관점을 드러내는 것을 목적으로 한 정치적 산물이었기 때문이다.

위키리크스의 진화는 외교 전신문과 함께 계속된다. 외교 전신문 폭로는 위키리크스가 유명 미디어들과 긴밀하게 협력한 첫 작업이었다. 위키리크스가 공개한 전신문—가공되기 전 자료—은 사이트에 공개되고 편집되었을 뿐만 아니라,[112] 이 자료를 언론이 발행했고 분석했다.[(113)] 미디어가 참여하면서 외교 전신문 관련 보도가 어떻게 세계 정치계 내 상호작용에 영향을 미치는지를 알 수 있었다. 위키리크스의 접근 방식 덕분에 우리는 원 자료와는 거리가 멀어진, 하나의 정치적 관점만 전달하는 정보 상품을 지양할 수 있었다. 다시 말하자면, 각 다른 미디어가 전신문의 전체 원 자료에 접근할 수 있었으며, 미디어 편집부의 각기 다른 관점과 문제 제기에 따라 다양한 관점의 기사가 보도되었다.

위키리크스는 미디어와 협력하는 이런 방식을 몇 년간 지속한다. 그리고 2011년 위키리크스는 관타나모 감옥에서 수감자들에게 가해지던 끔찍한 행위를 자세히 밝히는 문서와 스파이 파일(Spy Files, 이중용도 기술 개발 기업에서 제공한 문서)[(114)]을 대중에게 공개했다.[4]

줄리언 어산지는 누구인가?

위키리크스 설립자 줄리언 어산지에 대한 의견은 엇갈리는

---

4 이중용도 기술은 특이하게 합법적인 자격을 갖는다. 이 기술을 무해한 용도로도 사용할 수 있기 때문이다. (동시에 떳떳하게 밝힐 수 없는 용도로도 사용될 수 있다.) 예를 들어 기업에서 업무 태만을 방지하기 위해 페이스북 접속을 차단하는 용도로 사용되는 소프트웨어가 어떤 정부에 (높은 가격으로) 팔릴 수도 있다. 정부는 이 소프트웨어를 사용해 위험 사이트로 판단한 사이트에 접속하지 못하게 할 수 있다. 이중용도 기술이 합법적인 이유는 이용자에 따라 사용 용도가 달라지고, 이를 법적인 관점에서 규제하기가 어렵기 때문이다. 앞에서 언급한 스트랫포 문서가 아주 적절한 예다.

데, 약간은 소설 같은 인물인 어산지는 "위키리크스는 나 자신"이라고 이미 여러 사람에게, 그리고 공개적으로 밝혔다. 트위터 계정 @*wikileaks*를 운영하는 인물은 분명 어산지로 추정된다. 그리고 파악하기 어려운 위키리크스의 정체는 아마도 사실일 수도, 그렇지 않을 수도 있다. 그런데 어산지가 사이퍼펑크(Cypherpunk, 3부를 참고하라)에서 매우 활발하게 활동한 사실로 알려졌음을 간과할 수는 없다. 1990년대에 탄생한 사이퍼펑크 운동은 무정부·자유주의 공공경영을 추구했으며 암호화 도구, 화폐, 탈중앙화 된 인터넷 네트워크 등과 관련한 기본적인 기술과 이론을 탄생시켰다. 또한 사이퍼펑크는 위키리크스의 전신으로 평가되는 사이트 '크립토미'(cyptome.org)의 시초였다.

"프롭"(Proff)이라는 예명으로 알려진 어산지는 1993~1994년에 사이퍼펑크 메일링 리스트에 가입한다. 그가 1991년에 이미 컴퓨터 시스템 침입으로 고소당했다는 사실에 비추어 보았을 때 그렇게 놀라운 점은 아니다. 또한 어산지는 방어와 공격을 위한 암호화 기술을 고안하고 창시했다. 암호화 덕분에 익명성을 유지하면서 국가 기밀을 안전하게 폭로할 수 있었다. 폭로 행위가 국가 비밀을 드러내는 데 일조하고, 자유를 침해하는 일부 정부를 무너뜨리는 데 공헌할 수 있다면, 어산지는 이를 거절하지 않았다! 위키리크스 아이디어는 1996년 사이퍼펑크의 일원인 존 영(John Young)이 정부 문서를 폭로하는 도구로 '크립토미'를 만든 시기에 구체적으로 드러났다. 2000년 초에 다섯 해를 맞이한 '크립토미'는 기밀 공공 문서가 저장되는 주요 사이트가 되었고, 따라서 미국 정보기관의 눈엣가시가 되었다.

2006년 어산지는 '크립토미'에 일련의 에세이[115]를 싣고, 자신의 정치철학을 자세히 소개했다. 어산지의 글에서 "비밀과 권력의 음모 위에 세워진 정부"에 대한 강한 반대 견해를 읽을 수 있다. 물론 (놀랍지 않지만) 여기서 음모 위에 세워진 정부는 바로 미국이다. 어산지는 비밀과 음모 위에 세워진 국가 경영 시스템과 싸우는 방식을 매우 구체적으로 다룬다. 그에 따르면 단지 약간의 비밀을 누설하는 행동으로는 부족하기 때문에("진실만으로 충분하지 않다"[116]), 음모 시스템 자체를 파괴해야 한다. 기계가 제대로 돌아가지 못하도록 방해하는 것,[117] 이것이 바로 위키리크스가 상징하는 철저한 투명성이다.

특히 어산지의 글 중에서 "국가경영으로서의 음모"(Conspiracy as Governance)를 읽다 보면, 위키리크스가 적용하는 접근방식을 찾아볼 수 있다.

> 한 정당의 전화번호, 팩스 문서, 이메일 그리고 당원, 지지자, 정치자금원, 여론조사, 전화 스탠드, 우편 선거운동을 관리하는 전자 시스템이 공개되었을 때 일어날 일을 생각해보라. 이 정당은 당장 조직적 혼란에 빠질 것이고 다른 정당에 패할 것이다.

정보 유출에 대한 지속적인 불안감으로 어떤 순간에도 "조직적 혼란"이 일어날 수 있다.

비밀이 많고 불공정한 조직일수록, [조직이 당하는] 유출로 조직 내 지도 및 기획 세력 안에 두려움과 망상이 많이 생긴다. 이로 인해 내부 소통 메커니즘의 효과가 최소화되고([또는] 인지적 '비밀 세금'이 증가하고), 그 결과로 넓은 의미에서 인지 시스템이 쇠퇴하여 권력을 강화하는 능력이 감소할 것이다. 바뀐 환경에 적응해야 하기 때문이다.

어산지의 기본 생각은 단순하다. 만약 우리를 지배하는 사람들이 특정한 비밀을 소지하지 못하게끔 방해를 받는다면, 이들은 다른 방식으로 행동해야 할 것이다. 조직이 정보와 데이터를 분류하고 암호화하는 등 비밀을 숨기려고 끊임없이 주의해야 하는 상황 속에서, 조직 운영은 일종의 망상증으로 변화할 수밖에 없다. 그리고 우리가 이 생각에 찬동하든지 말든지 상관없이, 이 주장은 국가 경영에 대한 철학적 관점을 제시하고 있다.

그러나 2011년부터 위키리크스 사이트와 설립자가 이상한 견해(구체적으로는 유대인 배척과 동성애 혐오[118])를 밝히고, 사이트의 어조가 점점 더 음모론[119]으로 변하면서 일반적인 지지를 받기가 어렵게 되었다. 줄리언 어산지는 러시아 정부와 직접 관련이 있는 국영 채널 러시아투데이 방송[120]에 출연했다. 러시아투데이는 국가 선전을 전파하고 조직적으로 (그리고 매우 전문적으로) 현실을 왜곡하는 채널로 알려져 있다.

현 이집트 대통령 엘시시와 가깝다고 알려진 이집트 언론사 알마스리 알요움(Al Masry Al Youm)과 알아크바르(Al-Akhbar)가 위키리크스를 "파트너와 스폰서"라고 언급한 사실이 위키리크스의 이미지를 더 좋게 하지는 못했다. 위키리크스의 편향된 성향은 점점 더 심해졌다. 위키리크스 트위터 계정 @wikileaks에는 도널드 트럼프의 팬이면서 극우 사이트 브레이트바트(Breitbart) 설립자를 지지하거나,[121] 트위터가 인종차별 운동을 조직한 유명 극우 트롤을 추방한 조처에 반대하는 메시지를 게시하기도 했다.[122]

마지막으로 중요한 사실을 한 가지 짚고 넘어가자. 민감한 개인 정보를 익명화하지 않고 폭로하는 데에 있어 어산지의 입장은 매우 분명하다.[123] 그에 따르면 개인 정보가 공개되는 일은 어쩔 수 없는 일이다. 상황을 받아들이고 개인 정보가 공개되어 일어날 결과도 수용해야 한다. 따라서 위키리크스 당사자가 "손에 피를 묻힐" 각오를 했던 것이다.

위키리크스의 진화

위키리크스에 가해지는 압력, 어려운 자금 상황, 어산지를 둘러싼 법적 다툼 때문에 위키리크스는 여러 미디어와의 협력을 이어갈 동력을 점차 상실했다. 그리고 위키리크스는 유명해지면서 이전 언론 파트너들을 더 이상 만나지 않았다(여전히 일부 미디어와는 관계를 이어가고 있다).

다수 사건이 위키리크스를 고립시키는 상황으로까지 몰고 갔다. 어떤 염세주의 철학자는 "사람에게는 사람이 적"이라고 썼는데, 위키리크스를 아는 사람들은 "탐사보도 기자에게 있어서 가장 큰 위협은 다른 탐사보도 기자"[124] 라고 말한다. 이 격언은 핵티비스트 세계에서 잘 알려진 전 토르 개발자이며 위키리크스 협력자인 제이콥 아펠바움[5]이 한 말이다.

복수의 기운은 기자 사회, 특히 독일 언론 〈슈피겔〉 전 동료 기자들과 위키리크스 사이에서 형성되었다. 기자계가 어산지와 그 외 위키리크스 공동 편찬자들을 "사이버 액티비스트"(Cyber activist)로 규정하고, 기자 자격 부여를 거부한 것은 어산지를 심각한 위험에 빠뜨렸다. 기자계에 속하지 못하면 어산지 및 위키리크스 공동 편찬자들도 기자 신분을 얻지 못하고 그에 따른 법적 보호도 받지 못하기 때문이었다.

기자계를 대표해서 매를 맞은 언론은 아펠바움이 "영어를 쓰는 발행물 중에 진정으로 가장 하찮은 간행물"이라고 매도했던 〈가디언〉이었다. 해커들은 위키리크스와 협력했던 기자들을 겨냥한 진정서를 게시했고 개인적인 공격을 시작했다. 기자들이 비난을 받은 데에는 여러 이유가 있었다. 일단, 위키리크스가 제공한 문서를 보

---

5   한 웹 사이트(http://jacobappelbaum.net/)에서 제이콥 아펠바움(Jakob Appelbaum)이 가한 성폭행에 대한 증언과 묘사를 전하는 글을 볼 수 있다. 아펠바움이 여러 성폭행의 가해자라는 사실이 폭로되자 그는 토르를 떠났다. 이 사이트는 웹 공동체에 문제를 알리고 공동체에서 해결책을 찾기 위해 만들어졌다. 따라서 고소장은 제출되지 않았던 것으로 보인다(이 동네는 경찰을 그다지 신뢰하지 않는다). 프로젝트 토르 외에 아펠바움이 중요하게 관여했던 조직들도 아펠바움의 소행을 규탄하고 조처할 것을 요구하는 이들의 항의를 받았다.

도하려고 했던 독립 언론사 〈프로퍼블리카〉(*ProPublica*)를 방해했다. 그리고 2013년 영국 정보기관이 위키리크스를 압박한 사실에 대해 어떤 보도도 하지 않았다(영국 정보기관은 스노든 유출 문서로 타격을 받은 바 있다). 또한 어산지가 런던 에콰도르 대사관에 피신해 있을 때 어산지에게 비누와 양말만 보냈다는 등… 기자들에게 비난이 쏟아졌다. 한마디로 인터넷상에서 기자들을 향한 분위기가 험악했다.

어산지와 함께 일하는 것이 전혀 편하지 않다는 사실에는 이견의 여지가 없었다. 그리고 〈가디언〉 편집부장이 털어놓은 이야기를 통해 기자들은 어산지의 편집광에 대해 많은 것을 알게 된다.[125] 2010년 가을, 외교 전신문 보도 몇 주 전부터 상황이 나빠지기 시작했다. 〈가디언〉은 위키리크스와 두 주요 협력 언론인 〈슈피겔〉, 〈뉴욕 타임스〉와 함께 일하고 있었다.

그런데 어산지는 자신이 보유한 문서를 더 널리 배포하길 원했고, 〈채널 4〉, 〈알자지라〉 등 다른 미디어와 협력 관계를 맺기 위해 협상하기 시작했다. 바로 이 시점에서 문제가 시작된다. 그 예로 어산지가 〈가디언〉 측에 〈뉴욕 타임스〉를 보이콧할 것을 요구한 사실을 들 수 있다. 어산지는 〈뉴욕 타임스〉가 그를 공개적으로 모욕하는 인물 취재 기사를 보도하는 오만함을 보였다고 주장했다. 그리고 어산지가 많은 언론 편집장에게 문서를 제공하는 과정에서 문서 유출도 발생했다. 얼마 후 〈알자지라〉와 산하 부서 투명성 조직(Transparency Unit)이 중동 내 협상과 관련된 다수 문건을 공개했다. 일종의 "미니 위키리크스"가 나타난 셈인데, 이 미니 위키리크스들은 오늘날에도 여전히 존재한다.

언론사와의 불협화음은 위키리크스 조직에 부정적인 영향을 끼쳤다. 위키리크스의 2인자 다니엘 돔샤이트-베르크(Daniel Domscheit-Berg, "DDB"로 불림)가 탈퇴하면서 수많은 문서를 폐기했고,[126] 독립적으로 '오픈리크스'(OpenLeaks) 사이트를 설립했다. 돔샤이트-베르크의 저서 《위키리크스》(Inside WikiLeaks)를 바탕으로 제작된 영화 〈제5계급〉(The Fifth Estate, 2013)[127] 등 위키리크스에 관한 다수 영화가 개봉되자, 위키리크스는 다큐멘터리 영화 〈미디어스탠〉(Mediastan, 2013)[128]을 직접 제작하면서 대응한다.

DDB의 떠들썩한 탈퇴는 위키리크스에 큰 피해를 입혔다. 예를 들어 '케이아스 컴퓨터클럽'(Chaos Computer Club, 독일 해커 조직)에서 제명된 사건은 위키리크스 공동체 내 분열 효과를 크게 만들었다. 명망 높고 존경받는 조직인 CCC가 제재에 나선 상황은 위키리크스에 큰 문제가 있다는 의미였다.[129] DDB가 저술한 책에 따르면 어산지에 대한 성폭행 고소가 조직 분열에 매우 큰 영향을 끼쳤다. 이는 특히 어산지 개인의 법적 분쟁을 위키리크스 상황과 혼동했기 때문이었다. 위키리크스를 지지하는 많은 이들이 공개적으로 어산지를 지지했고, 어산지에 대한 고소를 조직을 흔들고 중상하려는 모략으로 여기며 성폭행 고소자를 배격했으나, 이 의견에 조직 구성원 전원이 동의하지는 않았던 것이다. 법적 분쟁으로 어산지는 고립되었고, 성폭행 고소가 시작된 지 불과 몇 주 후에 어산지가 에콰도르 대사관으로 피신함으로써 이 고립은 절정에 이른다.

그리고 조직 내 대립이 이루어지는 동안 외교 전신문 폭로 사건 직후 페이팔, 비자, 마스터카드가 자금을 봉쇄하면서 위키리크스는 혹독한 시험을 받는다. 2011년 말에는 위키리크스 운영자들이 자금 조달에 전력하느라 사이트 접속이 잠시 중단되기도 했다.

2012년 10월, 미국 대선이 시작되기 직전, 믿기 어려운 상황이 연출된다. 위키리크스가 새 문서를 공개한다고 공지했는데, 공지에 표시된 링크를 클릭하면 닫을 수 없는 기부 창으로 이동했다. 이 페이지는 '지불 장벽'(paywall)이었는데, "벽을 넘고" 글을 읽으려면 돈을 내야만 했다. 활동 경비를 마련하기 위한 기부 요청이었지만, 확실한 투명성을 추구한다는 위키리크스가 지불 장벽을 설치한 것은 지나친 조치였다. 위키리크스의 변화에 해커 공동체가 동요했는데, 대표적으로 어나니머스가 위키리크스에 도를 넘은 행동을 계속하면 "[그들의] 마지막 동맹을 잃게 될 것"이라고 한 경고를 꼽을 수 있다.[130]

며칠 후 어나니머스는 위키리크스의 어떤 점이 문제인지를 설명하는 긴 성명서[131]를 공개하면서 위키리크스와 거리를 두었다.

얼마 전부터 나타난 위키리크스의 변화는 우리를 걱정스럽게 한다. 최근 몇 달 동안 새로운 폭로와 정보 자유에 대한 관심은 점점 줄어들면서 줄리언 어산지에 대해서만 관심이 집중되고 있다. 우리는 말할 것도 없이 줄리언이 미국으로 인도되는 것을 완전히 반대한다. 줄리언은 콘텐츠 제공자이며 편집자이지 범죄자가 아니다. [⋯]
그러나 위키리크스는 줄리언 어산지가 아니다. 또는, 적어도 어산지만의 것이 되어서는 안 된다. 위키리크스를 지지했던 개념은 기업과 정부가 비밀리에 숨기던 정보를, 조직의 개입 없이 공개하는 것이었다. 우리는 대중이 알 권리가 있음을 강력히 믿는다. […]

기금에 대해서는, 우리는 위키리크스가 기부금으로 운영된다는 것을 알고 있다. 그리고 기부금을 오만한 방식으로 모금하지 않는 한 이는 문제되지 않는다. 그러나 비록 전반적인 상황이 그렇게 나빠 보이지 않는다고 할지라도, 기부금 문제도 이제는 분명하지 않다. 와우 홀란드(Wau Holland) 재단이 발행한 투명성보고서에 따르면, 줄리언은 2011년 그의 프로젝트 총괄 업무로만 7만 2천 유로(약 9천만 원)―교통비 제외―를 받았다. 그리고 "캠페인"을 위해 26만 5천 유로(약 3억 4천만 원)를 지출했다. 26만 5천 유로는 와우 홀란드 재단을 거친 기부금만 센 것인데 직접 위키리크스에 송금된 기부금은 포함되지 않는다.

우리는 어산지의 원맨쇼가 된 현재의 위키리크스를 더는 지지할 수 없다는 결론을 내린다. 그러나 우리는 위키리크스의 기본 아이디어인 정보의 자유와 투명한 정부를 지지한다는 점을 분명히 밝힌다. 슬프게도 우리는 위키리크스가 이 아이디어를 더 이상 지지하지 않는다는 사실을 깨달았다.

위키리크스의 탈선이 도를 넘어선 듯했다. 그러나 정말로 그런 것일까? 의도의 순수성을 비난하는 비장한 순결주의에 빠질 필요는 없다. 그런데도 어나니머스가 강조했듯 수단과 방법을 가리지 않고 돈을 찾아다니는 행위와 고결한 대의 사이에는 분명 근본적인 차이가 존재한다. 위키리크스와 어산지는 콘텐츠 다양화에 박차를 가했다. "위키리크스에 대한 진실을 되찾기" 위해 제작한 '국제 정세 로드무비' 〈미디어스텐〉(Mediastan) 제작 후, 어산지도 큰마음을 먹고 책을 발행한다. 성대했으나 공허했던 위키리크스의 10주년 회견에서 어산지는 가슴에 "진실"(truth)이 크게 적힌 티셔츠를 입고, 도서 40퍼센트 할인 판매를 광고했다. 그야말로 눈길을 끄는 변화였다.

위키리크스 10주년 회견에서 어산지는 특유의 기이한 방식으로 볼테르와 포스트모더니즘을 언급하면서 역사에 대한 "낭만주의적 이상"을 설명했다. 그에게 역사는 "우리 시대에 속하지 않았으며, 과거 또는 아마도 미래에 속해 있다." 그리고 이어 새로운 위키리크스 작전, 즉 '위키리크스 기동대'(WikiLeaks Task Force)[6]를 소개했다. 위키리크스 기동대는 트위터에서 모집한 자원 활동가 그룹으로, 다수의 적들과 싸우는 임무를 수행하는 조직이었다. 당신이 앞의 내용을 읽었다면, '적'이 누구인지 명시하는 목록이 길고 다양함을 짐작할 것이다. 전 위키리크스 협력자, 〈가디언〉이나 〈뉴욕 타임스〉와 같은 다수 언론, 자유주의 정치인, IT 기업 등… 공개적으로 위키리크스 입장과 다른 의견을 내는 누구든지 적이 될 수 있다. 조직을 지키려면 '군대'가 필요했다. 물론 위키리크스가 이루어낸 것을 지킬 필요성은 이해할 수 있다. 그러나 그 방식은 기묘하다는 사실을 간과할 수 없다.

---

6   WTF(CIA 대책반이 구성했던 WikiLeaks Task Force—옮긴이)에 대한 복수를 의미할까?

그리고 위키리크스는 편집을 거치지 않은 가공 전 원 문서를 공개하는 처음의 접근 방식으로 돌아간다. 그런데 원 문서를 공개하는 방식은 또 다른 문제와 추가 위험을 초래했다. 위키리크스, 어산지 그리고 알티닷컴(RT.com)과의 긴밀한 협력을 통해 가까워진 러시아와의 미심쩍은 관계, 힐러리 클린턴을 위키리크스에 대한 위협으로 규정하는 어산지의 공식적 입장, 그리고 민주당 이메일 유출과 관련된 모든 사건으로 위키리크스는 의심받기에 충분했다.

위키리크스의 최근 발언은 대부분 어산지가 운영하는 것으로 알려진 위키리크스 트위터 계정을 통해 전달된다. "거명되지 않은 미국 공식 정보통[은 미국 정부가 에콰도르 정부를 압박했음을 확인했다]" 또는 "미국 선거가 위조되었다" 같은 트위터 문장은 음모론을 부풀렸다. 스노든이 사전에 문서를 익명으로 바꾸지 않은 채 원문 그대로 공개한 위키리크스를 공개적으로 비판했을 때, 위키리크스는 스노든을 겨냥한 조직적인 공격으로 응수했다.[132] 결국 위키리크스를 비난하는 사람에 대항해 조직을 방어하는 자원활동가 부대나 위키리크스 기동대를 조직한 아이디어는 민주적이지 않은 다수 정부나 사기업이 사용하는 방식과 많이 닮았는데, 우리는 이를 일반적으로 선전 또는 홍보 활동이라고 부른다.

그런데 위키리크스 사례에서는 누가 틀리고 맞는지를 결정하는 문제가 쉽지 않아 보인다. 2012년 8월부터 어산지는 런던 주재 에콰도르 대사관으로 피신해 방 한 칸에서 살고 있다는 사실을 기억하라. 우리가 어산지의 생각에 동의하든지 동의하지 않든지에 상관없이, 개인과 정신 건강에 지속적인 압력이 가해지는 상황 속에서 살아간다는 사실은 변하지 않는다. 2014년과 2016년에 공개된 두 진료 기록에서 어산지의 신체적·정신적 건강이 위험에 처해 있다는 의사의 진단을 읽을 수 있다.[133] 각 상황에서 많은 당사자와 복잡한 행위들이 함께 작용하기 때문에, 옳고 그름을 단순히 착함 또는 나쁨으로 판단할 수는 없을 것이다.

#정의개발당 유출 사례

2016년 7월 중순, 위키리크스는 정의개발당(AKP, 현 터키 집권당)의 기밀문서 다수를 포함한 문서 유출을 예고했다. 예고된 유출 문서가 에르도안 터키 대통령의 전자 서신뿐만 아니라 실패한 쿠데타 준비 과정도 밝혀낼 것이라 약속했다. 그리고 2016년 7월 18일, @wikileaks 트위터 계정은 과장된 공지를 내보내기 시작한다. "터키 군부 쿠데타[#TurkeyCoup]에 이르게 한 요인이 무엇인지를 밝힐 십만 개의 문건 공개를 기다리고 있는가? 이전에 발행한 에르도안 대통령에 대한 문서를 찾아보라"[7]라고 공지한다. 2016년 7월 17일, 트위터 계정은 "다음 주 화요일: #ErdoganEmails, 에르도안 터키 대통령 당 AKP 내부 이메일 30만 건, 2016년 7월 7일 자 메일까지 포함"[8]이라고 공지한다.

---

7   https://twitter.com/wikileaks/status/755051054170005504

8   https://twitter.com/wikileaks/status/755171322288861184

많은 프랑스 미디어가 보도했듯이, 터키 군부 쿠데타는 중간 계급 사령관들로 주로 구성된 일부 터키 군부 세력이 에르도안 대통령과 집권 여당을 내쫓기 위해 기획하고 주도했다가 실패로 돌아갔다. 쿠데타가 실패하자 마녀사냥이 진행되었는데(지금도 여전히 현재진행형이다), 2주 만에 신문사 45곳, 라디오 23개 채널, 텔레비전 16개 채널이 폐쇄되었다.[134] 많은 전문가의 예상대로 에르도안 대통령은 쿠데타 실패를 국가 장악력을 확장하고 시민의 자유를 축소하는 기회로 삼았다.

그러므로 우리는 에르도안 대통령과 정의개발당 간부 이메일 공개에 대한 위키리크스의 공지가 왜 많은 관심을 받았는지 이해할 수 있다. 2016년 7월 19일 위키리크스는 "정의개발당 이메일 첫 부분"[135]을 공개하며 아래와 같이 밝혔다.

> 문서는 쿠데타를 시도하기 한 주 전에 입수되었다. 그런데 우리는 실패한 군부 쿠데타 시도 후 [터키] 정부가 진행하는 숙청에 신속하게 대응하기 위해 이 문서 공개 예정일을 앞당겼다. 우리는 문서와 정보원을 확인했다. 정보원은 쿠데타를 기획한 이들과 어떤 연관도 없으며, 경쟁 당 또는 경쟁국과 어떤 방식으로도 연관되지 않았다.

많은 서방 미디어가 이를 보도했다. 그리고 특히 위키리크스의 문서 공개 이후에 터키가 위키리크스 접속을 막았다고 알렸다.[136] 언론 보도에 이어 위키리크스는 트위터[137]에 "집권당인 정의개발당 이메일 30만 건 공개 이후 에르도안 정부가 위키리크스 접속 차단을 공식적으로 명령했다"고 말했다. 이러한 터키 정부의 반응은 그다지 놀랍지 않았다. 위키리크스의 폭로가 있을 때마다 늘 불만족스러운 사람들이 존재했기 때문이다. 그리고 터키는 컴퓨터 통신을 감시하고 웹 사이트와 소셜 미디어를 상습적으로 검열하는 나라로 알려져 있었다.

그러나 이 이야기는 이 정도의 평범한 싸움으로 끝나지 않는다. 위키리크스를 향한 경고가 시작된 것이다. 위키리크스가 이메일을 공개한 직후 일부 운동가들과 기자들이 "전체 이메일의 99퍼센트"가 인터넷 게시판이나 구글 그룹 퍼블릭스(Google groups publics)이거나 단순히 스팸이라는 내용을 트위터에 올렸다.[138] 그리고 어떤 이들은 이메일에서 찾은 시에 대해 이야기하거나[139] "명절 축제를 계기로 시에서 거주자들에게 과자를 선물한다"는 내용을 언급하기도 했다.[140] 야신 다르바즈(Yasin Darbaz) 교수는 "#AKPemails는 모두 스팸이다. 공식 이메일이 아니다. @wikileaks는 우리를 놀리는가?"라고 트위터에 올렸다. 그의 트윗 게시물 아래에 한 누리꾼이 다르바즈 교수를 "에르도안 트롤"로 치부하자, 다르바즈 교수는 "내게 댓글 달기 전에 이메일을 확인해보라. 대부분이 구글 그룹스(Google groups), 인터넷 게시판과 스팸 메일이다. 공식 메일은 찾아볼 수 없었다"라고 반박했다. 터키의 영자 신문 〈데일리 사바〉(Daily Sabah)의 워싱턴 통신원 라기프 소이루 기자도 "첫눈에 보기에도 @wikileaks가 #AKPemails라고 공개한 이메일 수만 통은 정의개발당에서 나온 공식 이메일이 아니다. 대부분은 구글 게시판 알림이나 정당과 관계없는 이메일이다"라고 밝혔다.

이처럼 공개된 이메일의 무시할 수 없는 분량이 정의개발당과 관계없는 구글 그룹 퍼블릭스 이메일이었고, 의심스러운 농담과 온갖 종류의 음모론을 담고 있었다. "보낸 사람" 검색 영역에 "akparti.org.tr"(정의개발당 사이트 도메인 주소)를 필터로 사용해 검색하면 이메일 약 683건이 검색 결과로 나온다.[141] 필터에 "받는 사람"을 추가해 다시 검색하면 검색되는 이메일 수는 275건으로 줄어든다. 그리고 이 중에는 스팸도 포함되어 있었다.[142] 스팸이 그대로 포함된 것에 대해서는 긍정적이면서 부정적인 평가를 동시에 할 수 있다. 그렇다. 이메일 문서에 스팸까지 포함한 것은 정보가 가진 완결성을 드러낸다고 말할 수 있다. 실제로 만약 원 정보에서 스팸을 분류한 후 공개했다면, 우리는 공개 문서 준비 과정에서 혹시라도 특정한 사항이 빠지지 않았는지 의심할 수도 있기 때문이다.

하지만 이런 부분을 고려하더라도 위키리크스의 이메일 문서에 대한 평가에는 이견이 없다. 공개된 이메일에는 에르도안 대통령, 친(親)에르도안 정의개발당 중진들이 주고받은 서신이 포함되지 않았다. 실제 공개된 문서는 실패한 쿠데타 주동자의 서신을 포함한 독점 문서를 공개하겠다고 약속한 광고와는 동떨어진 것이었다. 마지막으로 가장 중요한 것은 공개된 이메일들이 공익과 관련된 정보가 아니었다는 점이다.

2016년 7월 19일, 이메일 일부가 처음 공개된 후, 위키리크스는 같은 달 21일에 나머지 이메일도 공개했다(지금은 이 문서를 인터넷에서 찾아볼 수 없다). 나머지 이메일이 공개된 후 상황은 더 나빠진다. 파일을 자세히 살펴보면 문서 공개가 끼친 엄청난 피해 규모를 파악할 수 있다. 먼저 위키리크스 구성원들은 원 자료를 읽지도 않은 채, 사건과 연관성 없고 공공의 이익과도 상관없는 문서를 공개함으로써 그나마 얼마 남아 있지 않았던 위키리크스에 대한 신뢰성에 흠집을 냈다. 게다가 제이넵 투페시를 비롯한 다수의 터키 운동가와 기자들에 따르면, 7월 21일 문서는 위키리크스에 대한 신뢰수준을 한 단계 더 떨어뜨렸다. 공개 문서에는 수백만 터키 시민의 개인 정보를 포함하고 있었기 때문이다. 그리고 논란의 여지가 분분한 파일 중에는 정의개발당 회원 목록(등록 회원 약 1천만 명)이 있었다.[143] 더군다나 터키 81개 행정구역 중 79개 행정구역 선거인 명부에 등록된 여성 유권자 관련 데이터까지 포함되어 있었다. 총 2천만 터키 여성 시민의 성, 이름, 결혼한 여성의 경우에는 결혼 전성, 생년월일과 태어난 도시, 개인 주소와 전화번호가 엑셀 파일에 나열되어 있었다. 정의개발당 회원 여성 유권자와 관련된 데이터는 주민등록번호 등 자세한 개인 정보까지 포함했다. 주민번호는 다양한 공공서비스를 받을 때 사용하는 매우 민감한 정보였다. 또한 추가 파일들은 정의개발당 등록 회원의 주소 및 주민번호와 같은 개인 정보와 함께 혈연관계까지 포함했다. 이러한 개인 정보 유출은 최악의 시나리오를 상상하게 했다. 제이넵 투페시는 유출 정보가 실제 개인 정보라는 사실을 확인했다. 따라서 개인 정보 유출 때문에 시민들이 위험에 처하게 된 셈이다.

마이클 베스트(Michael Best)는 데이터를 위키리크스에 보낸 자들 중 한 명이었다. 파일을 유출한 이는 피니어스 피셔였는데 이전에 해킹 팀에 침입해 이메일을 유출한 장본인이었다. 제이넵이 작성한 기사가 발행된 후[144] 베스트는 블로그 글[145]을 통해 "피할 수 있었던 폭풍…"이라 설명했다. 그 후 그는 자신이 공유한 토렌트 파일을 삭제하고 다른 이들에게도 자신과 같이 조처를 할 것을 촉구했다. 그렇지만 위키리크스의 태도는 여전히 바뀌지 않았다. 위키리크스 트위터 계정은 계속해서 터키 시민의 개인 정보가 공개된 URL 주소를 광고했다(이제는 위키리크스 사이트에서 관련 자료를 찾을 수 없다. 그러나 자료는 여전히 토렌트상에서 돌아다닌다).

이 사건에서 위키리크스는 일반적인 '독싱'을 한 셈이다. 제이넵이 자기 주장을 트위터에 밝힌 후 이어진 토론은 거칠고 가혹했다.[146] 위키리크스는 자신을 입장을 견지했고, 부주의함을 인정하길 끝내 거부했다. 유럽안보협력기구(OSCE)의 대표 던야 미야토비치(Dunja Mijatović)가 상황에 대한 설명과 해명을 요구한 것에 대한 대응으로 위키리크스는 트위터 개정에서 제이넵 투페시를 "에르도안 옹호자"로 매도했다. 이 모욕은 상대의 명예를 훼손할 뿐만 아니라 터무니없었는데,[147] 이는 현실을 인식하지 못한 반응이었기 때문이다.[9] 그 후 위키리크스는 제이넵 투페시의 트위터 계정 접근을 차단한다.[148] 단지 책임을 지고 조직이 저지른 큰 오류를 인정하라고 요구하는 대담함을 보였다는 이유로, 저명한 대학 교수의 접근을 차

---

9   제이넵 투페시는 에르도안 대통령의 정책을 지지하지 않는 교수로 유명하다. 그 예로 다음 기사를 보라.
http://www.nytimes.com/2016/07/20/opinion/how-the-internet-saved-turkeys-internet-hating-president.html (단축 https://is.gd/EOnRWD)

단한 결정은 우리를 매우 불편하게 한다. 그리고 위키리크스로부터 이런 대우를 받은 사람은 한두 명이 아니었다!

언론에서 크게 집중하지 않은 부분도 있다. #AKPleaks 문서 이메일 내용은 시시껄렁했을 뿐만 아니라 다수의 악성코드도 포함하고 있었다. 실제로 컴퓨터 보안 연구가 베슬린 본체브(Vesselin Bontchev)[149]는 감염 파일을 분리한 후 살펴보니 위키리크스가 원형 그대로 공개한 이메일에는 다양한 악성코드 80개가 포함되어 있었다.[150] 컴퓨터 전문가의 입장에서는 악성코드를 발견할 수 있기 때문에 이런 사건이 흥미롭고, 더 나아가 흔하지 않은 기회이기도 하다. 그렇지만 유출 문서를 연구하기 위해 파일을 열거나 내려받은 사람들의 컴퓨터에도 이런 악성 프로그램이 설치될 수 있었다. 따라서 공개 문서 중에 악성코드가 있다는 사실을 미리 알리지 않은 것은 위키리크스의 실수였다.

개인을 겨냥한 공격과 오만으로 가득한 감정싸움을 제쳐 두고라도, 정의개발당 데이터를 공개한 배경은 우리 등골을 오싹하게 한다. 쿠데타가 실패한 이후 마녀사냥이 한창일 때, 폭력적인 복수전을 초래할 수 있음에도 제3의 조직이 터키 국민과 관련 정당원의 개인 정보를 공개한 것이다. 게다가 위키리크스가 행한 소행, 자신의 잘못을 인정하지 않는 태도는 내부 고발자에 대한 신뢰를 상실하게 했고, 민주주의 국가 지도자들이 정기적으로 정보 콘텐츠를 검열하게 하는 근거를 마련했다. 이번 사례와 같이 개인 정보를 남용하는 내부 고발자와 우리 입장이 충돌한다면, 우리가 어떻게 그들을 설득하고 지지할 수 있겠는가? 유출 경로가 매우 기이했던 미국 민주당 이메일 유출 사건과 정의개발당 스캔들이 동시에 일어났기에 이 사건은 더욱더 우리를 혼란스럽게 했다.

#민주당전국위원회 유출과 힐러리 클린턴 사건

에르도안 터키 대통령 관련 이메일(그러나 실제로는 전혀 관련이 없었던 이메일) 유출이 일어난 동시에 위키리크스는 미국 민주당 내부 이메일 약 2만 건을 공개했다. 이 사건을 당 최고 기구인 민주당전국위원회(Democratic National Committee) 또는 DNC의 유출, 즉 #DNCleaks라고 부른다. 유출된 이메일 공개 사건은 여러 달이 지난 후에도 그 여파가 계속되며 엄청난 혼란을 일으켰다.

이 사건을 간단히 기술하자면, 민주당의 이메일은 필라델피아에서 열린 민주당 전당대회(대선 후보를 공식적으로 지명하는 행사) 시작 이틀 전에 공개되었다. 전당대회에서 힐러리 클린턴과 버니 샌더스가 대접전을 벌이던 중, 샌더스가 대선 출마 의지를 꺾고 힐러리 클린턴과 연대하면서 샌더스 지지층 대다수가 크게 동요했다. 그런데 #DNCleaks에서 공개된 이메일 2만 건에서 민주당의 내부 상황이 많은 부분 폭로되었다. 폭로된 내용 중에는 버니 샌더스의 상승을 막으려던 한 민주당 최고 기구의 의지를 보여주는 부분도 있었다. 샌더스가 힐러리 클린턴을 지지를 선언한 것에 대해 미지근한 반응을 보였던 만큼, 힐러리 클린턴을 향한 민주당 당원들의 지지가 뜨거워지지 않았다는 것을 쉽게 짐작할 수 있다.

또 한편으로 무시할 수 없는 양의 민감한 개인 정보들이 익명으로 처리되지 않은 채 모든 누리꾼에게 공개되었다. 민주당 내에서 오고 간 이야기를 공개적으로 밝히는 것이 필요하다고 해도 민주당 직원의 주민번호, 건강보험번호, 또는 신용카드 번호까지 공개하고 배포하는 무책임한 태도는 비난받아야 마땅하다. 또한 어떤 이들은 문서 공개의 불평등함을 비판할 수도 있겠다. '왜 공화당 문서는 공개되지 않았는가?'라는 질문에 대한 답은 상대적으로 단순하다. 입수하지도 않은 문서를 공개할 수 없는 노릇이기 때문이다. 위키리크스가 (갖고 있지도 않은) 문서를 공개하지 않았다고 비난하는 일은 곧 그 당을 해킹하지 않았다고 비난하는 것과 다르지 않다.

얼마 후, 위키리크스는 "포데스타 메일"(Podesta mails)⁽¹⁵¹⁾, 즉 힐러리 클린턴 캠프 책임자인 존 포데스타(John Podesta) 메일 2만 건 이상을 공개해 힐러리 후보는 된서리를 맞는다. 이메일의 내용이 많은 부분 정직하고 열정적인 정치 업무를 반영하고 있더라도 간혹 더러운 부분도 드러났다.

여기에서 일부 주요 테마를 소개하겠다. 클린턴 재단 기금 조성, 황금알을 낳는 월 스트리트 경제계와 (지나치게) 가까운 관계를 맺은 대선 후보 힐러리 클린턴, 확대된 대선 캠프 팀의 업무수행 방식, 의사결정 방식 그리고 마지막으로 〈르 몽드〉 같이 존경받고 진지한 언론이 아닌 〈피플〉에 가까운 어떤 언론과 주고받은 여러 이메일. 분명 클린턴 재단의 기금 조성방식은 공공의 이익과 국제정세 차원에서 볼 때 중요한 내용이다.

그런데 감사를 통해 민주당이 이해관계 충돌을 민주당을 위협하는 요소로 여기지 않았다는 사실이 밝혀졌다. 게다가 포데스타 이메일에서 클린턴 재단 기부자 중에는 카타르 인사들이 있다는 사실을 알 수 있는데, 카타르 인사들이 빌 클린턴과 만나는 특혜를 조건으로 기부를 했을 것이라 추정된다.[152] 당시 힐러리 클린턴 후보자가 외교부 장관직을 역임하고 있었기 때문에, 이해관계 충돌이 있을 가능성은 매우 컸다.

힐러리 클린턴과 월 스트리트의 관계에 관해서도 따져보자. 대선 후보자가 금융계와 가까운 상황은 후보자가 독립적으로 행동하기 어렵다는 것으로 해석될 수 있다.[10] 그런데 당신은 나에게 2016년 대선 이후 당선된 트럼프는 한술 더 떠서 전 골드만삭스 대표를 재무장관에 임명한다거나 트럼프 제국(즉, 미국)을 개인적으로 다스린다고 꼬집어 반박할지도 모르겠다.

민주당이 해킹과 그에 뒤따른 이메일 공개를 악의적인 행위로 여겼다는 사실을 간과해서는 안 된다.[153] 냉전이 남긴 불화의 씨 때문에, 민주당 지도부는 러시아를 민주당 메일을 빼낸 정보원으로 의심했다.[154] 그러나 이 주장에 대해서는 아직 확신할 수 없는데, 지금 글을 써 내려가는 중에도 역사는 흐르고 있기 때문이다.

그리고 가라지 틈에서 알곡인 확실한 정보를 분류하는 작업은 매우 어렵다. 현재로서는 우리가 객관적인 시선을 갖추고 있지 않

---

10 유출 메일이 포함한 상세 내용을 보기 위해서는 다음 기사를 참고하라.
www.vox.com/policy-and-politics/2016/10/20/13308108/wikileaks-podestahillary-clinton (단축 https://is.gd/izgjPo)

으나 몇 년 후 역사는 사실을 확실히 밝혀줄 것이다. 지금은 위키리크스와 관련하여 여러 주장이 어떤 의미를 갖는지를 분석하면서 공론화하는 데 만족할 수밖에 없다. 그러나 한 가지는 기억하자. 사건의 모든 결론은 힐러리 후보가 사건의 중심에 있었다는 사실로 귀결된다.[11]

앞에서 우리는 어산지가 대표하는 위키리크스가 러시아 정부와 명확하지 않은 관계를 맺고 있음을 언급했다. 그런데 어산지와 푸틴 사이의 상호관계를 공론화하면, 엉터리로 제임스 본드 놀이를 하는 꼴이 되고 진짜 문제와는 멀어지게 된다. 진짜 문제는 다른 곳에 있다.

투명하고 공적인 삶을 주장하며 활동하는 조직 위키리크스가 외국 정부 기관이 제공하는 정보를 수락했어야만 했을까? "부수적 살인"과 외교 전신문이 민주당 이메일 유출과 달랐던 것은 바로 미 정부의 잠재적인 불법 활동과 관련된 문서를 전달한 전 미국 군인 첼시 매닝이 있었기 때문이다. 스노든의 사례에서도 마찬가지다.

그러나 #DNCleaks과 포데스타 메일은 한 국가가 다른 국가의 시스템에 침입해 취득한 것으로 보이는 정보와 문서였다.[12] "철저한

---

11 힐러리 이메일 해킹 사건에서 좀 더 기술적인 부분은 이미 앞 장에서 다루었다.

12 어떤 이들은 모든 조건을 그렇게 따진다면 취재 탐사언론이 더는 존재할 수 없다고 주장할 것이다. 쓸모 있는 정보는 대부분 불법적으로 얻어지기 때문이다. 그러나 언론 탐사 조사에서도 취재와 정보 시스템 해킹 사이에는 엄연한 차이가 존재한다. 취재 중에는 정보를 합법적으로 또는 불법적으로 얻어낼 수 있으나 반대로 해킹은 늘 불법적인 방법을 사용한다.

투명성"을 추구한다는 위키리크스가 개인 그리고/또는 정치적 이익을 위한 분쟁이 일어나는 놀이터가 되었다. 그리고 국가들이 문서 유출을 통한 해결책을 추구하는 일이 공적인 생활의 투명성을 보장할 수 있을까? 민주주의 국가 경영에서 누구의 뒤가 더 더럽다고 비교하는 방식은 그다지 건설적이지 않다.

2016년 초, 위키리크스는 또 다른 이메일을 유출했다. 그리고 안드레아 프라댕(Andrea Fradin)이 인터넷 언론 〈루89〉(Rue89)에서 언급했듯이, 유출된 이메일 속에는 힐러리 클린턴 고문인 후마 에버딘의 전남편 앤서니 워너의 "성기 사진 틈에 이메일이 섞여"[155] 있었다. 정보의 명확성이 확인되지 않았음에도 FBI는 힐러리 클린턴을 겨냥한 수사를 재개했다.

그리고 수사 시점은 불과 대선일 한 주 전이었다. 클린턴은 패했고, 당선된 트럼프는 전문가들과 그의 행보를 관찰하는 이들을 매일 충격에 빠뜨리고 있다. 그리고 오바마는 푸틴을 내정간섭으로 비난했다. 우리는 정말로 민심을 얻은 이가 누구인지 확실히 말하기가 어렵다.

진실 대 선전: 동전의 양면?

다수 관찰자는 어산지와 트럼프 사이에 우호적인 관계가 존재함을 지적한다. 위키리크스 트위터 계정에 트럼프를 지지하는 트윗이 올라오고, 미국 대통령 당선자 트럼프가 위키리크스를 미국 정보기관과 안보 기관의 조사관보다 더 믿을 만하다고 인정한[13] 정황 때문이다.

　그런데 어떻게 어산지와 위키리크스가 도널드 트럼프의 각별한 지지자가 되었을까? 원래 위키리크스와 트럼프는 완전히 반대 관점을 가지고 있는 듯했다. 초기에 위키리크스는 사생활을 더 많이 보장해야 하고, 미국은 다른 국가의 일에 덜 간섭해야 한다고 주장했다. 그리고 정보 감시, 드론을 사용한 적군 사살이나 관타나모만(灣) 수용소를 반대했다. 반면 트럼프는 "인터넷 폐쇄"에 우호적인 태도를 보였으며, 재판 외 사형을 더 자주 실행할 것과 관타나모 수용소를 항구적으로 운영해 다른 종류의 수감자도 수용할 것을 주장했다. 1980년대 말 어산지는 핵티비스트 활동을 시작하며 탈핵 운동가를 존경했다. 그러나 트럼프는 당시 이미 핵무기를 더 자주 사용하는 것에 우호적인 견해를 밝혔다.

　어산지는 민주당전국위원회(DNC) 메일이나 포데스타 메일을 공개할 때 보였던 자신의 일관성 없는 태도가 거슬리지 않았던 것으로 보인다. 그런데 민주당 이메일 또는 민주당 지도부 내 음란 메시지를 공개하는 소행은 또 다른 성격을 지닌다. 민주당 이메일 공개는 극우 성향의 트럼프 지지자 및 그 외 백인우월주의자들의 정신적 지도자가 되는 데 앞장서는 일이었다. 위키리크스와 어산지를 선망하는 친(親)트럼프 성향의 음모론자들은 위키리크스 10주년 행

---

13 http://mashable.com/2017/01/04/trump-favors-assange-over-fbi-cia/#DtHuX5upUPqd (단축 https://is.gd/PGlLGl)

사가 열리기 몇 시간 전부터, "클린턴에게 큰 피해를 가할 문서를 유출할 것"[156]이라고 여러 곳에 글을 게시했다. 〈루89〉 기자 안드레아 프라댕에 따르면, 이 사건은 작은 소란으로 끝이 났다.[157] 그래도 이 사건에서 보인 어산지의 태도는 불분명하다. 민주당 이메일 문서 유출의 당사자로 러시아 해커가 지목되었을 때, 어산지는 민주당 전국위원회 직원인 셋 리치가 제공했다고 주장했다.[158] 그리고 불행하게도 셋 리치가 무장 강도의 희생자가 되었을 때, 어산지는 "우리 정보원들은 항상 위협을 받는 자리에 있다"라고 서슴지 않고 주장했다. 희생자의 가족이 비난했듯이, 어떤 근거도 없이 다른 주장 및 소행들과 얽히고설킨 가운데, 어산지의 주장은 그 진실성을 의심받을 수밖에 없다.[159]

실제로 일련의 다수 상황 증거는 위키리크스가 공개한 유출 자료와 위키리크스의 입장 그리고 미국의 대선 운동의 몇 가지 사건 사이에는 모종의 관계가 있음을 암시했다.[160] #DNCleaks는 시민에게 관심 있는 주제일 수 있다. 그러나 트위터에서 실행된,[161] 9월 11일 테러 희생자 추모식에서 목격한 힐러리의 건강 상태에 관한 소규모 여론 조사는 도대체 무슨 의도로 했을까? 삭제되기 전까지 여론 조사는 파킨슨병, 다발성 경화증 또는 "알레르기와 성격"을 선택 항목으로 제시했다. 이 마지막 선택 항목은 정말이지 이상하다. 그리고 트럼프가 자신의 성폭행 경험을 자랑스럽게 밝힌 발언으로 스캔들이 터진 후, 말 그대로 30분 후에 존 포데스타 이메일이 공개되었다. 또한 힐러리 클린턴이 받은 연설 사례금을 상세히 명시한 문서는 두 대선 후보자의 2차 토론 직전에 공개되었는데, 이 문서 유출은 도널드 트럼프의 성폭행에 대한 발언을 물타기 위한 행위로 해석되었다.[162] CIA가 고문 혐의로 실제 유죄선고를 받았음을 언론에 확인해주었다는 이유로 감옥에 수감되었다가 해고당한 전 CIA 직원도 이러한 위키리크스의 문서 유출 소행에 충격을 받을 정도였다.

위키리크스를 신뢰할 수 있을까?

장난치지 말고 심각하게 이야기해보자. 위키리크스가 정보와 그 정보에 담긴 정치적 가치를 이해하는 방식에 큰 영향을 준 사실은 부인할 수 없지만, 이제 우리는 과연 위키리크스를 신뢰할 수 있는가의 문제를 단호하게 따져보아야 한다.

시간을 조금 되돌려보자. 2010년 3월, 위키리크스는 유출된 "펜타곤 리포트"(The Pentagon Report)를 공개한다.[163] 2008년에 발행된 펜타곤 리포트는 위키리크스가 미군에게 얼마나 위험한지를 평가하고 있다. 이 보고서에 따르면, 미디어가 건강한 민주주의 운영에 필요한 비판의 목소리를 낸다고 할지라도, 위키리크스가 지닌 "지나친 폭로" 성향은 위협이 될 수 있었다. 보고서는 위키리크스에 제공된 문서 중 단 1퍼센트만이 위키리크스 사이트가 스스로 제시하는 신뢰성과 정확성을 기준으로 했을 때 합격점을 받았다고 명시한다. 원래 펜타곤 리포트는 대중에게 절대로 공개되지 않을 예정이었다. 보고서는 신뢰성이 위키리크스의 "무게 중심"이라고 명시하고, 내부 고발자 및 그 외 정보원들을 겨냥해서 공격하라고 조언하는 결론을 내린다.

> 위키리크스는 내부자, 정보 유출자 또는 정보를 Wikileaks.org 관
> 계자에게 전달하거나 웹 사이트를 통해 정보를 전송하는 내부
> 고발자의 익명성을 보장할 것이라고 안심시키면서 신뢰성을 무
> 게 중심에 둔다. 그러나 신분 확인, 폭로 또는 해고, 지인들, '유
> 출자', 과거 또는 현 내부 고발자들을 겨냥한 법적 소송은 이 무
> 게 중심을 방해하거나 무너뜨릴 수 있다. 혹은 정보 공개를 위해
> WikiLeaks.org를 이용하지 못하도록 억제할 수 있다.

이 장에서 앞서 언급했듯이, "부수적 살인" 영상을 공개하고 외
교 전신문을 공개하던 중에 첼시 매닝은 배반당하고("저항 세금"을 보
라) 비인간적인 조건에서 수감되었다.[164] 어산지는 정보기관이 [자신
을 상대로] 어떤 일을 저지를 가능성에 대한 두려움이 있음을 서서
히 공개적으로 이야기하기 시작했다.[165] 외교 전신문 공개 이후, 어
산지를 겨냥한 비방과 비난, 공격 돌풍이 견딜 수 없을 정도로 몰아
쳤다. 공격을 기획하고 부채질하는 이들이 정부 고위 관계자라고 음
모론자나 반론자가 주장하는 것은 당연하다. 그리고 신기하게도 비
방자의 폭력성과 다양한 방법은 펜타곤 리포트의 권고를 반영하고
있었다.

위키리크스는 "국제 사회의 적"[166]—당시 외교부 장관이었던,
힐러리 클린턴의 표현을 빌렸다—으로 규정되었고, 폭스뉴스의 인
기 스타로 거듭난 전 외교관들은 어산지를 테러리스트로 매도[167]했

다. 그런데 이러한 선동은 위키리크스와 어산지를 향한 혐오가 작은 부분 표출된 빙산의 일각일 뿐이었다. 그리고 어산지를 가해자로 지목한 성폭행 고소장이 제출되었을 때, 분노와 함께 미디어의 관심이 또다시 광적으로 치솟았다. 정치와 섹스를 둘러싼 비열한 이야기만큼 잘 팔리는 것이 없기 때문에 당신은 이러한 현상을 당연하다고 말할 것인가?

고소장 전체를 보도한[168] 〈가디언〉에 따르면, 고소인들은 어산지가 자신들을 "무례하게" 대했고 그중 한 명을 "폭력적"으로 대했다고 주장했다. 물론 스웨덴 법은 성적인 성격의 행위를 계속하길 거부할 자유 등 다양한 여성 보호책을 마련하고 있으며, 여성의 거부에 불쾌하게 반응하는 남자의 행위를 범죄로 간주할 수도 있도록 한다. 강력한 페미니스트적인 견해를 이미 밝힌 바 있는 스웨덴 정치인이 고소인들의 법률 고문이었는데, 이 정치인은 피해자들이 경찰에 신고하려던 것을 막고, 법정에 직접 고소장을 제출하도록 영향을 미쳤다.[14] 따라서 고소장이 제출된 경위 조사가 이루어지는 대신에 바로 국제 영장이 청구되는 상황이 벌어지자, 많은 이들이 이 사건을 어산지를 겨냥한 처벌용 정치 행위로 해석했다.[15] 여기에

14 Davide Leigh & Luke Harding, *WikiLeaks: Inside Julian Assange's War on Secrecy*, 2011.

15 다음 링크를 보라. http://www.cjr.org/behind_the_news/the_wikileaks_ equation.php. (단축 https://is.gd/1dEdK1) 덧붙여 당시 인터넷 언론 〈샬롱〉(*Salon*) 기자이며 열렬한 어산지의 변호인이었던 글렌 그린왈드가 사건을 가장 잘 보도하고 분석했다.

서 우리는 "저항 세금"이라는 용어와 함께, 비자, 마스터카드, 페이팔, 아마존 및 그 외 사기업들이 위키피디아 운영을 방해하기 위해 온갖 노력을 기울였던 과거 사건을 떠올릴 것이다. 그렇지만 성폭행 고소와 같은 사건에서 당사자를 편들기란 무척 어려운 일이다.

위키리크스에 대한 신뢰라는 난제로 돌아오기 위해 외교 전신문 유출 사건을 살펴보자. 어산지는 외교 전신문을 공개하기 전에, 문서 익명화 문제를 의논하기 위해*미 당국[169]에 연락을 취했다. 우리는 이 상황에서 정부 기관이 느낄 딜레마를 상상할 수 있다. 위키리크스가 먼저 시작한 자료 수정 작업에 참여하면 위키리크스의 활동을 정당화하는 모양이 된다. 그러나 수정 작업에 참여하지 않으면 익명화 작업이 제대로 되지 않아 정부 직원이 위험에 처할 수 있었다. 첫 번째 전신문이 공개되기 하루 전에 보낸 서신에서 정부 기관은 익명화 작업에 참여할 것을 거부하고 문서를 되돌려줄 것을 위키리크스에 요청했다.[170] 그러므로 위키리크스가 일부 윤리적인 부분을 고려했고, 의도하지 않게 제3자가 문제를 겪게 되는 일이 생기지 않도록 최대한 노력했다고 볼 수 있다. 그러나 2016년에는 위키리크스 편에서 윤리적 방안을 찾으려는 노력과 제3자의 위험을 줄이려는 노력은 더는 찾아볼 수 없게 되었다. 앞에서 이미 보았듯이, 문서와 함께 제3자의 민감한 개인 정보가 공개되었고, 개인 정보가 웹과 토렌트를 통해 배포되었을 뿐만 아니라, 문서에 포함된 악성코드 때문에 추가 위험까지 존재했다.

이제 다시 트럼프와 위키리크스/어산지 사이의 기묘한 공모에 대해 질문해보자. 먼저 우리는 두 상대 간에는 협력이 존재하지 않

> **"내부 고발자들이 위협을 받았다는 공통점이 있지만,**
> **각 사건의 배경은 다르다."**
>
> – 올리비에 테스케, 〈텔레라마〉 기자 –

저자(이하 RS): 어떻게 위키리크스를 알았고, 내부 고발을 결심하게 되었는지 설명해달라.

...

올리비에 테스케(이하 OT): 내 이름은 올리비에 테스케(Olivier Tesquet)이고, 29세다. 나는 5년 동안 〈텔레라마〉(Telerama) 기자로 일하면서 디지털 문화, 대중의 자유, 정보활동과 관련된 질문을 다루고 있다. 텔레라마에서 일하기 전에는 프랑스 데이터 저널리즘의 선구자인 오브니(Owni)에서 일했는데, 특히 위키리크스와의 협력을 기획했다.

내 기억으로는 내부 고발자가 존재한다는 사실을 발견하기 전부터 위키리크스에 관심을 가졌다. 2009년 여름에 내가 시사 전문 잡지인 〈엑스프레스〉(L'Express)에서 인턴십을 했던 시기에 위키리크스는 자신을 광고하기 시작했다. 당시 위키피디아의 게시물은 케냐, 스리랑카처럼 일반 미디어의 레이더망에 잘 잡히지 않는 국가들에 대한 자료가 많았다. 직감적으로 나는 이 자료들이 매우 큰 충격을 가져다줄 거로 감지했다. 그래서 나는 어산지의 오른팔이었다가 훗날 돌이킬 수 없이 사이가 나빠진 다니엘 돔샤이트-베르크(Daniel Domscheit-Berg)에게 연락했다. 2010년부터 위키리크스는 이라크, 아프가니스탄 전쟁 보고서, 부수적 살인 동영상을 계기로, 외교 및 정치적인 미디어 게임으로 공세를 완전히 전환했다. 그리고 2011년 외교 전신문게이트

(Cablegate)로 25만 건의 전신문을 공개했다.

나는 위키리크스의 정보원이라고 주장한 첼시 매닝이 처한 신세를 목격하면서 내부 고발자의 역할, 중요성, 감수해야 하는 위험을 인식하기 시작했다. 그때부터 나는 다른 사례에도 관심을 두었는데, 미국의 토머스 드레이크(Thomas Drake)부터 시작했다. (2012년 6월 워싱턴에서 나는 다른 내부 고발자와 함께 드레이크를 만났다. 스노든 문서가 공개되기 1년 전이었다.[1]) 그리고 이렌 프라숑(Irène Frachon, 메디아토르 스캔들에서 의약품의 위험성을 고발함—옮긴이)에서 스테파니 기보(Stéphanie Gibaud, UBS 세금 포탈 고발)까지, 프랑스 내부 고발자와도 대화했다.

내부 고발자들을 만나면서 나는 각 사건이 유일무이한 사건임을 유념하며 그들의 이야기에 귀를 기울이려고 노력했다. 내부 고발자의 희생적인 역할에만 집중하고 싶지 않았기 때문이다. 몇 년 전부터 우리는 내부 고발자를 동일한 사회적 정체성으로 가두려는 경향을 보인다. 하지만 각 이야기를 특별하게 만들어야 한다. 내부 고발자들 모두 위협을 받았다는 공통점을 가지고 있지만, 각 사건의 배경은 다르기 때문이다.

RS: 위키리크스의 활동을 자세히 살펴보면, 언론 활동을 한다고 말할 수는 없다. 다른 언론 당사자가 할 수 있는 또는 해야 하는 중재적 역할은 무엇이라고 생각하는가?

. . .

1 http://www.telerama.fr/monde/aux-etats-unis-le-combat-solitaire-des-whistleblowers-patriotes-de-la-transparence,85185.php (단축 https://is.gd/T1QHXm)

OT: 줄리언 어산지는 항상 위키리크스의 편집장이 되기를 꿈꾸었다. 그는 [자신의 역할을 규정하기 위해―저자] '편집장' 또는 '발행자'라는 용어를 쓴다. 위키리크스가 미디어계에 모습을 드러냈을 때, 매우 빠르게 〈뉴욕 타임스〉, 〈가디언〉, 〈슈피겔〉 등과 같은 유명 언론과 협력하기로 했다. 그러나 슈피겔을 제외하고는, 타 언론사와의 관계는 금방 악화되었다. 언론은 어산지 외에는 다른 정보원을 만나기가 항상 어려웠고, 어산지의 간섭을 참아내야 했다. 어산지 쪽에서는 기자들(특히 뉴욕 타임스)의 용기 없음을 비판했다.

위키리크스와 언론의 관계는 정말로 열정적이었다. 위키리크스는 미디어가 되기를 꿈꾸었고, 미디어들은 위키리크스 덕분에 새롭게 변하길 원했다. 그러나 두 세계는 어느 부분 진공 상태처럼 닫혀 있었다. 그럼에도 위키리크스와 언론 간의 협력은 부족한 것은 부족한 대로, 매우 구체적으로 이루어졌다. '대규모 유출', 특히 세금 포탈 사건(파나마 페이퍼스, 룩스 리크스, 풋볼 리크스 등)이 있을 때는 기사가 거듭 보도되며 협조를 강화하는 것을 보았다. 또한 위키리크스는 탐사보도 취재 기자들이 데이터 보안을 더 잘 유지할 수 있도록 많은 관심을 두고 도왔다.

RS: 파나마 페이퍼스나 스노든 사례를 살펴보자. 각 사례에서는 기자들의 참여가 매우 중요했다. 공개된 정보는 항상 건설적이고 품위 있고, 존중받을 만했다. 하지만 위키리크스는 모든 상황에서 그렇게 행동하지는 못할 것이다. 하지만 위키리크스의 진화에 대해서, 예를 들어 윤리 분야의 변화와 관련해 할 말이 있는가?

OT: 미국 대선 캠페인 시기부터, 의도되었건 의도가 아니었건(어산지의 개인 사정이 나빠진 때였다) 위키리크스는 '벙커'로 변했다. 오만함에 가득 찬 어산지는 박탈감을 느꼈다. 예를 들어, 어산지는 기자들이 정보를 분류한 방식을 검열처럼 여기면서 파나마 페이퍼스를 가혹하게 비난했다.

나는 오랫동안 우리가 그의 극단성을 과소평가했다고 생각한다. 오직 공공의 이익을 위해 행동한 스노든과는 다르게, 어산지는 세상을 바꾸고 싶어 하는 공상가이면서 자기 계획을 강요하기 위해 책략을 마다하지 않는 인물이다. 힐러리 클린턴과의 사활을 건 싸움이 그 명확한 증거다. 어산지는 힐러리를 외교 전신문게이트 때부터 미워했고, 힐러리 대선 운동을 방해하기 위해 어떤 일도 마다하지 않았다.

이러한 상황에서 위키리크스와 그의 독자는 달라졌다. 많은 지지자가 위키리크스에 등을 돌렸고, 몇 년 전 어산지의 파멸을 바라던 이들은 그의 열렬한 지지자가 되었다(예를 들어, 폭스뉴스의 숀 해니티). 오늘날 위키리크스는 신뢰에 상처를 입었다. 위키리크스는 10년 전부터 폭로를 멈춘, 그저 게임에 참여하는 당사자로 변질됐다.

앐다고 상상할 수 있다. 이 둘이 긴밀하게 협력한 것이 아니라, 위키리크스가 정치판에서 판도를 바꿀 결정적인 역할을 하고자 정치 게임에 참여할 기회를 잡은 것이라고 할 수 있다. 그래서 무난하고 예상 가능한 힐러리가 대통령이 되기보다는 트럼프가 선출되는 것을 선호했기 때문에 트럼프를 도와주기로 했을 가능성도 있다. 즉, 이러한 지지는 트럼프와 의견이 일치해서라기보다는 트럼프가 정치권을 새롭게 할 수도 있기 때문이었다는 해석이다. 바로 어산지 주변에서 이렇게 주장했다.[171] 어떤 해석이든 모두 등골을 오싹하게 만들기는 마찬가지다.

지금 우리는 인터넷에서 디지털 도구를 집중적으로 이용하는 사람에게 필요한 신뢰에 관해 이야기하고 있으므로, 이 토론에서 디지털이 실제로 결정적인 역할을 하는지 궁금해할 수 있다. 무엇보다도 웹 사이트와 정보 시스템 침입이 이 모든 사건의 계기가 되었다. 그렇다면 당연히 인터넷 탓일까? (대표적으로 트롤 문제를 예로 들 수 있다.) 터키 여성 및 남성 시민의 개인 정보가 공개되었다면, 그 이유는 정보를 공개하기로 한 사람이 있었기 때문이다. 그러나 개인 정보 공개는 공공경영의 문을 여는 과정에서 그 어떤 가치 있는 부차적 역할을 하지 못했다.

그렇다면 미국 민주당과 힐러리 클린턴의 유출 이메일 공개는 어떤 가치 있는 부차적 역할을 했을까? 클린턴 재단과 잠재적인 이해관계 충돌을 보여준 메일 외에는, 대부분 내용은 더 나은 국가운영에 공헌했는지에 관한 질문에 답하지 못한다. 본래 개인 서신은 … 그저 개인적일 뿐이다. 이해관계 충돌을 폭로하는 것은 필요하다. 그렇지만 일부 클린턴 캠프 구성원이 사용한 더러운 농담을 공개하는 것은 불필요하다. 그리고 바로 이 지점에서 신뢰성은 실추된다. 따라서 논쟁의 초점은 '어떻게'(개인 통신 시스템 해킹, 더 넓은 뜻으로 '인터넷 해킹')가 아니라 '무엇'(얻어낸 것으로 무엇을 할 것인지)이다. 해킹 정보를 어떻게 이용하느냐에 따라 우리는 정보 전달자를 신뢰할 수도, 그렇지 않을 수도 있다.

우리는 여기에서 유명한 마체이의 편지를 이메일 유출 사건과 비교할 수 있다. 18세기 말, 이탈리아 의사 필립포 마체이는 미국 대통령 토머스 제퍼슨과 가까운 친구였다. 제퍼슨이 직접 쓰고 표명한 미국 독립선언문 중 "모든 인간은 평등하게 창조되었다"("All men are created equal")라는 문장을 마체이가 썼다고 알려져 있다. 당시에는 우편으로 서신을 주고받았는데, 프랑스와 영국 간 갈등을 끝맺는 제이조약(Jay's Treaty)을 맺은 후 제퍼슨은 마체이에게 쓴 한 편지에서 조약에 대한 실망감을 드러냈다. 조약에 쓰인 표현이 그가 열렬하게 지지하는 프랑스에 유리하지 않았기 때문이었다. 제퍼슨은 화려한 문체로 워싱턴의 엘리트들을 비난한다. 워싱턴 행정부 내 영국 출신에 대해서는 "영국교회주의자, 왕권지지자이며 귀족적이다"라고 썼다. 그리고 군 장교들은 "모두 파도가 몰아치는 자유의 바다보다는 군주제의 평온을 선호하는 소심한 남자들… 내가 만약 이단으로 빠진 변절자를 임명하면 당신은 열받을 것이다. 이들은 전쟁터에서 삼손이었고, 위원회에서는 솔로몬이었으나 영국 창녀가 그들의 머리를 밀었다"고 비난했다.

두 친구가 서신을 주고받으며 개인적인 의견을 나누는 행위는 정말이지 자연스럽다. 그런데 문제는 이 편지가 언론에 유출되었다는 것이다. 편지는 프랑스어로 번역된 후 이탈리아어로 번역되었다(또는 그 반대일 수도 있는데, 확실하지는 않다). 그리고 또다시 영어로 번역된 후 미국 언론에 공개되었다. 이 사건은 1796년 12월, 미국 대선이 있기 3개월 전에 일어났고, 제퍼슨은 대선에서 패배했다. 왠지 분위기가 2016년 이메일 유출 사건과 닮았다. 그러므로 정보 전달자를 신뢰하는가의 문제는 어떤 도구를 사용했는가를 둘러싼 단순한 토론보다 더 복잡한 문제다. 위키리크스 사례는 정보 전달자에 대한 신뢰성의 문제를 가장 최근에 드러낸 사건으로, 인터넷의 특성 때문에 신뢰성의 중요성이 더 커지고 두드러진 사건이다.

내부 고발자의 양면성

위키리크스 덕분에 또는 위키리크스 때문에, 내부 고발자는 사회적 기능 면에서 새로운 얼굴을 얻었다. 내부 고발자에게 호의적이든 호의적이지 않든, 많은 비판이 쏟아졌다. 이제 당신은 결론을 내기 힘들다는 사실에 놀라지 않는다. 비판자의 고유한 정치적 입장과 가치 시스템에 따라 각기 다른 비판이 형성되기 때문이다.

이 모든 것이, 폭로되고 공유된 정보가 지닌 가치 그리고 '위협과 혜택' 사이의 균형을 둘러싼 일이다. 과연 누구를 위한 혜택인가? 그리고 누구에게 위협이 가해지는가? 위키리크스 그리고 앞에서 언급한 행위의 바탕에는 투명성과 정보 비대칭의 종말이라는 기본 이념이 자리했다. 지배자와 피지배자 사이에 존재하는 불평등한 정보 보유와 관련된 문제를 해결하기 위한 다양한 기술이 도래했다. 그리고 개방, 시민 참여, 권력을 부여받은 자들과 일반인 사이의 틈을 좁히려는 아이디어들이 도화선처럼 퍼져나가고 있다. 위키리크스와 어나니머스는 정치의 투명성과 시민의 더 나은 사회 참여를 이루기 위한 수단으로, '인스타그램'에 올리기에는 적합하지 않았던 원형 그대로의 거친 방식이었다.

내부 고발자의 행위를 평가하고, 공공의 이익과 위협으로 엮인 방정식을 푸는 일은 아직 숙제로 남아 있다. 미국 정부 기관이 문서 익명화 작업에 참여해줄 것을 위키리크스가 요청하면서, 부당하게 개인 정보가 공개되어 개인이 입게 될 피해와 부작용을 최대한 막으려고 한 것은 맞다. 기밀 정보를 폭로한 위키리크스를 비난할 수는 있겠지만, 전신문 공개는 공공의 이익을 위한 행위였고, 무엇보다도 공익이 우선되었다. 그러나 에르도안 터키 대통령 측근들의 이메일이라고 주장했던 사례에서는 콘텐츠 분석 결과, 공공의 이익과 관련된 어떤 자료로 찾아볼 수 없었을 뿐더러 오히려 공익을 해쳤다는 사실이 밝혀졌다. 무고한 개인들의 민감한 개인 정보가 당사자의 동의 없이 공개되었기 때문이다. 이 사례에서는 개인 안전에 문제가 생겼다.

약간 다른 관점에서 이 문제를 살펴볼 수도 있다. 일부 정보가 '비밀' 문서나 '국가 안보' 기밀로 분류되었다면, 그렇게 기밀문서로 구분한 이유는 적의 손에 들어가지 않게 하기 위함이지 국민의 눈을 속이려는 의도 때문은 아닐 것이다. 전력 위치 정보를 적에게 넘기는 행위는 최악의 상황에서는 국가 전력을 위협에 빠뜨리는 반역죄에 해당한다. 극심한 경쟁과 무력 분쟁 상황 속에서 민감한 정보를 사방에 드러내지 않는 데에는 분명 이유가 있다.

앞의 지적이 온전히 합리적이고 정당하게 들리더라도 이것은 기밀에 부쳐진 사건과 절대 밝혀지지 않을 사건의 차이를 구별하지 않는다. 부수적 살인 동영상 사례에서 위키리크스는 살인과 잠재적 전쟁 범죄의 증거를 공개했다. 이 자료들을 기밀에 부치는 것이 어떤 면에서 국가 안보와 연관이 있었을까? 그보다는 관련 자료를 공개하지 않음으로써 명백한 범죄자를 기소하지 않겠다는 의미가 더 컸다.

따라서 질문을 다시 던져야 한다. 국가의 이익을 보호하고, 위법 행위나 범죄 행위를 숨기기 위해 정보 접근을 막아야 하는 걸까? 아프가니스탄 전쟁이나 이라크 전쟁과 관련된 문서 유출 사건의 경우에서는, 어려움을 겪거나 신체적 위협을 받은 정부 기관 직원의 사례가 집계되지는 않았다. 바로 여기에서 절대적으로 지켜야 할 국가 안보와 공공의 이익을 수호하고자 지켜야 하는 것 사이에서 타협이 이루어진다. 공공의 이익은 국가경영과 관련된 정보에 접근할 수 있는 권리뿐만 아니라 설명해야 할 '의무'를 포함하기 때문이다. 이 의무를 이행하려면 시민이 통치자에게 설명을 요청할 수 있도록 해야 한다. 이러한 배경에서 위키리크스의 양면성이 존재한다. 그런데 #정의개발당 유출(#AKPleaks)와 #민주당전국위원회 유출(#DNCleaks)의 경우는 어떨까?

#DNCleaks는 여전히 많은 시사성을 지니고 있으며, 정보의 신뢰성 문제를 드러내는 사건이므로 주목해야 한다. 이 사례에서는 위키리크스가 앞세운 "철저한 투명성"이 완전히 표출되었다. 그런데 대선 경쟁에 나선 한 정당의 선거 전 술책을 공개하는 행위가 더

나은 투명성에 이르는 데 과연 어떤 식으로 기여할까? 예를 들어, 모든 정당의 내부 통신 내용을 공개하는 방식[16]이 투명성에 기여하는지를 질문할 수 있다. 민주당 이메일 유출은 힐러리 클린턴을 향한 어산지의 개인적 복수와 함께 미국 정치에 러시아가 간섭했을 가능성을 보도한 미디어 기사로 얼룩졌다.

민주당 메일 유출 사건에서 첫 번째 걸림돌은 바로 개인적인 앙심이었다. 이것 때문에 2012년, 어나니머스는 위키리크스를 "원맨쇼로 변질한 조직"[172]이라고 비난하며 거리를 두었다.

> 위키리크스 뒤에 숨겨진 아이디어는 다른 방법으로는 기업과 정부가 절대 밝히지 않을 정보를 대중에게 제공하는 것이었다. 대중에게 알 권리가 있다고 굳게 믿는 정보 말이다.
>
> 그러나 이것은 점점 더 뒤로 밀려났고, 정보 대신에 우리는 어산지가 레이디 가가와 저녁 식사를 함께했다는 뉴스처럼 줄리언 어산지에 대해서만 듣는다. 어산지에게는 좋은 일이겠지만 우리에게는 그다지 관심 없는 일이다. 우리는 투명한 정부에 많은 관심을 두고, 그들이 대중에게 숨기고 싶어 하는 문서와 정보를 제공하는 것에 관심이 있다.

---

16 모든 정당의 이메일을 공개하는 접근 방식은 이메일을 사용하지 않는 트럼프에게는 적용하기 어려울 것이다. https://www.bloomberg.com/politics/articles/2016-06-20/trump-strategy-meeting (단축 https://is.gd/e5ZR2M)

〈비밀을 훔친다: 위키리크스 스토리〉(We Steal Secrets: The Story of WikiLeaks)의 감독 알렉스 기브니(Alex Gibney)는 2013년 어산지와 함께한 자리에서 겪은 "고통의 여섯 시간"[173]에 관해 이야기한다. 기브니는 위키리크스 창시자인 어산지가 어떻게 윤리 문제에 대한 질문을 피해 반대자를 향한 자신의 개인적인 감정과 그들에게 돌려줄 복수에 집중했는지를 설명했다. 이 대화에서는 어산지의 에고(ego)가 지배적인 역할을 했다. 어산지는 힐러리 클린턴과 대립각을 세우는 매우 강한 입장을 공개적으로 표현했다. 그렇다면 이 경우, #DNCleak를 개인적인 복수로 이해할 수는 없을까?

어산지의 개인적 복수에 대한 대화는 그다지 자랑스러운 주제는 아니다. 이런 작은 분쟁은 아이들 놀이터에서나 일어나는 일이기 때문이다. 그런데도 러시아가 개입했을 가능성은 흥미롭다. 우리는 앞에서 어산지가 러시아 국영 방송 채널인 러시아 투데이 프로그램에 출연했다고 언급했다. 그리고 러시아가 이메일 해킹을 했을 가능성에 관한 루머는 미국과 러시아 사이의 영원한 대립을 고려했을 때 이해할 법하다(1부를 참고하라).

우리가 앞에서 사용한 근거를 또 사용하자면, 이메일 정보원을 폭로함으로써 공공의 이익을 얻어낼 수 있다고 결론 낼 수도 있겠다. 위키리크스를 향한 의심과 러시아와 위키리크스의 관계에 드리운 의심은 유출한 문서를 개인적인 이익을 위해 사용한 어산지의 부도덕한 행동과도 관계가 있다.

2010년에 어산지는 러시아, 동유럽 국가 및 이스라엘과 관련된 외교 전신문 9만 건을 이스라엘 샤미르(Israel Shamir)라는 이름의 베일에 싸인 기자에게 전달한다. 그리고 샤미르는 친푸틴 성향의 러시아 미디어에 이 문서를 저렴한 가격인 10만 달러(약 1억 1천만 원)에 제안한다. 또한 이 전신문 일부가 벨라루스(유럽 동부 내륙에 있는 나라, 1994년부터 루카셴코가 집권하고 있다―옮긴이)에 영향을 주었을 거라는 중대한 의심도 존재한다. 독재자 루카셴코가 반대자들을 숙청하기 전에, 샤미르가 루카셴코에게 외교 전신문을 전달했다는 의심을 받았기 때문이다. 그리고 또 하나 우연이 있다면, 이스라엘 기자 샤미르는 스웨덴 기자 요한 발스트룀의 아버지이기도 하다. 요한 발스트룀은 성폭행으로 어산지를 고소한 두 여인을 겨냥하는 비난전을 기획하고 실행한 인물이기도 하다. 그러나 이 가족의 사생활을 너무 파고들지는 말자.

반면 어산지의 철저한 태도도 제법 알려져 있다. 가령 2010년 아프가니스탄과 이라크와 연관된 유출 문서를 공개하기 전에, 위키리크스는 미국의 아프간 참전과 관련된 문서에서 미국에 협조한 아프가니스탄인 백여 명의 이름을 삭제한 후 문서를 공개했다. 위키리크스와 일하는 해키비스트들이 문서를 편집했고 공개 전에 이름을 모두 지운 것이다. 바로 여기에서 민감한 자료를 효과적으로 관리한 멋진 사례를 보여주었다. 그러나 이러한 배려는 오래가지 못한다. 미국 정부 기관이 익명화 작업에 참여하기를 거부하자, 위키리크스는 외교 전신문에 있는 이름을 삭제하지 않고 그대로 공개했다(여전히 2010년의 일이다). 실패한 쿠데타 이후 일어날 숙청을 고려하지 않은 #AKPleaks 사례에서도 마찬가지였다.

#DNCleaks 사례에서 드러난 사생활에 관한 문제는 풀기 어려

운 숙제다. 먼저 계약직 직원이든 공무원이든 정부 기관의 직원은 자신의 전자 서신에 대해 책임을 져야 한다("룰즈가 정치색을 입는다"에서 언급한 세라 페일린 사건을 보라). 힐러리 클린턴 대선 캠프팀과 민주당 거물급 인사들이 주고받은 메시지를 공개하는 일은 관련 문서가 공공의 이익을 대변한다는 조건에서는 사생활 영역에 속하지 않는다. 그러나 개인 정보와 정당 직원, 공무원들이 가족과 주고받은 메시지가 공개된 업무용 이메일 속에서 발견된다면 이는 정상적이지 않다.

우리는 신뢰가 위키리크스의 '무게 중심'이고, 일반적으로 정보 전달자의 역할을 확대하는 디지털 세계에서도 무게 중심 역할을 하고 있음을 안다. 웹 정보 전달자에게 힘을 실어주는 것이 신뢰라면, 위키리크스, 더 나아가 디지털 세계를 지탱하는 것 또한 신뢰성이다. 초기 위키리크스 황금기 때에는 조직에 대한 신뢰성에 이론의 여지가 없었다. 그런데 오늘날, 도널드 트럼프는 입을 열 때마다 위키리크스를 언급한다. 그리고 기자가 위키리크스에 관한 기사를 쓰는 즉시 우익 성향의 트위터 이용자 수백 명이 기자에게 달려든다. 어산지가 뛰어든 혼탁한 게임으로 이제는 위키리크스를 신뢰하기가 매우 어려워졌다. 게다가 기술, 데이터, 알고리듬에 점점 더 종속되어가는 세계 속에서 존재하고 생성되는 권력과 견제 세력에 대해 우리는 당연히 질문할 수 있다. 어산지는 디지털 세계에 존재하는 긴장과 뿌리 깊은 문제를 부분적으로 구체화했다. 그는 현대사 속에 이러한 양면적인 모습으로 남아 있을 것이다.

LA FACE
CACHÉE
D'INTERNET

3부

다크웹

어둠의 경로를 따라서

7장

다크웹은
어디에 있나?

삼복더위로 정신을 못 차리던
2016년 여름, 파리 공화당 하원의원 베르나르 데브레(Bernard Debré)
가 경악과 격분을 금치 못하면서 자신이 '다크웹'을 발견했다고 발
표했다. 데브레 의원이 "프랑스가 마약 거래 중심지, 마약 슈퍼마켓
이 되었다!"라고 한탄하는 모습은 동영상¹으로 영원히 남았다.

한 발 더 나아가, 데브레는 우익 성향의 일간지 〈발뢰르 악튀엘〉
(*Valeurs Actuelles*)과 함께 그토록 '타락한' 프랑스 내에서 코카인과 환
각 버섯을 주문하고 국회에 배달시키는 데까지 성공해 보였다. 이에
데브레 의원은 프랑스 우체국을 "프랑스 최고의 딜러"라고 서슴지

---

1 https://www.youtube.com/watch?v=RaUGdrik74Q (단축 https://is.gd/
EXhSfy)

않고 비난했다. 실제로 그가 구매한 마약은 프랑스 우체국 서비스가 정한 배송 기한 내에 소포에 담겨 정상적인 방식으로 배달되었다.

여세를 몰아 데브레는 텔레비전 채널 LCL⁽ⁱ⁾에 출연해 "믿을 수 없는" 다크넷, "모든 것"을 살 수 있는 "슈퍼마켓"이라고 언급했고, 코카인과 함께 그곳에서 살 수 있는 물품으로 "카라슈니코프 자동소총, TNT 화약, 위조지폐, 이식 장기" 등을 나열했다. 데브레 의원에 따르면, 몇 번 클릭만 하고 신용카드로 간단히 결제하면 언급한 물품을 살 수 있다.

> 다크넷은 프랑스 (오프라인) 마약 딜러들의 질서를 혼란스럽게 만든다! 마약이 '우버화'(Uberisation, '우버'에서 파생한 단어. 스마트폰을 이용한 서비스 주문 시스템을 통칭함—옮긴이) 되었다."²

〈발뢰르 악튀엘〉 기자들이 구매한 상품을 검사했는데, 특히 "마약 시장 가격과 비슷한 가격"으로 구매한 코카인의 순도는 최상이었다. 그러니 길거리 딜러들도 시대에 발맞춰 '디지털화'를 해야 하는 건 아닐까? 도브레 의원은 프랑스가 "마약 천국"이 되지 않기 위한 기적 같은 해법을 내놓았다. 바로 비트코인을 금지하는 것이다.

일부 의원들이 가진 디지털 쟁점에 대한 무지, 일부 미디어가 보이는 정치적 선정주의, 그리고 정보를 왜곡하고 불안감을 조성하

---

2   https://twitter.com/LCI/status/747705766019207169?ref_src=twsrc%5Etfw

는 혼란은 이렇게 정리할 수 있다.[3] 알지 못하는 현상 그리고 쉽게 접근하지 못하는 존재에 대한 원초적 두려움은 우리를 두렵게 한다. 그렇지만 무지몽매함을 깨치고 대상이 무엇인지를 이해하려고 시도하는 것이 더 나은 선택일 것이다. 더구나 공화국 법안을 만들고 투표할 수 있는 권한을 시민들로부터 부여받은 의원이라면 마땅히 그래야만 한다.

그렇다면 다크웹은 무엇일까? 다크넷과 같은 것일까? 왜 다크웹을 "딥 웹"(deep web)이라고 부를까? 어떻게 그곳에 갈 수 있을까? 그리고 이 어두운 구석에서 무엇을 찾을 수 있을까? 그곳은 정말로 범죄자의 온상일까? 지금부터 이야기하는 내용 중 일부가 이해하기 어렵거나 너무 자세해서 따라오기 힘들게 느껴진다면, 당연한 일이다. 이번 장에서 다루는 주제는 복잡하고 유동적이며, 많은 당사자가 연관된 메커니즘이기 때문이다. 그러니 점점 더 복잡해지고 내용이 많아지는 여러 쟁점을 전부 이해하려고 모든 내용을 기억해야 할 필요는 없다는 점을 미리 염두에 두기 바란다.

---

3 프랑스에서 블록체인(비트코인의 핵심 기술)을 둘러싼 노이즈 마케팅이 한창일 때, 프랑스 공탁소, BNP 은행과 소시에테 제네랄(Société Générale) 은행, 악사 보험 등이 비트코인에 큰 관심을 보였다. 이 시기에 나는 비트코인을 비롯한 다른 암호화폐를 전문으로 다루는 한 스위스 스타트업과 함께 일하고 있었다. 이 스타트업 기업은 스위스 금융시장 감독청(FINMA, Swiss Financial Market Supervisory Authority)이 발급한 금융거래사 라이선스를 소지하고 있었다. "프랑스에서 비트코인을 금지하는 법을 만들어야 한다"라는 이야기를 들었을 때 "거참 이상하군"이라는 반응이었다. 베르나르 데브레의 발언은 완전히 다른 시대의 발상으로 들린다.

다크웹은 어떤 장소가 아니다

"다크웹(어두운 웹)은 소프트웨어를 이용해 접속하는 웹의 일부를 말한다." 어떤 기사[4]에서 인용한 이 문장은 사실 별 가치가 없다. 소프트웨어를 사용하지 않고 어떤 방법으로 웹(인터넷)에 접속한단 말인가? 그렇다면 평소에는 조랑말을 타고 웹에 접속한다는 말인가? 웹의 일부에 접속하려고 우리는 브라우저(크롬, 모질라 파이어폭스, 사파리 등)와 이메일 클라이언트(아웃룩, 선더버드 등)를 이용한다. 그리고 웹에 접속하는 데 필요한 컴퓨터 운영체제(윈도우즈, 맥OS, 우분투 등)도 그 자체로 거대한 소프트웨어다.

이 기사의 도입부에서 "공식 웹"이 무엇인지도 알게 된다. 기사에서는 공식 웹이 무엇인지를 자세히 설명하지는 않았지만, 공식 웹이라는 표현은 의중을 드러낸다. 그리고 기사는 위협적인 어조로 이어진다.

> 다수 상거래 사이트가 다크웹에서 장사한다. 그들은 주로 불법 상품, 마약과 무기를 판매하며 거래는 암호화폐인 비트코인으로 이루어진다. 다크웹에서는 크라우드 펀딩 플랫폼에서 살인 기획을 위한 모금도 할 수 있다.
>
> 다크웹을 지배하는 거의 완전한 익명성 덕분에 그곳은 정부와 법

---

4 http://theconversation.com/le-dark-web-quest-ce-que-cest-47956 (단축 https://is.gd/TrXpAQ)

을 벗어나 살고 싶은 모든 이들의 선택받은 땅이 되었다. 미디어와 소통하려고 다크웹을 이용하는 내부 고발자도 있다. 그러나 다크웹을 더 많이 이용하는 이들은 아동성애자, 테러리스트, 범죄자들이다.

이 기사는 겁을 주기 위한 요소를 모두 갖추었다. 주장을 뒷받침할 자료 출처나 정보원은 언급되지 않았다. 연구자와 대학 교수의 소견만을 전달한다고 자부하는 웹 사이트 "더 컨버세이션"(The Conversation)이지만, 이 기사의 질은 따져볼 만하다. 다크웹이라는 모호한 개념이 무엇을 뜻하는지 명확하게 밝혀보자. 일단은 복잡한 문제를 다루는 데 필요한 기술적 세부 내용 때문에 시간이 상당히 지체될 것이다. 이 장에서 핵심 질문은 메커니즘에 대한 질문이지 장소에 대한 것이 아니다. 무엇이 대안 네트워크의 출현과 그 존재의 지속성을 설명할 수 있을까? 그리고 디지털 시대에서 신뢰성에 대한 실제 도전은 어떻게 제기될까?

기본부터 시작하자. "다크웹", "딥 웹", 그리고 "다크넷"은 서로 대체할 수 있는 용어가 아니다. 웹은 넷과 같은 용어가 아니다. 그런데 혼동해서 사용하다 보면 인터넷이 전체 웹 사이트만을 가리킨다고 착각하게 된다. 넷을 웹으로 축소하는 것은 위험한데, 다크넷의 구조가 만들어진 역사와 동기에 대해 전혀 알지 못한 데서 나온 말이기 때문이며, 넷을 웹으로 축소함으로써 다양한 서비스(이메일, 채팅 프로토콜 등)가 제외되기 때문이다. 실제로 하나의 다크넷(Darknet)만 있는 것이 아니라 여러 다크넷이 존재하는 만큼 다크넷을 대문자 "D"로 쓰는 것도 이상하다.

먼저 "딥 웹"이 무엇인지 명확히 밝혀보자.[5] 딥 웹은 구글과 같은 전형적인 검색 엔진에서 검색되지 않는 부분을 가리킨다. 그런데 웹에서 검색되지 않는 부분에는 전혀 '어두운'(dark) 특성이 없다. 예를 들어, 비밀번호로 보호된 콘텐츠도 기존 검색 엔진으로 검색할 수 없기 때문이다.[6] 만약 당신이 페이스북 게시물을 친구들만 볼 수 있도록 설정했다면, 공개 게시물만 보는 검색엔진은 당신의 콘텐츠를 검색할 수 없다. 언론사 웹 사이트에서 유료 회원만 볼 수 있는 콘텐츠 또는 당신이 인터넷 은행 온라인 서비스에 접속한 후 보는 거래 내용 또한 마찬가지다. 결국 검색되지 않는다는 것은 우리에게도 좋다. 검색창에 검색어 몇 개만 입력해서 은행 거래 내용을 찾아볼 수 있다면 정말 불쾌한 일이 아닐까? 그러므로 당신은 매일 "딥 웹"에 접속하고 있었다. 축하한다!

이제는 다크넷과 다크웹을 알아볼 차례다. 우리가 알고 있는 대중 인터넷은 세상에 존재하는 단 하나의 컴퓨터 네트워크가 아니다. 1970년대부터 아르파넷(Arpanet)[(2)]과 분리된 국방용 네트워크

---

5 이 용어는 2000년에 나타났다. 자세한 설명은 아래 논문을 참고하라. https://brightplanet.com/wp-content/uploads/2012/03/12550176481-deepwebwhitepaper1.pdf

6 비밀번호로 보호된 콘텐츠 외에도 "딥 웹"을 구성하는 다른 종류도 있다. 이 주제에 대한 위키피디아 페이지를 참고하라. https://fr.wikipedia.org/wiki/Web_profond (프랑스어) 또는 https://en.wikipedia.org/wiki/Deep_web (영어)

를 시작으로 대안적 구현(implementations)[7]이 존재한다. 다크넷은 포개어진 네트워크인데(영어로 "오버레이 네트워크"[overlay network]) 이미 존재하는 프로토콜과 인프라 전체 위에 전개되는 인터넷 서비스라는 뜻이다.[3] 이 정의는 결국 다크넷 뿐만 아니라 많은 서비스를 포함한다. 그 예로 오버레이 네트워크를 이용해 제공되는 VoIP(Voice over Internet Protocol, 인터넷 전화)를 들 수 있는데, 최근에는 일반 전화보다도 인터넷 전화를 더 많이 사용한다.

내용을 더 구체적으로 묘사하기 위해 우체국을 예로 들어보자. 우편물은 발신자에서 출발해 수신자에게 도착하는데, 우편물 전송은 이미 실행되는 프로토콜과 인프라를 통해 이루어진다. 따라서 표준화된 약속을 따라 전송해야 한다. 즉, (대통령이나 산타 할아버지에게 편지를 보내지 않는 이상) 우표를 붙인 우편물을 우체통에 집어넣어야 한다. 그러면 우체국 직원이 우체통에서 우편물을 수거해 분류할 것이다. 우편물 분류가 끝나면 도착 지역 우편 분류 센터로 운송되고, 집배원이 우편물을 찾아 배달한다. 그러나 당신도 알다시피 우체국 인프라를 통해 소포, 등기우편 등 다른 배송도 가능하다. 이와 같은 방식으로 각 인프라에 따라 여러 종류의 다크웹이 존재하는데, 익명성이 보장되는 피어 투 피어 네트워크(P2P, Peer to Peer Network)와 혼합 네트워크(믹스넷, mixnet)를 꼽을 수 있다.

7　구현(implementation)은 이용자의 필요와 컴퓨터 설정에 맞추어 실행하는 운영 시스템 또는 소프트웨어를 가리킨다.

이 통로들은 도대체 뭐고,
네트워크는 어디에 숨어 있나?

피어 투 피어(Peer to Peer), 약자로 P2P는 파일 공유에 가장 많이 사용된다. P2P 네트워크의 독특한 종류로는 F2F(friend-to-friend, "친구에서 친구") 네트워크가 있는데, 익명으로 암호화된, 친구 사이에서만 이루어지는 접속이 특징이다. 그러므로 당신이 신뢰하는 사람만 당신과 파일을 공유할 수 있다. 신뢰성은 상대방 IP 주소나 전자서명을 인식함으로써 실현된다. 그리고 이 신뢰는 간접적으로 형성되기도 하는데, 예를 들어 당신이 내 친구라면, 내 네트워크에 속하지 않은 당신 친구들도 간접적으로 나와 파일을 교환할 수 있다. 이 경우에 F2F 프로토콜은 내 IP 주소를 사용하지 않고, 파일과 파일 요청을 자동으로 그리고 익명으로 받기 위해 일종의 '채널'(channel)을 이용해 서로 교환한다.

가장 오래된 F2F 다크넷 중 하나가 프리넷(Freenet)[4]이다. (어쨌든 가장 대중적인) 프리넷은 2000년 3월에 서비스를 시작했다. 앞에서 자유 이용 소프트웨어를 언급했는데(1부를 참고하라), 프리넷도 여러 네트워크 자유 이용 소프트웨어 중 하나다. 이 소프트웨어를 사용해 네트워크를 형성해 웹 페이지를 서핑하고, 이메일 교환과 인터넷 채팅 등을 할 수 있다.

프리넷은 그 시작부터 정치적인 네트워크로 고안되고 창조되었다. 이번 장에서는 정치 이데올로기가 굉장히 중요한 역할을 한다는 사실을 거듭 이야기할 텐데, 그것이 다크넷을 지탱하는 한 기

둥이기 때문이다.[8]

다시 우체국 비유로 돌아가 보자. 친구들에게 책을 배송하고 싶다면, 우리는 친구 주소 목록을 적어 그들에게 보낼 것이다. 그런데 내 친구의 친구들에게 책을 보내고 싶다면? 그렇다면 공통의 접속점을 통해 간접적으로 배송을 할 수도 있다.

2부에서 언급했듯이, 정보 접근성과 온라인에서 접근할 수 있는 지식이 넓은 의미에서 디지털이 진화하는 구조를 결정했다. 다크넷의 경우도 마찬가지였다. 2002년 마이크로소프트사의 연구원들이 "다크넷과 콘텐츠 유통의 미래"(The Darknet and the Future of Content Distribution)[5]라는 제목의 논문을 발표했을 즈음, F2F 네트워크는 인기 있는 다크넷으로 발전하고 있었다. 마이크로소프트가 DRM(Digital Rights Management, 디지털 저작권 관리[6]) 기술 개발을 시도하려 한 정황을 고려할 때, 위 논문에서 다크넷의 존재가 DRM 개발에 장애[7]가 된다는 의견을 제시한 것은 그리 놀랍지 않다. DRM 기술은 "디지털 자물쇠"로도 알려져 있는데, 매체 생산자가 원하는 조건에서만 이용자가 콘텐츠를 사용할 수 있도록 제한하기 때문이다.

DRM 기술은 매체 재생을 특정 지역이나 특정 기기에서만 가능하도록 제한할 수도 있다. 매체 개발자들은 DVD를 관람하는 인원수을 셀 수 있는 DRM을 개발하기까지 했다.

---

8   다크넷은 F2F 접속과 상응하는 프리넷 용어이다.
https://freenetproject.org/documentation.html

만약 DVD를 판매하는 기업이 허가하는 인원을 넘었을 경우 DVD 재생이 되지 않는다. 누가 영화를 볼 수 없는지를 텔레비전 앞에서 결정해야 하니 분위기가 험악해질 수밖에 없겠다! 이러한 장면이 우스꽝스럽게 비칠 수도 있다.

그리고 콘텐츠 이용 제한은 자유 이용 소프트웨어와 오픈소스를 지지하는 이들과 정보와 지식의 자유로운 공유를 지지하는 이들을 항상 화나게 했다.

다크넷 개념은 전문가와 인터넷에 조예 깊은 누리꾼 무리를 벗어나 일반 미디어에서도 점점 사용되기 시작했다. 익명의 혼합 네트워크, 믹스넷이 유명해졌고, 믹스넷은 다크넷(Darknet)이 되었다. 이책 뒷부분에서는 가장 유명한 다크넷인 익명 소프트웨어 토르를 이용해 전개되는 믹스넷만 다룰 것이다.

오늘날 대부분의 F2F식 다크넷들은 믹스넷을 구성 요소로 한다. 믹스넷이 다크넷 이용을 대중화한 것이다. 따라서 프리넷은 2008년부터 친구들 사이의 공유를 넘어서서 일반적인 파일 공유를 허용하기 위해 확대되었다. I2P와 제로넷(Zeronet)은 파일 공유를 포함한 매우 다양한 구성요소를 거느린다. 그러나 GNUnet 또는 레트로쉐어(RetroShare)는 F2F만 실행한다.

미지의 세계로 뛰어들기 전에 다크웹을 지나치지 말자. "밝은" 웹(일반 웹을 통칭하는 말—옮긴이)과 같이 다크웹도 웹의 한 층이다. 네트워크(데이터 전송 프로토콜)의 한 층 위에서 웹 사이트, 블로그, 소셜 미디어 등을 운영할 수 있다. "위에 있는" 층이 웹을 구성하는 셈이다. 오늘날 대부분의 다크넷이 이 웹 층을 구성한다.

따라서 다크웹은 한 다크넷에 존재하는 전체 웹 사이트를 지칭한다. 많은 경우 다크웹에 관해 이야기할 때 어니언랜드(onionland, 직역하면 "양파의 땅")를 언급하는데, 어니언랜드는 다크웹을 존재할 수 있게 하는 소프트웨어 중 가장 유명한 토르와 같은 양파 라우터(The Onion Router) 소프트웨어를 가리킨다.

자, 이제 여러분은 대문자 D로 시작하는 다크넷("the Darknet")이 존재하지 않는다는 사실을 이해했을 것이다. 반대로 여러 다크넷'들'이 존재한다. 가장 유명한 다크웹인 어니언랜드를 살펴보기 전에 토르의 기능과 대안 기술문화의 기원 그리고 가장 유명한 암호화폐 비트코인에 대해 간단히 알아보자.

토르: 당신들의 양파가 아니다*

미 해군이 통신을 암호화하고 익명화하는 도구로 고안한 토르[8]는 2004년부터 소프트웨어 소스코드가 공개되었다. 토르가 공개되자 한 비영리 프로젝트가 구성되었다.

따라서 오늘날 토르에 대해 말할 때는 미 해군, 더 넓은 뜻에서는 미 정부(또는 다른 정부)와는 관계없는 독립 비영리 프로젝트를 일

---

* "당신이 상관할 바가 아니다"는 의미. 프랑스 관용표현에서 양파는 '쓸데없는 관심'을 뜻한다―옮긴이

컫는다.[9] 토르는 배치된 오버레이 네트워크와 마찬가지로 작동한다. 즉, 토르는 노드(nodes, 트래픽이 지나가는 서버)로 구성되는데, 노드 목록은 공개되어 있다.[(9)]

위에서도 이미 언급했지만, 토르는 양파 이미지를 차용했다. 아래에서도 보겠지만, 이 양파 때문에 여러 명이 울지도 모르겠다. 여기에서 중요한 것은 눈물이 아니라 바로 양파 껍질이다. 이 양파 "껍질"들이 바로 토르 네트워크의 노드들로, 노드들이 익명으로 서핑을 할 수 있도록 해준다. 쉽게 이해할 수 있도록 작업 단계를 나누어 설명하겠다.

0. 노드 목록 수집: 당신이 토르 브라우저(모질라 파이어폭스 브라우저 수정판)로 접속하면, 이 작업은 알아채기도 전에 자동으로 실행된다.

1. 위키피디아에 접속하고 싶다면 URL 주소를 브라우저 주소창에 입력하고 엔터를 클릭한다. 인터넷에 접속한 조건에서 브라우저는 요청을 전송한다. 바로 이 메시지를 전송할 서버가 선택되었다. 따라서 경로(또는 여러 서버의 연결)가 설정되었다. 여기에서 요청을 '암호화'하는데, 경로에 속한 어떤 서버

---

9 음모론자들이 좋아할 만한 주장도 있는데, 토르 예산 대부분이 공공 기금에서 충당되기 때문에, 토르 협회가 출자 기관의 뜻에 복종해야 한다는 것이다. 토르 협회가 공공 예산 지원을 받는 것이 사실이지만, 공공 예산 지원에서 비밀 조항이 있는지를 확인해주는 어떤 증거도 없다. 금융 및 세금 보고서를 파헤치기 좋아하는 독자는 토르 프로젝트 웹 사이트에서 관련 자료를 볼 수 있으니 참고하라.

도 어떤 순서로 경로가 정해졌는지 알 수 없다.[10]

2. 요청이 처리되었다. 바로 여기에서 양파 개념이 적용된다. 양파의 중심부가 당신의 메시지라고 상상해보자. 세 개의 암호화 층이 요청을 구성하는 패킷들(서론에서 패킷이 무엇인지 보았다. 인터넷은 패킷과 함께 작동한다)을 감싼다. 각 암호화 층은 토르 네트워크 경로를 구성하는 각 서버와 대응하는데, 메시지에 접근려면 "껍질을 벗겨야" 한다. 1번 노드가 당신의 IP 주소를 인식할 수 있지만, 경로 내의 다음 서버는 IP 주소를 알 수 없으므로 익명성을 보호할 수 있다.

3. 2번 노드가 암호화된 패킷을 받는다. 2번 서버는 이전 서버 주소와 이후 서버, 즉 3번 노드 서버 주소만 볼 수 있다. 암호화 패킷을 받는 동시에 첫 번째 껍질 즉 "가장 바깥" 껍질이 벗겨진다.

4. 이어 3번 노드가 암호화된 패킷을 회수한다. 패킷은 토르 경로에서 벗어나 목적지 서버로 전송된다. 3번 노드는 이전 서버 IP 주소와 목적지 서버의 주소만 볼 수 있다.

노드에 대해 설명하면서 당신을 더 골치아프게 하지는 않겠다. 각 단계에서 이루어지는 각기 다른 암호화-복호화에 관해 이야기하면서 시간을 지체하지 않으려 한다. 여기에서 중요한 내용은 경로의 한 단계만이 당신의 IP 주소를 알고 있고, 노드에서 다른 노드로 이동할 때마다 암호화가 된다는 점이다.

노드 호스팅을 희망하는 모든 사람이 호스팅에 참여할 수 있으며, 참여 이용자가 많을수록 네트워크는 강해진다.[10] 만약 당신이 토르 서버를 호스팅한다면, 거쳐 가는 트래픽을 확인할 수 있지만, 암호화 때문에 트래픽에 대해 어떤 정보도 알아낼 수 없다(디지털계의 혼돈이라고 할 수 있다. 이 부분은 아래에 간단히 다시 언급하겠다). 결국 요청이 지나간 각 노드는 전체 경로를 결코 알 수 없다. 이용자 입장에서는 이 과정들이 완전히 투명하다고 말할 수 있겠는데, 어쨌건 요청한 주소에 접속되었기 때문이다.[11]

방금 우리는 토르의 작동 원리를 기술했다. 그런데 토르의 주요 기능은 크게 두 방식으로 나눌 수 있다. 첫 번째는 익명 상태에서 일반 웹을 서핑하는 것이고, 두 번째는 토르를 이용해서 숨겨진 서비스를 이용하는 것이다. 두 경우에서 더 간단하고 일반적인 방식은 토르 브라우저를 설치해 일반 브라우저 대신 사용하는 방법이다. 일반 웹과는 다르게 숨겨진 서비스(그 유명한 닷어니언[.onion])는 토르를 사용해서만 만들 수 있고 접속할 수 있다. 이런 서비스들은 서버가 사용하는 IP 주소를 숨길 수 있게 한다. 즉, 서비스 운영자가 누구인지 어디에서 운영하는지를 알아낼 수 없다는 말이다. 서

---

10 예를 들어 프랑스에서는 '우리 양파'(Nos Oignons) 협회가 다수 노드를 호스팅한다. 정보와 참여를 원한다면 언제든지 협회에 연락하라.
https://nos-oignons.net/

11 토르 작동에 대한 자세한 기술은 에릭 프레시네(Éric Freyssinet) 박사 논문에서 읽을 수 있다(44-45쪽, 프랑스어).
https://crimenumerique.files.wordpress.com/2015/12/theseericfreyssinet-lutte_contre_les_botnets.pdf (단축 https://is.gd/XaqGwK)

비스를 가동하려면 (서비스 운영자가) 서버의 첫 번째 지역 설정을 해야 한다. 외부 이용자들이 서비스에 접근할 수 있으려면 토르가 운영자의 서버를 점검해야 한다. 운영자 서버가 검사되면, 운영자는 닷어니언 주소(숫자 및 글자 혼합 열여섯 자,onion)를 받는다. 이제 숨겨진 서비스가 완성되었다!

어떤 동기를 가지고 있든지 상관없이, 모든 사람이 토르 도구를 이용할 수 있다. 정치적 반대자가 토르를 사용하는 경우가 좋은 예가 될 것이다. 토르 네트워크를 공격하려는 시도가 다수 있었고 여전히 진행 중이다. 어떤 이들은 한 국가 내에서 토르 접속을 차단하거나(예를 들어, 노드들의 IP 주소를 차단하는 방법을 사용한다) 토르 기능을 연속으로 손상하기 위해 악성 공격을 시도한다. 이러한 다양한 공격은 이용자를 "비익명화"하는데, 다른 말로 설명하자면 '껍질'을 벗겨내고 시스템상에서 상세 정보를 수집해 이용자 신원 정보에 접근한다. 여기서는 어니언랜드 다크웹 사용에만 관심을 둘 것이다.

사이퍼펑크: 암호화는 그들의 깃발

사이퍼펑크(Cypherpunk)가 주창한 감시 없는 사이버 공간 그리고 사생활 보호에 대한 개념을 알아보자. 유머에서 시작된[11] 이름 사이퍼펑크는 '사이버펑크'(cyberpunk)와 '사이퍼'(cipher)의 합성어다. 사이버펑크는 문학 장르의 하나로, 사이버네틱스(cybernetics)와 펑크(punk)를 조합한 단어이다. 당신이 윌리엄 깁슨《뉴로맨서》,《모나리자

오버드라이브》를 썼다)이나 필립 K. 딕(폴 버호벤이《블레이드 러너》와《토탈 리콜》을, 스티븐 스필버그가《마이너리티 리포트》를 영화로 각색했다)을 안다면, 사이버펑크 장르를 이미 알고 있는 것이나 다름없다. 사이버펑크 문학은 첨단 기술을 지향하는 사회와 그 첨단 기술이 사회와 전반에 미치는 파괴적인 영향 사이에 존재하는 깊은 긴장 관계를 그린다. 보통 기술 과학의 디스토피아는 불편하고 매우 비관적이다. '사이퍼'(cipher)는 암호학에서 '암호'를 뜻하는 단어다.

암호화에는 전신 수단을 이용해서 메시지를 암호화하거나, 특정 당사자만 메시지에 접근할 수 있도록 메시지를 변환하는 방식이 있다. 구체적으로 대칭 암호화 그리고 이보다 더 복잡한 형식인 비대칭 암호화가 있다. 대칭 암호화의 경우, 메시지를 암호화하는 데 하나의 동일키를 사용한다. 일부 프로토콜이 대칭 암호화를 사용해서 많은 양의 메시지를 암호화하는데, 이런 방식이 효과적이다.[12] 그러나 대칭 암호화가 지닌 가장 큰 결함은 암호화를 하기 전에 관련 당사자들이 동일한 비밀 키를 공유해야 한다는 점이다. 따라서 제3자가 키를 가로챌 경우 시스템이 침략당할 수 있는 위험이 있다.

비대칭 암호화의 경우에는 두 키가 존재한다. 하나는 개인키(개인키 소지자만 알 수 있다), 다른 하나는 공개키(외부에 공개할 수 있다)이다. 둘 중 하나의 키로 발송자가 전체 시스템을 해칠 위험 없이 암호화하고 인증할 수 있기 때문에 대칭 암호화보다 우위에 있다. 공개키는 상대를 인식하고 메시지를 복호화한다. 따라서 나 자신만이 개인키를 이용해 메시지를 암호화할 수 있다. 한편 내 공개키를 가진 사람들은 내 메시지를 복호화할 수 있다. 반대의 경우도 마찬가지이다. 다른 사람이 내 공개키로 메시지를 암호화에서 내게 보내면 나는 내가 가진 개인키로 수신한 메시지를 복호화할 수 있다. 이 처리 방식은 수학적이다.[12] 또한 메시지의 기밀성(confidentiality)을 보장하는 것 외에도 암호화는 무결성(integrity)을 보장할 수 있는데, 메시지가 전달되는 중에 수정되지 않았다고 이성적으로 확신할 수 있기 때문이다.

마지막으로 비대칭 암호화를 이용해 디지털 서명을 할 수 있는데, 즉 디지털 서명을 이용해서 메시지를 보낸 이를 인증할 수 있다. 정보 보안 분야에서 확인과 인증은 서로 대체할 수 있는 용어가 아니다. 예를 들어 *kimkardashian@gmail.me*라는 주소에서 전송된 메시지임을 확인할 수 있지만, 카다시안(Kardashian)의 개인키로 암호화된 메시지일 경우에만 동일 인물이 메시지를 보냈음을 인증할 수 있다.

그러므로 인증은 확인보다 한 단계 더 높은 수준인데, 우리에게 메시지를 보낸 사람이 정말로 주장하는 그 인물이 맞는지를 확신할 수 있기 때문이다. 결국 인증 과정이 메시지의 무결성도 보증한다. 따라서 메시지 전송 후 수신되는 사이에 내용이 수정되지 않았음을 믿을 수 있다.

마지막으로 당신이 이해했거나 이미 알고 있는 점을 상기하자.

---

12 이 책에서 암호화 체계나 수학을 자세히 논하는 것은 적절하지 않다. 그러나 매우 흥미로운 주제이고, 사이먼 싱(Simon Singh)의 저서 《코드북》을 통해 쉽게 이해할 수 있기에 이 책을 읽어보기를 추천한다. 이 책으로 암호화 전문가가 되지는 않겠지만, 저자는 통신 보안 연구의 역사를 탁월하게 기술했다.

많은 암호화 기술이 있고, 이 기술들은 끊임없이 진화한다. 앞서 토르와 익명화를 다루었기에, 암호화가 기밀성과 보안을 가능하게 한다는 사실을 명시하면서, 암호화는 익명화와 구별해야 한다는 점을 염두에 두자. 암호화를 이용해 메시지를 전달한다고 당신이 익명이 되는 것이 아니다.

반대로 익명 상태가 암호화를 보증하지도 않는다. 메시지 내용을 숨기고 싶다면, 메시지를 암호화하라. 만약 메시지 발송인의 정체를 숨기고 싶다면 익명화 도구를 사용하라. 암호화와 익명화를 모두 원한다면, (토르와 같은) 익명화 도구를 사용하고 메시지를 암호화하라.

암호화를 위한 첫 번째 싸움

이제 기술적인 부분과 암호화가 무엇을 뜻하는지 설명했으니 사이퍼펑크 이야기로 돌아가자. 사이퍼펑크는 익명성과 사생활, 디지털 권리에 몰두한다. 이들이 중요하게 생각하는 목표는 적절한 도구를 사용하여 인간의 삶에 필수적인 요소를 보호하는 것이다.

근본적인 가치는 자유인데, 구체적으로 시민을 우매화하는 중앙 정치시스템에 종속되지 않고, 감시받지 않고 사는 삶, 기본 금융서비스 접근성 향상 등을 추구한다. 인터넷과 대중 웹의 도래가 이루어지기 훨씬 전부터 통신 내용의 암호화는 이미 중요한 문제였다.[13] 서론에서 설명했듯이, 인터넷은 군에서 시작되었고, 통신 보안 발전과 관련한 열망이 컸다는 사실은 놀랍지 않다. 1970년대에 들어 보안 발전에 대한 고찰이 시작됐다. 그리고 특히 사이퍼펑크의 시작을 알린 미국 대학교수 데이비드 촘의 연구에서 나타났다. 암호의 신과 같은 존재인 그가 1981년(!)에 전자 통신 익명성[13]을, 그리고 1982년에는 첫 번째 디지털 화폐[14]를 이론화한다. 익명 네트워크에 대한 촘의 연구에서 (바로 우리가 앞에서 언급했던) 믹스넷이 나왔다("다크웹은 어떤 장소가 아니다"를 참고하라).

보안에 대한 고찰과 보안 도구의 발전에는 다양한 사람이 공헌했다. 따라서 1980년대 말 무렵, 보안을 중심으로 이루어진 공동체는 새로운 사회 정치적 상호작용을 세워가는 방식으로 암호화 도구를 발전시키면서 일종의 운동으로 변했다. 줄리언 어산지가 바로 이 사이퍼펑크의 일원이었다. 1992년이 되자 그 유명한 사이퍼펑크 메일링 리스트는 암호학, 정치, 기술이 사회에 끼치는 영향에 대한 의견을 교환하는 주요 포럼이 되었다. 그들의 메시지를 읽으려면 거의 상근을 해야 할 정도인데(그들은 매일 평균 이백 통의 메시지를 주고받았다), 가끔 "자신의 의지와는 상관없이" 메일링 리스트에 등록된 사람들도 있었다. 누군가 짓궂은 장난을 한 것이다. 그 시대의 장난

---

13 가장 오래된 암호로는 시저 암호를 들 수 있다. 기원전 16세기에 이미 암호가 등장했다.
https://fr.wikipedia.org/wiki/Histoire_de_la_cryptologie#Les_premi.C3.A8res_m.C3.A9thodes_de_chiffrement_de_l.27Antiquit.C3.A9. (단축 https://is.gd/eFCvqN)

은 매우 높은 지적 수준에서 이루어졌음이 확실하다.

사이퍼펑크의 의미를 이해하려면 그 배경부터 먼저 살펴보는 것이 굉장히 중요하다. 사이퍼펑크가 다룬 주요 테마에는 디지털 시대의 사생활(그렇다. 1990년대부터 이미 논의되기 시작했다) 및 전자 통신을 감시하는 정부 권력도 포함되었다. 당시 미국 정부는 모든 보안 소프트웨어를 수출 무기처럼 대했는데, 즉 보안 소프트웨어를 국가 보안에 심각한 위협으로 생각했던 시대였다. 그러므로 미 외부에서 사용할 목적으로는 보안 소프트웨어의 수출이 법으로 금지되었다. 첫 번째 암호 전쟁(Cryptowar)[15]으로 알려진 시기는 혼란스러웠다. PGP("Pretty Good Privacy", 최초 대중용 암호화 도구) 개발자 필 짐머맨(Phil Zimmermann)은 여러 해 기소를 당했다. 보안 도구를 제약하는 일이 어리석다는 것을 폭로하기 위해 짐머맨은 전체 PGP 소스코드를 대학 논문 형식의 책으로 발행한다.[16] 분명 무기 수출은 금지되었지만, 책 수출은 미국 수정헌법 1조가 보호하는 권리이다. 같은 연장선상에서 암호화 코드와 키를 티셔츠에 인쇄하기도 했다. 당시 사람들은 유머 감각이 있었다.

이후 법안은 수정되었고, 기소는 중단되었다. 제약은 여전히 존재하지만 보안 도구는 더 이상 수출 금지 대상 물품이 아니다.[14] PGP를 기본으로 한 다양한 도구를 개발하는 데 전념하고자 짐머

---

14 프랑스의 경우 "디지털 경제에서의 신뢰 법"(LCEN)이 2004년 제정되면서 보안 자율화가 되었다. 아래 웹 페이지를 참고하라(프랑스어).
http://www.ssi.gouv.fr/administration/reglementation/controle-reglementaire-sur-la-cryptographie/ (단축 https://is.gd/WwBfFI)

맨은 동료들과 PGP Inc.를 창립한다. 1997년 PGP Inc.은 네크워크어소시에이츠(Network Associates Inc.)에 매입되고, 또다시 맥아피(McAfee)[15]가 이를 매입한다. PGP 소스가 공개된 덕분에 탄생한 다수 개발 회사들은 2010년 시만텍(Symantec)이 사들였다. 맥아피와 시만텍이 친숙하게 들린다면, 이는 바이러스 백신 제품 개발로 이 둘이 큰 성공을 거두었기 때문이다.

테러리즘과 수학, 누가 적인가?

다수 관찰자와 전문가들은 2015년 무렵부터 두 번째 암호 전쟁이 시작되었다고 본다. 실제로 암호화 분야를 약화하려고 강력한 법적 조처를 취하거나 비슷한 시도들이 있었다.

2015년 1월 파리에서 테러 공격이 일어난 직후, 당시 영국 총리였던 데이비드 캐머런이 영국 내에서 암호화를 법적으로 금지하는 법안 제정을 호소해 암호화 분야 공동체의 큰 분노를 샀다.[17] 암호화를 금지하는 (기상천외한) 조처를 내리면, 클라이언트 데이터 전송의 보안을 위해 HTTPS를 사용해야 하는 인터넷 뱅킹, 전자상거래 등 일상 속의 인터넷 서비스들이 '벌거벗은' 상태가 된다. 따라서 미래의 테러를 막기 위해 영국 내 암호화를 금지하려는 조치는 그야말로 터무니없는 짓이다.

---

15 2013년부터는 Intel Security로 알려져 있다.

파리 테러 이후, 존 브레넌(John Brennan, 오바마 정부의 CIA 국장)은 미 정부가 통신 감시를 비능률적으로 적용하고 있다며 감시의 한계를 비판했다.[18] 프랑스에서는 당시 총리였던 마뉘엘 발스(Manuel Valls)가 정보활동에 대한 법 제정을 서둘러 시작했다. 정보활동에 대한 법이 결정적으로 통과하기 전까지 국회에서는 (격한 어조의) 토론이 있었다. 법에 명시된 감청 방편 중에는 대량 데이터 수집 또는 인터넷 제공 업체에 감청 장치 설치와 네트워크 자동 분석을 위한 '블랙박스' 설치와 같은 통신 비밀 침해[19]에 준하는 조치가 포함되었기 때문이다. 정보활동에 관한 법 수정안은 이미 존재하는 법적 조치에 또 하나의 수단을 덧붙이는 셈이었다. 형사소송법은 이미 "사법경찰관은 압수수색의 일환으로 데이터 보안 방책을 맡고 있는 모든 사람에게 요구할 수 있다"고 말한다. 이 말은 데이터에 접근하는 데 필요한 모든 정보를 사법경찰관에게 제출해야 한다는 의미다.[20] 게다가 몇 달 전에 테러 방지 조치를 강화하는[21] 또 다른 법이 이미 수정되었고 형사소송법에서는 "진실을 밝히는 데 필요한 보안 데이터 판별" 관련 장이 확대되었다.

2016년 여름, 또 다른 테러 및 조직적 범죄 방지법도 제정되었다.[22] 이 법은 도청 방식을 이용할 기회를 대폭 확대했다(1부에서 언급한 IMSI catcher). 데이터 수집과 전문적인 방법을 동원하는 새로운 조치는, 암호화를 놓고 국경을 초월해 벌어지는 또 다른 선전포고였다. 그 예로 미 FBI와 애플의 팔씨름을 떠올려 보자. FBI는 애플에 아이폰에 저장된 정보에 접근할 수 있도록 하는 백도어 개발을 강요하면서 갈등을 일으켰다. 결국 FBI가 애플의 도움 없이 '직접'

프로그램을 개발해 갈등은 끝났지만, 이 사건을 통해 정보 암호화 권리의 법적 근거를 약화하려는 입장이 드러났다.

정보 암호화 약화와 관련한 제안에 사용된 방법에는 무엇이 있는지 살펴보자. 첫 번째 암호 전쟁 시기에는 백도어나 암호화된 데이터에 접근하도록 하는 도구[16]를 몰래 설치하는 방식이 일반적이었다. 또 다른 방식은 서비스 제공업체나 암호화 프로그램이 정부 인증을 의무적으로 받도록 하는 것이다. 정부 인증 시스템 또한 미국에서 일어난 첫 번째 암호 전쟁에 사용되었다. 정부 인증은 정부가 감시할 수 없다고 판단한 프로그램을 일부러 인증하지 않아 불법 프로그램이 되도록 하는 것을 의미한다. 그리고 서비스나 소프트웨어 상품을 인증하기 위해 비용을 지급해야 한다면 이는 경영자에게 불리한 조치인데, 소규모 기업에게 이 추가 비용은 빠른 상품 개발을 막는 걸림돌이 되기 때문이다.

조금 더 기술적인 다른 방법은 암호 키 길이를 제한하도록 하는 것이다. 암호화 분야에서 암호 키의 길이는 중요한 역할을 한다. 암호 키가 길수록 암호를 푸는 수학 작업에 오랜 시간이 걸린다. 그런데 만약 암호 키가 해킹당하거나 접속 보안이 약화된다면, 보안에 대한 신뢰도 약화할 수밖에 없다. 이 문제는 암호화를 사용하는 모든 서비스나 소프트웨어 상품, 즉 우리의 일상과 온라인에서 일어나는 모든 활동에 적용된다. 그러므로 정치, 산업, 법 분야에서

---

16 백도어(backdoor)는 프로그램 개발자 또는 서비스 주체(여기에서는 당국)가 컴퓨터에 몰래 접근하려는 의도를 가지고 설치하는 취약점이다.

이루어지는 결정들에 관한 자세한 내용을 잘 구별해야 하는데, 테러리즘, 아동성애자, 조직적 범죄와의 싸움은 암호화 약화가 필요하다고 주장할 충분한 근거가 아니기 때문이다. 그렇지만 사법 기관이 처벌을 기소할 방법을 가지고 있고, 또 수사 중 개인이나 공동체의 자유를 침해하는 경우에는 이러한 법적 조치를 정당화할 수 있다. 여기서 중요한 것은 위의 모든 행위가 필요성과 균형의 원칙을 지키는 조건하에서 이루어져야 한다는 점이다. 다시 말하자면, 경범죄자나 중범죄자도 다른 이들과 같은 누리꾼으로 인터넷을 사용할 수 있다는 뜻이다. 어떤 이가 테러를 실행하기 위해 명령을 인터넷으로 전달하거나, 한 아동성애자가 인터넷에 접속한 바비 인형에 침입해 어린아이의 목소리를 들으려고 시도하는 경우에야 비로소 우리는 범죄를 행한다고 이야기할 수 있다.

암호화가 수사 권한을 약화한다는 주장을 자주 듣는다. 그러나 이런 주장도 상대화해서 들어야 한다. 법정 전문가와 예심 판사를 요청하거나 잠입 수사[17]를 하는 등, 이미 공권력에 자유로운 사용이 허용된 다양한 방법들을 이용하면 메시지를 복호화할 필요 없이 정보를 얻을 수 있다. 따라서 수사관은 시민의 보안과 사생활

---

17 예를 들어, 이슬람 극단주의자들의 통신 방식을 이해하게 해준 정보에 따르면, 이들은 "소셜 네트워크"(즉 단체 채팅)용으로 텔레그램 메신저를 주로 사용하고, 매우 적은 수만 암호화된 버전을 사용한다. 따라서 전통적인 수사 방법인 잠입이 가능하기 때문에, 이 사례에서는 암호화가 정보 취득에 걸림돌이 되지 않는다. 다른 한편으로, 현재까지 다크웹 사용에 대한 연구 논문들은 다크웹상에 "이슬람 극단주의자가 거의 존재하지 않음"을 밝혔다. 다크웹에 대해서는 다시 다룰 것이다.

을 침해하는 방법을 사용하지 않으면서도 범죄 소행을 파악하고 증거를 수집할 수 있는 대안적 방법을 찾아야 한다.

우리 모두에게는 숨기고 싶은 비밀이 있다

우리는 사이퍼펑크가 디지털 세계의 다수 기본 구성 요소가 지닌 기능에 의미 있는 영향을 끼쳤다는 사실을 살펴보았다. 그런데 변화된 구성 요소들은 단순히 공공경영의 형태를 바꾸고 영향을 끼치는 데에만 머무르지 않았다. '사이퍼펑크 선언문'(Cypherpunk Manifesto)[23]에는 암호화 도구를 악착같이 열정적으로 개발하는 동기가 나오는데, 이 선언문에서 사이퍼펑크 운동의 기둥과 같은 주제 네 가지가 소개되었다.

1. 사생활과 통신 비밀
2. 디지털 익명성
3. 검열과 감시
4. 숨겼다는 사실을 숨기기

당연한 주장인 통신 비밀은 내가 쓴 메시지를 수신자만 읽을 수 있도록 보호하는 것이다. 예를 들어, 우리가 친구들과 수다를 떨 때, 누군가가 실시간으로 우리를 감시하거나 엿듣기를 원하지 않는다. 이미 앞에서 설명했듯이, 사생활 보호는 "감추어야 할 무언가"를 소지하고 있는지 여부에 상관없이 필요하다.

익명성은 방해받지 않고 스스로 검열하지 않으면서 표현하도록 보장할 뿐만 아니라 평판에 신경 쓰지 않고 이야기를 즐길 수 있게 한다. "나는 아무것도 숨길 게 없다"는 기만적인 태도는 마치 범죄자만 자기 악행이 드러나는 것을 감추고 싶어 한다는 생각을 은근히 제시한다. 여전히 이런 주장이 돌아다니는데, 터무니없는 생각의 싹은 뽑아 버려야 한다. 입고 있는 속옷 색이든, 별 몇 개짜리 식당의 유명 요리 제조 비법이든지, 우리 모두에게는 숨겨야 하는 무언가가 있다. 개인뿐만 아니라 기업도 자신만 간직하고 싶은 중요한 정보가 있다. 우리가 때때로 듣게 되는 "감출 것이 없기 때문에 감시에 반대할 이유가 없다"라는 이 한 문장은 마치 할 말이 없기 때문에 검열에 반대할 이유가 없다고 하는 것과도 같다.[18]

통신 검열과 감시 문제에서 사이퍼펑크는 정부를 신뢰하지 않는다. 1990년대 당시 정부는 클리퍼 칩(Clipper Chip) 사용을 제창했다. 다수 침입을 대비해 통신 내용을 암호화하면서도 정보기관 요원들이 드나들 수 있는 백도어를 남겨두는 전화 통신 감시 기술인 클리퍼 칩 사용이 허가되면, 정보기관 요원은 시민의 통신 내용을 읽기 위해 백도어를 사용할 수 있었다. 그런데 1994년 사이퍼펑크의 일원인 매트 블레이즈가 클리퍼 칩의 취약점을 발견했

---

18 위키페이지 페이지가 따로 존재할 정도로 이 기만적인 주장이 널리 퍼져 있다.
https://fr.wikipedia.org/wiki/Rien_%C3%A0_cacher_(argument)
영문 https://en.wikipedia.org/wiki/Nothing_to_hide_argument

고, 따라서 미 정부는 이 기술을 빠르게 포기했다.[19] 물론 자신의 통신을 암호화하면 웹상에서 익명으로 남을 수 있다. 그런데 암호화 특징이 매우 특이하면 이 자체로 이용자를 구별하고, 신원 확인까지 할 수 있는 방법으로 변할 가능성이 있다. 따라서 익명화했다는 사실과 통신 내용의 비밀을 함께 숨기는 것이 중요하다. 사이퍼펑크는 다수 기업의 창립자, 다양한 시도와 소프트웨어 상품 개발에 중요한 인물의 집합이었다. 우리는 앞에서 PGP, NAI 등을 언급했다. 그리고 이들은 모바일 앱 시그널을 개발한 기업 '오픈 위스퍼 시스템'(Open Whisper Systems), 디지털 권리 보호 운동과 함께 대중에게 디지털 자가 보안 도구 배포를 목표로 하는 비영리 단체인 전자프런티어재단을 설립한다. 오늘날 많은 디지털 도구가 있는데, 그 중 우리가 마음껏 사용하지 못하는 도구들을 활용하는 방법을 배울 수 있는 '암호 파티'(CryptoParty)와 앞 장에서 언급했던 유즈넷 그

---

19 이 시기에 '카나리아 보증(warrant canary)'도 고안되었는데, 이는 이용자 정보를 제출하라는 정부의 요청을 대중에게 알리는 놀라운 방식이다. 애국자 법이 제정된 후 '국가 안보 서신'(National Security Letters, NSL)이 매우 유행했다는 사실을 앞에서 언급했는데, 국가 안보 서신은 정부로부터 정보 제출을 요청받은 기업이 자기 고객에게 이 사실을 알릴 수 없음을 명시했다. 애국자 법에서 사용한 재갈 물리기를 피하는 방법이 바로 '카나리아 보증'이었다.
http://portal.acm.org/citation.cfm?id=191193.
카나리아 보증은 (명시된) 특정 기간 동안 정부가 기업에 이용자 데이터를 제출하라고 요구하지 않았다는 사실을 보여준다. 만약 카나리아가 수정되었거나 삭제되었다면, 이는 데이터 제출 요구가 있었다는 것을 의미한다. 카나리아 보증이라는 이름은 광부들이 석탄 광산에 내려갈 때 카나리아나 방울새를 데리고 가는 데서 착안했는데, 광산 안에서 새가 죽으면 공기층에 산소가 부족함을 바로 알 수 있었다.
http://io9.gizmodo.com/why-did-they-put-canaries-in-coal-mines-1506887813

룹의 하위 섹션인 "alt."를 고안한 존 길모어(John Gilmore) 등도 함께 언급한다. 저명한 두 사이퍼펑크 짐 벨(Jim Bell)과 데이비드 촘(David Chaum)을 특히 기억해두자. 앞서 데이비드 촘은 언급했다. 짐 벨은 유명 에세이 "암살 정치"(Assassination Politics)의 저자이면서 잘 알려진 행정 처리 혐오자다. (짐 벨은 프랑스 전 정무 차관 및 통상부 장관 토마 테브누보다 훨씬 전부터 행정 처리를 혐오했다.)[20] 짐 벨이 행정 처리를 혐오했다는 점은 놀릴 수 있더라도, "암살 정치"[24]야말로 완전히 다른 이야기다. 1995년과 1996년 사이에 쓰인 열 장(章)의 에세이는 가장 먼저 alt.anarchism에 공개되었다. 작가는 글 속에서 정부 구성원들과 공무원들의 의욕을 고취하는 방법을 묘사한다. 그 방법은 바로 그들의 사망일을 예상하는 것이다. 글의 기본 아이디어는 두 방식으로 전개된다. 어떤 이들은 각자 공개적으로 내기를 시작하고, 또 어떤 이들은 내기 하는 사람을 보호하기 위해 전자 서명과 암호화를 사용하기로 한다. 내기에 거는 돈은 공통의 판돈 상자에 모이는데, 사용하는 화폐는 전자 화폐다. 어떤 방식을 선택하든지 결론은 같다. 내기 대상이 된 사람의 사망일을 맞춘 도박꾼이 판돈 전

---

20 McCullagh, Declan(2001-04-09). Cypherpunk's Free Speech Defense. *Wired*. www.wired.com/2001/04/cypherpunks-free-speech-defense/?currentPage=all. 그리고 독자의 이해를 돕기 위해 추가로 설명하자면, 2014년 프랑스 정부 구성원이었던 토마 테브누는 세금 문제로 실각한 후, 자리에서 물러나면서 언론의 머리기사를 장식했다. (http://www.lemonde.fr/politique/article/2014/09/05/comment-valls-a-demissionnethevenoud_4482850_823448.html). (단축 https://is.gd/OionOB) 임명된 지 9일 만에 사임한 테브누는 세금 납부를 하지 않은 이유로 "행정 처리 혐오"를 언급하면서 자신을 정당화한 바가 있다.

부를 얻는다. 이 아이디어에는 자기 머리 위에 위협의 칼날이 도사리면 내기의 대상(즉 정부 구성원, 고위 공무원 등)이 부패라는 위험에 넘어가지 않고 제대로 일할 것이라는 전제가 깔려 있다.

저자가 묘사한 시스템은 어떤 이가 사망일을 예상한 후, 이 사망일이 실현되도록 개인적으로 수단을 쓰는 것을 금지하지 않는다. 분명 짐 벨은 힘의 남용(테러리즘, 모든 종류의 심판자들, 집단 폭행 등)과 약자를 위협하는 시스템을 가볍게 넘기지 않았다. 우리는 사이퍼펑크의 아이디어와 입장을 좋게 평가하고 동조하거나 또는 그것에 반감을 보일 수도 있다. 우리 반응이 어떻든지, 통신 비밀을 보호하고 익명성을 보장하는 정보 과학 도구 사용이 단순한 "컴퓨터 괴짜들이나 하는 일"을 넘어선다는 사실을 쉽게 이해할 수 있다. 통신 보안은 무엇보다도 정치적 프로젝트이기 때문이다.

대안 디지털 화폐들

2016년, "블록체인"(block chain)[21]이라는 단어가 함부로 사용되

---

21 블록체인(blockchain)은 서로 믿을 수 있고 수정할 수 없는 방식으로 정보를 저장하고 교환하게 해주는 거래장부이다. 즉, 중간 매개 없이 피어 투 피어(Peer to Peer) 네트워크 내에서 공유되고 분산 저장된 데이터베이스를 말한다. 블록체인은 체인이 유효함을 확인할 수 있는 모든 교환(거래) 내용을 포함한다. 일반적으로 블록체인에 저장된 내용은 변할 수 없다(각 참여자가 거래 내용을 전부 복사해 갖고 있기 때문이다). 따라서 블록체인은 공유되고, 복제된 그리고 위조 불가능한 거대한 거래 장부를 구성한다.

었다. 블록체인을 이용하면 우리 삶의 모든 분야가 혁명적으로 변화된다고 주장한 프로젝트를 잘 들여다보면 이미 존재하는 시스템을 엉성하게 붙여 놓은 것에 불과했다. 블록체인 유행은 필연적으로 "헌것을 새것으로 만든다"라는 말을 반복적으로 사용할 수밖에 없다. 이와 동시에 "비트코인, 최고"라고 열광하는 팬들에 대항하는 "비트코인, 더럽다"라고 주장하는 이들도 나타났다. 그런데 비트코인 기술의 바탕이 되는 이데올로기적, 정치적 토대는 미디어에서 볼 수 있는 노이즈 마케팅과는 완전히 정반대다.

믹스넷의 시초인 사이퍼펑크 데이비드 촘은 1990년대 만능 전자 화폐 고안에 (거의) 처음으로 성공했다. 1989년 데이비드촘은 이캐시(eCash)라고 명명한 시스템을 디지캐시(DigiCash)라는 회사를 통해 유통한다. 디지캐시는 이캐시를 화폐 가치를 저장하는 방법이 아닌, 소액 결제 도구로 소개한다.

이캐시의 탄생은 혁명적이었다. 분산 거래 기록, 고객 계정 암호화, 시스템 무결성 보장, 이중 거래 예방, 익명성과 같은 요소들을 보장하면서도 언제나 거래 인증이 가능했기 때문이다. 네덜란드 암스테르담에서 설립된 디지캐시는 우리가 현재 알고 있는 역사의 흐름을 거의 바꿀 뻔했다. 촘은 중앙집권화 된 금융 기관, 은행과 도박에 뛰어든다. 이캐시는 국가 화폐를 전자 형태로 변형하는 수단이 되었고, 금융 기관은 이캐시 거래를 전상상에서 확인하는 방식으로 그들의 중앙 역할을 유지할 수 있었다. 따라서 고객들은 더 투명한 거래를 할 수 있었고, 중간 매개자의 개입은 줄어 비용은 더 적게 들었다. 그러니까 촘의 도박은 좋은 성과를 거둔 셈이었다. 다수 은행이 이캐시 라이선스를 구매했고 이캐시를 사용한 소액 결제를 시험 운영하기까지 했다.

그러나 이캐시의 장래성에도 불구하고 디지캐시는 1998년에 파산한다. 디지캐시가 몰락한 이유는 분명하지 않다. 어떤 이들은 인터넷 통신 판매가 신용카드 사용을 선호했다고 말하고,[25] 다른 이들은 회사 경영에 문제가 있었다고 말한다. 또한 은행이 영향력을 스스로 제한하는 결제 시스템을 그냥 두지 않은 거라고 추측할 수도 있다. 당시 이캐시를 따라올 수 있는 결제 도구는 없었다. 그러나 굳이 전자 결제 도구를 사용해야 할 필요성이 그렇게 크지도 않았다. 쇠락의 이유가 무엇이든 간에 디지캐시는 문을 닫았고, 촘은 특허를 팔았다. 결국 중간 매개자 없는 탈중앙화된 익명 전자 화폐의 도래는 거대한 소수 독점[22]에 의해 사라졌다.

1998년부터 거대 은행들이 합병하면서, 훗날 2008년에 금융 위기의 주요 원인이 되는 씨티그룹(Citigroup Inc.)이 탄생했다. 당시 미국 대통령 빌 클린턴은 종합 금융회사 트래블러스그룹(Traveler's Group)과 상업 은행 씨티코프(Citicorp)의 합병을 가능하게 하도록 법을 수정한다. 이 수정안 이전에는 상업 은행과 금융회사의 합병이 불가능했다. 금융 기관과 투자 기관이 분리되어야 했기 때문이다. 합병 회사 씨티그룹은 은행 및 금융 서비스를 제공하는 거대한 슈퍼마켓이 되었으며, (개인 및 기업) 거래자들의 예금으로 투기를 하

---

22 소수 독점은 다수 구매자를 대상으로 적은 수의 판매자가 전체 시장을 나누어 갖는다.

는 위험을 감수한다. 은행·금융을 한몸에 가진 괴물 회사는 예금과 대출의 안전을 강화하기보다는 이득은 회사에게 돌아가고 위험은 고객 몫으로 돌리는 위험도 높은 비우량 주택담보대출을 도입했다. 우리가 기억하는 2008년 금융위기와 무너질 듯한 위협 속의 국제 통화 제도, 그 뒤를 따라 출렁이며 떨어진 구매력을 만들어낸 장본인이 바로 이들이다.

금융 위기의 대안이
탈(脫) 중앙집중형 화폐, 비트코인?

금융 위기와 비트코인 기능을 서술한 연구 논문이 발표된 시기는 거의 일치한다. 나카모토 사토시라는 가명의 저자는 이 순간을 기다려 비트코인 논문을 발표했을까? 그건 모르는 일이다. (나카모토가 기술한) 비트코인의 정치적 입장으로 보아, 2008년 금융 위기를 통해 나타난 신뢰성 위기론은 시기적절했다. 화폐 중앙화 때문에 생기는 파괴적인 권력에 대한 나카모토의 입장을 이보다 더 잘 묘사할 수 있을까? 다수의 시도(디지캐시 또는 씨티그룹으로 합병되기 전 씨티코프 내에서 이루어진 실험들)는 과도한 화폐 중앙화를 고칠 묘약은 내부에서 만들 수 없음을 증명했다.

2008년, 리먼 브러더스 은행 파산 한 달 후, 나카모토 사토시는 비트코인 화폐에 대한 논문을 사이퍼펑크 메일링 리스트에 전송한다. 이 리스트 회원 중 대부분은 논문을 대강 훑어본 후 보관함에 저장했다. 사이퍼펑크에게는 익명 전자 화폐 아이디어가 그다지 새롭지 않았다. 이미 많은 시도가 있었지만 그 어느 것도 지속적이지 않았기 때문이다.

나카모토의 기술은 화폐 가치 전송을 보장하고 인증하는 비대칭 암호화, 전용 계좌 저장(일종의 지갑), 탈중앙화 화폐 시스템의 무결성을 보장하기 위한 규칙, 각 이용자가 비트코인 시스템의 노드가 되고 무결성을 관리할 수 있는 가능성, 금융 거래에 사용할 수 있는 화폐 등, 지난 시도들의 특징을 거의 모두 포함했다. 나카모토 시스템의 목적은 무엇이었을까? 그의 목적은 이전 시도가 각각 추구했던 목적과 같은데, 현 화폐 시스템을 불필요하게 만들고 화폐 시스템을 완전히 바꾸는 일, 그리고 개인 컴퓨터로 은행과 그 외 금융 기관을 대체하는 일이었다.

블록체인("덩어리를 잇달아 연결한 사슬")은 한마디로 탈중앙화되고 보편적인 거래장부다. 각 사용자는 언제든지 지난 거래 내용을 확인할 수 있는데, (그 자체로 화폐인) 비트코인의 핵심인 보상 시스템은 거래 장부 관리자가 장부를 업데이트하고 건강한 상태로 유지할 수 있도록 관리 동기를 충분히 부여한다. 과거 전자 화폐들처럼 나카모토의 비트코인도 '작업 증명'(proof of work)[23]을 사용한다. 섣불리 설명했다가는 전문가들의 질책을 받을 수 있으므로, "거래 블록을

---

23 해시캐시(hashcash) 시스템은 아담 백(Adam Back)이 고안했는데, 시스템이 처음 사용된 용도는 비아그라나 성기 크기 확대 광고와 같은 내용의 스팸을 방지하기 위한 것이었다.

확인할 수 있게 해주는 암호화 처리"라고 해두자. 사용자들이 실행한 거래가 블록에 입력되고 확인되면 '채굴자'들이 블록을 검증하는데, 이를 '채굴'이라고 일컫는다. 그리고 채굴자들은 정해진 시간에 따라 일정한 양의 비트코인을 보상으로 받는다.

나카모토는 한 인물 또는 한 그룹의 예명인데, 현재까지 예명에 가려진 정체가 누구인지는 아무도 모른다.[24] 당시에는 사이퍼펑크 그룹에 갓 들어온 신입 회원에게 아무도 열광하지 않았다. 그런데 사이퍼펑크이며 PGP Inc.의 선임 개발자, 그리고 전자 화폐 개발을 해본 경험이 있는 할 피니(Hal Finney)가 나카모토에 관심을 보였다. 2009년 새해 첫날, 피니와 나카모토는 첫 비트코인 거래를 한다.[25] 그리고 비트코인 시스템은 더 정확해지고 완벽해진다. 비트코인은 실제로 탈중앙화 되었고, 블록체인 기술은 시간 흐름에 따라 거래를 정리하고 언제든지 채굴자들이 거래를 확인하고 검증할 수 있는 방법을 마련했다. 또한 공개적이고 투명한, 탈중앙화 된 검증

---

24 어쩌면 나카모토의 정체를 아는 이들이 비밀을 정말 잘 지키는 것일 수도 있다. 어떤 이들은 나카모토 사토시가 특출난 개발자인 닉 스자보(Nick Szabo)일 수도 있다고 의심한다. 닉 스자보는 비트-골드(bit-gold) 화폐의 창시자다. 나카모토가 스자보의 연구를 알 가능성이 있음에도, 그는 어느 곳에서도 스자보를 언급하지 않는다. 스자보와 나카모토가 같은 사람이든 아니든 간에, 스자보가 사회 질서를 위한 금융과 공공경영의 중요성과 관련해서 전반적이고 정치적인 고찰이 가능하도록 해주었다는 사실은 지울 수 없다.

25 현재 할 피니(Hal Finney)는 루게릭병으로 사망 선고를 받았다. 그의 신체는 미국의 한 클리닉에 냉동 보관되어 있다. 병 치료를 받을 수 있는 시기까지 냉동 보관하는 의료비용은 많은 부분 비트코인이 막 시작된 시기에 채굴한 비트코인으로 충당한다.

에 기반을 둔 자동 연속처리 기술은 이중 지불을 막았다. 그러니 비트코인 시스템에서 '위조지폐'를 찍어낼 심보를 지닌 이들은 헛수고를 할 뿐이다!

아직 우리는 전자 화폐 비트코인의 가치에 대해서는 다루지 않았다. 나카모토가 고안한 시스템은 비트코인의 총량을 미리 정해두었다. 채굴 활동의 보상으로 제공되는 비트코인에서 화폐를 배분하기 위해 번뜩이는 방법을 찾아야 했다. 따라서 보상에 지급되는 화폐의 양을 4년마다 반으로 나누는데, 영어로 이 시기(또는 사건)을 '반감기'(the halvening)라고 부른다. 지난 반감기는 2016년 7월에 이루어졌다. 이 모델에 따라 비트코인이 탄생한 후 첫 4년 동안에는 각 채굴 보상 가격이 50BTC였다. 반면 2016년 여름 반감기가 일어나기 전에는 25BTC, 그리고 현재는 12.5BTC로 이 가격은 향후 3년 몇 개월 동안 유지된다. (이 책은 2017년 5월에 발행되었다―옮긴이)

대안 금융 시스템이 가능하다

비트코인 시스템은 금융 거래의 신뢰성을 탈중앙화한 장치다. 중앙집권형 감시처가 존재하지 않기 때문에 시스템을 파괴하기가 '어렵다'(불가능하다는 표현을 피하고자 '어렵다'를 선택했다). 오늘날 비트코인을 채굴하려면 매우 성능이 좋은 기계가 필요하지만, 채굴력의 50퍼센트 이상이 중국의 채굴장에 집중되어 있다. 비트코인 중단은 불가능할 것이다. 각 채굴자가 분산된 거래장부(덩어리를 잇달아 연결한 사슬)의 복사본을 소지하고 있기 때문이다. 그러므로 비트코인은 어느 곳에도 존재하고 있지 않으면서 어디든지 존재한다고 말할 수 있다.

또한 비트코인 공공경영을 둘러싼 경쟁자들도 나타났다. 먼저 비트코인을 법적으로 규정하는 문제는 (매우) 격한 토론을 불러온다. 어떤 법은 비트코인을 재화(財貨)[26]로 여기지만, 반면 다른 법들은 비트코인을 화폐[27]로 여겼다. 만약 비트코인을 본격적으로 화폐로 인정한다면, 우리는 비트코인에 모든 국가 화폐에 적용되는 것과 같은 규제를 적용하고, 비트코인 관리 기관들을 설립해야 하는 기괴한 상황에 부닥칠 것이다. 2020년 우주여행을 목표로 하는 것이 차라리 더 현실적이다.

그러나 비트코인을 어떻게 규정하는가와 상관없이, 공공경영의 문제는 여전히 남아 있다. 비트코인의 특성을 고려했을 때, 비트코인은(또는 그 외 수천 종류의 암호 화폐는[28]) 채굴자들의 결정에 종속될까, 소프트웨어 개발자의 결정에 종속될까? 채굴자들이 비트코인을 채굴하지만 개발자 없이는 어떤 것도 존재하지 않는다. 그리고 반대로 개발자들이 소프트웨어를 만들어도 이용하는 사람 없이는 그들의 노력이 진정으로 의미 있다고 말하기 어렵다. 이 고찰의 범위를 더 넓히면, 우리는 채굴자와 개발자 방정식에 더 넓은 의미의 생태계를 포함시킬 수 있다. 사실 비트코인 생태계 안에는 개발자와 채굴자만 존재하지 않는다. 애플리케이션 개발자들(지갑, 결제 플러그인 등)과 환전 시장들도 이 공동체의 대등한 당사자들이다. 그렇다면 어떤 결정을 내려야 할 때, 누가 그리고 어떻게 이 결정을 내릴 수 있을까? 투표가 한 방법이 될 수 있으나 신뢰 위임의 문제 등 여러 문제가 있다. 따라서 금융 시스템을 탈중앙화하고 금융 거래 중개를 폐지하는 일은 소프트웨어를 넘어서는 문제다.

그러므로 우리는 전자 화폐가 비트코인인지, 모네로(monero)인지, 이더(ether)나 이캐시든지에 상관없이, 한 거래자에서 다른 거래자로 중개자 없이 (화폐) 가치를 전송할 수 있도록 하는 여러 전자 공학적 프로토콜과 마주하고 있다. 안드레아 안토노풀루스(Andreas Antonopoulous)[29]가 말했듯이, 중개자 없는 금융 거래는 민중에 의한 그리고 민중을 위한 새로운 금융 시스템이다. 암호 화폐의 공공경영에 어떤 중앙 권력이 간섭하지 않는 가운데, 모든 이용자가 참여하면서 아무도 참여하지 않는다. 더 넓은 의미에서 암호 화폐가 만드는 전자 캐시는 블록체인 기술을 적용한 수많은 사례 중 하나일 뿐이다. 우리는 투표 시스템, 공증서 및 투자 펀드를 대신하는 장부 등에 블록체인이 적용되는 사례도 볼 수 있다. 이미 미래는 탈중앙화한 듯하다.

책을 이어가기에 앞서 간단한 미래 예측 연습을 하려 한다. 비트코인은 결국 국가 화폐를 대신할 것인가?

그렇다!

오늘날 점점 더 많은 상점이 비트코인 결제를 승낙하고 여전히 더 많은 협회가 비트코인을 이용한 기부 시스템을 운영하고 있다.

애플리케이션은 점점 더 사용하기 쉬워진다. 당신의 비트코인 지갑 덕분에 QR 코드를 스캔하면 파리 중심가 선술집에서 맥주 한 잔을 살 수 있다. 그리고 비트코인 결제만 이용하면서 열여덟 달 동안 세계 여행을 하는 사람도 있다.[30] 2020년을 내다보면서 상상 속에 빠지는 것도 쉽게 할 수 있다. 우리는 중개 수수료를 절약한 덕분에 풍요를 누릴 것이다. 스마트 냉장고는 스스로 QR 코드를 스캔하면서 장을 보고 토스터는 글루텐 없는 빵을 굽고 커피까지 내린다.

더 현실적으로 주요 비트코인 사용자 수를 예상할 수 있다. 비트코인의 주요 수요자들은 바로 기본 금융 서비스 접근성을 지니지 못한 이들이다. 서유럽 지역에서 직장과 아파트 그리고 은행 계좌가 하나 또는 여러 개 있는 사람은 금융 서비스 접근성에 아무 문제가 없다. 그러나 전 세계 수십억 명, 즉 인류의 절반에게는 기본 금융 서비스가 아직도 절실한 문제다.[26] 인터넷 접속 휴대전화 사용으로 금융 서비스에 취약한 인구가 탈중앙화 된 금융 서비스를 받아들일 가능성이 크다. 게다가 경제 이민자들이 자국으로 보내는 송금 시장 규모도 거대하다(대략 5,000억 달러, 약 600조 원 추정).[31] 어느 것도 확실히 옳거나 그르다고 판단할 수 없으나 분명 특정 틈새 시장을 개발하고 비트코인을 송금 방식으로 선택의 폭이 늘어날

---

26 http://www.mckinsey.com/industries/financial-services/our-insights/
counting-the-worlds-unbanked (단축 https://is.gd/xFQ8bw) 세계은행은 2011년에서 2016년 사이 해당인구 수가 25억에서 20억으로 감소했다고 밝혔다.
https://www.weforum.org/agenda/2016/05/2-billion-people-worldwide-are-unbanked-heres-how-to-change-this (단축 https://is.gd/ulIVqg)

것이다.[32] 이 상상의 나래 위에 애플리케이션으로 녹색 에너지(혹은 일조) 생산을 관리하고, 카풀 무인 자동차가 당신을 사무실과 중개인 없는 영업장에 데려다주는 장면도 그려보자. 지금은 마치 공상과학 소설의 한 장면 같을 것이다. 그러나 에밀 졸라(1840~1902) 시대를 살았던 사람에게는 21세기가 공상과학이 아니었을까?

아니다!

화폐는 셀 수 있는 단위, 거래 수단 그리고 가치 저장 수단이라는 기본 조건을 갖추어야 한다. 그러나 비트코인은 아직 이 수준에 다다르지 못했다. 게다가 비트코인이 지닌 투기성[33], 화폐 기저에 깔린 이데올로기적 동기와 그 동기를 완전히 변질시킨 소비적 성향을 비난할 수 있다. 아마도 비트코인은 이캐시와 그 외 과거 시도와 함께 역사의 뒤편으로 사라질 것이다. 이캐시와 마찬가지로, 블록체인을 둘러싼 노이즈 마케팅으로 은행들은 비트코인보다 성능은 떨어지지만 자기 영향력을 강화할 수 있는 경쟁 화폐를 만들어낼 것이다. 오늘날 비트코인으로 결제하기가 쉬워졌다고 해서 비트코인 사용자 수가 충분히 늘어날 가능성은 거의 없다.

다시 우리의 중심 주제로 돌아가자. 비트코인이 현 금융 시스템을 깊숙이 그리고 지속해서 바꾸는 데 성공할 것이라는 생각은 지금으로써는 완전한 상상일 뿐이다. 그러나 비트코인을 이용한 금융 거래는 여전히 많은 지지를 받고 있으며, 비트코인의 단순한 화폐 역할 뒤에 다른 무엇인가가 있다는 점은 점점 더 많은 이들이 이해하고 있다. 또한 우리는 다크웹과 다크넷이 정치적 동기에서 시작되었고 조직되었음을 알고 있다. 대안 화폐를 사용해 상업 거래가 가능하고 배움과 창작을 지속할 수 있는 다크넷과 다크웹은 외부에서 일어나는 일들에 신경 쓰지 않으면서 바깥세상과 동시에 존재할 수 있는 평형 세계의 도래를 뒷받침한다. 우리가 언더그라운드 문화에 동의하든 동의하지 않든 상관없이, 다크웹상에서 존재하는 공동체와 그 공동체가 실천하는 행위들은 우리의 '밝은' 세계를 반영한다.[27] 그렇다면 우리는 베르나르 데브레 의원이 신용카드로 코카인을 샀던, 가장 인기 있는 다크웹에서 도대체 무엇을 발견하게 될까?

---

27 Jamie Bartlett, *The Dark Net - Inside the Digital Underworld*(2014). 이 책은 매우 광범위하게 다크웹을 다루고 있는데, 특히 여러 실천사항에 관심을 두면서 기술적인 부분은 확연히 적게 할애한다. http://www.jamiebartlett.org/the-dark-net/

8장

'양파의 땅'으로
떠나는 여행

앞서 보았듯이, 주요 동기가 정치적인 다크넷이 다수 존재한다. 그곳에는 실제로 무엇이 있을까? 다크넷 속으로 모험을 떠나보자. '다크넷'이라는 상투적인 이미지에 대해서도 탐구할 것이다.

어떻게 다크웹에 접속하지 '않을' 수 있지?

만일 당신이 "다크웹 접속법"에 대해 검색 엔진에 질문하면, 엉뚱한 답변이 나올 가능성이 높다. 먼저 우리가 앞에서 명확히 정의했던 개념들('딥 웹', '다크넷', '다크웹')이 프랑스어에서는 서로 대체 가능하게 사용되는데, 이는 매우 큰 오류다. 상투적인 오류를 바로잡아보자.

　한 인터넷 사이트[34]에서는 "오버레이 네트워크는 처음부터 공공 네트워크와 분리되었고, 오늘날 다크넷은 일반적으로 규격에서 벗어난 소프트웨어, 프로토콜, 포트, 설정을 사용해 인터넷 네트워크에 접속한다"라고 설명한다. 이 사이트에 따르면 오버레이 네트워크는 표준과 관계가 없다! 그렇다면 당신이 스카이프를 사용하거나 유선 전화를 사용할 때 전개되는 기술들이 "규격에 맞지 않는다"는 말이 된다. 게다가 오버레이 네트워크의 시조가 시작되었을 때에 "공공 네트워크"는 존재하지도 않았다.

　이 글에 삽입된 동영상[35]에는 큰 결함이 몇 개나 있다. 이 동영상은 웅장한 배경음악에 음모론적인 분위기의 어두운 이미지'를 허술하게 편집했다. 그리고 극적인 배경 음악이 흐르는 중에 웹브라우저가 콘텐츠를 분류한다고 설명하고, 비트코인에 관해 이야기하는 중에는 검은 페이지 위에 코드가 입력된 화면을 보여준다.[2] 사이트를 보는 내내 소름 끼치는데, 특히 "엄청나게 위험하다"라고 설명하면서 보여준 코드가 실제로는 한 웹 페이지 디자인이었다.

1　게다가 동영상을 구성하는 이미지에는 저작자를 밝히지 않았다. 창작자를 명시하지 않음으로써 저작권 침해와 복제법 위반이 될 가능성이 있다. 그런데 사이트 이용 약관은 사이트 내 모든 콘텐츠가 사이트 운영자의 소유라고 명시하기까지 했다. 동영상을 제작한 이가 '다크넷'에서 수많은 복제품을 찾을 수 있다고 이야기하지만, 그 사례를 보려고 굳이 다크웹까지 힘들게 접속할 필요가 없는 셈이다.

2　최근에 누군가가 트위터에서 농담했듯이, 배경이 검은색 웹 페이지로 구성된 웹이 다크웹은 아니다.

또 다른 주목할 만한 사례로 넘어가기 전에 앞에서 언급한 인터넷 글이 제안하는 두 의견을 살펴보자. 이 글은 '일반 웹'에 접속해 있다면 토르를 사용하지 말 것과 비트코인 사용이 "분명 불법"임을 주장한다. 이유를 알 수는 없지만, 글쓴이는 토르를 일상 웹 서핑용으로 사용하지 말 것을 강력하게 종용한다. 웹 페이지를 방문할 때는 사생활을 보호해야 하는 것이 맞다. 그렇다면 글쓴이의 생각은 기괴하다. 사실 일상에서 토르를 사용하는 일은 전혀 이상하지 않다. 웹상에서 익명으로 서핑하면서 인터넷 제공업체가 당신이 방문한 웹 사이트뿐만 아니라 서핑 경로를 알아내지 못하게 하는 것이기 때문이다. 일상에서 토르를 사용하지 말라는 조언은 비트코인에 대한 의견만큼 부적합한 것이다. 사실 비트코인을 추가 결제 수단[3]으로 도입하는 오프라인 및 온라인 판매자 수가 계속 증가하고 있고, 많은 협회가 일부를 은행 수수료로 지출하지 않고 전체 금액을 다 받기 위해 기부금을 비트코인으로 받는다. 그리고 다른 국가와 마찬가지로 프랑스에서도 비트코인 수입을 신고하고 수익에 대한 세금을 낸다.

또 다른 어처구니없는 주장들을 들어보자. "걱정 없이 서핑할 수 있는 웹과 좀비 웹 사이트들이 우글거리는 웹 사이에는 경계가 있다. 딥 웹은 전체 웹의 80퍼센트 이상(양적인 비율이 아니라 정보가 집중된 정도다)을 차지한다. 80대 20 자연법칙에 따라 20퍼센트의 정

---

3 그 예시로 다음 지도를 참고하라.
https://coinmap.org/

보가 우리 삶의 80퍼센트에 영향을 끼친다."[36] 글쓴이에게 딥 웹은 평판이 나쁜 장소이면서도 풀리지 않은 미스터리에 관한 여러 해결책이 넘치는 장소이기도 하다.

> [그곳은] 기자재를 '쉘 폐쇄 시스템'으로 변형해야 접근할 수 있다. 이 지점에서 정말 심각해진다. 이 부분은 실험 기자재에 대한 정보(양자전자공학 가돌리늄-갈륨-가닛 프로세서)뿐만 아니라 숫자 13의 법칙, 제2차 세계 대전 동안 이루어진 실험, 전설의 섬 아틀란티스의 위치까지 담고 있다.[37]

가장 재미있는 부분은 마지막에 등장한다. 정말로 "깊숙한" 곳까지 가기 위해서는 "'Polymeric falcighol derivation'만 있으면 되는데, 간단히 말하자면 양자 정보이다"라는 것이다. 이 내용은 모두 인터넷에서 찾을 수 있는 다크웹에 대한 (왜곡된) 정보[38] 위에 세워진 허구로 널리 퍼져 있다. 전설에 따르면 다크웹에서 2차 세계 대전과 관련된 비밀뿐만 아니라 교황청 비밀문서[38](늘 반복되는 프리메이슨을 둘러싼 음모론), 세계 강국의 정보기관 문서 저장소[39] 또는 매우 강력한 여성 인공 지능 부대—매우 여성 친화적인 상상이다—의 작전 기지[40]에 대한 정보까지 얻을 수 있다.

그렇다면 다크웹에 접속하기가 어려울까? 꼭 그렇지만은 않다. 그러나 진짜 물어야 하는 질문은 이것이다. 당신은 안전하게 다크웹을 활보할 수 있을 정도로 충분히 편집광적인 성향을 지니고 있는가? 이번 장의 마지막 부분에서, 나쁜 결과를 가져올 수 있는 행동을 떠올리고 예방하려면 어느 정도의 편집광적인 요소가 필요함을 이해하게 될 것이다.

사실 다크웹 접속은 그리 어렵지 않다. 웹상에서 기술적인 각 단계에 대한 좋은 자료를 여러 언어로 쉽게 찾을 수 있다. 책에서 이 부분을 자세히 기술하지 않는 이유는, 디지털 기술과 보안 분야에서 종이책은 꽤 빨리 구식이 되기 때문이다. 그렇기 때문에 이 책에서는 닷어니언 사이트에 접속하기 위해 어떤 기술적인 작업을 거쳐야 하는지 설명하지 않기로 했다. 실제로 가장 중요한 점은 서핑중 갖추어 나가야 할 당신의 태도이다. 우리는 하룻밤 사이에 보안 전문가가 될 수 없다.

(그렇게) 어둡지 않은 인터넷의 깊은 구석

앞에서 살펴본 다크웹에 대한 상투적인 이미지로부터 여러 고찰이 가능하다. 다크웹에서 어떤 정보를 얻을 수 있을까? 우리는 전체 인터넷의 90~96퍼센트가 '빙산 아래'에 있다는 글을 자주 읽는다. 또한 "딥 웹은 색인되는 웹보다 500배 더 크다"는 말도 있다.[41] 아, "때려 맞추는" 습관은 이제 그만두자. 끈질기게 살아남아 있는 우스꽝스럽고 위험한 몇 가지 거짓말을 깨뜨려보자.

콘텐츠 양의 비율에 관한 다크웹 대 "밝은 웹"의 대결은 무의미할 뿐만 아니라 틀린 대결이다. 콘텐츠 양을 비교하면서 어떤 콘텐츠와 다크웹이 대상인지, 어떤 순간에 무엇을 비교하는지를 절대로 특정할 수 없기 때문이다. 우리가 일반적으로 생각하는 수준보다 콘텐츠는 훨씬 더 유동적이다. 사이트는 하루아침에도 완전히 사라질 수 있다. 그리고 경찰이 원(元) 사이트를 폐쇄하라고 명령했지만, 두 번째, 세 번째 등 여러 버전으로 탈바꿈하면서 끈질기게 살아남는 사이트도 있다(특히 아래에 다시 다루게 될 온라인 장터들). 또 어떤 웹사이트는 단지 몇 시간 동안만 운영되기도 한다. 그리고 같은 웹사이트가 복제되어 여러 복사본이 동시에 존재할 수도 있는데, 웹 콘텐츠 양에 대한 토론에서 복제 사이트 문제는 거의 언급되지 않는다. 마지막으로 당신은 '밝은 웹'상에서 최근 존재하는 사이트 양을 정확하고 체계적으로 측정하는 방법을 본 적이 있는가? 아, 금시초문인가? 마찬가지로 다크웹상에 존재하는 정보의 양을 명확하게 밝혀내기란 불가능하다.[42]

　　토르에 숨겨진 서비스(Hidden Services)는 확장명 닷어니언(.onion)으로 알아볼 수 있는데, 이 서비스는 토르를 이용해서만 접속할 수 있다. 토르 서비스는 전 세계에 걸쳐 많은 양이 존재한다.[43] 토르 프로젝트[44]에 따르면 닷어니언 노드의 양은 5만 개에 조금 못 미치는데, 이 노드들을 이용해 다크웹상에 웹 사이트, 블로그나 통신판매 사이트를 만들 수 있다. 그렇지만 5만 개라는 숫자는 그렇게 중요하지 않은데 숫자를 통해 알 수 있는 정보가 적기 때문이다. 토르 내에서 닷어니언 서비스가 차지하는 트래픽의 비율을 이해하는 것이 더 중요하다. 토르 프로젝트에 따르면, 토르가 실행하는 전체 트래픽에서 숨겨진 서비스는 5퍼센트 이하다. 그리고 이 숨겨진 서비스 중에 단지 일부분만 명백하게 불법적인 활동(아동 음란물, 폭력, 마약)

과 관련 있다. 사실 다크웹은 그렇게 매력적이지도 불건전하지도 않은 셈이다.

다크웹은 단지 범죄의 소굴일까?

닷어니언을 조금 더 자세히 살펴보자. 닷어니언은 누구나 만들 수 있는 플랫폼으로 다양한 애플리케이션을 실행할 수 있다. 숨겨진 서비스의 URL 주소라고 할 수 있는 닷어니언 이름은 숫자와 알파벳을 혼합한 열여섯 자로 이루어지고, 사용되는 개인키/공개키 짝을 기본으로, 자동으로 형성된다. 그리고 실제 단어를 이용해 주소를 만들 수도 있다. 다른 이들이 만든 숨겨진 서비스는 손쉽게 이용할 수 있는데, 예를 들어 숨겨진 페이스북을 이용하려면, 무(無)에서부터 만들어내는 것이 아니라, 이미 존재하는 서비스를 이용하기만 하면 된다(숨겨진 페이스북은 facebookcorewwwi.onion로 접속할 수 있다).

닷어니언은 웹 사이트와 인스턴트 메신저 소프트웨어[4], 그리고 이메일 서비스를 호스팅한다. 존재하는 서비스는 매우 다양하다. 실

---

4 인스턴트 메신저의 예로 리코쳇(Ricochet)을 들 수 있다. 리코쳇은 탈중앙화 된 기능을 지니고 있는데, 소프트웨어를 설치한 컴퓨터에 서비스를 생성하지만 .onion 은 생성하지 않는다. 리코쳇을 사용하면 인터넷에 접속한 이용자들을 찾아 그들에게 메시지를 전송할 수 있다. 이 과정이 완전히 투명하다. 리코쳇 사이트를 참고하라. https://ricochet.im/

제로 아동 음란물 사이트나 무기와 마약을 판매하는 사이트가 있지만, 위키피디아 복제 사이트, 소셜 미디어, 미래의 내부 고발자가 글을 쓸 수 있는 플랫폼 같은 수많은 종류의 서비스도 존재한다. 또한 다양한 주제에 대한 정보 사이트들, 비트코인의 변화에 대한 사이트에서부터 인디 음악을 송출하는 독립 라디오까지 사이트가 넘친다.

그러므로 다크웹은 인간 사회를 그대로 반영한다고 말할 수 있다. 인터넷 밖에 폭력이 존재하듯, 일반 웹과 다크웹에도 폭력은 있다. 당신이 온라인상에서 악당을 찾아내기가 어렵다고 생각한다면, 생각을 바꾸어야 한다. 온라인에서 아동성애자들을 쫓아내는 것은 범죄자를 찾아 파리 시내 아파트 전체를 뒤지는 일보다 한결 쉽다. 경찰을 대표하여 다양한 사람과 대화하면서 이 사실은 더욱 확실해졌다. 한 장소에 용의자가 모여 있는 경우가 더 쉽다는 것이다. 다크웹상에서 일어나는 경찰 수사와 작전, 특히 실크로드(Silk Road) 사례에 대해서는 뒤에서 다룰 것이다.

그렇다면 그다지 매력적이지 않음에도 많은 환상을 낳는 다크웹이 지닌 해로운 점은 무엇일까? 다양한 연구가 있지만, 어느 연구도 완벽하지 않다(완벽할 수도 없다). 테르비움 랩(Terbium Labs)[45]의 최근 연구에 따르면 연구 대상으로 선정된 400개 사이트 중 50퍼센트 이상의 콘텐츠가 합법적이었는데, 블로그, 요리법, 디자인, 발기부전에 대한 대화 등 일상적인 내용을 담고 있었다. 사실상 불법 콘텐츠의 45퍼센트가 처방전이 필요한 의약품(물론 다크웹에서는 처방전 없이 판매된다)과 불법 화학 물질을 포함한 마약 판매와 연관이 있었다. 이 연구에서 무기 판매는 찾아내지 못했고, 아동 음란물 사이트(불법 콘텐츠의 3퍼센트)가 불법 콘텐츠 목록에 포함되어 있었다.

또 다른 한 연구는 사이트 2,700개[46]를 분석했다. 이 연구에서는 대상 사이트의 약 57퍼센트가 불법 활동의 장이라고 결론 내렸다. 그러나 이 연구에는 다수의 결함이 있다. 먼저 연구가 이데올로기적으로 매우 편향되어, 논문을 읽는 중에 사이트 분류를 의도적으로 한 것은 아닌지 때때로 의심하게 된다.

민간 또는 공공 기관의 지속적인 정보 수집에 대비한 암호화와 익명성 역할에 관해서는 공개 토론을 열 필요성이 충분히 있다. 그런데 위 연구가 보이는 암호화에 대한 입장은 단순하고 비과학적인데, 논문의 입장을 한마디로 요약하자면 "암호화는 나쁘다"는 것이다. 이러한 이분법적인 관점은 연구의 질을 떨어뜨린다.

또한 연구 방법론 면에서 보자면, 논문에서 분류 기준이나 데이터를 확인할 방법이 없다. 따라서 연구 대상이 된 사이트 중에 복제 사이트는 몇 개가 있는지 알 수 없다. 그리고 호스팅 서비스 제공자와 같은 다른 특징에 대한 조사도 누락되었다. 다크웹에서 어떤 종류의 사이트가 존재하는지를 연구하려면 복제 사이트 문제에 유의해야 한다. 일반적으로 사이트 복제본이 존재하기 때문이다. 사기를 치기 위한 함정으로 이용하려고, 또는 일손을 쉽게 덜기 위해 합법적인 사이트를 복제할 수 있다. 또한 HTTP 사이트의 수만 계산하고 분류하는 방식도 문제이다. 무시할 수 없는 수의 사이트와 서비스가 HTTPS를 사용하기 때문이다.

마지막으로 이 논문은 연구 결과를 바탕으로 정치적 사례 연구를 하지만, 닷어니언 사용 사례를 과대 해석하고, 자칭 범죄 사이트 소유자에 대한 실제 조사를 충분히 하지 않은 실수를 범했다. 뒤에서 보겠지만, 어떤 호스팅 서비스 제공자가 사이트 운영과 관련되었는지를 알아낼 수 있고, "밝은 웹"상의 정보를 다크웹 사이트 정보와 연관시킬 수 있다.

여기 예를 하나 들어보자. 사이트 다섯 개가 각각 다른 이름과 모양으로 존재한다. 그런데 이 다섯 사이트는 모두 같은 상품을 판매한다. 그리고 만약 한 단체가 이 다섯 사이트를 운영한다는 사실을 알았다면, 이 사이트들을 여전히 각기 다른 다섯 개 사이트로 여겨야 할까 아니면 한 단체로 여겨야 할까?

이 예시는 "다크웹 대부분이 범죄 활동에 사용된다"라고 속단하는 진술 안에는 이해할 만한 논거가 없다는 사실을 보여준다. 따라서 불법 서비스 운영에 관한 연구에서, 배경 연구 없는 숫자는 그 어떤 흥미도 끌지 못한다.

다크웹: 몰매 맞는 봄의 제전

우리가 생각했던 것보다 다크웹의 콘텐츠가 그렇게 위험하지 않다면, 다크웹 속에는 도대체 뭐가 숨어 있을까? 궁금한 것이 있는가? "밝은 웹"에는 쿼라닷컴(Quora.com, 사용자들이 질문하고 답변하는 질의응답 웹 사이트—옮긴이)이 있고, 다크웹에는 히든앤서스(Hidden Answers)가 있다. 페이스북 사진에 "좋아요"를 누르고 싶은가? 아무 문제없다. 다크웹에도 페이스북이 있다.

정보 사이트를 읽고 싶은가? 그런 사이트도 많고, 블로그, 정당 사이트 등 다양한 읽을거리도 있다. 우리는 아주 다양한 책, 케케묵은 것, 흥미롭지 않은 것, 천재적인 것, 금지된 것들을 무료로 내려받거나 구매할 수 있고, 독서 클럽에도 가입할 수 있다(실크로드는 원래 독서 클럽이었다).

유명한 발레 '봄의 제전'을 작곡한 이고르 스트라빈스키의 몇 천 장 되는 아카이브 문서나 시(詩) 전문 사이트와 같이 개인 취향이 반영된 사이트도 있다. 한쪽에서 한 사이트가 "안티-해리포터 극단주의자" 사이트라고 주장하는 동안, 다른 사이트는 디즈니 만화영화 〈정글북〉의 등장인물 곰 발루를 주인공으로 삼아 이야기를 창작한다. 또 한 라디오는 "사랑을 나눌 때를 위한 음악"을 들려주고, 한 대학생이 만든 인터넷 TV는 파리 카타콤 안에서 사람들을 따라다니는 핸드홀드 카메라가 찍은 다큐멘터리의 한 장면처럼, 미국 대학교 지하 터널을 배회하는 모습을 보여준다. 그리고 처방전이 있어야 살 수 있는 의약품을 의료 보험 혜택을 받지 못하는 이들이 일반 약국보다 저렴한 가격으로 구입할 수 있는 사이트도 있다. 게다가 체벌과 관련된 대화를 나누는 게시판까지 존재한다.

주제가 무엇이든 간에 다크웹에는 한 이용자만 있는 것이 아니라 이 주제 또는 저 주제에 열광하는 실제 공동체가 존재한다. 다크웹에 반지르르한 사이트도 많지만, 대안 문화, 공유와 창작의 양성소도 있는데, 다크웹에 관심이 있다면 이런 특징에 유념해야 한다. 따라서 다크웹에 존재하는 공동체들이 큰 관심을 받지 못하고, 대신 두려움과 끔찍한 상상을 부풀리는 소문만 무성한 현실은 정말로 아쉽다. 다크웹에 대한 괴소문에는 어떤 것들이 있을까?[47]

"붉은 방": 환상 또는 현실?

당신은 레드 룸(Red Rooms), 끔찍한 "붉은 방"에 대해 들어본 적이 있는가? 소문에 따르면 붉은 방에서 고문, 성폭행, 살인을 라이브로 찍는다고 한다. 한마디로 고어(gore) 스트리밍 동영상이다. 전설에 따르면 레드 룸에서 차례대로 현대 검투사들이 서로를 죽이는 장면, 성폭행, 살인, 동의하지 않은 사람의 장기 '기증' 수술 등을 보여준다고 한다. 그리고 레딧 등 인터넷 게시판에서 신입 회원은 이 병적인 환상을 만족시키려고 애쓴다.[48]

레드 룸은 실제로 존재하지 않는다. 이 부분은 동의하고 가자. 그런데 다수 누리꾼과 유튜버들[49]이 레드 룸을 보았다고 이야기한다. 그러나 레드 룸은 결국 많은 이들이 믿지만, 실제로는 아무도 본 적이 없는 산타 할아버지 같은 존재다.

2015년 8월, 레드 룸에 대한 열광이 갑자기 시작되었다. 어떤 이가 베이컨 룸(Bacon Room) 개시를 주장했는데,[50] 이 "붉은 방"에서 이슬람 국가 IS 조직의 테러리스트들이 고문 받고 살해될 것이라 예고했다. 그는 IS 조직원 일곱 명을 비밀 방에 가두었고, 2015년 8월 31일, 다크넷 이용자들이 지켜보는 가운데 일곱 명의 테러리스트를 고문하고, 살해할 것이라고 주장했다. 게다가 스트리밍이 무료로 제공된다고 예고했다. 그런데 라이브 스트림(실시간으로 송신되는 이미지 흐름)이 시작되기 몇 분 전 사이트는 먹통이 된다. 얼마 후 화면에는 FBI 메시지가 뜨면서 사이트가 폐쇄되었다고 알렸다. 메시지가 사실이라고 확인할 만한 증거는 없다. 오늘날까지 아무도 실제로 무슨 일이 일어났는지 모른다. 어떤 이들은 FBI가 온라인에서 살인 동영상을 찾아보려는 사람들의 신원을 밝히고 체포하기 위한 '미끼'였다고 주장한다.[51] 아니면 교묘하게 준비한 장난이었을까? 그것도 아니면 한 번에 대규모로 악성코드를 퍼뜨리려는 시도였을까?[52] 진실을 아무도 모른다.

그런데 무엇이 존재하지 않는다고 증명하기란 불가능하다(증명을 시도하지 말라. 논리가 얽히고설킨다). 대신 레드 룸을 다루는 여러 사이트를 분석해보자. 이들 사이트에는 여러 공통점이 있다.

- 고문이나 살인 장면을 라이브 스트림으로 중개하겠다고 한다.
- 보여주기로 약속한 동영상을 보려면 상당한 금액을 결제해야 한다(주로 비트코인으로). 때때로 결제를 위한 새 창이 열리거나 다른 웹 서비스 창으로 전환된다.
- 일반적으로 메인 화면이 매우 '고어'스럽다. 공포 영화에서 가져온 핏자국, 시체 등의 이미지는 결제를 한 후 어떤 영상이 나올 것인지 짐작하게 한다. 가끔 메인 화면에 로그인 형식이 있기도 하다.
- 결제를 한 후 볼 영상의 예고편은 절대로 보여주지 않는다.
- 가끔 "특별한 소프트웨어"를 내려받고 설치하라고 요구한다.

몹시 나쁜 취향의 사기 수법임이 분명하다. 무엇보다도 상품을 확인할 수 없는 상황에서 상당한 금액을 먼저 결제하라고 요구하는 곳은 일단 무시해야 한다. 이것은 상식이다. 그렇다면 조금 더 기술적인 부분을 살펴보자. 위에서 설명했듯이 토르 트래픽은 자원자들의 컴퓨터를 거치고 거쳐서 전달되기 때문에 속도가 느리다. 토르의 느린 속도는 토르 프로젝트 사이트의 자주 물어보는 질문[53]에 설명되어 있다. 그렇다면 토르 인프라를 통해 전송될 스트리밍 동영상의 수준을 상상해보라. 프리넷과 I2P와 비교했을 때 토르는 그나마 빠른 편이다. 사이트에서 설치하라고 하는 '특별' 소프트웨어가 속도 문제를 해결해준다고 한다. 그러나 그렇게 하면 감염된 소프트웨어를 내려받을 위험이 매우 높다. 실제로 이런 종류의 소프트웨어가 감시 장치거나 랜섬웨어[5]일 가능성이 매우 크다. 그렇기 때문에 신중하게 결정해야 한다.

마지막으로 실제로 운영되는 레드 룸을 찾기 어렵다는 사실을 정당화하기 위해 어떤 이들은 접근이 금지된 장소에서 그런 사건이 일어난다고 설명하면서,[54] 그 예로 북한을 언급한다. 매우 창의적인 설명이라 믿어주고 싶은 마음이 들기까지 한다.

그러나 첫 번째, 어떤 사람이 북한에서 이런 비즈니스를 할 수 있겠는가? 두 번째, "피해자 조달" 시스템을 어떻게 만들 수 있을

---

5   이런 종류의 "특별 소프트웨어"는 '섀도 웹'(그림자 웹)이라는 또 다른 전설을 만들어냈다. 이 전설에 따르면, 섀도 웹은 인터넷의 '한 장소'로 레드 룸과 그 외 무리보다 훨씬 더 끔찍하고 어두운 장소다. 이런 허구적인 이야기를 하는 유튜버들이 아직도 있다.

까? 세 번째, 스트리밍하기 위한 충분한 인터넷 접속이 가능할까? 북한은 국민이 끊임없는 감시를 받는 끔찍한 독재 국가로, 인터넷 접속이 매우 엄격하게 제한되어 있다. 이러한 제약이 있는데도 북한에서 해냈다면 진정한 성공이라고 인정한다.

결론적으로 오늘날 "붉은 방"의 존재를 확인하는 그 어떤 납득할 만한 증거가 없다. 레드 룸과 같은 허구가 끊임없이 재생산될 정도로 다른 인간에게 저지르는 고문과 살인에 대한 '환상'을 일부 사람들이 갖고 있다는 이런 사실을 인정하는 게 무척 어렵고 불편할 뿐이다.

아동 음란물과 스너프 무비

지금부터 다룰 폭력적인 사이트들은 불행히도 허구가 아닌 실제로 존재하는 사이트들이다. 심신이 허약한 독자는 이 부분을 읽지 말라(다음 부분으로 바로 지나가라).

이제까지 들어왔던 많은 변명과는 달리, 아동 음란물 사이트는 '우연히' 마주칠 만한 데가 아니다. 아동 음란물 콘텐츠는 영화 소개 사이트나 위키피디아에서 볼 수 없다. 이 콘텐츠들은 일부러 찾고 찾아야 발견할 수 있다. 나는 실제로 아동 음란물 검색을 시도하지도, 보지도 않았기 때문에 아래 이어지는 이야기들은 관련 당국이 공개한 정보에 근거하여 기술한 것이다.

경찰은 다양한 작전을 실행해 아동 음란물 서비스 설립자와 운영자 여럿을 체포했다. 잔인함의 수준에 순서를 매길 수 있다면, 이들 범죄자 중에는 끔찍한 수준을 넘어선 더 지독한 부류도 있다. 일반적인 아동 음란물은 아동과 청소년이 명확하게 성적인 표현이 드러난 자세를 취하게 한다. 그런데 H2C 또는 H2TC(Hurt 2 the Core)라는 이름으로 알려진 아동 음란물 종류가 있다. "허트코어"(hurtcore)라고도 불리는 아동 음란물은 아동을 폭행하는 장면을 동영상으로 찍은 것이다. 그런데 우연의 상황에서 폭행하는 것이 아니라 의도를 가지고 준비한 방법대로 아동을 학대한다. 2014년 호주 경찰은 아주 인상적인 현장 검거에 성공[55]해 허트코어 분야에서 가장 유명한 조직망인 럭스(Lux)와 그 일당을 체포했다. 럭스(본명은 매튜 그레이엄, Matthew Graham)은 재판[56]을 받아 15년 징역형을 치르고 있다.[57]

호주 경찰의 수사 보고서에 따르면, H2C 조직망의 다수 사이트는 콘텐츠를 공유하고 교환하는 인터넷 게시판처럼 운영되었다. 또한 이용자들이 원본 콘텐츠를 제작하면(자신이 직접 아동을 학대하고 폭행한 동영상), 사이트의 비공개 페이지, 즉 완전히 미친 아동성애자를 위한 일종의 'VIP 공간'에 접속을 허용하는 방식으로 고객을 부른다. 가장 유명한 제작자는 호주인 피터 스컬리(Peter Scully)로 "데이지 데스트럭션"(Daisy's Destruction)[58] 시리즈를 제작한 것으로 알려졌다. 전설에 따르면 데이지는 아기 이름이다. 그러니 이 상황에서 다음에 이어질 이야기는 꽤 명확하다. 영아 실종 사건이 실제로 신고되기도 했지만, 루머를 확인해줄 만한 증거는 나오지 않았다. 호주 경찰이 아기 고문 동영상을 압수했고, 일부 어린이는 고문 전에 구출되어 가족 품으로 돌아갔다. 스컬리는 또 다른 제작 회사 '노리미트 펀'(No Limit Fun)를 설립해 유아 성폭행 콘텐츠를 제작해 편당 100달러에서 1만 달러에 판매했다고 한다.[59] 스컬리는 현재 재판을 기다리고 있다.

스너프 무비는 (주로 '포르노'로 분류되는) 독특한 영화 카테고리다. 이 영화에서는 남성 또는 여성이 성폭행을 당하고 살해당하는 장면을 보여주는 것으로 추정된다. 이런 종류의 영화를 제작하는 이유는 즐기기 위한 것이다. 이런 장르 따윈 없다고 확언하기가 쉽지 않다. 폭행을 녹화한 멀티미디어 영상은 이미 존재하기 때문인데, 그래도 살인보다는 성폭행 장면이 주로 녹화된다. 그런데 엔터테인먼트를 목적으로 찍은 살인 동영상을 실제로 본 사람은 아무도 없다. 그리고 FBI는 스너프 무비가 허구라는 견해를 유지하고 있다.[60]

성폭행 동영상인 경우 상황은 조금 더 복잡하다. 성폭행 동영상 콘텐츠 시장이 다크웹 외부에 존재하기 때문이다. 2016년 봄, 〈알자지라〉(영어판)가 진행한 탐사 취재에 따르면[61] 인도 우타르 프라데시주에서는 노점상에서 실제 성폭행을 고스란히 보여주는 DVD가 팔리고 있었다. 많은 경우 성폭력 가해자는 피해자가 자신을 고발하지 못하게 하는 협박 수단으로 동영상을 이용한다. 그 후 휴대폰 수리점에서 가해자가 휴대폰을 수리하는 과정에서 수리공들이 성폭행 동영상을 빼내 이를 유통하는데, 이 과정은 가해자와 피해자 모두 모르는 상황에서 일어난다. DVD 판매 이외에도 동영상은 모바일 메신저 왓츠앱(WhatsApp)을 통해서도 퍼진다. 따라서 성폭행 피해자에게 치명적인 2차 피해를 끼치는 동영상 콘텐츠가 끊임없이 유통되는 과정에 다크웹이 필요치 않음은 자명하다. 또한 우리는 두 사람이 서로 동의한 상태에서 성행위를 녹화한 리벤지 포르노가 웹상에서 유통되는 과정을 이미 살펴보았다. 미국에서 성행한 리벤지 포르노 동영상은 "밝은 웹"(일반 웹)상에서 퍼진다(페이스북, 대학생 게시판 등).

그러므로 특별히 폭력적인 콘텐츠를 찾기 위해 다크웹을 뒤지거나 과장되게 음산한 장면을 상상할 필요가 없다. 다크웹상에서 운영되는 대중 미디어 '딥닷웹'(DeepDotWeb)은 사이트 방문자를 대상으로 아동 음란물 사이트 운영자 인터뷰를 공개하는 데 찬성 또는 반대를 묻는 설문을 실시했다.[62] 다수의 '찬성'이 있었고, 이 콘텐츠가 확실히 광고를 끌어모을 수도 있었음에도 미디어 사이트는 이 인터뷰를 발행하지 않기로 한다. 사이트 발행자는 '반대'를 표명한 사람들이 더 설득력 있는 주장을 했고, "윤리적 모순"이 있는 상황 속에서 그렇게 결정을 내리는 데 도움을 주었다고 설명했다. 아동 음란물 사이트 운영자와의 인터뷰가 일부 방문자를 충격에 빠뜨릴 수 있다는 의견을 참작한 것이다.[63] 이후 딥닷웹과 BBC가 연락을 취했고, BBC가 관련 주제에 대한 리포트 기사를 사이트에 발행했다.[64]

청부 살인 업자: 베사 마피아 이야기

미국에서 매우 인기 있는 중개 사이트 크레이그리스트(Craiglist)에서 청부 살인 업자 구인을 시도한 이들이 있다. 짐작하듯이, 이 미숙한 청부인 이야기는 좋게 끝나지 않았다.[65] 또 다른 사례도 있다. 한 청소년은 자신을 성폭행 미수로 고소한 고등학교 동급생에 앙심을 품고 페이스북에서 500달러를 걸고 살인 청부를 한다.[66] 또 어떤 이들은 모피를 입는 사람들이 있다는 사실에 격분하여 페이스북에서 '동물 고문자'를 처벌할 청부 살인 업자를 모집한다. 그리고 청부 살인에 지원한 사람은 '운 없게도' FBI 요원이었다.[67]

다크웹이 불가사의한 주제를 다루는 만큼, 청부 살인 업자에 관한 이야기가 넘치는 것도 그리 놀랍지 않다. 청부 살인 서비스를 제공한다고 주장하는 다양한 사이트가 늘 있지만, 실제 일어나는 사건을 보면 이 사이트들이 모두 신용 사기[6]라는 사실을 증명할 뿐이다.

청부 살인 사이트에는 크게 두 부류가 존재하는데, 하나는 중개 사이트고 또 다른 하나는 사망 날짜를 예상하는 사이트다. 대금을 지급하면 청부 살인 업자를 찾아주는 첫 번째 종류의 사이트는 꽤 많이 존재하는데 대부분 사기에 가깝다. 크툴루(C'htulhu)와

---

6   신용 사기(scam, 신용 사기를 치는 사람은 scammer라고 한다)란 물품 및 서비스를 판매(제공)한다고 주장하지만, 거래를 끝내지 않거나 거래를 유용(流用)하는 소행을 말한다. 가령, 결제 후 레드 룸에 접속할 수 있다고 하거나, 컴퓨터 감염과 데이터 유출을 목적으로 "특별 프로그램"을 설치하라고 요구하는 경우를 들 수 있다.

언프렌들리 솔루션(Unfriendly Solutions) 등은 모두 가짜[68]임이 드러났다.[7]

　두 번째 종류의 살해 사이트는 짐 벨이 "암살 정치"라는 에세이에서 발전시킨 아이디어를 차용한다. "암살 시장"(Assassination Market)[69]이라는 이름의 사이트가 존재했는데, 포브스 같은 저명 미디어가 기사와 인터뷰를 싣기도 했다.[70] 이 사이트는 벨의 아이디어를 따르는데, 방식은 이렇다. 내기 하는 사람들이 이 세상을 떠났으면 희망하는 어떤 사람의 사망일을 예상하고, 건 돈은 비트코인 판돈 상자에 모인다.

　청부 살인자도 판돈에 참여할 수 있는데 살인이 성공했을 경우 사례금을 받을 수 있는 비트코인 지갑 주소를 제공해야 한다. 그리고 사례금을 받으려면 독립 정보원(미디어 등)이 해당 인물의 죽음을 공식 확인해야 했다. 이 사이트는 2014년 폐쇄된 이후 다시 개시되지 않고 있다.

　다크웹상에 청부 살인 중개 사이트가 넘쳐난다는 전설은 오랫동안 전해져 내려오고 있다. 그러나 시간 문제일 뿐 모든 사기는 밝혀질 것이다.[71] 2016년 4월, 청부 살인 서비스로 유명한 사이트 베

7　바로 subreddit /r/deepweb 운영자이면서 보안 전문가인 Deku-Shrub의 사례다. 다음을 참고하라.
https://pirate.london/assassination-scams-the-next-generation-16faccef578e (단축 https://is.gd/vDQvuq).
그는 폭로에 대한 보복으로 자동차가 불타는 장면을 배경으로 찍은 협박 동영상을 받았다. 또한 히든앤서스(Hidden Answers)의 두 관리자도 베사 마피아에 대한 의심을 표현한 후 비슷한 협박을 받았다.

사 마피아(Besa Mafia)가 공격당했다. 그리고 베사 마피아의 이면(데이터베이스, 저장 이메일 등)은 다크웹 이용자에게 속속들이 공개되었다. 흥미롭고 재미있기까지 한 베사 마피아 사례를 함께 살펴보자.

베사 마피아는 자신을 알바니아 마피아가 운영하는 청부 살인 대행 서비스라고 소개한다.[72] 선택 항목에 따라 가격이 달라지는데 살인을 "사고로 가장하기를 원한다면" 5~9천 달러이고, "기업 대표, 사업자, 유명인을 대상"으로 한 서비스는 3만 달러까지 오른다. 베사 마피아는 "밝은 웹"에서 화려한 마케팅을 하는데 특히 자칭 청부 살인 전문 사이트에 광고를 냈다.[73] 많은 사람은 이 플랫폼이 사기라고 폭로했고, 그런 폭로를 했다는 이유로 위협을 받았다.[8] 연구자의 관점에서 볼 때, 베사 마피아 사이트가 마약 시장에서 볼 수 있는 일부 영업 특성을 도입해 흥미롭다. 베사 마피아 사이트에는 특히 내부 채팅창, 자주 묻는 질문, 비트코인 관련 자료를 볼 수 있다.[9]

2016년 4월 23일, 베사 마피아 사이트가 해킹을 당해 데이터

8　관심이 있다면, 당신의 등골을 서늘하게 해줄 아래 링크의 글을 읽어보라. 글 속 인물은 자신이 베사 마피아 사이트 관리자라고 밝혔다.
https://pirate.london/besa-mafia-murder-for-hire-scam-exposed-following-hack-3e4d6bed3a33 (단축 https://is.gd/zchYPx).

9　이 자료가 실제로 베사 마피아의 웹 자료 저장소라고 확신하기는 어렵다. 그러나 누군가를 정교하기 속이기 위해 이렇게 공을 들여 만들었다는 것도 생각하기 어렵다.
https://skidpaste.org/xcGcx4JI.txt.

가 공개되었다.[10] 그렇다면 공개된 자료에서는 무엇이 드러났을까? 사이트 전체는 치밀하게 조직된 신용 사기일 뿐이었다. 일부 이메일을 보면, 사이트 관리자는 살인을 청부한 사람들에 대한 정보를 사법 기관에 전달하기도 했다. 베사 마피아 사이트의 사업 모델은 청부인을 우대하고 '밀실 회의'식 운영을 선호했다. 청부 살인을 수행할 '지원자'도 받았는데, 이는 알바니아 마피아 소속의 험악한 청부 살인 업자를 제공한다는 광고와 비교했을 때 이상한 부분이었다. 또한 이메일에서 자칭 '아동 사업'[74]에 관한 대화도 볼 수 있었다. 만약 구걸할 어린이를 찾는다면 "가난한 가정 출신의 못생긴 아동들을 4천 달러"에 제공한다는 것이다. 밝혀진 정보에 따르면, 베사 마피아 배후자들이 다른 사람을 위험에 처하게 하거나 신체에 해를 끼치는 폭력 범죄를 저지르지는 않은 듯하다. 베사 마피아 연대기는 다크 맘바(Dark Mamba)로 이어지는 것 같다. 다크 맘바 사이트는 "민간 군사 기업"으로 전 베사 마피아 관리자가 운영하는 청부 살인 서비스 제공을 한다고 소개한다.

---

10 불행히도 살상 무기 판매에 관해서는 다크웹에서 제한이 없다. 독일 일간지 〈슈피겔〉의 취재를 참고하라. 이 취재에 따르면, AFG Security가 슬로바키아에서 모조품을 실제 사용 가능한 무기로 수리해 판매했고, 이 중 무기 몇 개가 프랑스와 유럽 내에서 일어난 테러 활동에 사용된 것으로 추정된다. https://www.spiegel.de/international/europe/following-the-path-of-the-paris-terror-weapons-a-1083461.html (단축 https://is.gd/e4WTWU).

다크웹에서 무기를 살 수 있을까?

이제 무기 판매에 대한 소문도 다루어보자. 만약 당신이 레딧과 하부 게시판 딥 웹(/r/deepweb)[75]독자라면, 분명 "다크웹 어디에서 핵미사일을 구매할 수 있을까요?"[76] 같은 질문을 많이 보았을 것이다. 일단 답변부터 하자. "다크웹 어디에도 없다."

청부 살인과 마찬가지로, 무기 판매 분야에서 활동하는 사기꾼도 무시할 수 없을 만큼 많은데, 종종 이들의 위업을 소문으로 듣는다. 그중 사례 하나를 소개하자면, 비트코인 사기[77]를 당한 한 개인이 레딧 게시판에 법적 도움을 청했다(정말 대담하다!). 그의 이야기를 들어 보니, 비트코인으로 구입한 무기가 배송되지 않았다는 것이다(이 이야기가 실제 일어난 사건인지 주작인지 현재는 확인할 수가 없다). 게다가 자칭 사기 당했다고 주장한 인물은 미성년자로 드러났다. 다크웹에서 무기를 구매하는 행위는 무기 구매 시도, 온라인에서 암호 화폐로 무기를 결제하고 불법 무기를 미국으로 수입하려는 시도 등 다수의 죄목으로 구속당할 수 있는 위험한 일이다. 또 다른 이들이 군 지원을 준비하기 위해 무기 구매를 시도한 사례도 있다. 이 시도 역시 좋게 끝나지는 않았다.

불행한 일이지만, 실제 무기 판매상(중고 판매상)도 존재한다. 무기 판매 가격이 높다 보니 이 사업에 뛰어든 '경영인'이 있다. 예를 들어 한 독일 판매상은 고장 나거나 더는 사용할 수 없는 무기를 수거한 후 수리해서 판매한다.[78] 대부분 무기는 잘 작동한다. 한 리포트에 따르면 대다수는 1,000~1,500유로(약 130~200만 원)에 판매되는 작은 구경인데, 우체국 배송으로 구매자에게 배달된다. 그리고 무기를 판매하는 사람이 직접 마켓 플레이스를 운영하지 않는 사례도 있다. 무기 시장도 엄연히 존재하는데, 2013~2015년에 이들 무기상의 40퍼센트가 살상 무기 판매 활동을 한 것으로 추정된다. 무기 판매자를 거부하는 판매 시장도 당연히 존재하는데, 많은 경우 윤리적 이유 때문에 무기 판매를 거부한다.

경찰의 폐쇄 작전은 꽤 정기적으로 실행된다. 그 예로 FBI와 유럽형사경찰기구(Europol, European Police Office) 및 그 외 무기 관련 기관이 협력해서 실행한 "이름을 밝힌 작전"(Operation Onymous)을 들 수 있다. 이 작전은 2014년 불법 또는 위법 상품 판매 사이트 백여 곳을 폐쇄하면서 마무리되었다. 그러나 연구자들이 발표한 자료[79]에 따르면 작전의 성공은 지나치게 과대평가된 면이 있다. 폐쇄된 사이트 중 무시할 수 없는 수가 신용 사기 사이트나 중복된 복제 사이트였기 때문이다. 진짜 사이트를 계속 운영하기 위한 속임수일 수 있다는 뜻이다.

또 다른 작전으로는 경찰이나 FBI 요원이 고객으로 가장하거나 표적 사이트 웹 관리팀에 잠입[80]하는 작전도 있다. 아고라 사례의 경우, AK-47 및 그 외 화기를 판매했던 한 마켓플레이스를 주목할 만하다. 경찰이 여러 작전을 시행하자, 이 사이트는 무기 판매를 중단하기로 결정한다.[81]

판매 중단 이유는 판매의 어려움, (너무) 높은 상품 배송 가격, 그리고 다수의 사기 때문이었다. 시장 관리자와 중개인들이 더 많은 수고를 들이면서도 상응하는 대가가 없다고 판단한 것이다. 그러나 이러한 장애물이 있어도 다크웹상에서 살상 무기는 여전히 판매되고 있다.

그럼에도 무기 구매는 클릭 한 번에 "짠! 카라슈니코프 자동 소총 배송 완료!"라는 말처럼 쉽지 않다. 독일 기자들[82]은 한 프로그램의 생방송에서 자비로 무기 구매 시도를 하면서 이 사실을 깨달았다. 그들은 약 800달러를 잃었고, 결국 무기는 그들에게 배송되지 않았다.[83]

"사이버 용병"을 빌려드립니다

다크웹의 청부 살인 업자 이야기는 가짜이지만, 해커 대여 및 데이터 도난은 많은 다크웹 시장에 실제로 존재한다. 앞에서 언급했듯이, 상업적인 목적으로 불법 서비스를 제공하는 사이트 비율은 낮다(각 연구에서 열거된 서비스 중 2퍼센트 이하).

의뢰 고객과 하수인을 연결해주는 다양한 사이트가 있는데, 가장 유명한 사이트로는 더리얼딜 마켓(TheRealDeal Market), 다크코드(dark0de), 트로잔포지(Trojanforge)를 꼽을 수 있다. 또 상업적 목적으로 운영되는 공간은 아니지만, "헬"(Hell)과 같은 다수 인터넷 게시판에서 사례금을 조건으로 서비스를 제공하는 이들을 어렵지 않게 찾을 수 있다.

2015년 4월, 이전에 존재한 사이트를 뛰어넘겠다는 야망을 품은, 즉 제로 데이 취약점[11] 판매를 목적으로 하는 더리얼딜 마켓[84] 사이트가 문을 열었다. 앞에서 보았듯이 제로 데이 취약점이란 소프트웨어 개발자가 미처 발견하지 못한 보안 취약점을 말한다. 따라서 취약점을 채 보완하지 못하고, 이로 인해 보안이 약화된다.[12] 이 보안의 틈을 막지 않으면 제로 데이가 강력한 무기가 될 수 있다. 그러나 사업 모델 관점에서 보면 제로 데이 판매에만 의존하기에는 위험 요소가 많다. 제로 데이의 가장 큰 약점은 취약성의 정도에 달려 있다. 다시 말하자면 제로 데이 취약점이 어느 정도 공격에 취약한지 확인할 방법이 없다는 말이다. 취약성 정도를 확인할 수 있는 유일한 방법은 해당 소프트웨어에 대한 공격인데, 그렇게 하면 취약점이 누설되고 따라서 개발자는 보완 패치를 개발할 수 있다. 따라서 당연히 제로 데이를 활용할 수 없게 된다. 물론 보완 패

---

11 2012년, iOS(아이폰 운영 시스템)에서 작동하는 제로 데이 취약점이 25만 달러에 판매되었다.
https://www.forbes.com/sites/andygreenberg/%202012/03/23/shopping-for-zero-days-an-price-list-for-hackers-secret-software-exploits/. (단축 https://is.gd/Wja0x4).
2013년, 〈뉴욕타임스〉는 어떤 정부가 제로 데이 취약점을 50만 달러에 구매했다고 설명했다.
http://www.nytimes.com/2013/07/14/world/europe/nations-buying-as-hackers-sell-computer-flaws.html. (단축 https://is.gd/YA3HGL)

12 Gwern Branwen, Nicolas Christin, David Décary-Hétu, Rasmus Munksgaard Andersen, StExo, El Presidente, Anonymous, Daryl Lau, Sohhlz, Delyan Kratunov, Vince Cakic, Van Buskirk, & Whom. *Dark Net Market archives*, 2011-2015, 12 July 2015. http://www.gwern.net/Black-market%20archives

치가 적용되기까지 걸리는 시간[13]을 틈타 공격을 실행할 수도 있겠으나, 사실상 대규모 작전에 적합한 쉬운 방법은 아닌 듯하다. 2007년 다크웹에서 개시했던 제로 데이 시장 와비사비라비(WabiSabiLabi)가 영업을 중단한 사례가 바로 그 증거다.

그렇기 때문에 더리얼딜은 제로 데이 외에 악성 소프트웨어 소스코드와 "사이버 용병" 서비스를 판매할 의향을 보였다. 돈을 벌기 위한 수단으로 더리얼딜은 상상할 수 있는 거의 모든 상품을 제공한다.[14] 해킹 서비스와 도구 이외에도 자금 세탁, LSD, 유출한 계정 접속 정보 등이 사이트에 난잡하게 섞여 있는 것을 볼 수 있다.

더리얼딜 다크웹상에 존재하는 광범위한 커뮤니티가 지닌 역동성을 보여주는 흥미로운 사례가 있다. 사이트 개시 후 얼마 되지 않아, 다른 사이트[(85)]와 마찬가지로 더리얼딜도 저지하기 어려운 디도스 공격을 받는다. 이 공격은 몸값을 함께 요구했다. 공격을 멈추는 대가로 10BTC를 지급하거나, 몸값을 지급하지 않는 대신 공격을 감내해야 하는 선택의 갈림길에 선 것이다.

그러나 더리얼딜 관리자들은 제3의 선택을 했다. 바로 공격자 스스로 자기 꾀에 넘어가도록 하는 전략이었다. 공격자의 놀이에

---

13 이미 설치된 소프트웨어가 업데이트되었는지 정기적으로 확인하고 보완 패치를 실행해야 한다.

14 사이트 관리자의 인터뷰를 참고하라.
www.deepdotweb.com/2015/04/08/therealdeal-dark-net-market-for-code-0days-exploits/. 놀랍게도, 이 서비스에서 독싱(doxing)은 다루지 않는다. 그리고 여러 다른 전자상거래 사이트와 마찬가지로 아동 음란물을 엄격하게 금지한다.

넘어가는 대신, 관리자들은 피싱 전략을 세웠다. 가짜 사이트를 만들어 몸값에 관해 이야기하자는 핑계를 대면서 공격자가 가짜 사이트에 접속하도록 유인한 것이다.

유인 작전은 성공했다. 그래서 공격자가 남긴 접속 정보를 빼낼 수 있었고, 공격자 정보를 이용해 다크웹에 존재하는 타 전자상거래 사이트 계정에 로그인 시도를 했다. 사실 다른 경쟁 사이트들이 자기보다 잘나가는 사이트에 해를 가하려고 "사이버 용병"을 이용할 가능성을 높게 보았다. 이 작전은 성공적이었다. 공격자의 접속 정보로 '미스터 나이스 가이'(Mr Nice Guy)라는 이름의 소규모 사이트에 접속할 수 있었다. 이어 더리얼딜 관리자들은 공격자와 미스터 나이스 가이 사이트 관리자가 주고받은 메시지[86]에 접근했다. 메시지 내용에 따르면, 처음에는 피해자였던 미스터 나이스 가이 사이트 관리자는 공격자에게 경쟁 사이트 일곱 개를 공격해주면 사례를 하겠다고 제안한다. 미스터 나이스 가이는 경쟁 사이트 접속이 불통이 된 후 갈 곳 없어진 고객이 몰려오기를 기대한 것이다. 게다가 미스터 나이스 가이는 '먹튀' 사기(exit scam)[87]을 제안했는데, 고객들이 결제한 비트코인을 갖고 사라지는 수법이었다. 다크웹식 경쟁은 이처럼 매우 거칠다!

2015년 7월, FBI와 유럽 형사경찰 기구가 협력해 실행한 '오퍼레이션 셔라우디드 호리즌'(Operation Shrouded Horizon)의 여파로 다크코드(DarkOde) 사이트가 폐쇄[88]된 동시에, 더리얼딜이 며칠 동안 사라졌다. 그리고 더리얼딜이 재개되었을 때 관리자 4명 중 1명만이 (억류되지도, 어떤 범죄에도 기소되지 않은) 자유의 몸이 되었다. 다크코드[89]도 경찰 소탕 작전이 끝나지 얼마 지나지 않아 복구되었다. 2007년에 설립된 인터넷 게시판인[90] 다크코드는 정보 공유와 해킹 소프트웨어와 서비스를 제공하는 장소 중에서 가장 오래되고 명망 높은 게시판이자, 엘리트 "사이버 용병"이 모이는 곳이기도 하다. 가장 명망 높은 인터넷 게시판으로 꼽히는 이 사이트는 이용자를 선별한다고 알려져 있다. 연구자들은 여기에 유통되는 소프트웨어 종류보다는 이들의 사회학에 관심을 갖고 과학적 연구를 진행하기도 했다.[91] 이 연구는 현재까지 다크코드를 다룬 유일한 연구이며, 실제 데이터를 제시한다(전(前) 회원이 제공한 게시물 스크린 캡처 500건, 애플리케이션 300건 이상[92]을 인용한다).

다크코드는 신호 대 잡음비(Signal-to-noise ratio)가 높은 장소처럼 운영되는 게시판이었다. 다른 말로 하자면, 높은 기준을 세워 '해크포럼'(HackForum)에서나 보는 흥미 없는 수다로 게시판이 채워지는 현상을 피하려 한 것이다. 게시판 설립 초기부터, 현 회원에 의한 신입회원 선거를 거쳐야만 다크코드 회원이 될 수 있었다. 가입 신청을 하려면 일종의 이력서를 제출해야 했는데, 자신이 누구인지, 특기는 무엇이며 '전력'(戰歷)은 어떻게 되는지 소개해야 했다. 회원 가입이 승인되면 1단계 특별 회원이 된다(총 3단계). 연구에 따르면 잔인한 트롤도 회원이 될 수 있었는데, 요령이 있거나 무엇보다도 게시판에 영향력 있는 누군가가 추천하면 쉽게 가입이 승인되었다. 유명한 악성코드와 그 외 악성 소프트웨어 개발자들이 다크코드에서 활동했는데, 이들은 이미 체포되고 재판을 받아 일부는 징역형을 살고 있다(그중에 시베리아 징역형을 받은 이도 있다).

2009~2013년 자료이기는 하지만, 이런 것들은 다크코드의 절충적 태도와 사업 모델 구조를 잘 보여준다. 연구를 통해 당시 시장 상황이 좋지 않았다는 사실을 알 수 있다. 서비스 및 상품 판매자 한 명과 잠재적인 구매자 둘만 있을 뿐이었다. 게다가 상품 중에는 포르노 품목이 많았으나 제로 데이 취약점은 거의 없었다. 그리고 유출된 데이터(데이팅 사이트 또는 소셜 미디어 계정 정보, 신용 카드 번호 등)가 판매되는 가격은 터무니없이 낮았는데, 그 예로 신용카드 번호 14만 건이 2,000달러에 판매된 사례가 있었다. 모든 상업적 목적으로 운영되는 사이트가 그렇듯, 다크코드에서 활동하는 납품업자들의 진지한 태도가 가장 중요했고, 고객들은 판매 후 AS 서비스를 가볍게 여기는 태도를 용서하지 않았다. 우리는 이번 장에서 상업적 성격에 대한 자세한 내용을 더 폭넓게 다루려고 한다.

어떤 이들이 내 정보를 가져갔나?

더리얼딜과 다크코드 외에도, 트로잔포지의 및 헬 등 인터넷 게시판에서는 도난당한 데이터를 얻을 수 있었다. 트로잔포지의 전문 분야는 악성코드 리버스엔지니어링(reverse engineering)[15]이다. 트로

---

15 이미 만들어진 물체 또는 상품을 역으로 추적하여 내부 작동 원리 및 설계 기법을 알아내는 기술 연구를 말한다. 이 사례에서는 악성 애플리케이션에서부터 악성 프로그램의 소스코드와 알고리즘을 역으로 추적하여 얻어내는 작업을 말한다.

잔포지 사이트는 꽤 선별적으로 회원을 받았고(다크코드와 비슷한데, 이는 보안 때문임이 확실하다), 새 회원은 현 회원의 선거를 통해 뽑았다. 헬은 데이트 사이트 '어덜트 프렌드 파인더'(Adult Friend Finder)의 이용자 400만 명의 계정 접속 데이터가 공개된 이후 유명해졌다. 헬은 이전에는 '올림퍼스 해킹 포럼'(Olympus Hacking Forum)으로 불렸는데, 명칭이 변경된 후에도 아동 음란물, 마약 및 폭력을 근절한다는 사이트 운영 정책은 바뀌지 않았다. 헬은 '어덜트 프렌드 파인더' 사이트 이용자 정보 공개 외에도 미국 행정 기구를 해킹해 유출한 것으로 알려진 수많은 문서[93]를 공개해 미디어의 관심을 받았다.

어덜트 프렌드 파인더의 유출 데이터 공개 사건은, 야후 사례에서도 반복해서 보았듯이, 기업 측이 아주 잘못 대응한 전형적인 사례였다. 어덜트 프렌드 파인더는 헬이 정보를 공개한 후 석 달이 지나서 이용자에게 정보 유출 사실을 알렸다.[94] 그사이 한 정보 보안 분야 전문가가 사이트 이름을 밝히지 않은 채 정보 유출 사실을 폭로했다.[95] 그런데 공개된 데이터로 이용자의 신분을 확인할 수 있었고, 각 이용자의 신분 및 직업을 성적 취향과 관련 지을 수도 있었다. 예를 들어, 데이터 속에서는 결혼의 테두리 밖에서 자유롭게 파트너를 만나기 좋아하는 50대 금발 비만 남성의 모습을 볼 수 있었고, 은퇴를 앞둔 한 커뮤니티 매니저의 성인 사이트 계정이 그가 관리하는 고객 계정과 연동되어 있었다는 사실도 알 수 있었다. 그러므로 회사 측에서 이용자에게 사실을 밝히지 않아 얼마나 큰 피해가 발생했을지는 쉽게 상상할 수 있었다.

몇 년 전부터 도난당한 데이터 또는 개인 정보 공개가 있는지

탐지하는 다크웹 감시 서비스를 제공하는 기업이 여럿 존재한다. 같은 맥락에서 2016년 〈웹 서밋〉(Web Summit 2016) 중에 페이스북 정보 보안 책임자가 다크웹 시장에서 판매되고 있는 계정 접속 데이터를 구매한다고 밝혔을 때 놀라움을 감추지 못한 참가자의 반응을 주목해야 한다.[96] 이 조치는 2013년에 이루어진 것으로 보인다.[97] 페이스북은 모든 종류의 해킹 당한 계정 접속 데이터를 구매했고, 구매한 데이터를 이용해 페이스북 이용자 중 보안 수준이 낮은 비밀번호를 사용하는 이들을 찾아냈다. 그리고 그런 이용자에게 더 복잡하고 독특한(그리고 이전 것과 다른) 비밀번호를 설정할 것을 요청했다.

어떻게 페이스북이 이런 작업을 할 수 있었을까? 아이디/비밀번호 목록이 암호화되지 않은 채 판매되고 있었던 것이다. 페이스북 측은 입수한 비밀번호를 고객 비밀번호를 저장하기 위해 사용하는 해시 함수(hash function)로 변환했다. 페이스북 서비스는 당신의 비밀번호에는 바로 접근할 수 없으나 해시 함수로 변형된 형태에 접근할 수 있고, 비밀번호 정보는 그렇게 해시 함수 형태로만 저장된다. 따라서 다크웹에서 구매한 모든 비밀번호가 같은 기술로 변형되었고, 페이스북이 변형하고 저장한 이용자의 비밀번호와 대조되었다. 데이터 대조 중 같은 형태의 짝이 나오면, 이는 페이스북 비밀번호와 동일한 비밀번호라는 의미였다. 따라서 페이스북은 이용자에게 비밀번호 변경을 요청하는 이메일을 보내게 된다. 이런 종류의 확인 작업은 이용자 정보 유출 사건이 언론을 장식할 때 주로 실행한다(그리고 유출 사건은 항상 발생한다).

어떤 이들은 이 방법을 탁월한 아이디어라고 생각하고, 이용자를 보호할 수 있는 추가 보호책이라고 말한다.[98] 하지만 위 사례에서 페이스북이 이용한 방책에 전문가들이 만장일치로 동의하는 것은 아니다. 페이스북 정보 보안 책임자에 따르면 비밀번호 대조 방법을 사용한 결과 수백만 이용자가 소셜 미디어 계정의 보안을 더 잘 강화할 수 있었다. 한편 어떤 이들은 페이스북의 윤리 의식 결여를 비난하면서, 해킹으로 유출된 데이터를 구매함으로써 해커들과 공동 이해 관계를 갖게 되었다고 비판했다.[99] 사실 페이스북의 방책으로 해킹을 부추길 수도 있다. 누군가 해킹된 정보를 사들인다면, 해커 입장에서는 정보를 더 많이 찾아내야 할 이유가 생기기 때문이다. 게다가 같은 판매자가 데이터를 다른 이들에게 판매하는 것도 막지 못한다. 그리고 가장 불안한 점은 페이스북이 접속 정보를 포함한 전체 데이터로 어떤 일을 하는지 알 수 없다는 사실이다. 앞에서 먼저 언급했던 어덜트 프렌드 파인더 사례를 떠올려보라. 유출 데이터에는 아이디와 비밀번호 외에 해당 인물의 성적 취향에 대한 정보도 있었다.

프랑스라는 예외

다크웹에서 이루어지는 전자상거래를 다루기 전에, 프랑스어권 시장을 좀 더 자세히 살펴보자. 러시아어권 시장뿐만 아니라 중국어권 그리고 독일어권 시장이 있다. 그런데 프랑스 시장은 다크웹에서도 예외로 분류된다. 2016년에 작성된 짧은 논문에서,[100] 보안 회사 트렌드마이크로(TrendMicro)는 다크웹에 존재하는 프랑스어권 시장에 관심을 두었다. 매우 공개적인 방식으로 운영되어 모든 종류의 이용자가 접속할 수 있는 북아메리카 및 호주 시장과는 달리, 프랑스어권 시장은 매우 폐쇄적이다. 프랑스어권 시장은 이웃 영어권 시장과는 정반대다. 이용자 계정을 만들려면 많은 약관을 따라야 하고, 운영자는 자유재량으로 회원 가입의 각 단계를 승인하는 구조다. 또한 서비스 운영자는 매우 조심스럽다.

프랑스어권 시장 규모는 작은데(트렌드마이크로는 약 4만 명이 연관되어 있다고 추정한다), 각자의 필요에 맞추어 무(無)에서 도구를 개발하는 특징을 보인다. 특히 프랑스어권 시장의 맞춤형 개발은 규모가 더 큰, 다른 언어권 시장과 구별된다. 프랑스어권 시장에서는 특정 상품을 판매한다. 예를 들어, 무기를 판매하면서도 아무 무기나 판매하지 않고, 자살/안락사 세트,[16] 모든 우편함을 열 수 있는 우체국 마스터 열쇠, 운전면허 벌점, '홈 메이드' 랜섬웨어[17] 등을 판매하는 식이다.

---

16 자살/안락사 세트 구매는 매우 예외적이다. 트렌드마이크로 논문에는 이 상품 구매와 관련된 상세 내용이 꽤 드물게 나오고, 같은 사람이 반복되어 연루된다. 적어도 한 구매 사례를 보면 누군가를 "자살시키기" 위해, 즉 살인을 할 목적으로 구매했을 것으로 추정된다.

17 랜섬웨어는 사용자 컴퓨터에 저장된 파일 접근을 막고 접속 정상화를 담보로 돈을 요구하는 악성 프로그램이다. 일부 랜섬웨어는 돈을 결제할 때까지 컴퓨터를 완전히 멈추게 하고 다시 켤 수 없게 만들기도 한다. 요구하는 돈의 금액은 천차만별이다.

프랑스가 지닌 이러한 특징은 많은 부분 프랑스 국내법과 연관이 있다. 프랑스에서는 무기 소지가 금지되어 있지만, 그렇다고 사람들에게 무기가 없는 것은 아니다. 프랑스어권 시장에서는 소형 권총, 펜 모양을 한 총과 같은 소형 무기를 찾아볼 수 있다. 가장 흔히 볼 수 있는 무기는 150유로(약 20만 원)짜리 22구경 권총이다. 조금 더 평범한 물건을 찾는다면, 신용카드 모양의 칼을 단돈 10유로(약 13,000원)에 구매할 수 있다. 불행하게도 일반 무기도 구할 수 있다.

프랑스어권 시장에서 확인된 랜섬웨어는 프랑스어권 대중을 겨냥해 개발된 '맞춤형' 소프트웨어라는 특징이 있다. 몸값(랜섬)은 100유로에서 300유로(약 13~40만 원)를 오가며, 비트코인이나 가까운 담뱃가게에서 구매할 수 있는 (프랑스에서만 사용 가능한) 선불카드로 결제할 수 있다. 대부분 악성 소프트웨어는 영어권 시장에서 구매해 사용하지만, RAT 다크코멧(DarkComet)[101] 같은 프랑스인이 개발한 제품(2012년에 개발이 중단되었다)[18]을 구할 수 있다.

또 다른 상품과 서비스도 판매되고 있다. 예를 들어, 면허 벌점

---

18 RAT(Remote Access Tool, 원거리 관리 도구)는 기기를 원거리에서 조종할 수 있도록 하는 소프트웨어로 바이러스와 혼동하면 안 된다. RAT는 (서버 원격 관리, 원격 수리 등으로) 합법적으로 이용할 수 있는 소프트웨어이지만, 동시에 악의적인 목적으로도 사용될 수 있다.
RAT 다크코멧 개발이 중단된 이유는 시리아 정부가 시민을 대상으로 실행한 공격에 이 소프트웨어가 사용되었다는 사실이 확인된 후, 개발자가 양심에 가책을 느꼈기 때문이었다.
https://www.undernews.fr/reseau-securite/darkcomet-lauteur-annonce-la-fin-definitive-du-developpement-du-rat.html (단축 https://is.gd/clMWK4).

을 받지 않는 방법을 제공하는데, 판매자는 당신이 운전 벌점을 받게 될 때 대신 사용할 수 있는 운전면허 번호를 제공한다. 그리고 어떤 이들은 암 연구를 지원하기 위해 공동 기금을 모으는 방식(크라우드 펀딩)에 영감을 받기도 했다. 인터넷 게시판 및 시장 사이트이면서 2016년 유럽 축구 선수권 대회 내기 도박[19]도 운영한 프렌치 다크넷(French Dark Net)은 2016년 8월 인도적 구호를 목적으로 하는 크라우드 펀딩을 제안했다. 정말이지 발전에는 끝이 없다! 앞에서 우리는 다크웹에서 구할 수 있는 것과 구할 수 없는 것이 무엇인지 살펴보았다. 그리고 다크웹에 존재하는 서비스의 많은 부분은 대부분 전형적인 상품이었다. 이제 우리의 관심을 끄는 주제는 상거래 활동이다. 다크웹에서는 상거래가 얼마만큼 중요한 자리를 차지하고 있을까?[20]

---

19 이 내기 도박은 프랑스 온라인 게임 규제 기구(ARJEL)의 사전 승인을 받지 않았다.

20 이 사례에서 불법/위법 상품 개념을 완전히 적용하기 어렵다는 사실은 분명하다. 먼저 필자는 한 상품 또는 서비스가 현행법을 위반하는지 판단할 수 있는 법 전문가가 아니고, 판사는 더더욱 아니기 때문이다. 한편, 한 상품의 합법성을 각각 다른 법에 따라 규정하는 작업은 매우 복잡하다. 따라서 온갖 잡동사니를 판매하는 사이트에서 어떤 조건이 이 물건과 서비스를 위법적으로 만들까? 상품의 성격, 판매자에 적용되는 법, 구매자에 적용되는 법 등 다양한 기준이 고려되어야 한다. 한 상품이 판매자 입장에서는 합법적일 수 있지만, 구매자 입장에서는 불법이 될 수도 있다. 무기가 그 명확한 사례이다. 또 다른 예를 들자면, 당신의 상점에서 포켓몬 카드나 축구 선수 카드 수집 앨범을 판매한다면, 이는 전혀 위법 행위가 아니며 상품도 합법적이다. 하지만 판매 수익을 관련 기관에 신고하는가? 신고하지 않는다면, 이는 분명 불법 행위이다.

다크웹식 전자상거래

다크웹에서는 전형적인 전자상거래 사이트에서 볼 수 있는 반지르르한 디자인을 결코 볼 수 없다. 대신 비슷한 기능과 구조를 가진 꽤 지루한 디자인을 한 사이트들을 본다. 먼저 사이드 바(sidebar)에서 다양한 상품 목록을 볼 수 있다. 한 상품 목록을 선택하면 상품 종류 또는 판매자에 따라 분류를 할 수 있다. 따라서 전자상거래 사이트는 디자인보다는 판매자와 판매 상품으로 차별화한다. 만약 사이트에서 계정을 만들도록 허용한다면, 계정 생성 과정은 다른 일반 사이트와 마찬가지로 진행된다. 아이디와 비밀번호가 필요하고, 때때로 자동 계정 생성 방지 기술인 캡차(CAPTCHA)도 있으며, 등록을 확인하기 위해 핀(PIN) 코드를 추가로 입력해야 할 수도 있다. 가입 허가를 받아야 하는 경우라면, 관련 링크를 통해 등록한다. 등록을 완료한 후에는 비트코인 지갑[21]을 계정과 연결해야 한다. 비트코인 거래가 완전한 익명은 아니기 때문에(이 내용은 뒤

---

21 유럽 형사경찰 기구가 발행한 한 보고서에 따르면 "사이버 범죄"로 규정된 전체 상거래 결제 중 약 40퍼센트가 비트코인으로 이루어진다. https://www.europol.europa.eu/activities-services/main-reports/internet-organised-crime-threat-assessmentiocta-2015 (단축 https://is.gd/mcd1cE). 데이터는 다크웹 시장에만 집중되지 않는다. 앞에서 이미 언급했듯이, 비트코인 사용은 점점 더 합법적인 활동으로 변하고 있다. 마지막으로 모네로(Monero)와 같은 암호 화폐도 다크웹 시장에 진출했다. 가령 가장 큰 판매 시장인 알파베이(Alphabay) 사이트는 2016년 12월 총 거래의 2퍼센트가 모네로로 이루어졌다. https://bitcoinmagazine.com/articles/alphabay-comments-on-bitcoin-congestionmonero-adoption-and-zcash-possibilities-1482345512.

에서 다시 다룬다) 거래자 추적은 가능하다. 이를 대비하기 위한 '믹서'(mixer, 영어로는 '텀블러'[tumblers]라고 불림)가 존재한다. 믹서는 여러 가상 계좌를 거쳐 이루어지는 은행 거래와 동일하게 작동한다. 믹서는 여러 사람이 비트코인을 보내는 일종의 공동 저금통과 같은 역할을 하는데, 예를 들어 환각 버섯을 사기 위해 결제를 했을 때 구매자의 비트코인 지갑이 아닌 믹서로 돈이 지급된다.

믹서 서비스 비용은 매우 낮은데다가(수수료 1~3퍼센트), 특히 거래 익명성을 강화한다는 장점이 있다. 믹서의 기능이 자금 세탁과 테러리즘을 촉진한다는 이유로 사용을 불법화하자는 입법안도 있었다.[102] 그러나 이 법안들은 통과되지 않았는데, 테러 활동 기금 조성에서 믹서의 역할이 "상대적으로 제한된다"[103]고 판단했기 때문이다. 그러나 믹서 운영자 및 개발자에게 더욱 엄격하게 적용할 수 있는 규제안[104] 입법을 요구하는 새 주장들이 나오고 있다.

다크웹에서는 '믹서' 사용 여부가 사기꾼("청부 살인 업자: 베사 마피아 이야기"를 참고하라)을 구별할 방법으로 여겨지기도 한다. 사실 일반 전자상거래 사이트에서 물건을 구매할 때보다 다크웹에서 구매를 할 때 사기당할 위험이 더 높은 사실은 자명하다. 그리고 당신이 불법 상품이나 서비스(무기, 마약 등)를 구입하려다가 사기를 당한다면, 사기 피해 신고는 더욱더 민감한 문제이다. 따라서 당신이 직거래 광고를 발견했다면, 즉 '믹서'를 사용하지 않는다는 광고를 보았다면 신용 사기일 가능성이 매우 높다.

일반적으로 신뢰할 수 있는 사이트는 에스크로 계정을 보유하고 있다. 에스크로는 일시적인 결제 대금 예치 방식으로, 배송이 정상적으로 완료될 때까지 거래 대금을 제3자에 맡기는 방식이다. 일반적으로 에스크로는 판매자, 구매자, 제3자, 이렇게 세 부분에 의해 관리된다. 중개자가 제3자 역할을 하는데, 거래 참여에 들이는 시간과 관심을 대가로 총 거래 대금의 일부를 낮은 비율[22]로 받는다. 보통은 판매자와 구매자 사이에서 거래가 충분히 이루어지고, 때때로 제3자의 승인이 요구되기도 한다. 그러므로 방문자에게 에스크로와 같은 시스템을 제안하는 사이트는 신뢰할 수 있다. 물론 공동 저금통과 함께 '먹튀' 사기도 있는데, 도망간 사기꾼들의 정체는 빠르게 폭로되고, 그들은 신용을 잃는다. 신용의 문제는 상거래에서 가장 중요한 요소인 평판과도 연결된다. 다양한 판매 사이트에 대한 통계를 소개하는 전문 사이트가 점점 더 많이 생겨나는데, 실시간으로 어떤 사이트가 실제로 온라인에 존재하는지 그리고 전반적인 평가는 어떠한지 확인할 수 있다. 게다가 일반 웹과 다크웹상에 존재하는 여러 인터넷 게시판에서 이용자 의견이 넘쳐난다. 그렇기 때문에 판매자와 판매 사이트 운영팀은 일반 전자상거래 사이트보다 더 꼼꼼하게 고객 만족도를 살필 수밖에 없다.

앞에서 보았듯이, 다크웹 전자상거래 분야에서는 경쟁이 매우 치열하고 사기도 많이 발생한다. 따라서 당신이 정직하게 돈을 벌고 싶다면, 기본적으로 다크웹에서는 완벽해야 한다는 생각으로 임해야 한다. 배송 일정이 예상보다 더 길어지는 일은 어쩔 수 없이 발생

---

22 일반적으로 수수료는 0.2~2퍼센트인데, 가끔 비싼 수수료는 5퍼센트에 육박하기도 한다. 거래금액이 큰 경우 더 높은 수수료를 요구할 수 있다.

한다. 그러나 고객은 전후 사정에 무관심하다. 고객이 구매에 만족하지 못했더라도, 환불이나 교환을 기대하면서 소셜 미디어에 욕설을 퍼붓는 행위를 하지 않도록 관리해야 한다. 게다가 구매자 평판이 좋을 경우, 사람들은 고객 잘못이라고 댓글을 달 것이다.

우리는 다크웹 내에 경쟁이 매우 심하다는 사실을 보았다. 경쟁자가 "사이버 용병"을 고용해서 당신의 전자상거래 사이트를 공격할 수 있고, 가격을 대폭 내릴 수도 있다. 또 다른 경쟁자는 브랜드 마케팅과 홍보를 더 잘하거나 당신이 갖추지 못한 기능이나 지원을 제공하는 등 더 나은 활동을 보장할 수도 있다. 앞에서 언급한 내용은 일반 전자상거래와 비슷하지만, 다크웹에서는 잠재적 고객 기반이 매우 제한되고, 일반적인 마케팅 기술이 효과가 없다는 점을 염두에 두어야 한다. 그리고 어떤 검색어 덕분에 고객이 사이트를 방문하는지를 알 수 있고, 구매 경로 모델(conversion funnel)을 만들 수 있도록 돕는 '구글 애널리틱스'(Google Analytics)[23] 사용을 할

---

23 구글 애널리틱스는 마케팅 분야에서 선호하는 도구 중 하나로, 단일 계정과 연결된 자바스크립트 코드이다. 이 코드는 당신의 사이트 방문자 정보 및 방문자 행동에 대한 정보를 제공한다. 애드센스(AdSense, 사이트에 올라오는 광고와 방문자 사이의 상호작용 분석)도 같은 방식으로 작동한다. 정말 이 주제를 파고 싶다면, 대부분 인터넷 도박과 관련된 수백 개 사이트가 마케팅 도구를 사용한다는 점을 착안해 보라. 이 사이트들은 다크웹과 일반 웹을 번갈아가며 접속하는데, 일반 웹과 마찬가지로 구글 애널리틱스 덕분에 매우 많은 정보를 알 수 있다. 그리고 더 자세히 관찰해보면, 약 100개 정도의 다크웹 사이트가 같은 운영자(그리고 많은 경우 같은 소유자)에 의해 관리된다는 사실도 알 수 있다. 구매 경로 모델(conversion funnel)이라는 마케팅 개념에 대한 더 자세한 설명은 다음 웹 페이지(프랑스어)를 참고하라. http://glossaire.infowebmaster.fr/tunnel-de-conversion. (영어 페이지도 있다. https://en.wikipedia.org/wiki/Conversion_funnel.)

수 있다는 사실도 언급하자. 다크웹에서는 신입 이용자를 대상으로 사기를 치는 피싱 사이트도 자주 마주친다. 따라서 다양한 전문 정보 사이트가 피싱 사이트 리스트를 업데이트하고 있다. 그리고 상품 주문을 하려는 닷어니언 사이트가 피싱 범죄는 아닌지 확인할 수 있는 도구를 제공하는 사이트도 있다.

복잡하고 역동적인 생태계

다크웹 시장의 구조와 작동체계가 매우 역동적이고 생태계는 꽤 독특함을 알 수 있다. 놀라운 사실은 다크웹 전자상거래와 연관된 위험성이 매우 높은데도 상거래가 발달하고 있다는 점이다. 우리는 이 점을 매우 분명하게 관찰할 수 있다. 당신이 사기를 당했다면, 판매자를 제대로 확인하지 않았기 때문이다. 경찰이나 국제 경찰이 잠입할 가능성도 있다. 또 언제든지 판매 사이트가 폐쇄되거나 공격당할 수 있다. 경찰이나 공격자가 에스크로에 모인 비트코인을 가져갈 수 있다. 게다가 불만을 접수할 중앙 기구도 없다. 또한 다크웹에서는 빵집 주인과 맺는 신뢰와 같은 신뢰 관계를 형성할 수 없는데, 당신의 단골 판매자가 어느 날 갑자기 사라질 수 있기 때문이다. 이 모든 위험성에도 불구하고 다크웹 시장은 발전한다.

여기에서는 위 주장을 증명할 예로 실크로드를 들어보자, 뒤에서 실크로드 사례를 조금 더 자세히 다룰 것이다. 사이트가 폐쇄되기 전까지 실크로드는 화려한 전성기를 누렸다. 4,000명에 가까운 판매자와 15만 명 이상의 구매자가 접속했다. 이 사이트는 완전한 익명을 보장했는데, 상거래 대부분이 불법 물품을 다루었고, 보통 해외 배송 판매였다. 실크로드에 대한 신뢰는 엄청났는데, 경쟁 판매 사이트인 아틀란티스(Atlantis)가 매우 공격적인 광고 마케팅을 했음에도 1위 자리를 탈환하는 데 실패했을 정도였다.

실크로드는 고객층, 매우 활발히 운영되는 인터넷 게시판, 내부 메신저 시스템 그리고 양질의 에스크로까지 모든 성공 요소를 갖추었다. 레딧, 인터넷 게시판, 블로그, 관련 사이트 등에서 이루어진 대화를 보면, 이용자들은 사기꾼을 매우 빠르게 폭로한다. 그리고 각 장터의 보안도 잘 유지되었다. 일상적인 트롤링과 고약한 농담도 잊지 않으면서 상품 특징에 대한 설명과 후기에 대한 대화가 끊임없이 오갔다. 큰 문제가 생길 때도 높은 수준의 고객 관리가 이어졌다. 예를 들어, 2014년 2월 사이트가 해킹이 당했을 때, 실크로드2 관리자는 피해 판매자들에게 환불을 약속하면서 빠르게 대응했다. 익명성을 기본으로 하고 위험성이 매우 높은 웹 생태계에서 뛰어난 평판 및 검증된 보안은 신뢰의 가장 좋은 잣대다.

마지막으로 언급하는 중요한 사실 하나는 대부분 사람이 지키는 매우 분명한 선이 있다는 점이다. 많은 시장은 아동 음란물 콘텐츠를 게시하거나 판매하는 행위를 분명하게 금지하고 배척했다. 닷어니언 링크를 수집하는 인터넷 자료들(예를 들어, Hidden Wiki)도 아동 음란물과 같은 콘텐츠를 선호하지 않는다. 이미 앞에서도 말했듯이, 클릭 한번 했다고 해서 아동 음란물을 "우연히 마주치는" 일은 일어나지 않는다.

프랑스라는 예외, 2편

앞에서 보았듯이, 프랑스어권 다크웹 시장은 특정 상품이 거래되고, 상대적으로 소규모인 공동체를 특징으로 한다. 그리고 프랑스어권 이용자가 상거래를 하는 방식에도 몇 가지 특징이 있다.[105] 프랑스어권 사람들은 영미권 시장 이용자보다 훨씬 더 편집광적인 경향을 보인다. 그리고 잠입 경찰을 매우 두려워한다. 모든 사이트에서 내부 통신을 암호화하라고 강력히 권고하지만, 모두가 암호화를 하지는 않는다. 그런데 프랑스어권 이용자들은 암호화에 매우 집착한다.

그리고 대부분 사이트가 현 회원의 동의를 통해서만 신입 회원 가입을 승인한다. 다크웹 시장 전문 사이트 다크마켓(Dark Markets.co)[106]에서 한 명이 가입을 시도해보았지만, 단번에 실패했다! 이 사람은 프랑스어권 마켓플레이스에서 마음대로 계정을 만들 수 없음을 불평했다.

먼저 특정 인터넷 게시판 계정을 갖고 있어야 가능했는데, 이 게시판도 현 회원들의 투표를 거쳐야만 했다. 게다가 회원 가입에 성공한다고 해서 바로 특권을 가진 활동 회원이 되는 것도 아니었다. 각 회원의 신뢰 정도를 표시하기 위한 평점 및 '카르마' 제도가 존재하기 때문이다. 따라서 "활동 회원"이 되려면 최소한의 평가 점수를 획득해야 한다. 이 점수에 따라 "신뢰할 수 있는 회원", "운영자" 또는 "관리자"로 승인된다. 요약하자면 당신의 평가 점수가 높을수록, 동료 회원들이 당신을 잠입 경찰로 의심할 확률이 줄어든다는 뜻이다.

다크웹 온라인 장터와 그 외 사이트는 예측할 수 없는 방식으로 나타났다가 사라지고, 또다시 나타난다. 그렇기 때문에 사이트의 평판이 중요하다. 정직하지 않은 행위를 한 걸로 판단되는 사람을 비방하려고 '선동'하는 것도 본다.[107]

그리고 관리자가 자신의 전자상거래 사이트 게시판에서 경쟁자를 맹렬히 비난하거나, 경쟁자 사이트의 에스크로에 모인 돈을 훔치는 작전을 실행하기도 한다. 그러므로 신입 이용자가 다크웹 서핑을 하기란 쉬운 일이 아니다.

또 다른 프랑스만의 특징으로는 자기 가게(autoshop) 선호 경향을 꼽을 수 있다. 영미권 시장에는 여러 판매자가 등록한 마켓플레이스가 우세하다. 하지만 프랑스어권에서는 인터넷 게시판 및 공동 마켓플레이스를 함께 운영하기도 하지만, 개인 판매자가 자신만의 전자상거래 사이트를 운영하는 걸 선호한다. 개인 전자상거래 사이트에서는 마켓플레이스 관리자를 거치지 않고 거래가 직접 이루어지는데, 이는 사기 가능성이 더 높아진다는 것을 의미한다. 결론적으로 결제대금을 바르게 관리하려면 영미권 전자상거래 사이트와 마찬가지로 에스크로가 꼭 필요하다.

프랑스어권의 경우 에스크로 수수료는 더 높고(5~7퍼센트), 많은 경우 공탁금의 총액이 제한되어 있다. 따라서 거래 빈도수가 많으면 공탁금 제한 금액에 금방 도달하게 되는데, 이전 거래가 완료될 때까지 기다려야 한다는 뜻이다. 시간을 참아내기는 쉽지 않다. 그렇기 때문에 프랑스어권 시장에는 또 다른 특징이 있다. 바로 제

3자가 호스팅하는 반자동 에스크로인데, 이 시스템을 사용하면 지체하지 않고 거래를 할 수 있다.

마지막으로 판매자가 개인 전자상거래 사이트를 이용하면서 호스팅 제공 서비스와 매니지드 서비스(managed services, 하드웨어와 네트워크 및 각종 시스템 관리 서비스)도 새롭게 탄생했다. 당연한 현상이다.

영미권에서는 "프리덤 포스팅 II"(Freedom Hosting II)라는 이름의 제공업체가 무시할 수 없는 양의 닷어니언 사이트를 호스팅한다. 그리고 프랑스에서는 1BTC(2016년 당시 비트코인 시세는 400~1,000달러 수준이었다—편집자)도 되지 않는 가격으로 당신의 개인 전자상거래 사이트를 만들고 운영과 관리를 해줄 사람을 찾을 수 있다. 인생 참 아름답지 않은가?

다크웹 전자상거래 분야는 끊임없이 발전하는데, 우리는 악성 소프트웨어와 마리화나 판매 광고 중에서 상품 설명 기안 업무 담당자를 찾는 구인 광고를 우연히 찾아낼 수도 있다.[108] 이는 일반적이지 않은 경우인데, 가령 리버티 마켓(Liberty-Markket)에서는 "정확한 맞춤법과 편집 기술을 자유자제로 다를 수 있는 남성/여성 직원"(저자는 일부러 틀린 맞춤법 그대로 인용했다)을 모집하는 광고를 냈다. 이 광고는 약간은 우스운 에피소드 수준을 넘어선, 다크웹 전자상거래가 전문화를 향해 변화하고 있음을 보여주는 사례다.

실크로드 원정기

실크로드는 다크웹에서 가장 유명한 마켓플레이스였다.[24] 어떤 사례와도 비교할 수 없는 규모의 커뮤니티와 인기, 분명하고 책임감 있으며 도발적인 정책 노선, 기대 이상으로 성공적인 영업 실적까지, 실크로드는 오늘날 유일무이한 다크웹 전자상거래 사례다.

2011년 여름, 다크웹 인터넷 게시판에 한 광고가 퍼졌다. 이 광고는 실크로드를 코카인부터 책, 수공예 장신구, 담배, 독립 작가 작품, 옷까지… 모든 상품이 판매되는 온라인 장터라고 홍보했다. 물론 책보다는 마약이 더 많이 팔렸는데, 사실 장터에서 판매할 수 있는 물품에 대한 규칙은 매우 명확했다. 사람을 해칠 수 있는 상품과 서비스(무기), 청부 살인 광고, 아동 음란물은 금지되었다. 금지 조항의 범위는 더 넓어져 타인의 신체에 위협을 가할 수 있는 상품이나 대상까지도 포함했다.

실크로드는 기조는 다음과 같았다.

> 정부는 우리 삶의 모든 분야를 통제하려고 온갖 힘을 쓴다. 그러나 실크로드에서는 각자가 원하는 대로 살아갈 수 있다.

---

24 여기에서는 토르의 숨겨진 서비스를 이용하는 다크웹만 다루고 있음을 다시 한 번 밝힌다. 이 장에서 우리는 러시아와 중국의 웹 생태계를 다루지 않고 신용카드 사기인 카딩(carding)도 생략한다. 분명 흥미로운 주제지만, 이 책의 중심 내용에서 벗어날 수 있기 때문이다.

사이트 자체는 (한 이용자의 별명이 "SR Admin"인데도) 한 관리자가 단독 관리하는 방식이 아닌 합의제로 관리했다. 사이트가 개시된 지 1년 후, 사이트 관리자는 자신의 정체성이 두 개로 나누어진다고 예고했다. 본래 별명은 개인 활동에 사용하면서, 다른 별명을 만들어 합의제 방식으로 운영되는 (관리자 공동체를 대표하는) 실크로드 관리자로서의 정체성을 부여한 것이다.

실크로드 관리자는 실크로드의 전설인 동시에, 말하자면 특별한 가치였다. 따라서 2012년 2월 3일부터, 실크로드 관리자는 "공포의 해적 로버츠"(Dread Pirate Roberts), 보통은 DPR로 불렸다. 그런데 이 이름의 출저가 의미심장하다. DPR은 《프린세스 브라이드》(*The Princess Bride*)에 등장하는 인물에서 따온 이름인데, 로빈 후드와 같은 무법자로, 약자를 돕고 보호하는 착한 사람이다.

DPR이라는 허구적 인물은 분명 익명성을 특징으로 한다. 그런데 무엇보다도 '그'는 한 명이 아니다. 다시 말하자면, 하나의 이름 아래에 다수의 유동적이고 의인화 된 정체성이 형성된 것이다. 여러 개인이 하나의 옷을 입고, 사이트 운영자로서의 평판을 얻고 그에 따른 책임을 진다. 존재 여부가 한 사람에게만 달려 있지 않기 때문에 중단될 수 없는 아이디어의 원형인 것이다. DPR이라는 인물이 관리하는 실크로드의 정책 노선은 사이트를 단순히 마켓플레이스가 아닌 정치적 운동 그 자체로 규정한다. 따라서 DPR의 목표는 각 개인 사이에 새로운 상호작용을 형성하는 것이었다.

나는 실크로드가 무엇인지 그리고 이곳에서 최대한 당신의 시간을 활용할 수 있는 방법을 공유하고자 한다. 이름부터 시작하자. 실크로드는 아시아, 아프리카, 유럽을 연결하는 옛 상업 네트워크 이다. 실크로드는 이 대륙들의 경제를 연결하면서 매우 중요한 역할을 했고, 통상조약을 통해 평화와 번영을 촉진했다. 상업 파트너끼리 안전하고 확실한 방법으로 공동의 이익을 위한 기반을 제공함으로써, 나는 이 현대판 실크로드가 같은 일을 하길 원한다.

(이 글은 신입 회원이 가입 후 받는 환영 메시지이다 — 저자)

미국에서 일어난 "마약 전쟁" 또는 "마약과의 전쟁"은 기본권 침해 사례로 언급되었고[109] 대테러 전쟁보다 더 폭력적이라고 비판받았다. 따라서 실크로드는 모든 거래가 이루어질 수 있는 장소가 되길 원했다. 가능한 한 가장 평화롭게 거래가 진행되는 한, 수요가 있을 때 거래를 막지 않겠다는 견지에서 실크로드가 시작되었다.

우리의 일은 어떤 마약이 최상인지를 결정하거나 이를 사람들에게 강요하는 것이 아니라, 인간으로서의 우리 권리를 지지하고 우리가 잘못한 일이 없을 때 항복하지 않겠다는 것이다. 실크로드는 이 메시지를 전달하는 수단이다. 그 외는 부차적이다.

(실크로드 게시판 대화에서 인용 — 저자)

이 생각은 무정부주의 이데올로기와 맞닿는다. DPR과 실크로드 안에 사이퍼펑크의 기조가 완전히 구현된 것이다.

존재하는 권력에 대항할 수 있다고 인정받을 수 있도록 자라기 위함이며, 결국 사람들에게 폭압 대신 자유를 선택할 수 있는 선택권을 주기 위함이다.

(실크로드 게시판 대화에서 인용 ― 저자)

실크로드는 계속 번영했고, DPR은 실크로드에서 이루어지는 거래 금액의 8~15퍼센트를 받았다. 사이트가 개설된 지 2년 반 만에 120만 건의 거래가 이루어졌고, 그 가치는 950만 BTC(2011년 시세로는 1비트코인이 0.4~4달러였고, 이는 500~5천 원 수준이다. 대략 47~470억 원이었고, 2019년 7월, 현 시세인 1,100만 원으로 계산하면 대략 107조 원에 해당한다―편집자)이 될 것으로 추정된다. 실크로드에 정치권이 관심을 두기 시작하면서 미디어의 관심을 끌었고, 결국 FBI도 들여다보고 조사를 시작한다.

어느 날, '알토이드'(altoid)라는 별명을 가진 이용자가 한 인터넷 게시판에 2011년에 쓴 글이 발견되었다.[110] 이 이용자는 누가 실크로드를 아는지, 사이트에서 판매되는 상품의 품질에 대한 평은 어떤지 질문한다. 2011년 10월, 같은 '알토이드'가 쓴 새 글이 다른 인터넷 게시판에 올라오는데, 이전 게시물과는 다른 이야기를 한다. 게시물 글쓴이는 비트코인 전문 기술자를 찾으면서 자신의 이메일 주소(rossulbricht@gmail.com)를 남긴다. 구글은 이메일 주소가 로스 울브리히트(Ross Ulbricht)라는 이름으로 저장되었다는 사실을 확인했고, 이 사람의 프로필 사진도 제공했다. 이용자와 연동된 유튜브 동영상[111] 중 많은 영상이 오스트리아 경제학파 및 DPR 주제와 관련된 콘텐츠였다. 얼마 후, 울브리히트가 태어난 도시에서 발행되는 독립 언론 〈오스틴 컷〉(Austin Cut)에 한 익명 기사[112]가 나온다. 이 기사는 실크로드 사이트 개설이 마약 퇴치 및 "마약 전쟁"과의 싸움을 위한 대안 경제 실험이라고 주장한다. 그리고 한 품앗이 인터넷 게시판 "스택오버플로우"(StackOverflow)에 올라온 질문은 울브리히트가 토르의 숨겨진 사이트 기술 사용을 어려워한다는 사실을 보여주었다.[113] 아직까지 명확하게 밝혀진 사실은 없었지만, 사건 전후의 상황 증거들이 희미하게 보이기 시작했다.

그런데 이 순간부터 이야기는 점점 더 미궁에 빠진다. 캐나다와 미국 사이 국경에서 자칭 일상적인 수색을 하던 경찰 당국이 신분증 아홉 건을 압수했는데, 로스 울브리히트 사진과 함께 그의 이름과는 다른 이름이 적혀 있었다. 이 신분증이 배송될 주소는 샌프란시스코에 있는 울브리히트의 주소였다. 경찰이 어떻게 알아냈는지 바로 설명해보자. FBI는 먼저 여러 나라에 분산된 실크로드 호스팅 서버를 찾아냈지만,[25] 어떻게 찾아냈는지는 명확하게 알려지는 않았다. 실크로드 측에서는 FBI가 서버에서 회수한 데이터를 조사하고, 그 덕분에 위에서 언급한 단서들을 찾아냈다는 사실을 까마득하게 몰랐다. 서버에서 찾아낸 정보 중 일부는 DPR이 살인을 사주했을 것으로 보이는 메시지도 발견되었다.

---

25 일부 연구자는 FBI가 실크로드 사이트의 실제 IP 주소를 추적해 서버의 장소를 알아낼 수 있는 스파이웨어를 잠입시켰을 것으로 추정한다.
www.nikcub.com/posts/analyzing-fbi-explanation-silk-road/

2013년 어느 날 아침, 사람들은 실크로드가 폐쇄되었다는 소식을 들었다. 10월, 로스 울브리히트라는 이름을 가진 청년을 실크로드 사이트 설립자와 최고 관리자로 고소하는 조서[114]가 작성되었다. 사람들은 실크로드 관리자의 정체가 드러났을 뿐만 아니라 살인 미수 혐의를 받았다는 소식에 충격을 받는다. 평범한 가정에서 태어난 울브리히트는 이과 계통에서 석사 학위를 따고 졸업한 잘생긴 청년이었다. 열정적인 무정부주의자로, 실크로드 마켓플레이스에 타인에게 폭력을 행사할 수 있는 모든 품목을 금지했던 DPR이었기에, 살인 미수 혐의는 정말이지 이상했다. 많은 이들이 알고 있던 DPR 이미지와는 전혀 어울리지 않았다.

기상천외한 사건 하나로는 부족했는지, DPR이 여러 번 살인을 사주했다는 소식이 들렸다. 서버를 찾아낸 FBI는 실크로드에 잠입했다(마르코 폴로 작전). 그리고 '크로닉페인'(chronicpain)라는 가명을 가진 관리자가 경찰 편에서 정보원 역할을 했다. 첫 번째 살인에서는 DPR이 청부 살인 업자로 위장한 FBI 요원[115]에게 8만 달러를 결제했을 것으로 알려졌다. 그러니까 FBI가 꾸며낸 가짜 살인 사건이었던 셈이다. 그리고 두 번째 살인을 사주하기 위해 DPR이 15만 달러[116]를 냈을 것으로 알려졌는데, 이 사건에서 FBI가 개입했는지는 확실치 않다. 첫 번째 재판에서 울브리히트는 최소 여섯 건의 살인 미수[117]로 기소당했으나, 이후 살인 미수 죄명은 기소장에서 완전히 삭제되었다.[118] 참으로 이상한 일이다. 이 사건에서 우리는 룰즈섹의 사부를 밀고자로 만든 작전에 참여한 FBI 특수 요원이 또 관여하였음을 알 수 있었다.

이 사건 이후 다크웹은 완전히 변화했다. 로스 울브리히트는 재판에서 종신형을 선고받았다.[119] 울브리히트를 지지하는 가족은 감형을 받도록 여러 방법을 시도하고 있다. DPR이 지닌 정치적 열정을 지지하는 어떤 사람들은 종신형 선고를 "정치적 형벌"이라고 규정하면서 울브리히트를 정치 사범으로 여긴다.[120] 한편 일부 FBI 요원은 기회를 이용해 수십만 달러(비트코인 화폐)를 훔쳤다.[121] 게다가 이 요원들이 바로 가짜 살인 미수 사건에 참여했던 일부 요원이었다. 실크로드 폐쇄 두 달 후, 두 번째 버전이 개시되었지만, 개시 시작부터 FBI 요원이 잠입 수사를 벌였고, 얼마 지나지 않아 재폐쇄되었다. '버라이어티 존스'(Variety Jones)라는 가명을 가진 DPR 심복도 체포되어 재판을 받았다.[122] 현재 존재하는 판매 사이트 중에서 첫 번째 실크로드와 운영자 DPR과 같이 대담한 정치적 색깔을 띠는 사이트를 이제는 찾아볼 수 없다.

9장

당신에게
달려 있다

만약 다크웹이 그렇게 비밀스럽
고 잘 숨겨져 있다면, 어떻게 들킬 수 있을까? 그런데 아주 쉽게 발
각된다. 많은 사람은 익명성을 지켜주는 소프트웨어를 사용하기 때
문에 아무 일도 일어나지 않을 거로 상상한다. 어처구니없는 생각
이다. 이는 당신이 완전 범죄를 저지르기 전, 범죄를 저지르려는 상
대방의 행동을 예상하는 것과 같다.

보통 상대(경찰, FBI)는 당신보다 더 많은 수단, 돈, 사람을 보유
하고 있다. 그리고 어떤 소프트웨어도 당신이 스스로 저지르는 실
수까지 막아주지는 못한다. 앞에서 언급했듯이, 우리는 하룻밤 사
이에 보안 전문가가 될 수 없다. 그렇다면 잘 숨겼다고 착각한 범죄
활동을 찾아내 저지하는 다양한 방법에는 어떤 것이 있는지 함께
분석해보자.

익명 대(對) 보안

토르는 당신의 익명성을 보호한다. 어떻게 우리는 익명이 될 수 있을까? 그리고 군중 속에서 어떻게 익명으로 남을 수 있을까? 눈에 띄지 않게 행동하면 된다. 익명성 유지에는, 등질성(等質性)이라는 개념이 지배적인 역할을 한다. 그런데 우리가 숨어 있다는 사실을 진짜로 숨기는 일은 쉽지 않다. 광고 분석 프로그램이 웹 전반에 걸쳐 다른 이용자를 추적하고 있다면, 군중 속에 녹아드는 방법은 바로 자신도 추적당하는 것이다(거짓 정보를 송출하는 방법을 사용해서라도). 모든 사람이 휴대 전화를 소지하거나 페이스북 계정을 가지고 있다면, 휴대 전화가 없거나 페이스북을 하지 않는 사람이 오히려 쉽게 식별되는 이치다. 그런데 모든 이들과 똑같이 행동하다가는 보안 부분에서 같은 실수를 저지르게 된다. 따라서 익명성을 유지하는 비밀은 겉으로는 식별되지 않도록 위장하면서도, 가짜 정보를 발송하는 중에 완벽한 보안 상태를 유지하는 것이다. 참으로 어려운 일이다.

토르 브라우저를 사용하면 몇백 혹은 몇천 명의 군중 속에 숨을 수 있을 정도로 익명성을 유지할 수 있다고 해보자. 그렇다면 보안은 어떠한가? "안전하다"는 말은 일반적인 개념이면서도 확대 해석할 수 있는 개념이다. 토르가 우리의 안전(보안)을 보장할 수 있을까? 답은 "그렇게 잘 보장하진 못한다"이다.

토르의 문제 중 하나가 바로 등질성이다. 모두가 사용하는 것과 같은 브라우저를 사용하면 당신은 눈에 잘 띄지 않을 것이다. 그러나 만일 토르 브라우저를 규칙적으로 사용한다면, 당신은 무리에서 쉽게 구별된다. 토르 브라우저만 사용하는 경우도 마찬가지다. 그렇다면 상황이 더 나빠지는데, 토르 브라우저를 공동으로 사용하는 이용자는 같은 특성을 공유하는 만큼 보안에 취약하기 때문이다. 앞에서 보았듯이, 해커(좋은 해커인지 나쁜 해커인지는 중요하지 않다)는 머리에 쥐가 나도록 독특한 방법들을 찾아내는 것을 좋아하는 존재다. 그러니 쉽게 보안을 뚫을 수 있다. 컴퓨터 분야에서 등질성은 마치 자연 속에서 생물 다양성이 부족하면 종(種)의 생존력이 약화하는 현상과도 같다.

구체적인 예를 들어보자. 미국 하버드 대학교에서 폭탄 테러가 신고되었다.[1] 2013년 12월 16일, 익명의 메일이 대학 내 폭발물이 있음을 경고한 것이다.[123] 시험 기간 중이었기 때문에 이 사건은 학생들을 매우 화나게 하는 일이었다. 24시간이 채 지나기 전, FBI가 한 학생을 체포한다.[124] 하버드 재학생인 이 남성은 시험공부를 하기 싫어 폭발물 허위 신고라는 꾀를 부렸던 것이다. 그러나 계획은 보기 좋게 실패했다.

그렇다면 도대체 어떻게 들킨 걸까? 어리석게도 하버드 도서관 무선 인터넷을 사용한 탓에 덜미를 잡혔다. 익명 상태가 왜 안전(보안)을 보장하지 못하는지를 설명하기 위한 것임을 염두에 두고, 사

---

1   비슷한 예로 프랑스에서 일어난 사건들을 언급할 수도 있을 것이다. 스와팅(거짓 신고) 또는 장난 전화 사례가 넘쳐난다. 그러나 프랑스에서는 기소장을 열람할 수 없어서 사건을 분석하기가 어렵다. 상상 속에서만 생각을 정리하는 일은 그렇게 행복한 작업이 아니다.

건을 분석해보자.

우리의 주인공 엘도 김(Eldo Kim, 한국계 미국인으로 한국명은 김일도—편집자)은 2013년 12월 16일에 예정되어 있던 시험을 보지 않겠다는 목표를 세운다. 그리고 시험이 열리는 건물 전체를 비우기로 한다. 꽤 괜찮은 아이디어라 생각한 엘도는 모든 계획을 어른처럼 스스로 실행하기로 한다.

12월 16일 아침, 엘도는 하버드 도서관에 가서 '게릴라메일닷컴'(GuerillaMail.com) 서비스에서 이메일 계정을 만들고, 토르 브라우저를 내려받는다. 그리고 8시 30분, 아래와 같은 내용이 담긴 메일을 행정처에 보낸다.

유산탄이 설치된 장소:
사이언스 센터
세버홀
에머슨 홀
테이어 홀

네 곳 중 두 건물에 있음. 정확히 찾아내시오.
곧 폭발하니 서두르시오.

김은 컴퓨터 전원을 끄지 않고 닫았으며, 태연하게 시험장으로 향했다. 그리고 건물 안전을 위해 행정처가 건물 안에 있는 사람들을 피신시키고 건물을 폐쇄하기를 기다렸다. 엘도 김을 체포한 FBI

가 작성한 기소장[(125)]에 따르면, 김은 "더 위협적으로 들리게 하려고" 유산탄을 적었다고 한다. 그리고 "네 곳 중 두 건물에 있음. 정확히 찾아내시오"라는 표현은, 시험 전에 행정처가 네 장소를 모두 닫도록 유인하고, 수색 시간을 연장해 건물을 완전히 폐쇄하려는 속셈이었다.

이 학생은 〈오션스 일레븐〉과 같은 무장 강도가 주인공인 액션 영화 애호가는 아니었던 모양이다. 그는 계획, 대상 관찰, 탈출 계획 세우기, 이 세 가지 기본 단계를 무시했다. 계획, 대상 관찰은 대강 해치운 수준이고, 계획 실행에 필요한 정보도 제대로 몰랐다. 미국에서는 여러 장소에 폭발물이 설치되었다는 신고가 들어오면, 각 장소를 연속적으로 수색하지 않고, 동시에 진행한다. 따라서 네 곳이라고 해도 한 장소를 수색하는 시간과 비슷할 수밖에 없다. 이는 당연한 이치인데, 미처 한 장소를 수색하지 못해 결국 폭탄이 폭발하게 하는 것이 합리적인 선택은 아니기 때문이다. 따라서 수색 시간을 연장하려는 계획은 실패했다. 탈출 계획을 보자면, 아예 그런 계획 자체가 없었다. 아마도 엘도는 FBI 요원, 즉 범인의 악행을 자백하게 하는 다양한 기술을 보유한 전문 요원의 조사를 받을 때 어떤 일이 벌어질지를 한 번도 자문해보지 않은 듯하다.

그는 토르를 이용했다. 그런데 어떻게 잡힐 수 있었던 걸까? 드디어 익명과 보안 문제의 핵심을 다루게 되었다. 김은 대학 도서관에서 개인 컴퓨터를 사용했다. 무선 인터넷에 접속해서 토르 브라우저를 내려받았고 게릴라메일닷컴에서 이메일 계정도 만들었다. 그런데 게릴라메일 서비스는 IP 주소를 숨기지 않기 때문에 익명을 유지하는 도구를 이용해 접속해야 했다. 따라서 토르가 이상적인 도구였다. 그렇다. 이미 눈치를 챘을 것이다. 문제는 도서관 무선 인터넷에 접속하려면 김이 자신의 진짜 아이디를 이용해야 했다는 데 있었다. 도서관 네트워크는 대학 인터넷 서비스 부서에서 매우 엄중하게 관리하고, 접속 정보를 상당히 오랜 시간 저장한다. 그러므로 도서관 네트워크 트래픽을 관찰하면 그가 무선 인터넷에 접속한 후 토르 브라우저를 사용한 행위를 확연히 구별해낼 수 있다. 그렇기 때문에 FBI가 허위 폭발물 신고 이메일의 경위를 조사할 때, 누군가가 토르를 이용했다는 사실뿐만 아니라 토르를 사용한 사람이 누구인지 정확히 찾아낼 수 있었다.

그렇다면 어떻게 도서관을 수색할 수 있었던 것일까? 하버드 대학교 시험일에 폭발물 신고가 들어왔는데, 실제 폭발물은 없었다. 당연히 조사가 이루어지리라는 것은 똑똑하지 않아도 누구나 짐작할 수 있다.

다음에 올 중요한 질문은, '시험이 중단되면 누구에게 이득인 가'이다. 분명 그날 아침 시험을 보기 위해 시험장에 출석한 많은 학생, 아마도 늦잠 때문에 시험장에 지각하게 된 불쌍한 학생, 그것도 아니면 시험 문제와 답안을 제대로 준비하지 않아 채점을 하고 싶지 않은 교수가 그 대상이 될 수 있다. 그리고 이 경우에는 학생들이 첫 번째 용의자이다. 조사관들은 이메일을 분석했다. 이메일은 어디에서 전송되었는가? 이메일은 전송 IP 주소를 쉽게 추적할 수 없게 차단 기술을 사용했다. IP 주소를 차단할 수 있는 가장 확실한 도구는 토르라고 추측할 수 있었다. 이메일 헤드를 분석한 결과 사실을 바로 확인할 수 있었는데, 헤드가 담고 있는 정보에 토르 브라우저를 사용한 흔적이 남아 있었기 때문이다. 토르 브라우저는 온라인 활동을 '은폐'하지만 토르를 사용했다는 사실까지 숨기지는 못한다.

모든 실마리를 모은 후에, 대학 네트워크 접속 정보 속에서 누가 토르에 접속했는지를 찾아내는 작업은 비교적 간단했다. 대학 IP 주소와 토르 노드 주소가 모두 공개되어 있었기 때문이다. 그리고 12월 16일 아침에 토르에 접속한 기록을 찾아본 결과 이름 하나가 나왔다. 해당 날짜 아침에 토르에 접속한 인물 목록에 엘도 김의 이름도 포함되어 있었다. 접속 기록만으로는 엘도 김이 허위 메일을 보내기 전에 포르노나 고양이 동영상을 감상했는지는 알 수 없다(서핑 내용은 익명이기 때문이다). 그렇지만 그가 잠재적으로 불법적인 행동을 했을 수 있다고 충분히 의심할 수 있었다. 탈출 계획을 세워두지 않았던 엘도는 조사가 시작되자마자 범행을 자백한다. 시험을 보지 않으려고 마련한 전략만 보자면, 계획에는 성공한 셈이었다. 실제로 시험을 보지 않았고 '앞으로도' 시험을 보지 않게 되었다. 엘도 김은 유죄선고를 받고 학교에서도 퇴학을 당했다.

그런데 엘도 김 사례가 등질성과 보안에 대한 우리의 토론과 어떤 관련이 있는 걸까? 위협 모델 만들기, 인간적 요소와 관련된 문제 평가하기, 그리고 관리하기를 뜻하는 '옵섹'(OPSEC)을 언급하기 전에, 다음 질문을 해보자. 만일 사건 당일 아침, 수백 명이 접속해 토르에 있었다면(즉 등질성이 더 컸다면), 엘도 김은 발각되지 않았을까? 아마도 발각되었을 수도 있고 그렇지 않았을 수도 있다. "만일"이라는 가정으로 예측하기는 어렵다. 그렇지만 토르에 접속한 많은 이들(아마도 모든 이들)이 공유하는 공통분모는 토르 브라우저일 것이다. 따라서 사건의 중심에는 등질성이 있다. 토르 브라우저는 언제나 똑같은 형태이고, 외부에 알려진 취약점을 가지고 있고, 토르 이용자는 어느 정도 신중한 편이다. 토르를 사용한 수법은 분명 대학 학생처의 눈을 속이는 데에는 충분했을지도 모른다. 그러나 FBI와 같이 능력 있는 수사기관을 속이는 문제는 완전히 다른 이야기이다! FBI는 IP 주소 추적이 불가능하다고 해서 멈추지 않는다.[2] 이미 그들은 IP 주소를 감추고 이루어진 활동 배후에 누가 숨어 있는지를 밝혀내는 다양한 방법을 보유하고 있다.

그리고 모든 활동은 흔적을 남긴다는 사실을 잊어서는 안 된다. 사건이 일어난 날 아침에 대학 도서관에서 200명이 아니라 2,000명의 학생이 토르에 접속했다고 가정한다면, 과연 몇 명이나 자기 컴퓨터에서 서핑 흔적을 지웠을까? 우리의 주인공 엘도 김은 USB키에서만 실행되고, 키를 분리하는 순간 모든 흔적을 지울 수 있는 테일즈(Tails)를 사용하지 않고, 개인 컴퓨터를 이용해 토르 블라우저를 사용했다. 물론 토르 브라우저도 흔적을 지운다.[126] 단, 모

---

2   실제로 이 사건에 개입한 보안 및 안전 기관은 FBI 한 곳만은 아니었다. 장난 메일을 받은 대학 행정처는 FBI, 미국 내무부 산하 '주류·담배·화기 및 폭발물 단속국'(BATF, Bureau of Alcohol, Tobacco, Firearms and Explosives, 무기, 화기 및 폭발물을 전문으로 다루는 특별 기구), 비밀경호국(Secret Service, 미국 국토안보부 산하 경호조직), 케임브리지 경찰, 보스턴시 경찰에 연락했다. 요컨대 작고 큰 범죄자를 잡는 일이 주 업무인 전문가를 전부 부른 셈이다.

든 창을 닫고, 브라우저 자체도 닫아야만 흔적이 사라진다.[3] 개인 컴퓨터에서 거의 모든 흔적을 남기지 않으려면 각 행동(이메일 계정 만들기, 이메일 전송 등)을 실행할 때마다 브라우저를 닫아야 하고, 끝난 후에는 컴퓨터 전원을 끄고, 열기를 식히는 등 조처를 해야 했다.

하지만 우리의 게으름뱅이 학생은 자신에게 화살이 되어 돌아온 심각한 범죄를 저질렀다. 첫 번째는 개인의 이익을 위해 많은 이를 놀라게 한 죄, 두 번째는 이메일 장난을 치밀하게 실행하지 않은 죄이다.

범인의 동기를 꾸짖는 도덕적 교훈 외에도, 이 사례를 통해 배울 수 있는 점은 기술이 만사를 해결해주지 않는다는 점이다. 익명성, 특히 도구의 등질성 덕분에 보장되는 익명성은 통신 내용을 보호하고 싶은 때만 효과적이다.

쉬운 예를 들자. 만약 내가 군중 속에서 혼자 복면을 쓰고 있다고 해보자. 내 얼굴이 보이지 않기 때문에 신원을 확인할 수는 없을 것이다. 사람들은 나를 보면서 키가 중간 정도인 어떤 여자 중 한 명으로만 짐작할 뿐이다. 그런데 내가 복면을 쓴 유일한 사람이기 때문에, 사람들은 내 얼굴도 못 보고 신원도 확인할 수 없더라도, 내 존재를 금방 알아차린다.

이 사례 연구를 마치면서, 당신이 익명성과 컴퓨터 보안을 유지

---

3   설명을 많이 단순화했다. 실제로는 이보다 더 복잡한데, 토르 브라우저의 흔적이 전반적인 운영 시스템 기능과 연관되어 있기 때문이다.

하고 싶다면, 준비와 계획이 필수라고 결론 내릴 수 있겠다.[4] 그리고 그런 준비와 계획이 바로 옵섹(OPSEC)이다.

옵섹(OPSEC), 그게 뭔데?

우리의 기본 지식을 상기해보자. 숨겨진 서비스는 운영자의 IP 주소를 은폐해서 운영자가 (지리적으로) 어디에 있는지 알아내지 못하게 한다. 그러나 가장 성능이 좋은 기술이라도 인간적 요인은 극복하지 못한다. 간단한 예를 들어보자. 만약 어떤 숨겨진 서비스가 특정 시간대에 콘텐츠를 대대적으로 공개한다면, 우리는 시간대를 이용해 서비스 관리자가 지구상 어느 지역에 위치하는지를 추측할 수 있다.

앞에서 보았듯이, 아무리 조심해도 지나치지 않는다(또는 아무리 편집광처럼 굴어도 지나치지 않는다. 많은 보안 전문가가 이렇게 말한다). "키보드와 의자 사이에도 문제가 있다"(Problem exists between keyboard and chair)의 약자 PEBKC 또는 PEBKAC는 이런 생각을 잘 나타낸다. 보안(컴퓨터 보안 포함)을 유지하려면, 보안 유지 활동이 받을 위협과 취약점을 평가하는 작업이 필수다. 말로만 해서는 안 된다. 사

---

4 철저한 계획과 준비를 하더라도, 당신의 뒷덜미를 잡으려고 벼르고 있는 사람을 당해낼 수는 없다. 시간을 충분히 갖고, 필요한 수단을 동원해서 당신의 기기에 접속하면, 비밀이 밝혀질 수 있다. 그리고 이미 경찰이 토르 해킹을 시도하고 있음은 잘 알려진 사실이다.

실 우리는 실제로 일상의 거의 모든 활동 속에서 안전 평가를 실천하고 있다. 횡단보도에서는 지나가는 차가 없음을 확인하고 길을 건넌다. 장을 볼 때 유통기한을 확인하거나 알레르기 성분은 없는지 살펴본다. 이런 예는 넘쳐난다.

이런 모든 상황과 행위에 적용할 수 있는 방법론을 '옵섹'(OPSEC) 또는 "작전 보안"(Operations security)이라고 한다. 이 용어는 특히 보안 및 군사 분야 전문가들이 사용했는데, 그들이 내린 정의를 인용하자면 "잠재적인 적에게 중요한 정보가 누설되는 것을 막는 과정"이다.

예를 들어, 휴가를 떠날 때 우리는 도둑이 쉽게 침입할 수 있도록 창문을 열어두지 않는다. 출장 중에 보안 시스템이 설치되지 않은 회사 노트북을 사용하다가 자리에 그대로 열어 놓은 채 기차 식당 칸으로 커피를 마시러 가지도 않는다. 또 누군가 잃어버린 듯한 USB를 주웠는데, 주인을 확인한답시고 컴퓨터에 연결하는 행동도 피할 것이다. 사실 주인 없는 USB는 스파이웨어를 잠입시키고, 컴퓨터를 원격 조정할 수 있도록 설계된 오래된 수법이다. 당신이 소지한 중요 정보의 경우도 마찬가지다. 다시 말해, 정보 보안이 잘 유지되지 않으면 악의적인 공격자가 유리한 조건을 선점한 후 당신을 곤란하게 만들 수 있다. 인터넷 보안의 사례에서, 위험성을 줄이고 실질적으로 건강한 보안을 유지하도록 돕는 일반적 접근방식이 바로 "좋은 작전 보안 갖기"다.

일상적인 안전 행동에 필요한 인지적 노력은 상당히 미미한 편이다. 일상에서 버릇처럼 확인하기 때문에 의식조차 못한 채 실행하기 때문이다. 그런데 실크로드 사이트에서 고객이 구매한 마약을 안전하게 배송하는 일이라면, 작전 보안 분야에서 더 높은 보안 기준을 요구할 것이다. 앞에서 언급했던 분노를 감추지 못했던 데브레 하원의원 사례에서, 의원에게 환각 버섯을 평범한 봉투에 넣어 우체국으로 배송한 판매자는 상식을 따랐다고 말할 수 있다. 판매자는 일반 배송 방식(즉, 주의를 끌지 않는 평범한 방식)으로 일반적인 경로(우체국)를 거쳐 상품을 배송했다.

실제 위험 모델을 만들 때, 우리는 다섯 가지 옵섹 기본 원칙을 고려한다.

1-소지한 중요 정보 식별하기
2-위협 분석하기
3-취약점 분석하기
4-위험 평가하기
5-알맞은 보호 방책 사용하기

이 다섯 가지 원칙은 너무나도 당연한 것이다. 다크웹의 존재와 다크웹상에서 이루어지는 불법적 활동이 미디어에 보도되면서, 경찰은 더 정기적으로 다크웹에 개입한다. 프랑스 경찰이 압수한 비트코인을 저장하는 지갑을 보유하고 있다는 사실이 확인되었다. 불법 물질(마약, 금지된 의약품) 판매, 아동 음란물 유통 할 것 없이 이미 많은 범죄자가 체포되었고 재판을 받았다. 그리고 거의 모든 경우 범죄자들이 실행한 작전 보안이 형편없었다는 사실이 드러난다.

범죄자들이 저지른 인간적인 실수가 경찰의 체포를 돕는 셈이다. 우리는 범죄자들의 실수를 '즐겨야' 한다. 허위 폭발물 신고가 발각된 하버드 대학생 사례는 조금 불쌍하기도 하지만, 그런 실수로 범죄자를 체포할 수 있으니 얼마나 다행인가. 붉은 글씨로 "마약"이라고 쓴 스티커가 붙은 흰 봉투와 같은 과장된 사례보다는, 보통 범죄자가 가진 제한적인 지식, 준비 부족, 나쁜 디지털 '위생' 때문에 실수가 일어난다.

마지막으로 일부 경찰과 정보기관이 범죄자 및 용의자를 소탕하는 과정에서 누리는 (때로는 너무나 큰) 수사 자유가 끼치는 영향 그리고 애초에는 합법적인 범죄 소탕을 위해 주어진 특권이지만 이 특권을 도구화할 때 미칠 영향에 관한 성찰도 필요하다.

숨겨진 서비스의 취약점

토르의 숨겨진 서비스를 이용해 사이트를 개시하려고 할 때, 여러 기술적인 오류를 범할 수 있다. 예를 들어 실제 IP 주소를 보이게 놔둔다거나,[127] 같은 닷어니언(.onion) 사이트가 호스팅하는 모든 사이트가 거의 확연히 드러나게 목록을 만드는 실수들이다. 캐나다 출신 연구가 사라 제이미 루이스(Sarah Jamie Lewis)는 숨겨진 서비스에서 취약점을 찾아내는 검색 도구 어니언스캔(OnionScan)을 만들었다. 이번 장의 첫 부분에서 언급했듯이, 닷어니언 서비스 일부만 불법 또는 위법 활동을 호스팅하고 있다는 점에 비추어보았을 때,

취약점 검색 서비스는 흥미로운 대상이다.

다크웹 시장이 창출할 수 있는 이익이 크고, 다크웹 시장을 대상으로 다양한 보안 서비스가 계속 서비스를 개발하기 때문에, 다크웹 일부 시장의 보안 분야는 끊임없이 혁신되고 있다.[128] 그런데 검색 서비스를 이용한 결과, 전체 숨겨진 서비스 중 25퍼센트[129]의 호스팅 데이터 보안이 취약함을 알 수 있었다. 검색 대상에 포함된 닷어니언 사이트 수는 15,000개였고, 검색이 진행되는 몇 시간 동안 활동 중인 사이트 수는 11,000개였다. 25퍼센트는 조사 대상 사이트의 3분의 1을 차지하는 수치이니 많은 사이트가 취약함에 노출되어 있음을 의미한다. 취약점은 같은 호스팅 서비스를 이용하는 사이트에 대한 다양한 정보를 제공했다. 예를 들어 취약한 사이트 중 절반이 '프리덤 호스팅 II'(Freedom Hosting II)를 이용하고 있었다. 이 정보들을 이용하면 더 자세한 사항을 찾아내고 사이트를 '비익명화'할 수 있는데, 즉 사이트 운영자를 추적할 수 있다는 뜻이다.

더 자세한 사항은 다루지 않겠다. 더 나갔다가는 복잡한 기술의 미로 속에서 헤매게 될 것이다. 여기에서 중요한 점은 자기 사이트가 공격에 끄떡없다고 믿더라도, 보안 취약성에 관해서는 많은 정보를 얻어낼 수 있는 도구가 있다는 사실이다. 다크웹의 보안 취약성은 (명확하게 드러나는) 불법 활동을 목적으로 하는 사이트뿐만 아니라 표현의 자유가 없는 국가에서 표현의 공간을 제공하기 위해 사용되는 사이트에도 적용된다.

이제는 제3자 신뢰 취약성에 관련된 주제를 다루겠다.

위임한 신뢰

우리 활동 중 일부를 제3의 신뢰 기관에 위임하지 않고는 살아갈 수 없는 시대다. 이런 신뢰 기관은 당연히 필요하다. 그런데 해킹 사건이 일어나면 상황은 달라진다.

다크웹 이용자와 서비스가 증가함에 따라 호스팅 서비스, 인스턴트 메신저 클라이언트, 이메일 클라이언트 등 새로운 서비스 제공업자가 나타났다. 그런데 이러한 변화에는 혁명적이라 부를 만큼 새로운 것이 없다. 당신이 "밝은 웹"(일반 웹)에서 사용하는 것과 같은 서비스가 다크웹에서도 필요했던 것뿐이다. 우리는 앞에서 서비스 호스팅 및 숨겨진 서비스에서 발견된 취약점을 언급했다. 신뢰라는 주제에서 '프리덤 호스팅 II'는 제3의 신뢰 기관에 관한 좋은 사례다. 취약점이 발견되었는데도 프리덤 호스팅 II는 다크웹상에서 안정적으로 운영되는 전체 사이트의 20퍼센트에 달하는 사이트에 호스팅 서비스를 계속 제공했다.

프리덤 호스팅(FH)은 설립된 직후 유일무이한 다크웹 호스팅 업체였다. 그러나 2011년에 이미 어나니머스의 공격 대상이 되었는데(다크넷 작전), FH가 서버 호스팅을 하는 아동 음란물 사이트를 어나니머스가 겨냥한 것이다. 롤리타 시티(Lolita City) 사이트를 성공적으로 해킹하고, 이용자 1,500명의 정보를 유출하여 공개했다. 어나니머스의 아동 음란물 퇴치 활동은 2012년 #OpPedoChat 작전[130]으로 이어졌고, 다수 아동 음란물 사이트에서 유출한 이용자 정보를 공개했다. 2017년 초, 프리덤 호스팅 II가 다른 관리자에게 인수된 후에도, 어나니머스라고 주장하는 개인 또는 그룹이 FH 서비스를 해킹했다. 해킹의 결과물은 말 그대로 FH2 서버에 저장된 개인키, 이메일, 서버 대여 사이트에 대한 정보까지, 거의 모든 정보를 포함한 80GB 용량의 파일이었다. 공격자의 메시지에 따르면 이 해킹 공격의 동기는 "아동 음란물을 절대 용납할 수 없기" 때문이었다. FH2가 호스팅 서비스를 제공하는 사이트를 살펴본 공격자는 사이트 중 절반이 아동 음란물 사이트였다는 사실을 알게 된 것이다.[131]

2013년, FBI가 토르 브라우저를 해킹했다는 사실이 알려졌다.[5] 그런데 이후 밝혀진 바로는, FBI를 비롯한 일반 경찰국이 해킹 작전에 사용한 방식이 합법적인가에 대해서는 논란의 여지가 있었다.[6] FBI 요원들은 토르 브라우저의 취약점을 이용해 매체 접근 제어 주소(MAC[Media Access Control] address, 네트워크에 사용되는 기기 고유 번호의 주소)와 이용자들의 IP 주소를 알아냈다. 그런데 이 수사 방식은 불법적으로 진행되었을 뿐만 아니라, 토르 메일 서비스인 토르 메일(TorMail)[132]을 비롯해 무시할 수 없는 양의 사이트를 호스팅하

---

5   EgotisticalGiraffe라는 작전명으로 불린 이 공격은 스노든에 의해 밝혀졌다.
www.theguardian.com/world/interactive/2013/oct/04/egotistical-giraffe-nsa-tor-document.
그리고 FBI는 이를 인정했다.
www.wired.com/threatlevel/2013/09/freedom-hosting-fbi/.

6   프랑스에서 군인 경찰과 일반 경찰은 사법 조사 테두리 안에서 작전을 실행한다. 예심 판사가 관여하는 사건에서, 예심 판사의 지휘 하에서 공격 작전을 명령할 수 있다. 그러나 영미권에서는 예심 판사의 지휘가 존재하지 않는 듯하다.

는 FH를 해킹했다는 점에서 문제가 되었다. FBI와 경찰국이 호스팅 업체를 해킹함으로써, 토르 메일 서비스 및 서비스 이용자 정보까지도 얻어낼 수 있었는데, 이는 아동 음란물 퇴치 범위를 넘어서는 수사였다.

그러므로 토르메일 해킹 사건은 익명성 보호와 정보 보안을 원하는 많은 이용자가 미국과 유럽연합 지역 밖에서 이메일을 호스팅하는 업체를 찾게 한 원인이 되었다. 이에 따라 이스라엘 기업이 제공하는 '세이프메일'(SAFe-mail) 서비스가 주목을 받았다. 불법 상품 판매자, 비트코인 신용 사기꾼뿐만 아니라 기자들도 세이프메일을 이용했다. 그런데 정보 보안 전문가이며 현 뉴욕타임스 정보 보안 책임자인 루나 샌드빅(Runa Sandvik)은 기사에서 이스라엘 기업과 FBI를 비롯한 다수 정보 보안국이 명백히 호의적인 관계라고 밝혔다.[133] 그리고 기업은 자신이 제공하는 이메일 서비스를 통해 일어난 "범죄 행위에 대해 알지 못했고", 이스라엘 당국의 요구가 있을 때 협조한다는 사실도 드러났다. 그런데 세이프메일이 호스팅하는 통신은 어떻게 암호화(단대단[端對端] 암호화 또는 링크 암호화)할까? 확실하게 알려진 바는 없다. 마지막으로 이스라엘의 세이프메일은 외국 정부의 요구를 반영한 이스라엘 법원의 명령을 받은 적이 있음을 시인했다. 이 사례에서 제3의 신용기관도 실제로 신뢰를 받을 만한 자격이 없어 보인다.

잠입과 감시, 풀기 어려운 숙제

다크웹을 포함한 디지털 세계는 오프라인 세계를 비추는 이미지다. 경찰 공권력은 온라인 수사, 특히 다크웹 수사를 위해 역량을 강화하고 전문성을 갖추어야 했다. 토르 브라우저는 모든 이용자의 익명성을 보장하기 때문에 잠입할 수 있다. 익명성 덕분에 다수 잠입 작전을 실행하여 무기[7] 및 독극물[8] 구매자들을 체포할 수 있었다. 특별 요원들과 다수 경찰관이 다크웹 무기 시장에서 잠입 작전을 집중적으로 펼치자, 무기 전자상거래 사이트 중에서 가장 성행하던 아고라가 더 이상 무기 판매자의 활동을 승인하지 않기에 이

---

7 아래 사례에서는 독립 수사관들이 하얀 정보(합법적인 방식으로 얻은 정보—옮긴이)를 이용해 판매자와 관련 전자상거래 사이트를 찾아냈다.
www.vice.com/en_us/article/vvbnn3/dark-web-guns-bust-over-a-dozen-arrested-in-undercover-operation (단축 https://is.gd/95sp3P).
레딧 사이트에서 Gwern의 설명을 참고하라.
www.reddit.com/r/DarkNetMarkets/comments/35ytiw/17_arrests_due_to_flipped_agora_seller_weaponsguy/

8 다음 웹 페이지에서 작전을 묘사하고 있다.
www.tampabay.com/news/courts/criminal/labelle-man-accused-of-selling-toxin-in-death-plot/2162117 (단축 https://is.gd/fTbVuU).
또 다른 경우에서도 독극물 구매 시도를 한 구매자들이 체포되었다.
www.independent.ie/irish-news/courts/man-ordered-enough-deadly-poison-on-the-dark-web-to-kill-1400-people-court-hears-31392729.html.
https://nypost.com/2015/01/20/man-charged-with-trying-to-buy-deadly-poison-on-dark-web/.
www.dailymail.co.uk/news/article-3030368/16-year-old-boy-admits-trying-buy-killer-poison-30-times-deadlier-ricin-undercover-officers-Dark-Web.html.

른다.[134] 작전 요원이 구매자로 사칭해 무기를 구매할 수도 있는데, 이 경우 물건 판매자들이 전자지문[135]을 남긴다. FBI가 로스 울브리히트를 체포하고 실크로드를 폐쇄한 지 한 달[136] 만에 등장한 실크로드2를 기억할 것이다. 실크로드2의 수명은 매우 짧았다. 실크로드2가 개시된 시점부터 FBI 요원이 잠입했기 때문이다. 잠입 요원은 잠입해서 수집한 정보와 사이트에 공개된 상세 정보 덕분에 실크로드2의 설립자 블레이크 벤딜(Blake Benthall)과 접촉할 수 있었다.[137]

윤리적 정당성에 관한 이야기를 하기 전에, 프랑스에서의 형사 처벌 과정을 살펴보자. 가장 먼저 경범죄 또는 중범죄 사실이 확인되어야 한다. 즉, 형법에 따라 처벌할 수 있는 범죄인지 판단한다. 범죄 사실이 확인되면 경찰, 군인 경찰 또는 세관 경찰이 진행하는 경찰 수사가 시작된다. 수사의 목적은 범죄를 증명할 증거를 수집하는 것이다. 증거 수집은 조사로 찾아내거나(경찰이 범죄를 찾아내기 위해 수시로 조사한다), 압수 수색(피해자의 고소 또는 검사의 기소에 따른 압수 수색)으로 찾아낸다. 여기에서 자세한 방법은 언급하지 않겠다. 그러나 단순한 의심 단계에서 확실한 정황을 잡아내는 단계로 넘어가는 것이 주요 목표라는 사실은 밝힌다. 형사처벌이 이루어지려면 범행의 성격을 규정할 수 있어야 한다. 복잡하거나 중대한 사건의 경우 경찰 수사는 예심 판사에게 넘어갈 수 있다. 바로 이 경우에 사건 수사를 담당하는 수사관이 예심 판사이다. 검찰과는 독립적인 존재인 예심 판사는 매우 넓은 범위의 권한을 가지고 있으며, 특히 감청, 위치추적, 컴퓨터 시스템 침입 등을 허가할 수 있다. 따라서 이러한 수사 방식은 범죄 조직망을 소탕하기 위한 목적으로 사용된다. 또한 예심 판사는 혐의를 증명할 요건이 충분히 갖추어졌다고 판단하면 임시 구류를 결정할 수 있다. 바로 이때 용의자는 피의자가 된다. 예심 판사가 자기 임무를 마치면 사건 배당 결정 명령을 내린다. 따라서 사건 조사는 종결되고, 명령에 따라 다음 절차가 진행된다.

형사 소송은 복잡한 일이며, 많은 경우 장기전으로 진행된다. 그러니 어떤 범죄의 특징을 규정하려면 먼저 형사 증거를 수집해야 한다. 예심 과정은 일정한 기간에 진행된 범죄 활동 상황을 다루는 것이다.

공권력이 컴퓨터 해킹을 이용해 정보를 유출한 사례가 다수 알려졌다. 그런데 잠입 수사가 합법적인 수사 활동이라고 하는 반면 컴퓨터 해킹은 덜 합법적이다. 이 기준은 FBI와 경찰 요원이 행한 해킹에도 똑같이 적용된다. 앞에서 언급한 토르 브라우저 해킹 수사 덕분에 아동 음란물 사이트들을 폐쇄할 수 있었다. 그러나 토르 서비스를 사용하는 다수 이용자 중에는 비민주주의적인 정부(보통 자국 정부)를 피해 숨어 활동하는 이들도 있었고, 해킹으로 이들 정보도 유출되었다는 사실을 간과해서는 안 된다. 많은 수사 작전은 미팅 주선 사이트에 저장된 개인 정보를 빼내려는 악의적인 해커들이 사용한 것과 같은 방식을 썼다. 한 미국인 연구자는 다크 웹 시장 및 이용자의 IP 주소를 노출하는 토르 취약점을 발견했고 이를 기술했다. 그러자 FBI는 연구자가 수집한 데이터를 제출하도록 강요하는 최고(催告)장을 대학에 보내기까지 했다.[138] 이러한 수사 방식은 많은 윤리적·정치적 질문을 하게 한다.

최근 사례를 짧게 이야기해보자. 아동 음란물 사이트 '플레이펜'(PlayPen) 폐쇄 사례다. (위에서 언급한 작전 후) 다수 아동 음란물 사이트가 폐쇄되자 플레이펜이 아동 음란물계의 왕으로 등극한다. 이 사이트의 성향은 이미 이름에서 풍긴다(playpen은 영어로 "아기용 우리"를 가리킨다). 알려진 바로는, 20만 명 이상의 이용자가 아동 학대 이미지를 교환하고, 덜미를 잡히지 않는 방법을 서로 조언했다. 알려지지 않은 (그러나 미국은 아닌) 한 국가의 정보기관이 플레이펜 사이트 관리자 컴퓨터에 악성 소프트웨어를 설치하는 데 성공한다. 악성 소프트웨어는 비디오와 연결된 링크를 클릭하면 통신 트래픽을 토르 밖으로 유인했다.[139] 이 해킹은 2014년 12월에 이루어졌는데, 2015년 2월, 해킹 정보를 받은 FBI가 사이트 운영 서버를 압수했다. 그리고 과거 수사(실크로드 사례 등)와 비슷한 수사가 진행된다. 서버가 압수된 후에도 사이트는 폐쇄되지 않았다. 대신 FBI가 개발한 트래픽 감시 도구를 실행했다.[140] 수사를 시작한 지 몇 달 후, FBI는 1,300개 IP 주소와 플레이펜 방문자 및 이용자의 신원을 밝힐 수 있는 기타 정보를 얻어냈다. 그리고 미국인을 상대로 소송이 제기되었고, 이미 두 명은 판결을 기다리고 있다.[141]

범죄자들의 신원을 밝혀내서 감옥에 보냈기 때문에 기쁜 일이라고 할 수도 있겠지만, 플레이펜 사례를 자세히 살펴보면 매우 우려스럽다. FBI는 아동 음란물 사이트를 최소 2주 동안 운영하도록 내버려두었다. 그리고 이 기간에 사이트 이용자들은 아동 음란물 동영상을 수없이 내려받고 감상했다. 이 소행은 처벌받아야 하는 범죄이다. 아동 음란물을 이용하도록 허용한 법적인 책임 기관이 바로 FBI이다.[142] 그러므로 우리는 윤리 및 민주주의와 관련된 중대한 질문 두 가지를 만난다. 먼저 용의자들의 혐의를 입증할 수 있는 증거를 수집하기 위해 아동 음란물을 생산하고 소비하도록 내버려 둔 절충 방식에 문제는 없는지 물을 수 있다. 이 경우를 프랑스 범죄 수사 과정에 대입한다면, 판사가 아동 음란물 이미지 배포를 허가한 것과 마찬가지가 된다. 현실적으로는 이 질문에 한 가지 답변만 얻을 수는 없다. 각자가 스스로 구성한 도덕적 가치 체계에서 가장 상위 가치에 따라 자기 견해를 선택하기 때문이다. 그러나 다른 관점에서 고찰하는 것도 필요하다. 가령, 짧은 기간에 몇 명이 범죄를 저지르도록 둔 절충 방식이 위법적인 방식을 피하려다 아예 범죄자를 놓쳐버리는 것보다 낫다고 생각할 수 있다. 따라서 이러한 절충에 대한 일반적인 평가는 긍정적이다.

또 다른 질문은 민주주의에 관한 것이다. 플레이펜 수사에서 정보 자료 수집을 위해 FBI는 판사의 허가를 받았다. 그런데 판사에게 제출한 수사 허가 요청은 매우 광범위하고 일반적인 방식으로 작성되었다. 결국 허용받은 수사 범위는 플레이펜 수사 범위를 훨씬 넘어섰다. 허용 영역이 광범위했기 때문에 FBI는 해당 대상자에게 알리지 않고, 국경을 넘나들며 원하는 만큼 해킹을 수행할 수 있었다. 또한 FBI는 침입 도구에 관한 정보를 절대 공개하지 않았다. 전자프런티어재단 등 디지털 권리를 수호하는 협회들은 지나친 면책 특권과 몇 백 대의 컴퓨터를 대상으로 실행한 대량 침입과 관련된 집단적 의사를 표명하려고 이것을 법원에 고소했다. 최근에 결론이

난 어떤 형사 소송에서는 한 피고인에 대한 기소가 완전히 중단된 사례도 있었다. 형사 소송을 계속 진행하려면 FBI가 기소한 누리꾼들이 익명으로 웹에 접속했을 당시 해킹을 하는 데 사용한 프로그램의 소스코드를 공개해야 했다. 따라서 FBI는 용의자 컴퓨터에 침입하려고 사용한 취약점 공격을 공개하기보다는 아동 음란물 활동에 참여한 혐의를 따지는 소송에서 차라리 모든 기소를 취하하는 편을 선택한 것이다.[9]

그러므로 미국 법정은 중대한 판례를 만들어냈고, 많은 이들은 개인 컴퓨터의 보안을 보장하지 못하는 미국 헌법의 무능함을 인정했다[143](이 판례는 FBI의 소행에 우호적인 법 해석을 가능하게 했다). 그리고 대부분은 기술과 연관된 법률문제를 해결하지 못했다. 방금 언급한 판례는 미 정부의 정보기관이 개인의 컴퓨터에 침입할 때 판사의 허가가 필요하지 않다는 것을 보여주었다. 우려스러운 부분이다. 이러한 상황이 우리에게도 일어날 수 있다고 생각하면 더욱 두렵다. 내 컴퓨터에 그리고 당신 컴퓨터에 침입할 수 있는 FBI가 불법적인 수사를 한다면, 프랑스 판사는 프랑스 법을 제대로 적용할 수 있을까?

---

9   FBI는 총 135명을 형사 재판에 기소했다.
https://arstechnica.com/tech-policy/2017/03/doj-drops-case-against-child-porn-suspect-rather-than-disclose-fbi-hack/.

하얀 정보

프랑스에서 정보기관 종사자들은 대중에게 널리 공개된 모든 정보를 가리키는 용어로 '하얀 정보'(white information)라는 관용어를 사용한다. 영어권에서는 하얀 정보를 '공개 출처 정보'(open source intelligence, 약자 OSINT, '오신트')라고 부른다. 예를 들어, 위치 추적이 가능한 트윗 게시물을 보면 당신이 휴가 중 어떤 날에 에펠탑 앞에서 사진을 찍었는지 알아낼 수 있다. 따라서 (범죄 조사의 일환으로 심문이 필요할 때) 당신이 몇 날 몇 시에 파리 트로카데로 광장 근처에 있었는지 알아내려고 개인 정보에 접근할 필요가 없다. 앞에서 언급했듯이, 우리가 하는 (거의) 모든 행위는 흔적을 남긴다.

다크웹에서 용의자 체포를 가능하게 했던 결정적인 흔적을 남긴 유명한 사례는 바로 로스 울브리히트의 신원을 확인한 사례였다. 세금 감사관 게리 알포드(Gary Alford)[144]가 실크로드에 관련된 가장 오래된 글을 찾아냈다. 그리고 그는 로스 울브리히트와 실크로드 설립에 관련 있음을 보여준 오래된 광고도 찾아냈다.[145] 라 무스타쉬(La Moustache)라는 별명으로 알려진 독립 연구가는 불굴의 끈기와 꾸준함으로 대마초 합법화를 주장하는 인터넷 포럼에 꾸준히 접속한 결과, 실크로드의 주요 관리자 한 명과 접촉할 수 있었다.[146] 그는 버라이어티 존스(Variety Jones)라는 별명으로 더 잘 알려진 토마스 클라크(Thomas Clark)였다. 신원이 밝혀진 클라크는 체포되어 기소되었다.[147]

실크로드 사례와 같은 선상에서, 실크로드, 아고라, 아브락시스(Abraxas), 알파베이(AlphaBay)에서 대마초 판매로 성공을 거둔 한 판매자의 사례도 흥미롭다. 이 판매자의 이용자 별명은 "칼리커넥트"(caliconnect) 또는 쉽게 알아볼 수 있는 변형된 이름이었다. 본명이었던 범인 버차드(Burchard)를 기소할 수 있었던 결정적인 이유는 … 그가 쓸데없이 "칼리커넥트"라는 이름으로 상품명 등록을 신청하는 바람에 꼬투리가 잡힌 것이었다! 신청 문서는 공개였기 때문에 상품명 신고자의 본명을 확인하는 일은 매우 쉬웠다. 따라서 조사관들은 버차드의 흔적을 추적했고, 그의 상품을 구매한 이용자들이 남긴 상품평을 레딧(Reddit) 등 인터넷 게시판에서 찾을 수 있었다. 그리고 버차드에 대한 상품평은 많았다! 칼리커넥트는 실크로드 판매자 중 상위 20위 안에 들었는데(전체 판매자 4,000명 중에 20위 안에 든다는 것은 다크웹 세계에서 부러움의 대상이었음을 뜻한다), 그의 수익은 100만 달러 이상으로 추정된다.

많은 대답 그리고 더 많은 질문

기술 도구 사용 자체가 다양한 보안 요구에 부합한다고 생각하는 것은 상당한 착각이다. 옵섹, 익명화, 보안을 둘러싼 토론을 하면서 내린 결론이기도 하다. 그리고 다크웹을 연구하면서 이 공간을 존재하게 하는 정치적 동기와 다크웹을 분리할 수 없음을 알게 된다. 물론 우리가 보통 범죄 활동이라고 부르는 특정 활동이 연관된 점은 부정할 수 없다. 그러나 다크웹의 풍경은 훨씬 더 다양하다.

시민 불복종을 주장하기 위한 행동을 꼭 범죄 활동으로 간주해야 할까?

또한 어떤 것들을 평가하고 규정하는 방식은 정치적 영향을 많이 받는다. 한 서비스 운영자가 다수 사이트를 운영할 수 있기 때문에 실제 잠재적 불법 활동 수는 대폭 줄어든다. 예를 들자면, 마약을 판매하는 마켓플레이스 다섯 곳이 한 카르텔에 의해 운영된다면, 우리가 대면하는 상대는 다섯 개 사이트일까 아니면 한 카르텔일까?

우리의 고찰을 더 심화해보자. 법 준수를 위한 기관의 역할은 무엇인지 질문할 수 있다. 경찰, 군인 경찰, FBI 그리고 다른 공권력이 우리를 보호한다는 이유로 수사 방법과 수단을 남용하도록 모든 것을 맡길 텐가? 의심되는 경우 통신 내용에 언제든지 접근 가능하도록 경찰 공권력이 암호화된 애플리케이션에 백도어를 설치하는 권한을 행사한다면 정말이지 문제다. 그렇다면 무죄 추정의 원칙은 사라지고 유죄 추정의 원칙이 되지 않을까?

우리는 모두 독재자가 '민주적인 방법으로' 선출될 수 있다는 것을 안다. 정말 그렇게 된다면, 민주주의 형법 제도와 권위주의 체제가 만든 제도 사이에 어떤 차이가 있단 말인가? 결국 우리 사회의 근본 민주주의 가치가 도전받고, 잔인한 법에 따라 변질되는 끔찍한 상황에 놓일 것이다. 그러므로 우리는 누가 누구를 감시하는지에 관한 끊임없는 질문으로 돌아간다. 우리는 질서를 유지할 뿐만 아니라 민주주의 원칙을 보존하는 방법을 찾아야 한다.

결론

자, 이제 짧은 여정을 마쳤다. 우리가 디지털과 맺는 관계는 점점 복잡해지고 또한 더 밀접해진다. 어떤 이들이 더 강력해지기 위해 RFID 칩을 피부에 이식하기도 하고, 어떤 이들은 심장을 뛰게 하는 기술 저변에 무엇이 숨겨져 있는지 알아내려고 '페이스메이커'를 리버스 엔지니어링 하는, 매혹적인 하이브리드 단계에 와있다. '똑똑한' 기기 또는 소셜미디어를 막론하고, 인터넷 접속은 우리 일부가 되었다.

몇 년 전까지만 해도, 기술은 근본적으로 중립적이고 기술을 어떻게 사용하는지에 따라 기술의 영향력은 달라진다고 단호하게 주장할 수 있었다. 그러나 오늘날 더 복잡해지고 폐쇄적인 디지털 도구와 인터넷 접속 도구에 위임한 권력은 사회 공학의 장이 되었다. 기술 혁신을 촉진하던 연구는 수단과 방법을 가리지 않고 기계 장치를 만들어내는 산업으로 변했다. 첨예한 산업 경쟁에서 살아남으려고 우리는 기본을 놓치고 있다.

그렇다면 아무것도 알 수 없고, 가치와 윤리는 상업적인 광고에만 머무는 디지털 서비스 또는 디지털 기기를 어떻게 신뢰할 수 있을까? 바로 이 질문에 답변하려고 이 책을 썼다. 인터넷의 숨겨진 얼굴을 탐구하면서 우리가 디지털과 맺고 있는 관계가 복잡하다는 사실을 발견했다. 이 관계는 우리를 둘러싼 세계를 반영한다. 어떤 것도 흑백으로 뚜렷하게 구분되는 것은 없다. 따라서 이 책에서 주제를 다루는 방식도 우리가 디지털과 맺은 관계를 반영하려고 했다. 다양한 층, 다양한 면을 가진 그리고 이해할 수 있고 재미있는 방식으로 기술하려고 노력했다.

진부한 표현을 빌려서 말하자면, 위협과 신뢰는 동전의 양면과도 같다. 그리고 이 둘을 연결하는 것이 바로 보안이다. 보안은 위협이 더는 존재하지 않도록 하거나 다시 신뢰할 수 있을 정도로 위협을 축소하는 것이다. 그렇기 때문에 보안은 그 자체로 독립된 대상이며, 이중적이고 이해하기 어려운 대상이다. 보안은 현실이면서도 감정이기 때문이다.

보안의 현실(수학, 기술)은 암호화 알고리즘, 악성 소프트웨어 공격 보호, 위협 모델 그리고 그 외 대응책과 연관되어 있다. 앨리스와 붉은 여왕의 달리기 시합처럼, 우리도 역량을 강화하고 보안 경쟁에 달려들 수 있다. 그러나 보안에 대한 주관적인 느낌이 이 작업을 상당히 복잡하게 만든다. 각자가 느끼는 위협과 신뢰가 모두 다르기 때문이다. 위협이 계속 존재하는 상황에서도 안전하다고 생각하는 사람이 있고, 반대로 기술적으로 보안이 잘 유지되는 상태인데도 위험하다고 느끼는 사람도 있다.

이제까지 기술한 내용을 종합해보면, "보안 대(對) 사생활"이라는 대립이 잘못되었음을 알 수 있다. 보안 조치를 하면 안전감이 더 강화된다고 할 수도 있다. 그러나 우리는 안전하다고 '느낄' 뿐이고, 실제로 안전한지는 별개의 문제다. 보안 대책이 취해졌다고 생각함으로써 우리는 위험이 진화하고 있음을 잊는다.

계속 깨어있으려면 우매한 인터넷 이용자가 되어서는 안 된다. 우리를 우매하게 만들고 보안을 위협하는 자들은 실제로는 보안 유지 노력을 제대로 하지 않는다는 사실을 우리에게 숨긴다. 당신과 나는 디지털 시대의 신뢰를 둘러싼 쟁점을 염두에 두고, 행동하는 사람이 되어야 한다.

감사의 글

이 책을 시작하기는 쉽지 않았다. 그리고 끝내기도 어려웠다. 할 말이 많아서 어디서부터 시작해야 할지 몰랐다. 그리고 글쓰기를 시작했을 때 어디에서 끝내야 할지는 더더욱 알 수 없었다.

이 책이 언젠가 출간되리라 확신했던 이유는, 나를 믿어주고 지지해주는 분들 덕분이었다. 그렇다. 조금은 거창하게 말을 시작했지만, 결국 나는 내 친구들을 정말 사랑한다는 말을 하고 싶다.

내가 가진 디지털 세상에 대한 고뇌와 이를 글로 옮길 수 있다고 믿어준 스테판 보르츠메이어에게 감사의 말을 전한다. 그는 추천사에서 자기 모습 그대로 솔직함과 진정성을 보여주었다. 보르츠! 의심, 질문, 쟁점(그리고 재미있었던 '마리아나스 웹' 이야기도!)을 명확하게 짚어주어 고마워요.

삐걱거리는 초안을 읽어준 이들, 오류와 모순, 부족함을 확인해주거나 간혹 룰즈가 지나칠 때 수위를 낮추게 해준 이들에게 감사 인사를 전한다. 상세하고 날카로운 지적을 해준 브노아, "다크넷"(les darquenettes, 영어 발음을 프랑스식으로 익살스럽게 표기―옮긴이)과 어프루브드 바이 @트윗트윗(Approved by @TouitTouit, 영어 '트윗' 발음을 프랑스식으로 표기―옮긴이) 라벨의 제프 마티오, 건설적인 제안과 비평을 해준 에릭에게 감사의 인사를 전한다. 나에게 안정감을 주고 정신을 풍요롭게 해준 스테파니 샵탈, 존재 자체로 고마운 사람으로 특히 국제 사이버 보안 포럼(FIC)에서 빛났던 마크 리스, 작은 재앙을 피할 수 있게 도와준 세상에서 가장 뛰어난 변호사 메 로랑 아르두앵에게도 감사한 마음이다. 스니퍼로비치와 이반이 선사한 쿠스쿠스 맛의 시, 올리브의 야망, 에마뉘엘의 정신적 지지에도 빼놓을 수 없다. 그리고 훗날 이 책에서 이름이 거명되지 않았음을 알게 될 사람들에게도 감사 인사를 전한다. 그들의 존재는 나에게 트롤 유머와 지식, 질문과 심상찮은 말장난을 떠올리게 한 영감의 근원이었다.

인터넷 창 너머에서 나에게 시간을 내준 사람들, 디지털에 관련된 쟁점을 다른 차원과 보완적인 시선으로 보게 해준 것에 감사하다. 올리비에 테스케는 오랫동안 추적했던 위키리크스의 전력에 관해 비평적인 관점을 공유했다. 파나마 페이퍼스와 기타 주제에 관한 여러 작업을 공유한 막심 보다노 그리고 신변 안전의 문제 때문에 인터뷰 내용이 실리지 않은 이들에게도 감사를 전한다.

라루스 출판사의 마에바 주르노와 아네스 뷔지에르, 이 젊은 두 여성은 무엇보다도 내가 즐겁게 책을 쓰기를 원했다. 교열자인 에밀리 슈팡, 그래픽 편집을 해준 다미앵 파이예에게도 감사하다. 여러분의 인내와 좋은 기운, 호기심이 결정적인 역할을 했다. 여러분이 비밀번호를 자주 변경하는 습관을 갖는다면 나는 이 책이 크게 성공한 게 맞다고 자랑스러워할 것이다.

어쨌든 이 책을 쓰면서 나는 내가 원하지 않더라도 글을 멈추어야 한다는 사실을 배웠다. 여정을 함께할 또 다른 기회가 있길 바란다. 애정을 갖고 그러나 두려움 없이 유년 시절 집을 다시 방문하듯, 혼잡한 인터넷 공간을 당신과 다시 방문할 기회가 있기를 기대한다.

출저 주

서문, 신화와 진실

1: http://www.snopes.com/quotes/internet.asp
2: Francoise Levie, L'homme qui voulait classer le monde. Paul Otlet et le Mundaneum, Les Impressions nouvelles, 2006.
3: http://archive.org/stream/OtletTraitDocumentationUgent#page/n555/mode/1up
4: https://interstices.info/jcms/c_16645/louis-pouzin-la-tete-dans-les-reseaux
5: Slava Gerovitch, From Newspeak to Cyberspeak: A History of Soviet Cybernetics, MIT Press, 2002.
6: https://twitter.com/jjarmoc/status/789637654711267328
7: http://dylan.tweney.com/2001/09/26/internet-emerges-as-the-most-reliable-way-tocommunicate/
8: http://www.businessinsider.fr/internet-est-reellement-controle-par-14-personnes-quidetiennent-7-cles-secretes/
9: http://motherboard.vice.com/fr/read/le-controle-dinternet-est-entre-les-mains-de-14-personnes?utm_source=mbfrtw
10: http://www.icann.org/tr/french.html
11: http://www.businessinsider.fr/internet-est-reellement-controle-par-14-personnes-quidetiennent-7-cles-secretes/
12: https://www.ietf.org/
13: https://www.afnic.fr/fr/l-afnic-en-bref/actualites/actualites-generales/7444/show/securiser-les-communications-sur-internet-de-bout-en-bout-avec-le-protocole-dane.html
14: http://www.bortzmeyer.org/les-quatorze-qui-controlent-tout.html
15: http://www.slate.fr/story/122943/video-internet-cia-jeu-video-controler-esprits

1부, 권력의 그림자: "네가 인터넷에서 뭘 하는지 다 알아"

1: https://nvd.nist.gov/visualizations/cwe-over-time

2: https://fr.wikipedia.org/wiki/Attaque_de_l%27homme_du_milieu

3: https://blog.qualys.com/ssllabs/2013/10/31/apple-enabled-beast-mitigations-in-os-x-109-mavericks

4: https://blog.qualys.com/ssllabs/2013/09/10/is-beast-still-a-threat ; https://threatpost.com/apple-turns-on-safari-beast-attack-nitigation-by-default-in-os-xnavericks/102804/

5: http://www.codenomicon.com/news/pressrelease/2014/04/09/codenomicon_advising_internet_community_on_serious_internet_vulnerability_dubbed_heartbleed.html

6: http://heartbleed.com/

7: https://krebsonsecurity.com/2013/08/firefox-zero-day-used-in-child-porn-hunt/

8: https://www.exploit-db.com/

9: https://www.nextinpact.com/news/101344-mysql-chercheur-devoile-deux-failles-0-day-critiques.htm

10: http://www.zdnet.fr/actualites/et-si-l-iot-etait-une-mine-pour-la-securiteinformatique-39840136.htm ; http://www.zdnet.fr/actualites/shodan-un-moteur-derecherche-reve-pour-cybercriminels-et-les-responsables-iot-39842658.htm

11: http://www.zerodayinitiative.com/about/

12: http://www.nytimes.com/2013/07/14/world/europe/nations-buying-as-hackers-sellcomputer-flaws.html

13: https://tsyrklevich.net/2015/07/22/hacking-team-0day-market/

14: https://arstechnica.co.uk/security/2015/07/how-a-russian-hacker-made-45000-sellinga-zero-day-flash-exploit-to-hacking-team/

15: https://www.zerodium.com/ios9.html

16: http://www.zdnet.fr/actualites/la-nsa-achete-des-vulnerabilites-y-compris-en-francelegalement-39794121.htm ; Vupen a fini par fermer ses bureaux en France. Pour se faireune idee des prix, en 2012, une 0day se vendait entre 5 000 et 250 000 dollars.

17: Pour une description detaillee, meme si elle commence a dater un peu, voir Ablon L., Libicki M. C., & Golay A. A., Markets for Cybercrime Tools and Stolen Data: Hackers' Bazaar, Rand Corporation, 2014. http://www.rand.org/

pubs/research_reports/RR610.html

18: https://www.youtube.com/watch?v=b1iyQFcBCsl

19: http://www.zdnet.fr/actualites/comment-corriger-la-derniere-faille-0-day-de-linux-etandroid-39831500.htm

20: http://www.vox.com/2016/8/24/12615258/nsa-security-breach-hoard

21: https://www.wired.com/2016/08/shadow-brokers-mess-happens-nsa-hoards-zerodays/

22: https://techcrunch.com/2017/01/31/googles-bug-bounty-2016/

23: Bellovin S. M., Blaze M., Clark S., & Landau S. Lawful hacking: Using existing vulnerabilities for wiretapping on the Internet, Nw. J. Tech. & Intell. Prop., 12, i, 2014.

24: https://www.nextinpact.com/news/101945-au-journal-officiel-fichier-biometrique-60-millions-gens-honnetes.htm

25: http://blog.erratasec.com/2015/05/this-is-how-we-get-ants.html

26: http://www.liberation.fr/futurs/2017/02/21/le-megafichier-etendu-au-pas-decharge_1549968

27: https://medium.com/@espringe/amazon-s-customer-service-backdoorbe375b3428c4#.jvpbvwsj9

28: http://money.cnn.com/2016/04/22/technology/facebook-twitter-phishing-scams/SourceS

29: Voir ces exemples : https://heimdalsecurity.com/blog/wp-content/uploads/Phishingexample-Amazon-Prime-22-12-2015.png (Amazon Premier); le Tresor public francais https://www.francebleu.fr/infos/economie-social/le-tresor-public-met-en-gardecontre-des-faux-mails-de-remboursements-d-impots-1452595387 ; http://www.rtl.fr/culture/futur/une-nouvelle-arnaque-au-phishing-sur-gmail-comment-s-enproteger-7786848043 (Gmail); http://www.rtl.fr/actu/conso/faux-mails-de-l-assurancemaladie-comment-se-proteger-du-phishing-7773820806 (Assurance maladie en France) ; https://particulier.edf.fr/fr/accueil/aide-et-contact/aide/arnaque-et-phishing.html (EDF); etc.

30: http://www.zonebourse.com/VINCI-4725/actualite/Vinci-Un-canular-a-18-en-7-minutes-23443531/

31: https://twitter.com/FranckMorelZB/status/801099935080910848

32: http://www.liberation.fr/futurs/2011/03/07/le-ministere-de-l-economie-et-desfinances-victime-d-une-attaque-informatique_719808

33: https://www.ssi.gouv.fr/particulier/principales-menaces/espionnage/

attaque-parhameconnage-cible-spearfishing/

34: https://www.bleepingcomputer.com/news/security/jigsaw-ransomware-decryptedwill-delete-your-files-until-you-pay-the-ransom/

35: https://krebsonsecurity.com/2012/08/inside-a-reveton-ransomware-operation/

36: https://bits.blogs.nytimes.com/2014/08/22/android-phones-hit-byransomware/?smid=pl-share

37: https://www.bleepingcomputer.com/news/security/new-scheme-spread-popcorn-timeransomware-get-chance-of-free-decryption-key/

38: https://www.bleepingcomputer.com/news/security/koolova-ransomware-decrypts-forfree-if-you-read-two-articles-about-ransomware/

39: https://blog.barkly.com/phishing-statistics-2016

40: http://phishme.com/phishing-ransomware-threats-soared-q1-2016/

41: http://arstechnica.com/security/2016/02/locky-crypto-ransomware-rides-in-onmalicious-word-document-macro/

42: http://arstechnica.com/security/2016/03/big-name-sites-hit-by-rash-of-malicious-adsspreading-crypto-ransomware/

43: http://www.lemonde.fr/les-decodeurs/article/2016/12/30/espionnage-pendant-lapresidentielle-ce-que-les-etats-unis-reprochent-a-moscou_5055689_4355770.html ; http://www.lepoint.fr/monde/la-russie-a-t-elle-vraiment-hacke-l-election-americaine-30-12-2016-2093683_24.php

44: http://www.chicagotribune.com/news/local/politics/ct-illinois-republican-party-emailhack-met-1212-20161211-story.html

45: Voir par exemple cette actu http://www.nytimes.com/2016/12/29/world/europe/howrussia-recruited-elite-hackers-for-its-cyberwar.html

46: https://threatconnect.com/blog/state-board-election-rabbit-hole/

47: https://chronopay.com/blog/2016/09/15/chronopay-pomogaet-king-servers-com/

48: http://www.reuters.com/article/us-usa-cyber-democrats-reconstruct-idUSKCN10E09H

49: https://www.secureworks.com/research/threat-group-4127-targets-hillary-clintonpresidential-campaign

50: https://www.crowdstrike.com/blog/bears-midst-intrusion-democratic-national-committee/

51: http://www.threatgeek.com/2016/06/dnc_update.html

52: https://wikileaks.org/podesta-emails/emailid/34899

53: https://www.fireeye.com/content/dam/fireeye-www/global/en/current-
threats/pdfs/rpt-apt28.pdf

54: https://www.slideshare.net/MaliciaRogue/contes-legendesru-
net16mars2015

55: http://www.politico.com/agenda/story/2016/10/the-growing-threat-of-
cybermercenaries-000221

56: https://www.us-cert.gov/security-publications/GRIZZLY-STEPPE-Russian-
Malicious-Cyber-Activity

57: https://www.dhs.gov/news/2016/10/07/joint-statement-department-
homeland-securityand-office-director-national

58: https://www.wordfence.com/blog/2016/12/russia-malware-ip-hack/

59: https://www.us-cert.gov/sites/default/files/publications/JAR-16-20296A.csv

60: http://www.robertmlee.org/critiques-of-the-dhsfbis-grizzly-steppe-report/

61: https://www.us-cert.gov/sites/default/files/publications/AR-17-20045_
Enhanced_Analysis_of_GRIZZLY_STEPPE_Activity.pdf

62: http://de.reuters.com/article/deutschland-russland-cyberangriff-
idDEKCN0Y41D2

63: https://twitter.com/RidT/status/751325844002529280

64: https://www.us-cert.gov/sites/default/files/publications/AR-17-20045_
Enhanced_Analysis_of_GRIZZLY_STEPPE_Activity.pdf

65: https://www.senat.fr/compte-rendu-commissions/20170130/etr.htm ;
Social Media and Fake News in the 2016 Election http://web.stanford.
edu/~gentzkow/research/fakenews.pdf

66: https://medium.com/@maliciarogue/la-bulle-algorithmique-cache-
la-for%C3%AAtdes-int%C3%A9r%C3%AAts-financiers-c5626cffa66#.
p8o3xp96p ; https://reflets.info/comment-la-cybersecurite-pourrait-sinviter-
a-la-presidentielle-de-2017/

67: https://www.nytimes.com/2016/11/25/us/politics/hacking-russia-election-
fears-barackobama-donald-trump.html?_r=0

68: https://www.schneier.com/crypto-gram/archives/2000/0515.html#1

69: http://googlepublicpolicy.blogspot.co.uk/2012/07/breaking-borders-for-
freeexpression.html

70: http://www.slate.com/blogs/future_tense/2012/07/25/finspy_trojan_from_
gamma_group_may_have_been_used_against_bahraini_activists_says_
report_.html

71: https://citizenlab.org/2012/07/from-bahrain-with-love-finfishers-spy-kit-

exposed/
72: http://www.slate.com/blogs/future_tense/2012/08/20/moroccan_website_
mamfakinch_targeted_by_government_grade_spyware_from_hacking_
team_.html
73: https://citizenlab.org/2012/10/backdoors-are-forever-hacking-team-and-
the-targetingof-dissent/
74: https://privacyinternational.atavist.com/theireyesonme
75: http://reseau.echelon.free.fr/reseau.echelon/satellites.htm
76: http://www.wired.com/threatlevel/2012/03/ff_nsadatacenter/all/1
77: http://www.lemonde.fr/technologies/article/2013/08/23/les-cables-sous-
marins-clede-voute-de-la-cybersurveillance_3465101_651865.html
78: https://www.justice.gov/archive/ll/highlights.htm
79: https://www.wired.com/2010/08/nsl-gag-order-lifted/
80: http://www.washingtontimes.com/news/2004/may/28/20040528-122605-
9267r/?page=all
81: https://www.technologyreview.com/s/405707/the-total-information-
awareness-projectlives-on/
82: http://www.nytimes.com/2005/12/16/politics/bush-lets-us-spy-on-callers-
withoutcourts.html
83: http://www.nysd.uscourts.gov/rulings/04CV2614_Opinion_092904.pdf
84: http://www.aclu.org/safefree/nationalsecurityletters/31580prs20070906.html
85: https://web.archive.org/web/20071106074840/http://www.aclu.org/safefree/
nationalsecurityletters/31580prs20070906.html
86: https://www.techdirt.com/articles/20150427/11042430811/nsas-stellar-
wind-program-was-almost-completely-useless-hidden-fisa-court-nsa-fbi.
shtml
87: http://www.democrats.com/bush-impeachment-poll-2
88: http://www.pbs.org/wgbh/frontline/film/united-states-of-secrets/transcript/
89: https://en.wikipedia.org/wiki/United_States_Foreign_Intelligence_
Surveillance_Court#Criticism
90: Les revelations de The Intercept https://theintercept.com/2014/05/19/data-
piratescaribbean-nsa-recording-every-cell-phone-call-bahamas/ ; resume
en francais http://www.france24.com/fr/20140520-nsa-bahamas-portable-
ecoute-enregistrementshebab-terrorisme-paradis-fiscal-espionnage-
snowden
91: http://www.afr.com/p/technology/interview_transcript_former_

head_51yP0Cu1AQGUCs7WAC9ZVN

92: http://www.nytimes.com/2014/09/17/opinion/israels-nsa-scandal.html?_r=1
93: http://www.nytimes.com/2014/09/13/world/middleeast/elite-israeli-officers-decrytreatment-of-palestinians.html?_r=0
94: http://www.huffingtonpost.com/2013/11/26/nsa-porn-muslims_n_4346128.html
95: https://mic.com/articles/50459/8-whistleblowers-charged-with-violating-theespionage-act-under-obama#.9rAHcsE6b
96: http://www.politifact.com/punditfact/statements/2014/jan/10/jake-tapper/cnns-tapperobama-has-used-espionage-act-more-all-/
97: http://www.defenseone.com/business/2013/07/obama-whistleblower-witchhunt-wontwork-DOD/67598/
98: http://www.theguardian.com/world/2013/sep/05/nsa-gchq-encryption-codessecurityvoir en francais : http://www.lemonde.fr/technologies/article/2013/09/05/cybersurveillance-la-nsa-a-contourne-les-garde-fous-qui-protegent-lesdonnees_3472159_651865.html
99: https://citizenlab.org/2013/07/planet-blue-coat-redux/
100: https://www.netsweeper.com/products/content-filtering/
101: https://www.forbes.com/sites/thomasbrewster/2016/10/25/procera-francisco-partnersturkey-surveillance-erdogan/#1969f49a4434
102: https://citizenlab.org/2016/08/million-dollar-dissident-iphone-zero-day-nso-group-uae/
103: https://theintercept.com/2015/07/01/nsas-google-worlds-private-communications/
104: http://www.itu.int/en/ITU-D/Statistics/Pages/stat/default.aspx
105: https://www.tbb.org.tr/en/banks-and-banking-sector-information/statistical-reports/20
106: https://www.forbes.com/sites/thomasbrewster/2016/05/31/ability-unlimitedspy-system-ulin-ss7/#3c13a96063fa ; https://www.forbes.com/sites/thomasbrewster/2016/02/11/nypd-stingrays-all-over-new-york/#13e981d82d84
107: http://www.interceptors.com/ability-script.pdf
108: http://www.wassenaar.org/
109: http://www.international.gc.ca/controls-controles/report-rapports/2015.aspx?lang=eng
110: http://www.sviluppoeconomico.gov.it/index.php/it/component/content/

article?id=2022475

111: http://www.timesofisrael.com/israeli-government-okayed-sale-of-spyware-thatexploits-iphones/

112: https://blog.imirhil.fr/2017/02/21/logiciel-libre-gouvernance-ethique.html

113: http://www3.epa.gov/otaq/cert/documents/vw-nov-caa-09-18-15.pdf

114: http://www.bloomberg.com/news/articles/2015-09-19/vw-clean-diesel-schemeexposed-as-u-s-weighs-criminal-charges

115: http://www.volkswagenag.com/content/vwcorp/info_center/en/news/2015/09/Ad_hoc_US.html

116: http://www3.epa.gov/otaq/standards/light-duty/tier2stds.htm

117: http://www.dieselforum.org/about-clean-diesel/what-is-clean-diesel-la face cachee d'internet

118: http://www.theicct.org/sites/default/files/publications/ICCT_PEMS-study_dieselcars_20141013.pdf

119: http://www.nytimes.com/2015/09/21/business/international/volkswagen-chiefapologizes-for-breach-of-trust-after-recall.html

120: https://www.wired.com/2015/09/epa-opposes-rules-couldve-exposed-vws-cheating/

121: http://www.lemagit.fr/tribune/Laffaire-Volkswagen-Un-plaidoyer-pour-le-logiciel-libre ; http://www.toolinux.com/L-affaire-Volkswagen

122: https://www.wired.com/2015/07/hackers-remotely-kill-jeep-highway/

123: https://www.wired.com/2015/08/researchers-hacked-model-s-teslas-already/

124: http://www.pcworld.com/article/3012220/security/internet-connected-hello-barbiedoll-can-be-hacked.html

125: http://fusion.net/story/192189/internet-connected-baby-monitors-trivial-to-hack/

126: http://www.theregister.co.uk/2015/08/24/smart_fridge_security_fubar/

127: https://www.wired.com/2015/07/hackers-can-disable-sniper-rifleor-change-target/

128: https://www.forbes.com/sites/kashmirhill/2013/07/26/smart-homeshack/#57668e47e426

129: http://www.theregister.co.uk/2016/10/25/medsec_vs_st_jude_indy_pentester_report_lands/

130: http://www.vocativ.com/358530/smart-dildo-company-sued-for-tracking-users-habits/

131: http://observatoire-du-vote.eu/?page_id=38

132: http://oumph.free.fr/textes/vote_electronique_issy.html

133: http://cdst.revues.org/326

134: https://www.vice.com/fr/article/ce-hackeur-canadien-divulgue-les-infos-personnellesdes-racistes-d-internet

135: http://rue89.nouvelobs.com/2014/08/14/vengeance-dun-pseudo-hacker-contre-rue89-vire-tragique-254205

136: http://www.leparisien.fr/yvelines-78/mantes-la-ville-une-elue-d-opposition-victime-dun-swatting-12-03-2015-4597789.php

137: http://www.europalestine.com/spip.php?article10749 ; http://www.ujfp.org/spip.php?article3966

138: https://www.nextinpact.com/news/98208-les-sanctions-contre-revenge-porn-porteesa-deux-ans-prison-et-60-000-euros-d-amende.htm

139: http://europe.newsweek.com/revenge-porn-italy-tiziana-cantone-nightclub-rapevideo-499292?rm=eu

2부. 해커의 세 얼굴: 좋은 놈, 나쁜 놈, 어나니머스

1: https://fr.wikipedia.org/wiki/Leet_speak

2: https://encyclopediadramatica.se/Main_Page

3: https://events.ccc.de

4: http://www.bbc.com/news/technology-10554538

5: https://fr.wikipedia.org/wiki/Steven_Levy

6: http://blog.historyofphonephreaking.org/

7: http://www.2600.com/

8: https://fr.wikipedia.org/wiki/Hackers

9: http://www.cs.indiana.edu/docproject/bdgtti/bdgtti_toc.html#SEC57

10: http://www.cs.indiana.edu/docproject/bdgtti/bdgtti_8.html

11: https://w2.eff.org/Net_culture/Net_info/EFF_Net_Guide/EEGTTI_HTML/eeg_91.html

12: news:alt.fan.warlord

13: Voir par exemple page 391 de The Johns Hopkins Guide to Digital Media ou https://en.wikipedia.org/wiki/Netochka_Nezvanova_(author).

14: http://www.weirdcrap.com/recreational/bricefq1.htm

15: http://www.catb.org/jargon/html/B/B1FF.html

16: http://www.wired.com/1994/OS/alt.tes/class
17: https://www.youtube.com/watch?v=RFjU8bZR19A
18: https://www.youtube.com/watch?v=DNO6G4ApJQY
19: http://www.rsr.ch/#/la-1ere/programmes/on-en-parle/3058588-le-troll-la-bete-noiredu-net.html
20: http://www.ibls.com/internet_law_news_portal_view.aspx?s=latestnews&id=1972
21: http://blog.wired.com/27bstroke6/2008/01/anonymous-attac.html
22: https://upload.wikimedia.org/wikipedia/commons/7/73/Message_to_Scientology.ogv
23: http://www.motherjones.com/mojo/2008/09/sarah-palins-secret-emails
24: http://sunshinereview.org/index.php/Alaska_Public_Records_Act
25: http://machinist.salon.com/blog/2008/09/15/palin_emails/
26: http://arstechnica.com/tech-policy/2008/09/palins-e-mail-habits-come-under-fire/
27: http://www.motherjones.com/politics/2011/06/sarah-palin-email-saga
28: https://www.wired.com/2008/09/palin-e-mail-ha/
29: http://gawker.com/5051193/sarah-palins-personal-emails
30: https://wikileaks.org/wiki/VP_contender_Sarah_Palin_hacked
31: http://www.slate.com/articles/technology/technology/2008/09/hacking_sarah_palin.html
32: http://www.memphisflyer.com/JacksonBaker/archives/2013/07/25/david-kernell-is-outfrom-under
33: http://thephoenix.com/Boston/News/70055-Photos-Guy-Fawkes-Day/
34: http://blogs.mediapart.fr/edition/club-acte-2/article/110211/les-sociabilites-neuvesdes-communautes-dinformation
35: http://knowyourmeme.com/memes/it-s-over-9000
36: http://blogs.suntimes.com/oprah/2008/09/oprah_winfrey_goes_after_inter.html
37: http://ireport.cnn.com/docs/DOC-93559 ; https://www.reddit.com/r/funny/comments/72g7t/oprah_gets_trolled_by_anonymous_oprah_vs_over/
38: http://www.liberation.fr/ecrans/2010/09/20/pedobear-la-chasse-a-l-ours-estouverte_954765
39: http://knowyourmeme.com/memes/events/over-9000-penises
40: http://www.liberation.fr/ecrans/2009/07/22/la-pedophilie-sur-internet-encore-instrumentalisee_958768?page=article

41: http://www.guardian.co.uk/media/2012/jun/12/how-to-deal-with-trolls

42: http://archive.wikiwix.com/cache/?url=http%3A%2F%2Fnews.ninemsn.com.
au%2Ftechnology%2F827036%2Finternet-underground-takes-on-iran

43: http://www.abc.net.au/news/stories/2009/09/10/2681642.htm

44: http://news.bbc.co.uk/2/hi/uk_news/8061979.stm

45: http://legifrance.gouv.fr/affichTexte.do;?cidTexte=JORFTEXT000021573619&
dateTexte=vig

46: http://www.liberation.fr/france-archive/2009/04/10/le-ps-ruse-et-coince-
hadopi-a-lassemblee_559240

47: https://yro.slashdot.org/story/04/07/27/129219/patriot-act-used-to-enforce-
copyrightlaw; https://www.techdirt.com/articles/20100129/0630057974.shtml

48: http://www.indiantelevision.com/aac/y2k10/aac589.php

49: https://torrentfreak.com/anti-piracy-outfit-threatens-to-dos-uncooperative-
torrentsites-100905/

50: http://www.theregister.co.uk/2010/09/20/4chan_ddos_mpaa_riaa/

51: https://torrentfreak.com/images/mpaaddos.jpg

52: http://torrentfreak.com/4chan-to-ddos-riaa-next-is-this-the-protest-of-
thefuture-100919/

53: http://www.pandasecurity.com/mediacenter/news/4chan-users-organize-
ddosagainst-mpaa/

54: http://techcrunch.com/2010/09/19/riaa-attack/

55: https://torrentfreak.com/4chan-to-ddos-riaa-next-is-this-the-protest-of-
thefuture-100919/

56: http://www.slyck.com/story2040_Your_Quick_Reference_Guide_to_Current_
US_BitTorrent_Lawsuits

57: http://www.theregister.co.uk/2009/05/12/davenport_lyons_acs_law/

58: https://web.archive.org/web/20110721060833/http://www.t3.com/news/law-
firm-handsout-thousands-of-fines-to-suspected-digital-pirates?=42559

59: http://news.bbc.co.uk/1/hi/technology/8481790.stm

60: https://web.archive.org/web/20091216055249/http://beingthreatened.
yolasite.com:80/press-index.php

61: http://www.lawgazette.co.uk/opinion/letters/which-hunt

62: http://www.bbc.co.uk/news/technology-12275913

63: http://torrentfreak.com/wrongfully-accused-of-file-sharing-file-
forharassment-100831/

64: https://web.archive.org/web/20160129200458/http://www.parliament.thestationeryoffice.co.uk/pa/ld200910/ldhansrd/text/100126-0003.htm

65: http://www.theregister.co.uk/2010/09/22/acs_4chan/

66: http://arstechnica.com/tech-policy/news/2010/09/amounts-to-blackmail-inside-a-p2psettlement-letter-factory.ars

67: http://www.wired.co.uk/news/archive/2010-09/27/leaked-emails-fuel-anti-piracy-scandal

68: http://www.guardian.co.uk/technology/blog/2010/oct/01/acslaw-filesharing-accused

69: http://www.which.co.uk/news/2009/07/more-innocent-consumers-accused-of-filesharing--179504

70: http://www.bbc.co.uk/newsbeat/article/11430299/my-details-appeared-on-porn-list

71: https://torrentfreak.com/acslaw-gay-porn-letters-target-pensioners-marriedmen-100925/

72: http://www.theregister.co.uk/2008/04/08/church_of_scientology_contacts_wikileaks/

73: https://www.wikileaks.org/wiki/Sarah_Palin_Yahoo_account_2008

74: http://www.imdb.com/title/tt1799148/

75: http://www.wired.com/threatlevel/2010/06/leak/

76: https://web.archive.org/web/20100722020415/http://www.aolnews.com/nation/article/wikileaks-snitch-hacker-adrian-lamo-faces-wrath-of-his-peers/19562042

77: http://213.251.145.96/cablegate.html

78: https://en.wikipedia.org/wiki/Reactions_to_the_United_States_diplomatic_cables_leak

79: http://www.bbc.co.uk/news/technology-11935539

80: http://www.nytimes.com/2010/12/06/world/europe/06wiki.html?_r=1&partner=rss&emc=rss

81: http://www.theatlantic.com/technology/archive/2010/12/wikileaks-exposes-internetsdissent-tax-not-nerd-supremacy/68397/

82: https://fr.wikipedia.org/wiki/R%C3%A9volution_am%C3%A9ricaine

83: Commander X. Behind The Mask: An Inside Look At Anonymous. Lulu.com

84: http://www.washingtonpost.com/wp-dyn/content/article/2011/01/25/AR2011012502918.html

85: http://www.cbc.ca/news/canada/story/2012/03/15/f-online-protest.html

86: http://switch.sjsu.edu/web/v4n2/stefan/

87: http://english.aljazeera.net/indepth/features/2011/01/20111614145839362.
html
88: https://userscripts.org/scripts/show/94122
89: http://cryptoanarchy.org/wiki/Telecomix
90: https://www.youtube.com/watch?v=biIJ7lZtutQ
91: http://www.theatlantic.com/international/archive/2011/01/egyptian-activists-
actionplan-translated/70388/
92: http://www.aljazeera.com/news/middleeast/2011/05/201151917634659824.
html
93: http://arstechnica.com/tech-policy/news/2011/02/how-one-security-firm-
trackedanonymousand-paid-a-heavy-price.ars
94: http://english.aljazeera.net/indepth/opinion/2011/03/20113981026464808.
html
95: https://www.nextinpact.com/archive/63924-sony-pictures-lulzsec-piratage-
mots-depasse-vol-donnees.htm
96: http://www.tnr.com/blog/the-study/89997/hacking-fun-more-profit
97: http://arstechnica.com/tech-policy/news/2011/06/lulzsec-heres-why-we-
hack-youbitches.ars
98: http://www.independent.co.uk/news/world/americas/who-are-the-group-
behind-thisweeks-cia-hack-2298430.html ; http://www.pcmag.com/
article2/0,2817,2387219,00.asp
99: http://www.wired.com/threatlevel/2011/05/lulzsec/
100: http://www.guardian.co.uk/technology/blog/2011/jun/24/lulzsec-site-down-
hackerjester; http://www.computerandvideogames.com/308986/lulzsec-
hacked-by-antihacking-group/
101: http://www.thesmokinggun.com/documents/internet/hackers-
who-tried-sinklulz-boat-071289 ; http://sanfrancisco.ibtimes.com/
articles/169577/20110625/lulzsec-sails-into-sunset-as-teamp0ison-
terrorizes-internet-antisec-anti-securityanonymous-hacker.htm ; http://
www.guardian.co.uk/technology/2011/jun/24/lulzsecirc-leak-the-full-record
102: http://www.nytimes.com/2010/12/04/world/europe/04domain.html
103: http://risky.biz/forum/why-we-secretly-love-lulzsec
104: http://www.passwordrandom.com/most-popular-passwords
105: http://owni.fr/2011/06/08/sur-les-traces-de-lulz-security-les-hackers-
invisibles/
106: http://uk.ibtimes.com/articles/167639/20110622/lulzsec-lulz-security-

anonymousoperation-anti-security-anti-sec-hacked-cleary-ryan-arrest-
attack.htm

107: http://www.bbc.co.uk/news/technology-13912836

108: Inutile de faire un catalogue a la Prevert des attaques perpetrees dans le
cadre del'operation AntiSec : https://en.wikipedia.org/wiki/Operation_AntiSec

109: https://twitter.com/atopiary/status/94225773896015872

110: http://www.nytimes.com/2014/04/24/world/fbi-informant-is-tied-to-
cyberattacksabroad.html

111: https://fr.wikipedia.org/wiki/Quatri%C3%A8me_pouvoir

112: https://www.theguardian.com/world/blog/2010/dec/03/julian-assange-
wikileaks

113: https://www.theguardian.com/news/datablog/2010/nov/29/wikileaks-cables-
data#data

114: http://owni.fr/2011/12/01/spy-files-interceptions-ecoutes-wikilleaks-
qosmos-amesyslibye-syrie/

115: http://cryptome.org/0002/ja-conspiracies.pdf

116: http://www.hyperorg.com/blogger/2010/12/05/truth-is-not-enough/

117: https://zunguzungu.wordpress.com/2010/11/29/julian-assange-
and-the-computerconspiracy-%E2%80%9Cto-destroy-this-invisible-
government%E2%80%9D/ pour uneanalyse tres complete.

118: http://gawker.com/5773533/julian-assange-my-enemies-are-all-jews-and-
sissies

119: http://www.slate.com/blogs/the_slatest/2016/07/25/what_wikileaks_might_
have_meant_by_that_anti_semitic_tweet.html

120: https://www.rt.com/tags/the-julian-assange-show/

121: https://twitter.com/wikileaks/status/756206619860561920

122: http://rue89.nouvelobs.com/2016/07/22/wikileaks-menace-creer-twitter-
apres-quuntroll-a-ete-banni-264749

123: http://www.newyorker.com/magazine/2010/06/07/no-secrets

124: https://voicerepublic.com/talks/reports-from-the-front L'intervention en
question, par Jacob Appelbaum, est a partir de 73 min 30 sec.

125: http://www.telerama.fr/monde/alan-rusbridger-du-guardian-wikileaks-
a-instaure-un-nouveau-type-de-rapports-entre-journalisme-et-
technologie,65785.php

126: http://owni.fr/2011/08/23/les-confusions-dun-dissident-de-wikileaks/

127: http://www.telerama.fr/medias/le-cinquieme-pouvoir-le-film-sur-wikileaksest-ilconforme-a-la-realite-des-faits,105860.php

128: http://www.telerama.fr/medias/wikileaks-regle-ses-comptes-dans-undocumentaire, 103930.php

129: Voir pour davantage de details et des entretiens, l'e-book d'Olivier Tesquet publie en 2011 sur l'histoire de WikiLeaks http://shop.owni.fr/fr/41-la-veritable-histoire-de-wikileaks.html

130: https://twitter.com/YourAnonNews/status/256194158971215872

131: http://pastebin.com/Juxb5M26

132: https://twitter.com/wikileaks/status/758781081072046080?ref_src=twsrc%5Etfw]

133: https://twitter.com/cyberrights/status/758390450009104385

134: https://wikileaks.org/akp-emails/

135: http://www.reuters.com/article/us-turkey-security-wikileaks-idUSKCN1000H1 ; http://www.numerama.com/politique/183868-la-turquie-bloque-wikileaks-pour-tenter-delimiter-les-revelations.html

136: https://twitter.com/wikileaks/status/755657280406822912

137: https://twitter.com/dasecho/status/755758522416128000

138: https://twitter.com/ragipsoylu/status/755513149663707137

139: https://twitter.com/ragipsoylu/status/755511448407801856

140: https://wikileaks.org/akp-emails/?q=&mfrom=akparti.org.tr&mto=&title=&notitle=&date_from=&date_to=&nofrom=&noto=&count=50&sort=0#searchresult

141: https://wikileaks.org/akp-emails/emailid/31401

142: https://medium.com/@crymora/when-leaking-turns-into-dumping-61efcd20c96a#.ehbczztez

143: https://glomardisclosure.com/2016/07/26/the-who-and-how-of-the-akp-hack-dumpand-wikileaks-release

144: http://www.huffingtonpost.com/zeynep-tufekci/wikileaks-erdogan-emails_b_11158792.html

145: https://twitter.com/zeynep/status/757712462925926401

146: https://twitter.com/zeynep/status/757754939640799234

147: https://twitter.com/zeynep/status/757750555015979008

148: https://twitter.com/misterlast/status/757754961191137280

149: https://bontchev.nlcv.bas.bg/index.html

150: https://github.com/bontchev/wlscrape/blob/master/malware.md

151: https://wikileaks.org/podesta-emails/

152: http://www.politifact.com/global-news/statements/2016/oct/16/mike-pence/
did-qatarpromise-clinton-foundation-1-million-fiv/
153: http://www.nytimes.com/2016/07/27/us/politics/assange-timed-wikileaks-
release-ofdemocratic-emails-to-harm-hillary-clinton.html?smid=tw-
nytimes&smtyp=cur&_r=0
154: http://www.lemonde.fr/pixels/article/2016/07/25/le-parti-democrate-
voit-la-main-dela-russie-derriere-la-publication-d-e-mails-par-
wikileaks_4974501_4408996.html
155: http://rue89.nouvelobs.com/2016/10/31/maintenant-e-mails-clinton-entre-
photosbites-265545
156: https://twitter.com/RogerJStoneJr/status/782443074874138624
157: http://www.telegraph.co.uk/news/uknews/law-and-order/11039528/Jui-lien-
Assangesuffering-heart-condition-after-two-year-embassy-confinement-it-
is-claimed.html ; http://www.ibtimes.co.uk/medical-woes-julian-assange-
exhaustion-pain-likelydeteriorating-mental-state-1581689
158: http://www.nbcnews.com/politics/2016-election/wikileaks-fuels-conspiracy-
theoriesabout-dnc-staffer-s-death-n627401
159: https://www.bloomberg.com/news/articles/2016-10-11/how-julian-assange-
turned-wikileaks-into-trump-s-best-friend
160: http://tempsreel.nouvelobs.com/rue89/rue89-politique/20161004.RUE3976/
pour-ses-10-ans-wikileaks-fait-une-conference-et-zero-revelation.html
161: https://twitter.com/KFILE/status/775110996071424001?ref_
src=twsrc%5Etfw]
162: http://www.bloomberg.com/politics/articles/2016-10-08/clinton-
refuses-to-disavowhacked-excerpts-from-paid-speeches ; https://
www.washingtonpost.com/news/post-politics/wp/2016/10/11/clinton-
campaignchairman-says-fbi-probing-criminal-hack-of-his-email/?postshar
e=3211476278016159&tid=ss_mail
163: https://fr.scribd.com/document/28385794/Us-Intel-Wikileaks
164: http://www.salon.com/2010/12/15/manning_3/
165: http://www.nytimes.com/2010/10/24/world/24assange.html?pagewanted=all
166: http://www.washingtonpost.com/wp-dyn/content/article/2010/11/30/
AR2010113001095.html
167: http://www.huffingtonpost.com/2010/12/07/fox-news-bob-beckel-calls_
n_793467.html
168: http://www.guardian.co.uk/media/2010/dec/17/julian-assange-sweden

169: http://www.bbc.co.uk/news/world-us-canada-11856122
170: http://media.washingtonpost.com/wp-srv/politics/documents/Dept_of_
State_Assange_letter.pdf
171: https://www.bloomberg.com/news/articles/2016-10-11/how-julian-assange-
turnedwikileaks-into-trump-s-best-friend
172: http://pastebin.com/Juxb5M26
173: http://www.nytimes.com/2016/08/08/opinion/can-we-trust-julian-assange-
andwikileaks.html

3부. 다크웹: 어둠의 경로를 따라서

1: http://lci.tf1.fr/france/societe/bernard-debre-lr-en-guerre-contre-la-vente-
dedrogues-sur-internet-8755720.html
2: https://web.archive.org/web/20150325025545/http://darknet.se/about-
darknet/
3: http://www.cs.virginia.edu/~cs757/slidespdf/757-09-overlay.pdf
4: https://freenetproject.org/
5: http://msl1.mit.edu/ESD10/docs/darknet5.pdf
6: https://fr.wikipedia.org/wiki/Gestion_des_droits_num%C3%A9riques
7: Darknet: Hollywood's War Against the Digital Generation (JD Lasica, 2005) en
parle en des termes plus accessibles. Voir http://www.m21editions.com/fr/
darknet.shtml
8: https://www.torproject.org/
9: https://www.torproject.org/docs/faq#HideExits
10: Roger Dingledine, Nick Mathewson, Paul Syverson 《Tor: The Second-
Generation Onion Router》 http://www.onion-router.net/Publications/tor-
design.pdf
11: http://www.themonthly.com.au/issue/2011/march/1324265093/robert-
manne/cypherpunk-revolutionary
12: https://fr.wikipedia.org/wiki/Advanced_Encryption_Standard
13: Chaum, D. L. (1981). 《Untraceable electronic mail, return addresses,
and digital pseudonyms》. Communications of the ACM. 24 (2): 84.90.
doi:10.1145/358549.358563.
14: Chaum, David (1983). 《Blind signatures for untraceable payments》. Advances
in Cryptology Proceedings of Crypto. 82 (3): 199.203. doi:10.1007/978-1-4757-

0602-4_18.

15: https://fr.wikipedia.org/wiki/Crypto_Wars#.C3.88re_de_l.27ordinateur_ personnel

16: Zimmermann, Philip (1995). "PGP Source Code and Internals". MIT Press. ISBN 0-262-24039-4.

17: https://www.theguardian.com/uk-news/2015/jan/12/david-cameron-pledges-antiterror-law-internet-paris-attacks-nick-clegg

18: http://www.nytimes.com/2015/11/17/us/after-paris-attacks-cia-director-rekindles-debate-over-surveillance.html?ref=world&_r=0

19: https://nonblocking.info/liberte-egalite-tcpip/

20: https://www.legifrance.gouv.fr/affichCodeArticle.do?idArticle=LEGIARTI0000 32655328&cidTexte=LEGITEXT000006071154

21: https://www.legifrance.gouv.fr/affichTexte.do?cidTexte=JORFTEXT000029754 374&cate gorieLien=id

22: https://www.legifrance.gouv.fr/affichTexte.do?cidTexte=JORFTEXT000032627 231&cate gorieLien=id

23: http://www.activism.net/cypherpunk/manifesto.html, Eric Hughes, 1993.

24: McCullagh, Declan (2001-04-09). 《Cypherpunk's Free Speech Defense》. Wired.

25: http://www.forbes.com/forbes/1999/1101/6411390a.html

26: https://www.bloomberg.com/news/articles/2015-09-17/bitcoin-is-officially-acommodity-according-to-u-s-regulator

27: http://blogs.wsj.com/digits/2015/10/22/eu-rules-bitcoin-is-a-currency-not-acommodity-virtually/

28: https://www.cryptocoincharts.info/coins/info

29: https://theinternetofmoney.org

30: http://www.forbes.com/sites/laurashin/2016/07/14/this-man-traveled-around-theworld-for-18-months-spending-only-bitcoin/#10a2b9c6261e

31: https://www.saveonsend.com/blog/western-union-money-transfer/

32: https://www.saveonsend.com/blog/bitcoin-money-transfer/

33: https://web.archive.org/web/20131210164404/http://www.nytimes.com/2013/11/27/opinion/much-ado-about-bitcoin.html?_r=0

34: http://www.papergeek.fr/dark-web-et-deep-web-quelles-differences-et-comment-yacceder-2963

35: https://www.youtube.com/watch?v=r0l2FPRoGp8

36: http://Citazine.fr/article/jour-j-ai-plonge-dans-deep-web

37: https://i.imgur.com/wXru.png

38: http://junkee.com/the-best-unsolved-mysteries-on-the-internet/35874/3

39: https://www.youtube.com/watch?v=KztcytZSB-Q

40: http://searchformarianasweb.tumblr.com/

41: http://www.papergeek.fr/dark-web-et-deep-web-quelles-differences-et-comment-yacceder-2963

42: https://torflow.uncharted.software/#?
ML=18.017578125,42.94033923363181,3

43: https://metrics.torproject.org/hidserv-rend-relayed-cells.html

44: https://research.torproject.org/techreports/extrapolating-hidserv-stats-2015-01-31.pdf

45: https://terbiumlabs.com/darkwebstudy.html

46: http://www.tandfonline.com/doi/abs/10.1080/00396338.2016.1142085

47: http://thebotnet.com/guides-and-tutorials/49828-how-to-access-the-hidden-wiki/ ; http://wordswithmeaning.org/special-you-know-nothing-of-the-internet-exploring-thedeep-web-confessions-from-an-investigator/

48: https://www.reddit.com/r/deepweb/comments/3iayfx/are_red_rooms_real/

49: https://www.youtube.com/watch?v=aDvRZw9EMWo ; un YouTubeur nomme CreepyPasta en est egalement tres friand.

50: https://www.reddit.com/r/deepweb/comments/3irkmp/isis_redroom_megathread/

51: https://www.reddit.com/r/deepweb/comments/3ittf5/was_isis_redroom_a_honeypot/

52: https://www.reddit.com/r/deepweb/comments/3j0cz5/psa_do_not_go_to_that_new_isis_redroom_site_the/

53: https://www.torproject.org/docs/faq#WhySlow

54: Une discussion interessante et sensee dans cette video : https://youtu.be/K47o2EgUIJU

55: http://www.abc.net.au/7.30/content/2015/s4300786.htm

56: http://www.theage.com.au/victoria/melbourne-hurtcore-paedophile-master-matthew-graham-pleads-guilty-20150908-gjht6d.html

57: http://www.theage.com.au/victoria/how-matthew-david-grahams-hurtcorepaedophile-habit-began-on-the-dark-web-20150908-gjhz43.html ; https://www.deepdotweb.com/2016/03/23/child-porn-website-admin-matthew-david-graham-jailed-15-years/

58: http://www.theage.com.au/victoria/australias-throwaway-children-

20150903-gje3fq.html

59: http://www.9news.com.au/national/2015/03/16/02/19/tracking-the-australian-manallegedly-responsible-for-horrific-child-sexual-abuse

60: http://www.snopes.com/horrors/madmen/snuff.asp

61: http://www.aljazeera.com/indepth/features/2016/10/dark-trade-rape-videos-saleindia-161023124250022.html

62: https://www.deepdotweb.com/2014/04/02/poll-should-we-publish-an-interview-witha-pedo-site-owner/

63: https://www.deepdotweb.com/clarification-cancelled-interview/

64: http://www.bbc.com/news/technology-27885502

65: http://www.dailydot.com/crime/iowa-woman-craigslist-killer-father-schmidt/

66: http://www.cbsnews.com/news/facebook-murder-for-hire-plot-pa-teen-corey-adamsadmits-he-used-site-to-go-after-rape-accuser/

67: http://abcnews.go.com/US/ohio-facebook-murder-fur-hire-plot/story?id=15765843

68: http://www.dailydot.com/crime/deep-web-murder-assassination-contract-killer/

69: https://en.wikipedia.org/wiki/Assassination_market

70: http://www.forbes.com/sites/andygreenberg/2013/11/18/meet-the-assassinationmarket-creator-whos-crowdfunding-murder-with-bitcoins/

71: Pour le trafic d'etres humains, voir par exemple ce billet de Deku-Shrub http://pirate.london/2015/11/human-hunting-on-the-internet-also-not-a-real-thing/

72: https://en.wikipedia.org/wiki/Albanian_mafia#Besa

73: http://www.hire-a-hitman.com/hire-a-hitman

74: https://allthingsvice.com/2016/05/18/ugly-kids-are-cheaper-the-besa-files/

75: Si vous vous y interessez, mais ne savez pas trop qui raconte des choses sensees, une personne-ressource precieuse est Deku-shrub https://www.reddit.com/user/Dekushrub

76: https://www.reddit.com/r/deepweb/comments/4d70hh/how_to_improve_rdeepweb/

77: https://np.reddit.com/r/legaladvice/comments/5lpdd8/scammed_out_of_firearm_purchase/

78: http://motherboard.vice.com/blog/darknet-touring-the-hidden-internets-illegalmarkets

79: http://motherboard.vice.com/read/the-fbis-deep-web-raid-seized-a-bunch-of-fakesites

80: http://www.afp.gov.au/media-centre/news/afp/2015/may/four-australians-charged-ininternational-illegal-firearm-sting?source=rss

81: https://www.deepdotweb.com/2015/07/07/agora-market-to-stop-listing-lethal-weapons/

82: http://www.focus.de/kultur/kino_tv/tv-kolumne-beckmann-beckmann-willkalaschnikow-im-darknet-kaufen-doch-das-experiment-geht-schief_id_5542330.html

83: https://www.deepdotweb.com/2016/05/20/german-tv-show-gets-scammed-trying-buyak47-darknet/

84: https://www.deepdotweb.com/marketplace-directory/listing/therealdeal-market ; https://www.reddit.com/user/TheRealDealMarket

85: https://www.reddit.com/r/BlackBank/comments/359oym/blackbank_service_under_ddos/

86: http://www.deepdotweb.com/2015/05/31/meet-the-market-admin-who-wasresponsible-for-the-ddos-attacks/

87: http://www.deepdotweb.com/wp-content/uploads/2015/05/exit2.png

88: https://www.fbi.gov/news/stories/2015/july/cyber-criminal-forum-taken-down/cybercriminal-forum-taken-down ; voir aussi https://www.malwaretech.com/2015/07/darkode-returns-following-internationa.html

89: https://darkode.cc//

90: Une histoire detaillee https://www.deepdotweb.com/2015/07/20/darkode-extendedbackground-story/

91: B. Dupont, A.-M. Cote, C. Savine et D. Decary-Hetu (2016), "The ecology of trust among hackers", Global Crime, DOI: 10.1080/17440572.2016.1157480

92: https://twitter.com/Xylit0l

93: https://krebsonsecurity.com/2015/06/opms-database-for-sale-nope-it-came-fromanother-us-gov/

94: http://money.cnn.com/2015/05/22/technology/adult-friendfinder-hacked/ ; declaration du site compromis : http://ffn.com/security-updates/

95: https://teksecurityblog.com/hacked-how-safe-is-your-data-on-adult-social-sites/

96: https://www.cnet.com/news/facebook-chief-security-officer-alex-stamos-websummit-lisbon-hackers/

97: https://nakedsecurity.sophos.com/2016/11/11/facebook-is-buying-upstolen-passwordson-the-black-market/

98: http://www.informationsecuritybuzz.com/expert-comments/facebook-buying-backstolen-passwords-dark-web/

99: http://www.csoonline.com/article/3142404/security/security-experts-divided-onethics-of-facebooks-password-purchases.html

100: http://www.trendmicro.com/cloud-content/us/pdfs/security-intelligence/white-papers/wp-the-french-underground.pdf

101: http://www.darkcomet-rat.com/

102: http://www.ibtimes.co.uk/bitcoin-tumbler-business-covering-tracks-worldcryptocurrency-laundering-1487480

103: https://www.ctc.usma.edu/posts/financing-terror-bit-by-bit

104: https://www.baselgovernance.org/news/global-conference-countering-moneylaundering-and-digital-currencies

105: http://www.trendmicro.com/cloud-content/us/pdfs/security-intelligence/white-papers/wp-the-french-underground.pdf

106: https://darknetmarkets.co/french-deep-web-market/

107: https://www.deepdotweb.com/marketplace-directory/listing/french-dark-net/

108: http://blog.trendmicro.com/trendlabs-security-intelligence/the-french-dark-net-islooking-for-grammar-police/

109: http://www.vocativ.com/393689/war-on-drugs-human-rights-violation/

110: http://www.shroomery.org/forums/showflat.php/Number/13860995

111: https://www.youtube.com/user/ohyeaross

112: http://austincut.com/2012/01/silk-road-a-vicious-blow-to-the-war-on-drugs/

113: http://stackoverflow.com/questions/15445285/how-can-i-connect-to-a-tor-hiddenservice-using-curl-in-php

114: https://www.cs.columbia.edu/~smb/UlbrichtCriminalComplaint.pdf

115: http://arstechnica.com/tech-policy/2013/10/feds-silkroad-boss-paid-80000-for-snitchsmurder-and-torture/

116: Les echanges ayant mene a cette pretendue commande d'assassinat : http://arstechnica.com/tech-policy/2015/02/the-hitman-scam-dread-pirate-roberts-bizarre-murder-for-hireattempts/

117: https://www.theguardian.com/technology/2013/nov/21/silk-road-founder-held-without-bail

118: http://www.dailydot.com/crime/silk-road-murder-charges-ross-ulbricht/

119: https://www.wired.com/2016/10/judges-question-ulbrichts-life-sentence-silk-roadappeal/

120: https://www.deepdotweb.com/2017/01/08/ross-ulbricht-legal-defense-fund-hacked/

121: http://arstechnica.com/tech-policy/2016/02/prosecutors-say-corrupt-silk-road-agenthas-co-conspirators-at-large/ ; http://arstechnica.com/tech-policy/2016/08/stealingbitcoins-with-badges-how-silk-roads-dirty-cops-got-caught/

122: http://arstechnica.com/tech-policy/2016/09/exclusive-our-thai-prison-interview-withan-alleged-top-advisor-to-silk-road/

123: http://www.thecrimson.com/article/2013/12/16/unconfirmed-reports-explosives-fourbuildings/

124: http://www.thecrimson.com/article/2013/12/17/student-charged-bomb-threat/

125: http://cbsboston.files.wordpress.com/2013/12/kimeldoharvard.pdf

126: https://research.torproject.org/techreports/tbb-forensic-analysis-2013-06-28.pdf

127: https://motherboard.vice.com/read/this-researcher-is-hunting-down-ip-addresses-ofdark-web-sites

128: https://motherboard.vice.com/read/some-dark-web-markets-have-better-usersecurity-than-gmail-instagram

129: https://mascherari.press/onionscan-report-this-one-weird-trick-can-revealinformation-from-25-of-the-dark-web-2/

130: http://www.wired.co.uk/article/anonymous-targets-paedophiles

131: https://www.deepdotweb.com/2017/02/09/anonymous-hacks-freedom-hosting-iibringing-almost-20-active-darknet-sites/

132: https://www.wired.com/2014/01/tormail/

133: http://www.forbes.com/sites/runasandvik/2014/01/31/the-email-service-the-dark-webis-actually-using/#402044448410

134: http://motherboard.vice.com/read/the-dark-webs-biggest-market-is-going-to-stopselling-guns

135: http://motherboard.vice.com/read/tip-if-youre-selling-guns-on-the-dark-web-dontget-your-prints-on-them

136: http://arstechnica.com/business/2013/11/just-a-month-after-shutdown-silk-road-2-0-emerges/

137: http://arstechnica.com/tech-policy/2014/11/silk-road-2-0-infiltrated-from-the-startsold-8m-per-month-in-drugs/

138: https://motherboard.vice.com/read/carnegie-mellon-university-attacked-tor-wassubpoenaed-by-feds Ces donnees ont permis d'inculper un Ecossais http://www.edinburghnews.scotsman.com/news/crime/fbi-helps-catch-edinburgh-man-sellingdrugs-on-dark-web-1-4139454

139: https://motherboard.vice.com/read/how-the-fbi-identified-suspects-behind-the-darkwebs-largest-child-porn-site-playpen

140: http://www.wired.com/2009/04/fbi-spyware-pro/

141: http://www.reuters.com/article/us-usa-crime-childporn-idUSKCN0PI2CH20150708

142: http://www.nytimes.com/roomfordebate/2016/01/27/the-ethics-of-a-child-pornographysting

143: https://www.eff.org/deeplinks/2016/06/federal-court-fourth-amendment-does-notprotect-your-home-computer

144: http://www.nytimes.com/2015/12/27/business/dealbook/the-unsung-tax-agent-whoput-a-face-on-the-silk-road.html

145: https://motherboard.vice.com/read/the-google-search-that-took-down-ross-ulbricht

146: http://antilop.cc/sr/#jones

147: https://motherboard.vice.com/read/fbi-says-suspected-silk-road-architect-varietyjones-has-been-arrested

해킹 스토킹 크래킹
다크넷

개정1판 1쇄 인쇄 2020년 5월 15일
개정1판 1쇄 발행 2020년 5월 25일

글쓴이 라이나 스탐볼리스카
옮긴이 허린

펴낸이 이경민
펴낸곳 (주)동아엠앤비
출판등록 2014년 3월 28일(제25100-2014-000025호)
주소 (03737) 서울특별시 서대문구 충정로 35-17 인촌빌딩 1층
전화 (편집) 02-392-6901 (마케팅) 02-392-6900
팩스 02-392-6902
전자우편 damnb0401@naver.com
SNS ⬛ ⬛ ⬛

ISBN 979-11-6363-194-1 (03420)

※ 이 책은 『인터넷의 숨겨진 얼굴』의 개정판입니다.
※ 책 가격은 뒤표지에 있습니다.
※ 잘못된 책은 구입한 곳에서 바꿔 드립니다.
※ 이 도서의 국립중앙도서관 출판예정도서목록(CIP)은 서지정보유통지원시스템 홈페이지
  (http://seoji.nl.go.kr)와 국가자료공동목록시스템(http://www.nl.go.kr/kolisnet)에서
  이용하실 수 있습니다.(CIP제어번호: CIP2020018780)